附微课视频

“十四五”职业教育国家规划教材

机械设计基础

（第七版）

◎主　编　王少岩　罗玉福
◎副主编　郭　玲　林建华
　　　　　杨　阳　陈　爽
　　　　　胡文静　高国伟

大连理工大学出版社

图书在版编目(CIP)数据

机械设计基础 / 王少岩，罗玉福主编. -- 7 版. -- 大连 ：大连理工大学出版社，2022.1(2024.11 重印)
ISBN 978-7-5685-3330-0

Ⅰ. ①机… Ⅱ. ①王… ②罗… Ⅲ. ①机械设计－教材 Ⅳ. ①TH122

中国版本图书馆 CIP 数据核字(2021)第 221989 号

大连理工大学出版社出版

地址:大连市软件园路 80 号　邮政编码:116023
营销中心:0411-84707410　84708842　邮购及零售:0411-84706041
E-mail:dutp@dutp.cn　URL:https://www.dutp.cn

辽宁星海彩色印刷有限公司印刷　　大连理工大学出版社发行

幅面尺寸:185mm×260mm　印张:17.75　字数:406 千字
2004 年 8 月第 1 版　2022 年 1 月第 7 版
2024 年 11 月第 8 次印刷

责任编辑:刘　芸　责任校对:吴媛媛
封面设计:方　茜

ISBN 978-7-5685-3330-0　定　价:55.80 元

前言

《机械设计基础》(第七版)是"十四五"职业教育国家规划教材、"十三五"职业教育国家规划教材、"十二五"职业教育国家规划教材及普通高等教育"十一五"国家级规划教材。

本教材是在前一版的基础上,根据高职教育机械类及近机械类专业人才培养目标的要求,结合当前高职教学改革的经验,总结各高职院校对前一版教材的使用意见修订而成的。

本教材力求突出如下特色:

1.全面贯彻落实党的二十大精神,打破思政教育在专业课程教学中存在的"孤岛"困境,在每章的"学习导航"中设计、探索和梳理每部分内容所蕴含的思政元素,促使教师教学和学生学习过程中将专业知识与思政教育自然融合,实现"立德树人"的培养目标。

2.在满足教学基本要求的前提下,以必需、够用为度,努力做到精选内容、难易适度、篇幅适中,以保持本教材简明、实用的特点和风格。

3.突出以应用为主旨,采取直接切入主题的方法,讲清基本概念及基本方法。全书图文并茂,以贴近实际的应用实例,力求提高学生的学习兴趣,降低学生的学习难度,更好地适应教学需求。

4.每章开头都引入了"学习导航",明确提出各章的"知识目标"、"能力目标"和"思政映射";每章最后还凝练归纳了"知识梳理与总结",便于教师和学生更好地把握各章的知识要点。

5.采用现行国家标准和有关技术规范,节选了部分标准参数表及应用资料。

6.注意教材内容与后续专业课程的衔接,循序渐进,既自成体系,又相互照应,避免了不必要的知识重复。

7.注重强化学生创新意识与能力的培养,适度反映现代机械设计科技成果。

本教材与《机械设计基础实训指导》(第七版)、《机械设计基础习题及题解》(第三版)配套使用。为方便教师教学和学生自学,本教材配有AR、微课、课件等立体化数字资源,其中AR资源需扫描书中相应的图片进行使用,微课资源需扫描书中的二维码观看视频,其他资源可登录职教数字化服务平台进行下载。

本教材适合高职院校机械、机电、汽车等相关专业的学生使用,也可作为成人院校有关专业的教材、自考材料以及相关工程技术人员的参考书。

因各学校、各专业的教学安排不同,故在使用本教材进行教学时,教师可依据实际情况选讲教材内容并调整顺序。

本教材由辽宁理工职业大学王少岩、大连海洋大学应用技术学院罗玉福任主编,辽宁石油化工大学郭玲、武汉船舶职业技术学院林建华、重庆机电职业技术大学杨阳、大连市轻工业学校陈爽、大连海洋大学应用技术学院胡文静、北方重工集团有限公司高国伟任副主编。具体编写分工如下:王少岩编写第1、6、10章;罗玉福编写第2、9、11章;郭玲编写第5章;林建华编写第7章;杨阳编写第8、13章;陈爽编写第12章;胡文静编写第4章;高国伟编写第3章。全书由王少岩负责统稿并定稿。

在编写本教材的过程中,我们参考、引用和改编了国内外出版物中的相关资料以及网络资源,在此对这些资料的作者表示深深的谢意。请相关著作权人看到本教材后与出版社联系,出版社将按照相关法律的规定支付稿酬。

尽管我们在教材特色的建设方面做出了许多努力,但由于编者水平有限,教材中仍可能存在一些错误和不足,恳请各教学单位和读者在使用本教材时多提宝贵意见,以便下次修订时改进。

编 者

所有意见和建议请发往:dutpgz@163.com
欢迎访问职教数字化服务平台:https://www.dutp.cn/sve/
联系电话:0411-84708979 84707424

本书配套 AR 资源使用说明

针对本书配套 AR 资源的使用方法，特做如下说明：首先用移动设备下载“大工职教学生版”App，安装后点击“教材 AR 扫描入口”按钮，扫描书中带有 AR 标识的图片，即可体验缩放、旋转、平移、拆装等交互功能。

具体扫描位置和 AR 资源名称见下表：

扫描位置	AR 资源名称	扫描位置	AR 资源名称
2 页	单杠内燃机	42 页	绕线机构
22 页	机车车轮联动机构	43 页	圆柱凸轮机构(进刀机构)
23 页	行星齿轮系	107 页	正确啮合条件
27 页	雷达天线俯仰角机构	112 页	齿条插刀范成加工
27 页	插床六杆机构	166 页	空间定轴轮系
29 页	车门启闭机构	167 页	单级行星轮系
29 页	港口起重机机构	203 页	凸缘联轴器
32 页	牛头刨床的导杆机构	207 页	牙嵌离合器
32 页	吊车	208 页	多片式摩擦离合器
37 页	钻床夹具	208 页	超越离合器
42 页	内燃机配气机构	221 页	轴系

本书配套微课资源使用说明

本书配套的微课资源以二维码形式呈现在书中，用移动设备扫描书中的二维码，即可观看微课视频进行相应知识点的学习。

具体扫描位置和微课名称见下表：

扫描位置	微课名称	扫描位置	微课名称
3 页	带你走进机械设计基础	105 页	分析渐开线直齿圆柱齿轮的啮合传动
14 页	认识运动副	111 页	渐开线齿轮的加工方法
16 页	如何绘制平面机构的运动简图	130 页	分析渐开线斜齿圆柱齿轮的传动特点
20 页	轻松计算平面机构的自由度	138 页	分析锥齿轮的传动特点
26 页	初识平面四杆机构	148 页	认识蜗杆传动
33 页	铰链四杆机构存在曲柄的条件	149 页	蜗杆传动的基本参数和尺寸计算
35 页	平面四杆机构急回特性的应用	154 页	蜗杆传动的左右手法则
43 页	凸轮机构的应用	169 页	定轴轮系传动比的计算
43 页	凸轮机构的命名方法	170 页	行星轮系传动比的计算
63 页	螺旋机构的应用和类型	177 页	轮系的应用
65 页	认识棘轮机构	182 页	螺纹连接的应用
68 页	认识槽轮机构	195 页	认识键连接
72 页	认识带传动	202 页	联轴器、离合器、制动器的结构及应用
73 页	带传动的受力与应力分析	218 页	认识轴
89 页	带传动的张紧、安装与维护	222 页	轴上零件是如何固定的
91 页	认识链传动	233 页	滑动轴承的结构
97 页	认识齿轮机构	242 页	滚动轴承的命名方法
97 页	渐开线的形成和性质	257 页	滚动轴承的组合设计
101 页	渐开线标准直齿圆柱齿轮的基本参数及几何尺寸计算		

目　录

第1章 概论

学习导航

知识目标

了解本课程的研究对象。

了解零件的设计准则。

了解零件设计的一般步骤。

能力目标

会判断构件、零件和部件。

认知机械零件常见的失效形式。

思政映射

通过图片和微课视频，看机械行业的发展成就、机械变迁、机械之美和发展趋势，想自身视野的开拓，悟思想和思维境界的提高。

机械设计基础是一门重要的技术基础课，是研究机械类产品的设计、开发、改造，以满足经济发展和社会需求的基础知识课程。机械设计工作涉及工程技术的各个领域。一台新的设备在设计阶段，要根据设计要求确定工作原理及合理的结构，进行运动、动力、强度、刚度分析，完成图样设计，还要研究在制造、销售、使用以及售后服务等方面的问题。设计人员除必须具备机械设计及与机械设计相关的扎实的基础知识和专业知识外，还要有饱满的创造热情。

1.1 本课程的研究对象、主要内容及任务

学习要点

1. 了解机械设计基础课程的研究对象、研究内容及主要任务。
2. 掌握机器和机构的主要特征。

一、本课程的研究对象

人们在日常生活和生产过程中，广泛使用着各种各样的机器，以便代替或减轻体力劳动，提高工作效率。设计、制造和使用机器的水平是衡量一个国家现代化程度的重要标志之一。

机器的种类繁多，它们的构造、用途和性能也各不相同，本课程作为一门技术基础课，主要研究的对象是机械。机械是机器和机构的统称。我们日常生活和生产实践中所见到的机械产品，如自行车、汽车、各种机床等，都是机器或机构。

如图1-1所示的单缸内燃机，它由机架(气缸体)、曲轴、连杆、活塞、进气阀、排气阀、推杆、凸轮和两个齿轮组成。当燃气推动活塞做往复移动时，通过连杆使曲轴做连续转动，从而将燃气燃烧的热能转换为曲轴转动的机械能。齿轮、凸轮和推杆的作用是按一定的运动规律按时开闭阀门以吸入燃气和排出废气。这种内燃机可视为下列三种机构的组合：

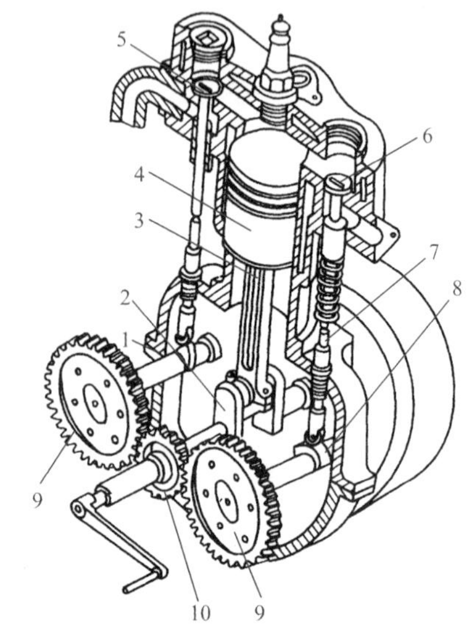

图1-1 单缸内燃机

1—机架；2—曲轴；3—连杆；4—活塞；5—进气阀；6—排气阀；7—推杆；8—凸轮；9、10—齿轮

(1)曲柄滑块机构:由活塞、连杆、曲轴和机架构成,其作用是将活塞的往复移动转换为曲柄的连续转动。

(2)齿轮机构:由两个齿轮和机架构成,其作用是改变转速的大小和转动的方向。

(3)凸轮机构:由凸轮、推杆和机架构成,其作用是将凸轮的连续转动转变为推杆有规律的间歇往复移动。

由上述机器工作原理及组成机构分析可知,机器的主要特征是:

带你走进机械设计基础

(1)它们都是人为实体(构件)的组合。

(2)各个运动实体(构件)之间具有确定的相对运动。

(3)能够实现能量的转换或完成有用的机械功。

机构是由构件组成的。所谓构件,是指机构的基本运动单元。它可以是单一的零件,也可以是由几个零件连接而成的运动单元。而零件是组成机器的最小制造单元。

如图 1-2 所示的齿轮机构,其运动特点是把高速转动变为低速转动或者相反。如图 1-3所示的凸轮机构,它利用凸轮的轮廓曲线使从动件做周期性的有规律的移动或摆动。如图1-4所示的连杆机构,它能实现转动、摆动等运动形式的相互转换。

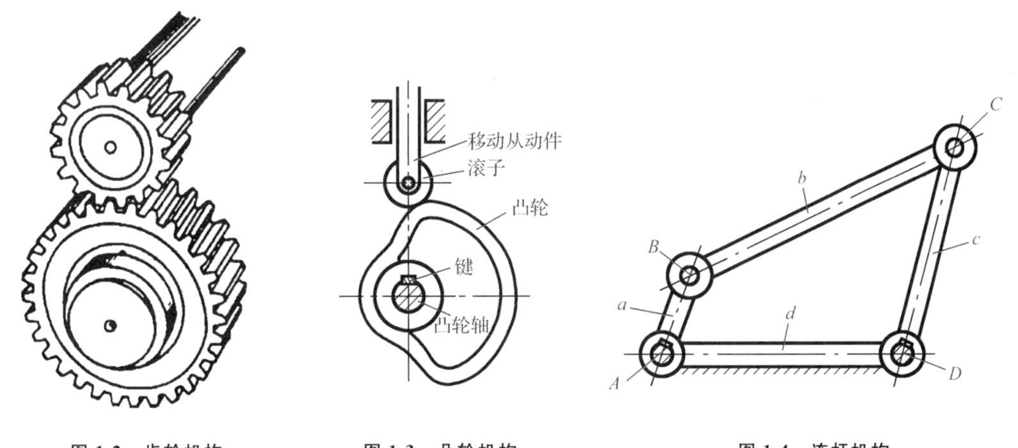

图 1-2　齿轮机构　　图 1-3　凸轮机构　　图 1-4　连杆机构

由以上实例分析可以看出,机器是由各种机构组成的,可以完成能量的转换或做有用功,而机构则仅起着传递运动和转换运动形式的作用。机构的主要特征是:

(1)它们都是由构件组成的。

(2)各个构件之间具有确定的相对运动。

从结构和运动的观点来看,机器和机构二者之间没有区别,因此习惯上用机械一词作为它们的总称。本课程研究的对象是机械中的常用机构和通用零件。

二、本课程研究的主要内容

本课程作为机械设计的基础，是一门综合性较强的技术基础课程，主要介绍机械中常用机构的工作原理、运动特性、通用机械零件的设计和计算方法以及有关标准和规范。

本课程研究的主要内容如下：

(1)机构的运动简图和自由度计算。

(2)平面连杆机构、凸轮机构、间歇运动机构等的组成原理、运动分析及设计。

(3)常用连接零件(如螺纹连接、键连接、销连接等)的设计计算方法和标准选择。

(4)常用传动零件(如带传动、齿轮传动等)的设计计算和参数选择。

(5)轴系零件(如轴、轴承等)的设计计算及有关参数和类型的选择。

三、本课程的主要任务

(1)学会运用基础理论解决简单机构和零件的设计问题，掌握通用机械零件的工作原理、特点、选用及计算方法，具有初步分析失效原因和提高改进措施的能力。

(2)能够树立正确的设计思想，具有设计简单机械零部件和简单机械的能力。

(3)学会使用手册、标准、规范等设计资料。

本课程的性质与过去所学的基础课程有所不同，思路上有其明显特点，读者往往不能很快适应而影响学习效果，因此在学习中要尽快掌握本课程的特点和分析、解决问题的方法，为今后的学习和工作打下基础。

1.2 机械零件的常用材料与结构工艺性

学习要点

1. 了解机械零件的常用材料及选择原则。
2. 了解机械零件的加工工艺性和结构工艺性。

一、机械零件的常用材料

机械零件的常用材料有碳素结构钢、合金钢、铸铁、有色金属、非金属材料及各种复合材料。其中，碳素结构钢和铸铁应用最广。

机械零件常用材料的分类和应用举例或说明见表 1-1。

表 1-1　　机械零件常用材料的分类和应用举例或说明

材料分类			应用举例或说明
钢	碳素钢	低碳钢(碳含量≤0.25%)	铆钉、螺钉、连杆、渗碳零件等
		中碳钢(碳含量为0.25%～0.60%)	齿轮、轴、蜗杆、丝杠、连接件等
		高碳钢(碳含量≥0.60%)	弹簧、工具、模具等
	合金钢	低合金钢(合金元素含量≤5%)	较重要的钢结构和构件、渗碳零件、压力容器等
		中合金钢(合金元素含量为5%～10%)	飞机构件、热镦锻模具、冲头等
		高合金钢(合金元素含量≥10%)	航空工业蜂窝结构、液体火箭壳体、核动力装置、弹簧等
铸铁	灰铸铁(HT)	低牌号(HT100、HT150)	对力学性能无一定要求的零件,如盖、底座、手轮、机床床身等
		高牌号(HT200～HT400)	承受中等静载的零件,如机身、底座、泵壳、齿轮、联轴器、飞轮、带轮等
	可锻铸铁(KT)	铁素体型	承受低、中、高动载荷和静载荷的零件,如差速器壳、犁刀、扳手、支座、弯头等
		珠光体型	要求强度和耐磨性较高的零件,如曲轴、凸轮轴、齿轮、活塞环、轴套、犁刀等
	球墨铸铁(QT)	铁素体型 珠光体型	与可锻铸铁基本相同
铜合金	铸造铜合金	铸造黄铜	用于轴瓦、衬套阀体、船舶零件、耐腐蚀零件、管接头等
		铸造青铜	用于轴瓦、蜗轮、丝杠螺母、叶轮、管配件等
轴承合金(巴氏合金)	锡基轴承合金		用于轴承衬,其摩擦系数低,减摩性、抗胶合性、磨合性、耐蚀性、韧度、导热性均良好
	铅基轴承合金		强度、韧度和耐蚀性稍差,但价格较低
塑料	热塑性塑料(如聚乙烯、有机玻璃、尼龙等) 热固性塑料(如酚醛塑料、氨基塑料等)		用于一般结构零件,减摩、耐磨零件,传动件、耐腐蚀件、绝缘件、密封件、透明件等
橡胶	通用橡胶 特种橡胶		用于密封件,减振、防振件,传动带、运输带和软管、绝缘材料、轮胎、胶辊、化工衬里等

二、材料的选择原则

合理选择材料是机械设计中的重要环节。选择材料首先必须保证零件在使用过程中具有良好的工作能力,同时还要考虑其加工工艺性和经济性。

1. 满足使用性能要求

材料的使用性能指零件在工作条件下,材料应具有的力学性能、物理性能及化学性能。对机械零件而言,最重要的是力学性能。

零件的使用条件包括三方面:受力状况(如载荷类型、大小、方向及特点等)、环境状况(如温度特性、环境介质等)和特殊要求(如导电性、导热性、热膨胀等)。

(1)零件的受力状况

当零件(如螺栓、销等)受拉伸或剪切这类分布均匀的静载荷时,应选用组织均匀的材料,按塑性和强度性能选材。载荷较大时,可选屈服点 σ_s 或强度极限 σ_b①较高的材料。

① 由于目前各有关手册和企业中所采用的金属力学性能数据是按照《金属拉伸试验方法》(GB/T 228—1987)的规定测定和标注的,因此为了方便阅读,本教材中与金属材料强度和塑性有关的名词术语及符号仍按旧标准给出。最新术语及符号可参照《金属材料 拉伸试验 第1部分:室温试验方法》(GB/T 228.1—2021)。

当零件(如轴类零件等)受弯曲、扭转这类分布不均匀的静载荷时,应按综合力学性能选材,保证最大应力部位有足够的强度。常选用易通过热处理等方法提高强度及表面硬度的材料(如调质钢等)。

当零件(如齿轮等)受较大接触应力时,可选用易进行表面强化的材料(如渗碳钢、渗氮钢等)。

当零件受变应力时,应选用抗疲劳强度较高的材料,常用能通过热处理等手段提高疲劳强度的材料。

对刚度要求较高的零件,宜选用弹性模量大的材料,同时还应考虑结构、形状、尺寸对刚度的影响。

(2)零件的环境状况和特殊要求

根据零件的工作环境及特殊要求不同,除对材料的力学性能提出要求外,还应对材料的物理性能及化学性能提出要求。如当零件在滑动摩擦条件下工作时,应选用耐磨性、减摩性好的材料,故滑动轴承常选用轴承合金、锡青铜等材料。

在高温下工作的零件,常选用耐热性能好的材料,如内燃机排气阀门可选用耐热钢,气缸盖则选用导热性好、比热容大的铸造铝合金。

在腐蚀介质中工作的零件,应选用耐蚀性好的材料。

2. 有良好的加工工艺性

零件毛坯的加工方法有许多,主要有热加工和切削加工两大类。不同材料的加工工艺性不同。

(1)热加工工艺性能

热加工工艺性能主要指铸造性能、锻造性能、焊接性能和热处理性能。表 1-2 为常用金属材料热加工工艺性能比较。

表 1-2　常用金属材料热加工工艺性能比较

热加工工艺性能	常用金属材料热加工工艺性能比较	备注
铸造性能	可铸性较好的金属铸造性能排序:铸造铝合金、铜合金、铸铁、铸钢	铸铁中,灰铸铁的铸造性能最好
锻造性能	碳素结构钢的锻造性能(由好到差)排序:低碳钢、中碳钢、高碳钢 合金钢:低合金钢的锻造性能接近于中碳钢;高合金钢的锻造性能较差	碳含量及合金元素含量越高的材料,其锻造性能相对越差
焊接性能	低碳钢和碳含量低于 0.18%的合金钢有较好的焊接性能;碳含量大于 0.45%的碳钢和碳含量大于 0.35%的合金钢的焊接性能较差;铜合金和铝合金的焊接性能较差,灰铸铁的焊接性能更差	碳含量及合金元素含量越高的材料,其焊接性能越差
热处理性能	金属材料中,钢的热处理性能较好,合金钢的热处理性能比碳素结构钢好;铝合金的热处理要求严格;铜合金只有很少几种可通过热处理方法强化	选材时要综合考虑淬硬性、淬透性、变形开裂倾向性、回火脆性等性能要求

(2)切削加工性能

金属的切削加工性能一般用刀具耐用度为 60 min 时的切削速度 v_{60} 来表示,v_{60} 越高,则金属的切削加工性能越好。金属切削加工性能分为八个级别，1 级容易加工，8 级难加工。各种金属材料的切削加工性能可查阅有关手册。

3. 综合考虑经济性要求

(1)材料价格在产品总成本中占较大比重，一般占产品价格的 30%～70%。

(2)提高材料的利用率。采用精铸、模锻等毛坯加工方法，可以减少切削加工对材料的浪费。

(3)零件的加工和维修费等要尽量低。

(4)采用组合结构。如蜗轮齿圈可采用减摩性好的铸造锡青铜，而其他部分可采用廉价材料。

(5)材料的合理代用。对生产批量大的零件要考虑我国资源状况，材料来源要丰富，尽量避免采用稀缺材料。如碳钢可用热处理方法强化，代替合金钢以降低成本。

三、机械零件的结构工艺性

机械零件的结构工艺性是指在零件设计时要从选材、毛坯制造、机械加工、装配以及保养维修等各环节考虑的工艺问题。

1. 铸造零件的结构工艺性

(1)为了防止浇铸不足，对于不同的铸造方法，铸件壁厚有一允许的最小值。

(2)零件箱壁交叉部分要有过渡圆角，以避免尖角处产生裂纹，如图1-5(a)所示。但是圆角不可太大，以免交点处尺寸太大，金属积聚产生缩孔或缩松，如图1-5(b)所示。建议 $D\approx 1.3d$，如图 1-5(c)所示。

(3)铸件应有明显的分型面，如图 1-6 所示。

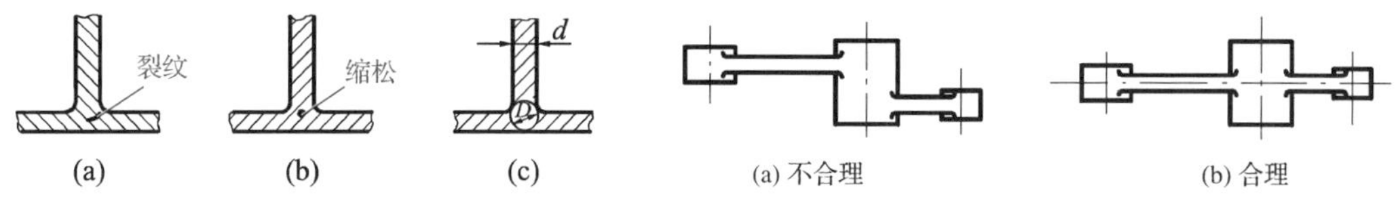

图 1-5 铸件过渡圆角大小应适当　　图 1-6 铸件应有明显的分型面

(4)铸件应有必要的斜度，以便于取出模型。

(5)为避免采用活块，可将凸台加长，如图 1-7(b)所示引至分型面。

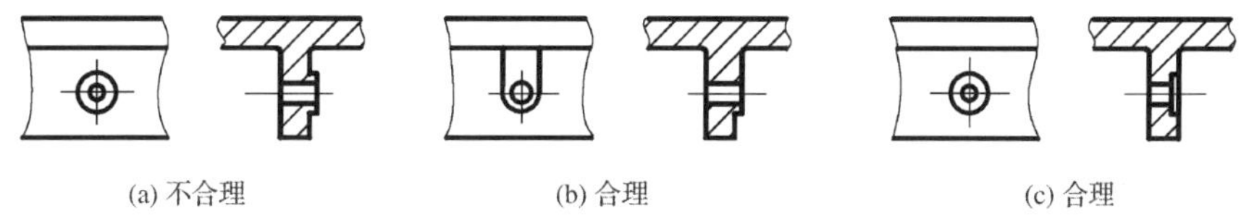

图 1-7 避免采用活块

(6)铸铁抗拉强度差而抗压强度高，在设计零件形状时应尽可能把拉应力(或弯曲应力)化作压应力，如图 1-8 所示。

2. 热处理零件的结构工艺性

为避免热处理零件产生裂纹或变形，在设计零件时应注意：

(1)避免出现锐边尖角,应将其倒钝或改成圆角,圆角半径要大些。

(2)零件形状要求简单、对称。

(3)轴类零件的长径比不可太大。

(4)提高零件的结构刚性,必要时增加加强肋。

(5)形状复杂或不同部位有不同性能要求时,可采用组合结构(如机床铸铁床身上镶装钢导轨)。

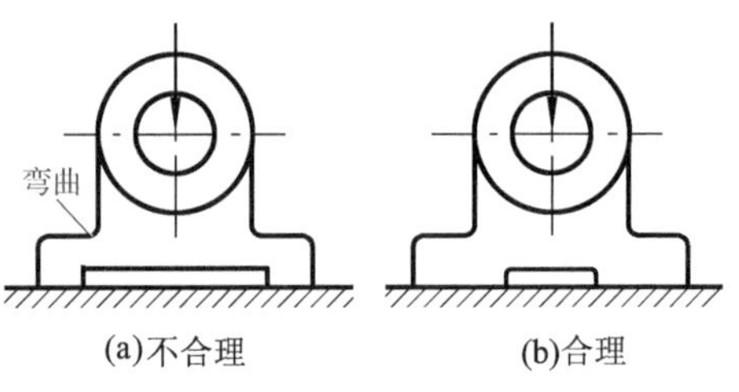

图 1-8 避免铸铁受拉力

3. 切削加工零件的结构工艺性

(1)加工表面的几何形状应尽量简单,尽可能布局在同一平面或同一轴线上,尽可能统一尺寸,以便于加工。如图 1-9 所示,减速箱轴承座端面应取在同一平面上,三个轴承端盖槽的尺寸 b_1、b_2 应力求一致。

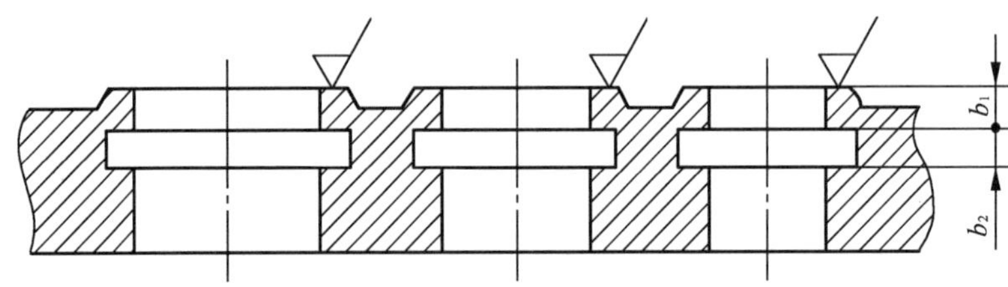

图 1-9 减速箱侧面的加工

(2)有相互位置精度要求的各表面最好能在一次安装中加工。如图 1-10(a)所示的零件须从两端加工,改进后(图 1-10(b))可在一端一次加工,这样能减少工件的安装次数,提高加工效率,同时也提高位置精度。

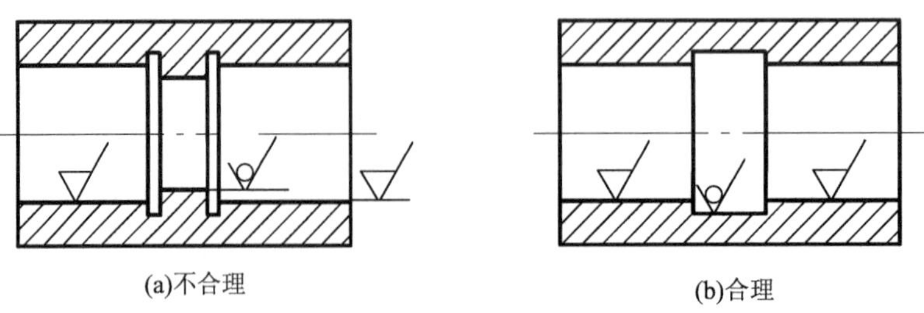

图 1-10 两孔在一次安装中加工

(3)加工时应能准确定位、可靠夹紧,以便于加工,易于测量。

(4)应尽量减少配合面的数目。如图 1-11 所示,起重螺旋副的螺母与机座在直径 D 及 D_1 处同时配合是不合理的,这样加工和装配都很困难,只要在直径 D 处配合即可,D_1 处应有一定的间隙。

(5)形状应便于刀具进刀、退刀,如螺纹应该有退刀槽。

(6)被加工表面的形状应有助于提高刀具的刚性和延长刀具寿命。如图 1-12 所示用麻花钻钻孔时,应避免在斜面上进行。

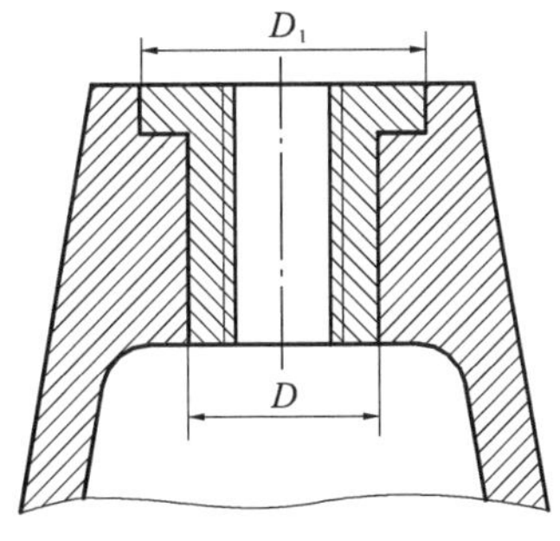

图 1-11　减少不必要的配合面

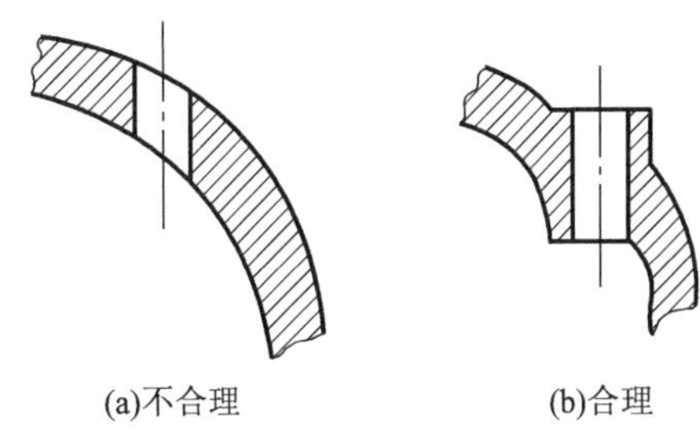

图 1-12　避免在斜面上钻孔

4. 零件装配的结构工艺性

(1)零件应该有正确的装配基面。如图 1-13(a)所示气缸盖用螺纹连接，由于螺纹间有间隙，对中性不好，因此活塞杆易产生偏移。如图 1-13(b)所示将螺纹连接改为配合，使工作情况有了改进。

(2)应使装配方便。如图 1-11 所示，若 D、D_1 处均有配合，则装配困难。

(3)应使拆卸方便。如图 1-14 所示，为了便于从机体上卸下轴承外圈，孔台肩处的直径应大于轴承外环的内径。

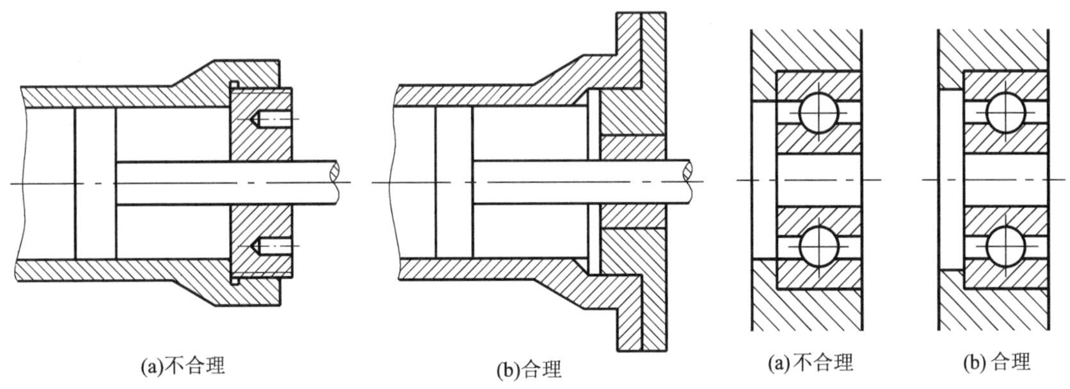

图 1-13　不应以螺纹面对中

图 1-14　应使拆卸方便

不同的结构方案，其成本往往有较大的差别，在选择机器或零件设计方案时，只考虑制造成本是不全面的，还应对设计方案进行技术、经济综合评价。

1.3　机械零件设计的基本准则及步骤

学习要点

1. 了解机械零件常见的失效形式及设计准则。
2. 了解机械零件设计的一般步骤。

一、机械零件的主要失效形式

机械零件由于某种原因而丧失正常工作能力称为失效。对于通用的机械零件，其强度、刚度、磨损失效是主要失效形式；对于高速传动的零件，还应考虑振动问题。归纳起来，零件的主要失效形式如图 1-15 所示。

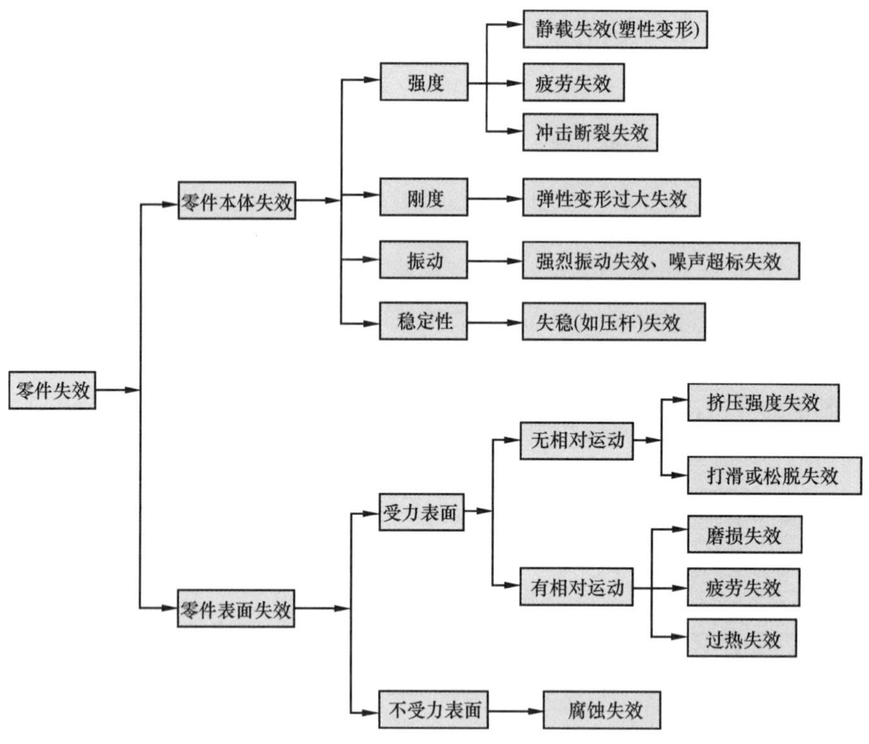

图 1-15　零件的主要失效形式

机械零件在实际工作中，可能会同时发生几种形式的失效，设计时应根据具体情况，确定避免发生失效的设计方案。

二、机械零件的设计准则

根据零件发生失效的形式及原因制定设计准则，并以此作为防止失效和设计计算的依据。

(1)强度设计准则

要求零件在工作时不发生强度失效，强度应取在零件中的危险截面处，应力不超过许用应力。用公式表示为

$$\sigma \leqslant [\sigma] = \frac{\sigma_{\lim}}{S_\sigma} \tag{1-1}$$

$$\tau \leqslant [\tau] = \frac{\tau_{\lim}}{S_\tau} \tag{1-2}$$

上两式中，σ、τ 分别为拉伸(压缩、弯曲)及剪切工作应力，$[\sigma]$、$[\tau]$为许用应力，S_σ、S_τ

为安全系数，$\sigma_{\lim}$、$\tau_{\lim}$为极限应力。对静应力，极限应力取为屈服极限（塑性材料）或强度极限（脆性材料）；对变应力，极限应力取为疲劳极限。

（2）刚度计算准则

刚度是指零件在载荷作用下抵抗弹性变形的能力。刚度计算准则要求零件的弹性变形量不大于允许值。此允许值根据变形对零件工作性能的影响，由分析或实验方法决定（如轴的弯曲变形量影响轴上齿轮的啮合情况等）。

（3）耐磨性准则

耐磨性是指零件抵抗磨损的能力。例如齿轮轮齿表面的磨损量超过一定限度后，轮齿齿形会有较大的改变，从而使齿轮转速的均匀性受到影响，产生噪声和振动，严重时会因齿根厚度变薄而导致轮齿折断。因此在磨损严重的情况下，以限制与磨损有关的参数作为磨损计算的准则。

（4）振动稳定性准则

当某个零件的固有频率 f 与激振源的频率 f_p 相同或为整数倍关系时，这些零件就会产生共振，致使零件破坏或机器工作情况失常。根据实践经验，当 f_p 与 f 接近一定范围内时，即可发生共振。因此振动稳定性准则要求激振源的频率在该范围之外，一般要求 $f_p<0.85f$，$f_p>1.15f$（更高阶的共振也应避免）。

（5）可靠性准则

可靠性表示装备系统、机器或零件等在规定时间内稳定工作的程度或性质。可靠性常用可靠度 R 来表示，可靠度是指系统、机器或零件等在规定的使用时间（寿命）内和预定的环境条件下能正常实现其功能的概率。如有一批被试零件，共有 N_T件，在一定条件下进行实验，在预定时间 t 内有 N_f个零件失效，剩下 N_s个零件仍能继续工作，则可靠度为

$$R=\frac{N_s}{N_T}=\frac{N_T-N_f}{N_T}=1-\frac{N_f}{N_T} \tag{1-3}$$

在一个由多个零件组成的串联系统中，任意一个零件失效都会使整个机器失效，如R_1、R_2……R_n为各零件的可靠度，则整个系统的可靠度为

$$R=R_1\cdot R_2\cdot \cdots \cdot R_n \tag{1-4}$$

有些装备系统中的机器或零件要求以可靠度作为设计准则。

三、机械零件设计的一般步骤

机械零件的设计计算方法有很多种，如理论设计法（简化成物理、力学模型）、经验设计法（经验公式、类比法）、模型实验法、计算机辅助设计法（CAD）等。机械零件的设计大体要经过以下几个步骤：

（1）根据零件的使用要求（功率、转速等）选择零件的类型及结构形式。

（2）根据机器的工作条件分析零件的工作情况，确定作用在零件上的载荷。

（3）根据零件的工作条件（包括对零件的特殊要求，如耐高温、耐腐蚀等）综合考虑材料的性能、供应情况和经济性等因素，合理选择零件的材料。

（4）分析零件的主要失效形式，按照相应的设计准则确定零件的基本尺寸。

（5）根据工艺性及标准化要求设计零件的结构及尺寸。

（6）绘制零件工作图，拟定技术要求。

1.4 当前机械设计制造技术的新发展

学习要点

了解当前国内外机械设计制造技术的发展概况。

科学技术日新月异的发展，不断给机械行业提出新的课题。目前，计算机辅助设计与制造技术(CAD/CAM)已经广泛应用于机械设计和制造的各个环节，对减轻设计者的劳动强度、提高机械产品精度和零件的设计速度与质量起到了重要作用。

各种检测仪器的迅猛发展提高了机械检验水平，对零件的受载分析、应力发热效应的测试、摩擦和磨损的分析等提供了大量设计所需的数据，促进了设计理论的发展。一种集计算机辅助设计、精密机械加工技术、激光技术和材料科学于一体的新型技术——快速成型技术(RPM)的发展，大大缩短了产品、零件的生产周期，使产品的成本大幅度下降。目前，美国、日本、德国等国的开发公司已将该项技术应用到产品的设计和生产中。我国自20世纪90年代以来也开展了快速成型技术的研究和应用，取得了一定成果。因此，机械设计技术的发展必须与现代先进机械制造技术相衔接，且共同发展。

可靠性设计技术在现代装备制造业中已贯穿到产品的开发研制、设计、制造、实验、使用、运输、保管及维修保养的各个环节，我们把它们统称为可靠性工程。可靠性设计作为可靠性工程的一个重要分支，是一门现代设计理论和方法，它以提高产品可靠性为目的，以概率论和数据统计理论为基础，综合运用多学科知识来研究工程中的设计问题。

知识梳理与总结

通过本章的学习，我们学会了分析单缸内燃机的组成和工作原理，了解了机械零件的设计准则和设计步骤。

1. 机械设计基础是一门重要的技术基础课，是研究机械类产品的设计、开发、改造，以满足经济发展和社会需求的基础知识课程。

2. 机器的三个特征：人为实体的组合；各运动单元间具有确定的相对运动；能做有用的机械功或进行能量转换，现代机器的内涵还包括能进行信息处理、影像处理等功能。

3. 机构仅仅是起着传递运动和转换运动形式的作用。机构的主要特征：它们都是人为实体(构件)的组合；各个运动实体之间具有确定的相对运动。

4. 零件是制造的最小单元，构件是机构运动的最小单元。为实现一定的运动转换或完成某一工作要求，把若干构件组装到一起的组合体称为部件。

5. 机械零件由于某种原因而丧失正常工作能力称为失效。强度、刚度、磨损失效是通用机构零件的主要失效形式。根据零件发生失效的形式及原因制定设计准则，并以此作为防止失效和设计计算的依据。

第2章

平面机构的运动简图及自由度

学习导航

知识目标

掌握机构的组成。

掌握平面机构运动简图的绘制方法。

掌握机构自由度的计算方法。

能力目标

会区分运动副的类型。

会绘制平面机构运动简图。

会判断机构是否具有确定的运动。

思政映射

通过机构运动简图，将复杂机构及运动简单处理，化繁为简。学会抓主要矛盾，找切入点，问题迎刃而解。

机械一般由若干个机构组成，而机构是由两个以上具有确定相对运动的构件组成的。若组成机构的所有构件都在同一平面或平行平面中运动，则称该机构为平面机构。工程中常见的机构大多属于平面机构，本章仅讨论平面机构。

2.1 机构的组成

学习要点

掌握运动副的分类及构件组成。

一、运动副

1. 运动副的概念

机构是具有确定相对运动的多构件组合体，为了传递运动和动力，各构件之间必须以一定的方式连接起来，并且具有确定的相对运动。两构件之间直接接触并能产生一定相对运动的连接称为运动副，如轴与轴承、活塞与缸体、车轮与钢轨以及一对轮齿啮合形成的连接，都构成了运动副。构件上参与接触的点、线、面称为运动副元素。两构件只能在同一平面内做相对运动的运动副称为平面运动副。

认识运动副

2. 平面运动副的分类

按两构件间接触性质的不同，通常将平面运动副分为低副和高副。

(1)低副

两构件形成面与面接触的运动副称为低副，如图 2-1 所示。根据构成低副的两构件间相对运动的特点，又可将低副分为转动副和移动副。由于低副是面接触，在承受载荷时压强较低，便于润滑，因此磨损较轻。

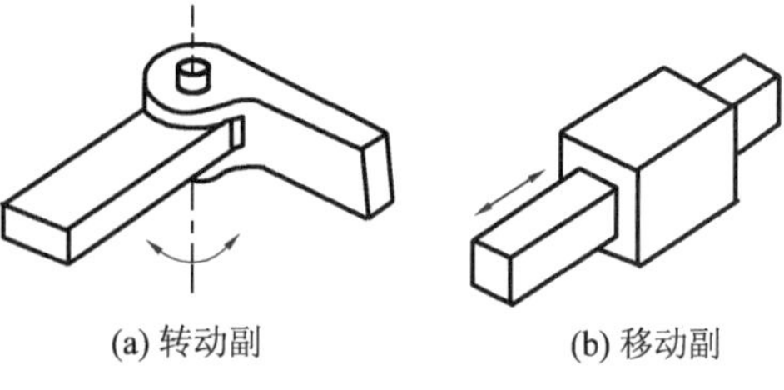

图 2-1　低副

转动副是两构件只能做相对转动的运动副，如图 2-1(a)所示由铰链连接组成的转动副。移动副是两构件只能沿某一轴线相对移动的运动副，如图 2-1(b)所示。

(2)高副

两构件以点或线的形式相接触而组成的运动副称为高副。如图 2-2 所示的齿轮副、凸轮副和车轮与钢轨接触而构成的移动副都是高副，其中构件 2 可以相对构件 1 绕接触点 A 转动，又可以沿接触点的切线 t—t 方向移动，而只有沿公法线 n—n 方向的运动受到限制。

由于高副是以点或线的形式相接触的，其接触部分的压强较高，因此易磨损。

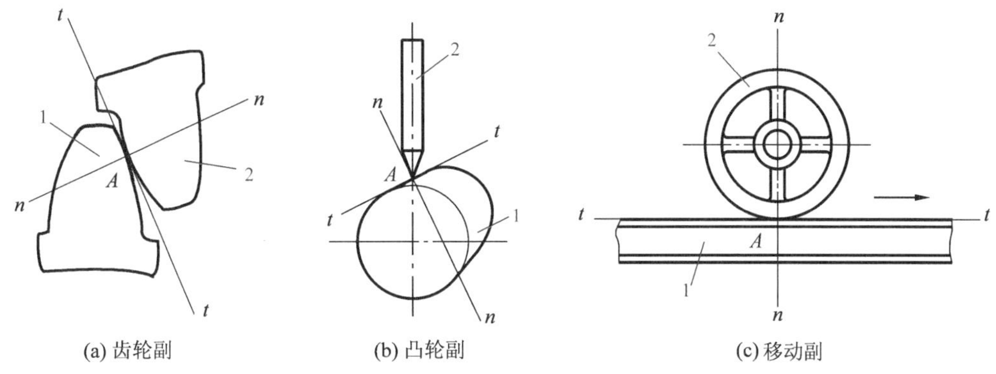

(a) 齿轮副　(b) 凸轮副　(c) 移动副

图 2-2　高副

二、构件

机构中的构件有三类：固定不动的构件称为机架（或固定构件）；按给定的运动规律独立运动的构件称为原动件；机构中其他活动构件称为从动件。从动件的运动规律取决于原动件的运动规律及运动副的结构和构件尺寸。

构件的受力状况及运动特点与构件结构尺寸有关，下面介绍几种常见的构件结构。

1. 具有转动副元素的杆状构件

图 2-3(a)～图 2-3(c)所示为含有两个转动副元素的杆状构件，图 2-3(d)～图 2-3(f)所示为含有三个转动副元素的杆状构件。杆件的形状主要取决于机构的结构设计，保证运动时不发生干涉。

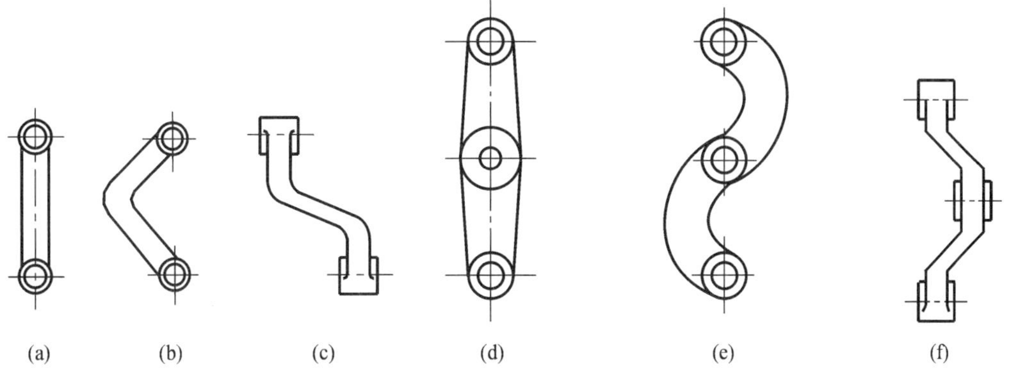
(a)　(b)　(c)　(d)　(e)　(f)

图 2-3　具有转动副元素的杆状构件

设计时为了保证杆件受力时具有足够的强度和刚度，其截面形状可以设计成不同形式，常见的有图 2-4 所示的几种。

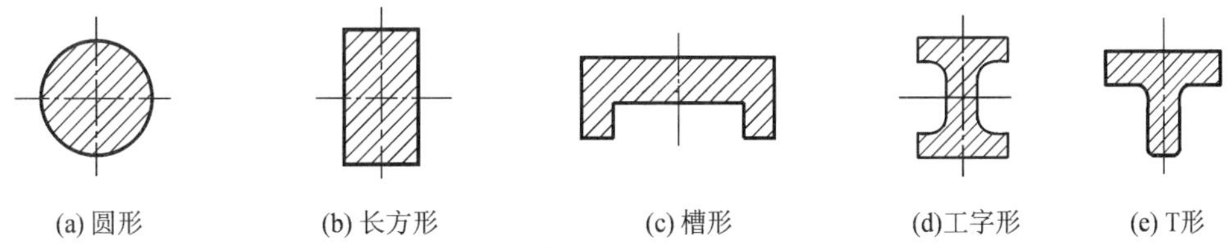
(a) 圆形　(b) 长方形　(c) 槽形　(d)工字形　(e) T形

图 2-4　杆状构件的截面形状

2. 具有移动副元素和转动副元素的构件

图 2-5 为单缸内燃机构造简图。在燃烧气体的膨胀压力作用下，活塞 C 被推动下移，并通过连杆 BC 使曲轴 AB 旋转而做功。这里的活塞既与缸体组成移动副，又与连杆组成转动副。像活塞 C 这样的构件，在机构中常称之为滑块。

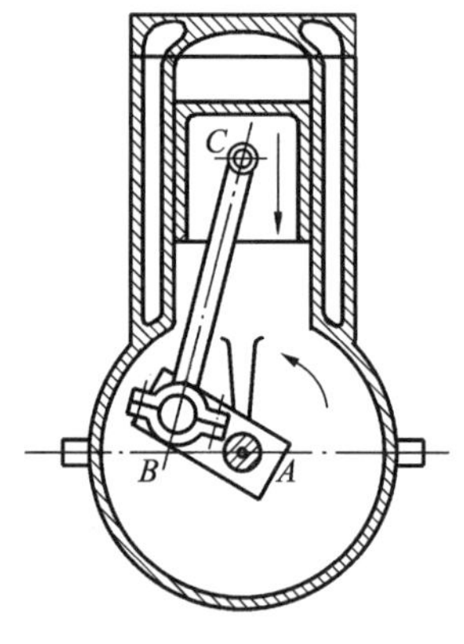

图 2-5 单缸内燃机构造简图

2.2 平面机构的运动简图

学习要点

1. 认识平面机构的运动简图。
2. 掌握机构运动简图的符号及绘制方法。

一、机构运动简图的概念

在研究机构运动特性时，为使问题简化，可不考虑构件和运动副的实际结构，只考虑与运动有关的构件数目、运动副类型及相对位置。用规定的线条和符号表示构件和运动副，并按一定的比例确定运动副的相对位置及与运动有关的尺寸，这种表明机构的组成和各构件间运动关系的简单图形称为机构运动简图。

不严格按比例绘制的机构运动简图称为机构示意图。

二、平面机构运动简图的绘制

绘制平面机构运动简图时，首先要观察和分析机构的构造和运动情况，要明确三类构件：固定构件（机架），机构中支承活动构件的构件，任何一个机构中必定有一个构件为机架；原动件，机构中作用有驱动力（力矩）或已知运动规律的构件，一般与机架相连；从动件，机构中除了原动件以外的所有活动构件。其次，还需弄清楚该机构由多少个构件组成，

如何绘制平面机构的运动简图

各构件间组成运动副的类型及相对位置，然后按规定的符号和一定的比例尺绘图。

具体可按以下步骤进行：

(1)分析机构的组成，确定机架、原动件和从动件。

(2)由原动件开始，依次分析构件间的相对运动形式，确定运动副的类型和数目。

(3)选择适当的视图平面和原动件位置，以便清楚地表达各构件间的运动关系。通常选择与构件运动平面平行的平面作为投影面。

(4)选择适当的比例尺 $\mu_l=\frac{\text{构件实际长度}}{\text{构件图样长度}}$(单位：m/mm 或 mm/mm)，按照各运动副间的距离和相对位置，以规定的线条和符号绘图。

常用机构运动简图符号见表 2-1，一些常用机构的表示符号将在后面章节中介绍。

表 2-1　　常用机构运动简图符号(摘自 GB/T 4460—2013)

名称		简图符号	名称			简图符号
构件	轴、杆		机架	机架		
	三副元素构件	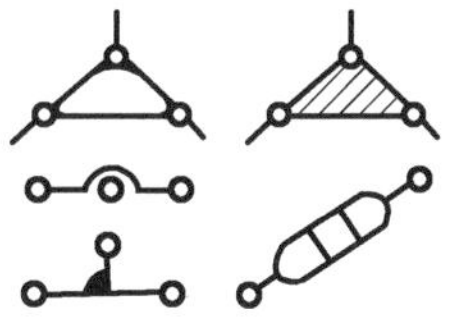		机架是转动副的一部分		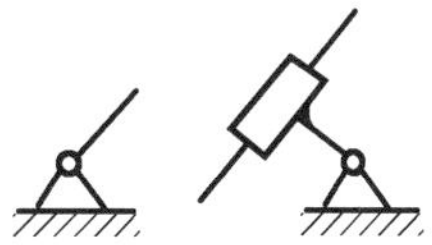
	构件的永久连接	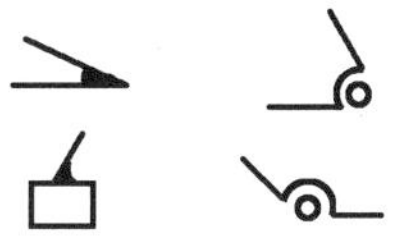		机架是移动副的一部分		
平面低副	转动副		平面高副	齿轮副	外啮合	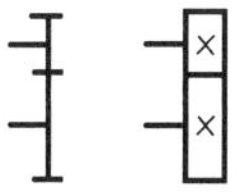
					内啮合	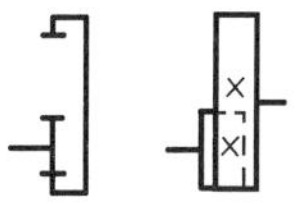
	移动副	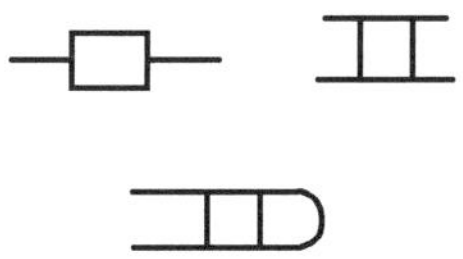		凸轮副		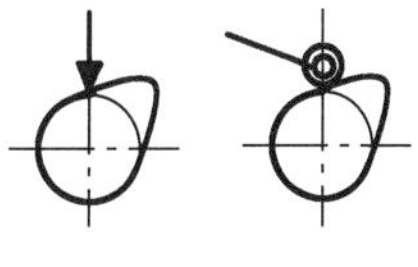

例 2-1

绘制图 2-6(a)所示颚式破碎机主体机构的运动简图。

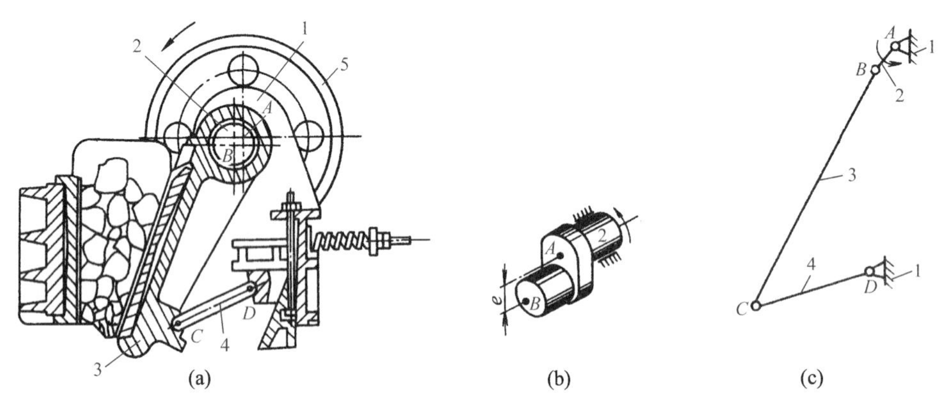

图 2-6 颚式破碎机主体机构

1—机架;2—偏心轴;3—动颚;4—肘板;5—带轮

解 (1)由图 2-6(a)可知,颚式破碎机主体机构由机架、偏心轴(图 2-6(b))、动颚、肘板组成。机构运动由带轮输入,带轮与偏心轴固连成一体(属于同一构件),绕转动中心 A 转动,故偏心轴为原动件。动颚通过肘板与机架相连,并在偏心轴的带动下做平面运动以将矿石打碎,故动颚和肘板为从动件。

(2)偏心轴与机架、偏心轴与动颚、动颚与肘板、肘板与机架均构成转动副,其转动中心分别为 A、B、C、D。

选择构件的运动平面为视图平面,图 2-6(c)所示的机构运动瞬时位置为原动件位置。

根据实际机构尺寸及图样大小选定比例尺 μ_l。根据已知运动尺寸 L_{AB}、L_{DA}、L_{BC}、L_{CD}依次确定各转动副 A、B、D、C 的位置,画上代表转动副的符号,并用线段连接 A、B、C、D。用数字标注构件号,并在构件 1 上标注表示原动件的箭头,如图 2-6(c)所示。

例 2-2

绘制图 2-5 所示单缸内燃机的机构运动简图。已知 $L_{AB}=75$ mm，$L_{BC}=300$ mm。

解　(1)在内燃机中，活塞为原动件，曲轴 AB 为工作构件。活塞的往复运动经连杆 BC 变换为曲轴 AB 的旋转运动。

(2)活塞与缸体(机架)组成移动副，与连杆 BC 在 C 点组成转动副；曲轴 AB 与缸体在 A 点组成转动副，与连杆 BC 在 B 点组成转动副。

(3)选长度比例尺 $\mu_l=0.01$ m/mm，按规定符号绘制机构运动简图，如图 2-7 所示。活塞的大小与运动无关，可酌情而定。

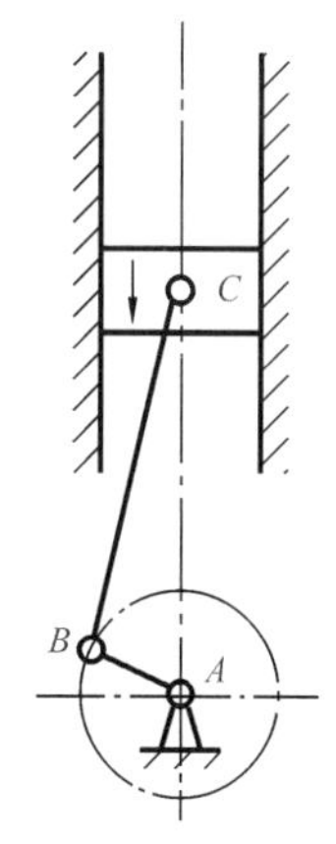

图 2-7　单缸内燃机机构运动简图

2.3　平面机构的自由度

学习要点

1. 掌握自由度与约束的概念。
2. 掌握复合铰链、局部自由度和虚约束的概念。
3. 会计算机构自由度并判断机构运动的确定性。

一、自由度和约束的概念

1. 自由度

运动构件相对于参考系所具有的独立运动的数目称为构件的自由度。任一做平面运动的自由构件都具有三个独立的运动，如图 2-8 所示，XOY 坐标系中的构件可沿 X 轴和 Y 轴移动，可绕垂直于 XOY 平面的轴线 A 转动，因此做平面运动的自由构件有 3 个自由度。

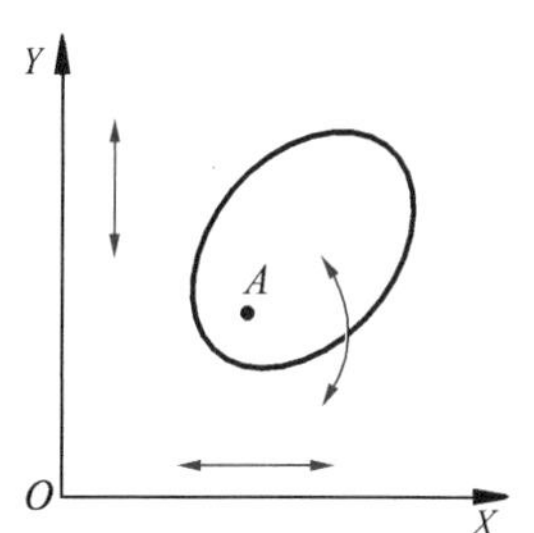

图 2-8　自由构件的自由度

2. 约束

当两构件组成运动副后，它们之间的某些相对运动受到限制，对相对运动所加的限制称为约束。每引入一个约束，自由构件便失去一个自由度。运动副的约束数目和约束特点取决于运动副是低副还是高副。每个低副限制构件 2 个自由度，每个高副限制构件 1 个自由度。

二、机构自由度的计算和机构具有确定运动的条件

设一个平面机构由 N 个构件组成，其中必有一个构件为机架，则活动构件数 $n=N-1$。它们在未组成运动副之前，共有 $3n$ 个自由度，用运动副连接后便引入了约束，自由度减少了。若机构中有 P_L 个低副、P_H 个高副，则平面机构的自由度 F 的计算公式为

轻松计算平面机构的自由度

$$F=3n-2P_L-P_H \tag{2-1}$$

如图 2-6(c)所示颚式破碎机主体机构运动简图，其活动构件数 $n=3$，低副数 $P_L=4$，高副数 $P_H=0$，则该机构的自由度为

$$F=3n-2P_L-P_H=3\times3-2\times4-0=1$$

在上述颚式破碎机主体机构中，因为原动件数目与自由度相等，所以机构具有确定的运动。由上述分析可知，机构的自由度、原动件数目与机构运动特性之间有着密切的联系，见表 2-2。

表 2-2　机构具有确定运动的判断方法

自由度	原动件数目	结论
$F\leqslant0$	—	机构变为刚性结构，构件之间没有相对运动，不能构成机构
$F>0$	$<F$	机构的运动不确定，从动件首先沿阻力小的方向运动
	$>F$	会导致机构的薄弱构件损坏
	F	机构中各构件具有确定的相对运动

由此可见，机构具有确定运动的条件为：机构的原动件数目等于机构的自由度，且机构的自由度大于零。

三、复合铰链、局部自由度和虚约束

1. 复合铰链

两个以上的构件在同一处以同轴线的转动副相连，称为复合铰链。

图 2-9 所示为三个构件在 A 点形成复合铰链。从侧视图可见，这三个构件实际上组成了轴线重合的两个转动副，而不是一个转动副。一般 k 个构件形成的复合铰链应具有 $(k-1)$ 个转动副，计算自由度时应注意找出复合铰链。

图 2-10 所示为直线机构，其构件的长度为 $AF=FE$，$AD=AB$，$BC=CD=DE=EB$，当构件 FE 摇动时，C 点的轨迹为垂直于 AF 的直线。该机构在 A、B、D、E 四点均为两个转动副，即复合铰链。该机构 $n=7$，$P_L=10$，$P_H=0$，其自由度为

$$F=3n-2P_L-P_H=3\times7-2\times10-0=1$$

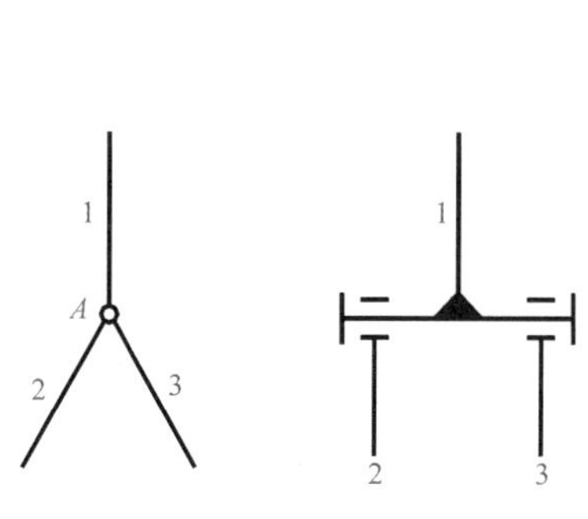

图 2-9 复合铰链

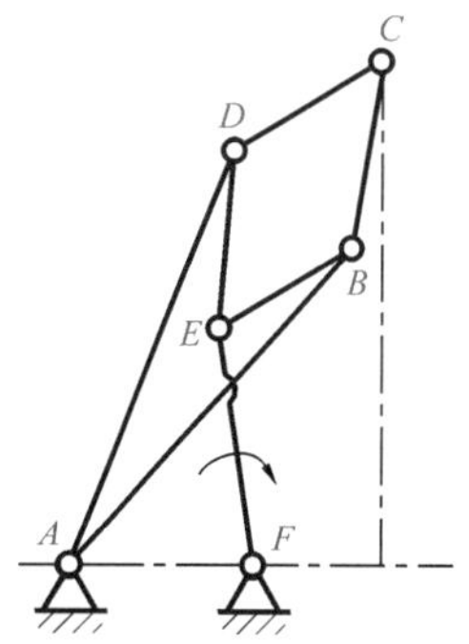

图 2-10 直线机构

2. 局部自由度

机构中某些构件所产生的局部运动并不影响其他构件的运动。这些构件所产生的这种局部运动的自由度称为局部自由度。在计算机构自由度时，局部自由度应略去不计。

如图 2-11(a)所示的凸轮机构，为了减少高副处的摩擦，常在从动件 3 上装一滚子 2。当原动件凸轮 1 绕固定轴 A 转动时，从动件 3 则在导路中上下往复运动。如图 2-11(b)所示，滚子 2 绕自身回转轴转动与否，都不影响构件 3 的运动。这种与机构原动件和从动件的运动传递无关的构件的独立自由度就是局部自由度。因此，该机构的自由度为

$$F=3n-2P_L-P_H=3\times2-2\times2-1=1$$

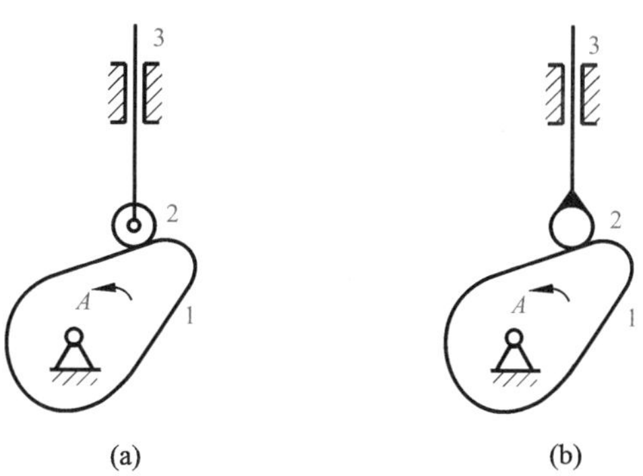

图 2-11 凸轮机构

3. 虚约束

机构中与其他约束重复而对机构运动不起新的限制作用的约束称为虚约束。计算机构自由度时，应将其除去不计。虚约束常出现在下列场合：

(1)两构件间形成多个具有相同作用的运动副，分三种情况：

①两构件在同一轴线上组成多个转动副。如图 2-12(a)所示，轮轴 1 与机架 2 在 A、

B 两处组成了两个转动副，从运动关系看，只有一个转动副起约束作用，计算机构自由度时应按一个转动副计算。

②两构件组成多个导路平行或重合的移动副。如图 2-12(b)所示，构件 1 与机架 2 组成了 A、B、C 三个导路平行的移动副，计算自由度时应只算作一个移动副。

③两构件组成多处接触点公法线重合的高副。如图 2-12(c)所示，同样应只考虑一处高副，其余为虚约束。

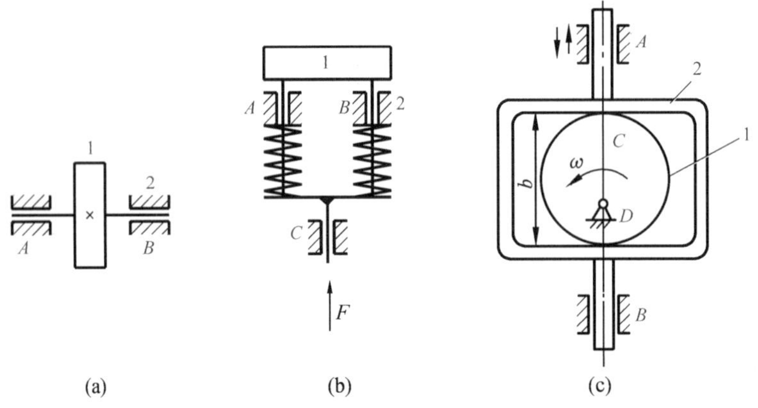

图 2-12 两构件组成多个运动副

(2)两构件上连接点的运动轨迹互相重合。在图 2-13 所示的机车车轮联动机构中，无论构件 5 和转动副 E、F 是否存在，对机构的运动都不产生影响，即构件 5 和转动副 E、F 引入的是虚约束，起重复限制运动的作用，在计算机车车轮联动机构的自由度时应除去不计，即

$$F=3n-2P_{\mathrm{L}}-P_{\mathrm{H}}=3\times3-2\times4-0=1$$

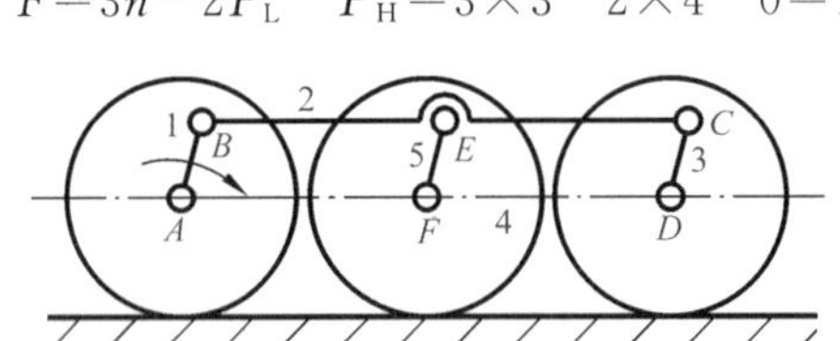

图 2-13 机车车轮联动机构中的虚约束

图 2-13 中的虚约束可以增加构件的刚性，改善受力状况。但是如果不满足特定的几何条件 $EF/\!/AB$、$EF=AB$，就会成为实际约束，使机构失去运动的可能性。

(3)机构中传递运动不起独立作用的对称部分。如图 2-14(a)所示的行星轮系，为使受力均匀，安装三个相同的行星轮对称布置。从运动关系看，只需一个行星轮 2 就能满足运动要求，其余行星轮及其所引入的高副均为虚约束，应除去不计(图 2-14(b)中的 C 处为复合铰链)。该机构的自由度为

$$F=3n-2P_{\mathrm{L}}-P_{\mathrm{H}}=3\times4-2\times4-2=2$$

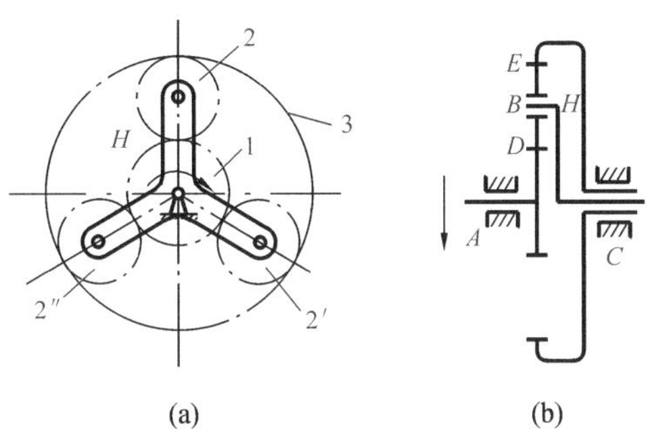

图 2-14 对称结构引入的虚约束

虚约束虽对机构运动不起约束作用，但能改善机构的刚性或受力情况，保证机构顺利运动，在结构设计中被广泛采用。应当指出，虚约束是在一定的几何条件下形成的。虚约束对制造、安装精度要求较高，当不能满足几何条件时，虚约束就会成为实际约束而使机构不能运动。因此，在设计中应避免不必要的虚约束。

例 2-3

计算图 2-15(a)所示筛料机构的自由度。

解 经分析可知，机构中滚子自转为局部自由度；顶杆 DF 与机架组成两导路重合的移动副 E、E'，故其中之一为虚约束；C 处为复合铰链。除去局部自由度和虚约束，按图2-15(b)所示机构计算自由度，机构中 $n=7$，$P_L=9$，$P_H=1$，其自由度为

$$F=3n-2P_L-P_H=3\times7-2\times9-1=2$$

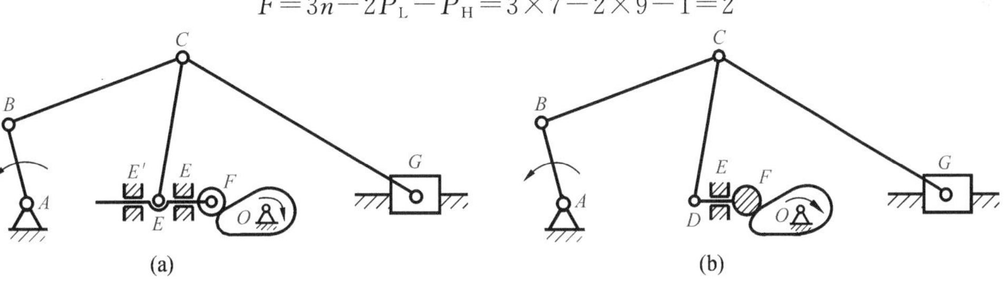

图 2-15 筛料机构

知识梳理与总结

通过本章的学习，我们学会了分析颚式破碎机的组成和工作原理，也学会了画平面机构的运动简图和计算机构的自由度。

1. 运动副是指构件与构件直接接触并能产生一定相对运动的连接。

运动副
- 高副（点、线接触，保留两个自由度）
- 低副（面接触）
  - 转动副（保留一个转动自由度）
  - 移动副（保留一个移动自由度）

2.平面机构运动简图是用简单的线条和规定的符号来表示机构类型、构件数目、运动副的类型和数目以及运动尺寸等的图形。

3.平面运动中，自由运动的构件有三个独立的运动，每引入一个约束，构件的自由度就减少一个。平面高副限制构件一个自由度，平面低副限制构件两个自由度。

平面机构自由度计算公式为

$$F=3n-2P_{\mathrm{L}}-P_{\mathrm{H}}$$

计算机构的自由度时应注意三种特殊结构：复合铰链，局部自由度，虚约束。

4.机构具有确定运动的条件

若原动件数目与机构自由度相等，则机构具有确定的运动。

若原动件数目多于机构自由度，则会导致机构中最薄弱的构件损坏。

若原动件数目少于机构自由度，则机构的运动不确定，从动件会首先沿阻力最小的方向运动。

第3章

平面连杆机构

学习导航

知识目标

掌握平面四杆机构的基本形式，了解其演化形式。

掌握平面四杆机构的工作特性及在工程实际中的应用。

掌握平面四杆机构的设计方法。

能力目标

掌握曲柄摇杆机构、双曲柄机构、双摇杆机构的概念及应用。

会分析铰链四杆机构的演化形式及应用。

会根据工作要求设计平面四杆机构。

思政映射

铰链四杆机构中杆长条件的变化会改变机构的性质和功能。平面连杆机构的演化改变了机构的运动规律，生活中机构的应用不胜枚举，要养成勤于思考、善于动脑的良好习惯，做生活和工作中的有心人。

连杆机构是由若干构件通过低副连接而形成的机构，又称为低副机构。活动构件均在同一平面或在相互平行的平面内运动的连杆机构称为平面连杆机构。

平面连杆机构的特点：低副中的两运动副元素为面接触，压强小，易于润滑，磨损小，寿命长；能获得较高的运动精度；可以实现预期的运动规律和轨迹等要求。但当要求从动件精确实现特定的运动规律时，设计计算较繁杂，而且运动副中的间隙会引起运动积累误差，故往往难以实现。有些构件所产生的惯性力难以平衡，高速时会引起较大的振动和动载荷。因此，平面连杆机构常与机器的工作部分相连，起执行和控制作用。

3.1 平面连杆机构的基本形式及其演化

学习要点

1. 学会判断平面连杆机构的基本形式。
2. 掌握铰链四杆机构的演化形式及应用。

工程中常用的平面连杆机构是平面四杆机构。平面四杆机构最常用的形式可分为两大类：铰链四杆机构及含有一个移动副的平面四杆机构。铰链四杆机构是平面四杆机构的基本形式。含有一个移动副的平面四杆机构可视为铰链四杆机构的演化形式，即含有一个移动副的铰链四杆机构。

一、铰链四杆机构的基本形式

运动副都是转动副的平面四杆机构称为铰链四杆机构，如图 3-1 所示。在铰链四杆机构中，固定不动的构件 4 是机架，与机架相连的构件 1 和 3 称为连架杆，不与机架相连的构件 2 称为连杆。相对于机架能做整周转动的连架杆称为曲柄，只能在一定角度范围内往复摆动的连架杆称为摇杆。

图 3-1 铰链四杆机构

根据连架杆运动形式的不同，可将铰链四杆机构分为三种基本形式。

1. 曲柄摇杆机构

两连架杆分别为曲柄和摇杆的铰链四杆机构称为曲柄摇杆机构。在曲柄摇杆机构中，当曲柄为主动件时，将主动曲柄的等速连续转动转化为从动摇杆的往复摆动。如图3-2所示的雷达天线俯仰角调整机构，曲柄 1 为主动件，天线固定在摇杆 3 上，该机构将曲柄的转动转换为摇

初识平面四杆机构

杆(天线)的俯仰运动。

在曲柄摇杆机构中,也可以以摇杆为主动件,以曲柄为从动件,将主动摇杆的往复摆动转化为从动曲柄的整周转动,如图 3-3 所示的脚踏砂轮机机构。

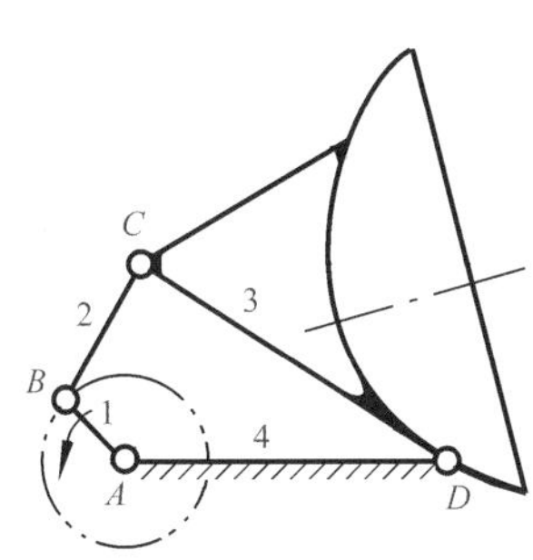

图 3-2　雷达天线俯仰角调整机构

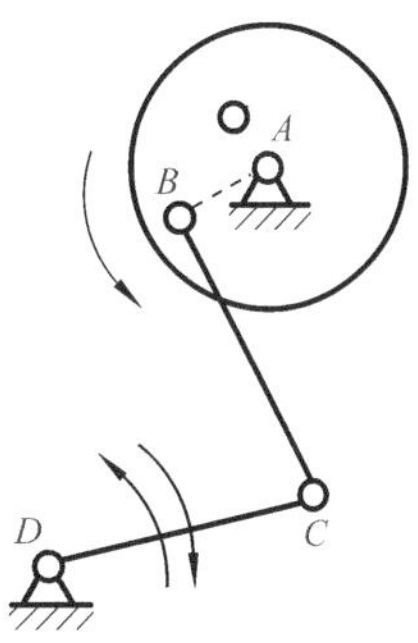

图 3-3　脚踏砂轮机机构

2. 双曲柄机构

两连架杆均为曲柄的铰链四杆机构称为双曲柄机构。主动曲柄等速转动,从动曲柄一般为变速转动,如图 3-4 所示的插床六杆机构,就是以双曲柄机构为基础扩展而成的。

在双曲柄机构中有一种特殊机构,其连杆与机架的长度相等、两个曲柄长度相等且转向相同,这种双曲柄机构称为平行四边形机构,如图 3-5 所示。

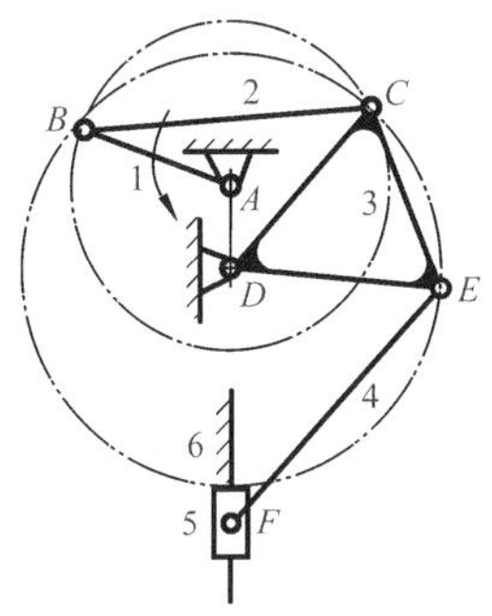

图 3-4　插床六杆机构

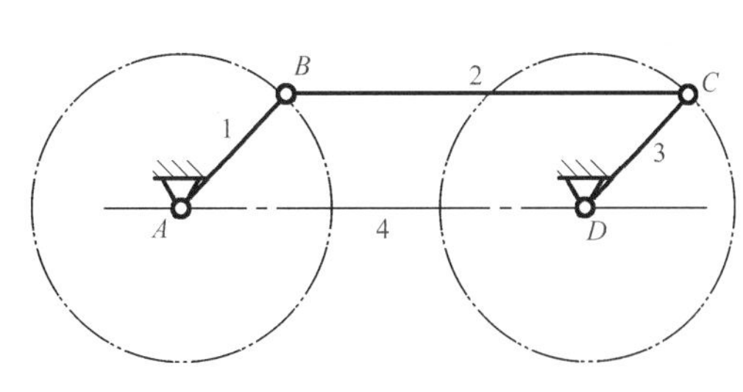

图 3-5　平行四边形机构(一)

由于这种机构两曲柄的角速度始终保持相等,且连杆始终保持平动,因此应用较广泛,例如图 3-6 所示的天平机构。

平行四边形机构有以下三个运动特点:

(1)两曲柄转速相等

图 3-7 所示的机车车轮联动机构利用的就是平行四边形机构两曲柄转速相等的特性。

(2)连杆始终与机架平行

如图 3-6 所示的天平机构,始终保证天平盘 1、2 处于水平位置。如图 3-8 所示的摄影车升降机构,其升降高度的变化采用两组平行四边形机构来实现,且利用连杆始终做平动这一特点,可使与连杆固连一体的座椅始终保持水平位置,以保证摄影人员安全可靠地摄影。

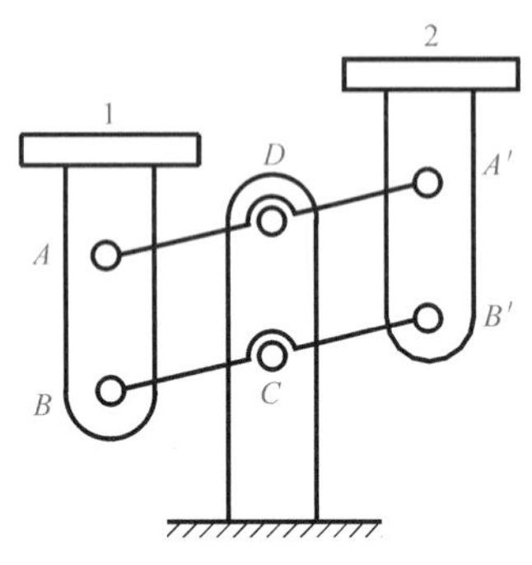

图 3-6 天平机构

1、2—天平盘

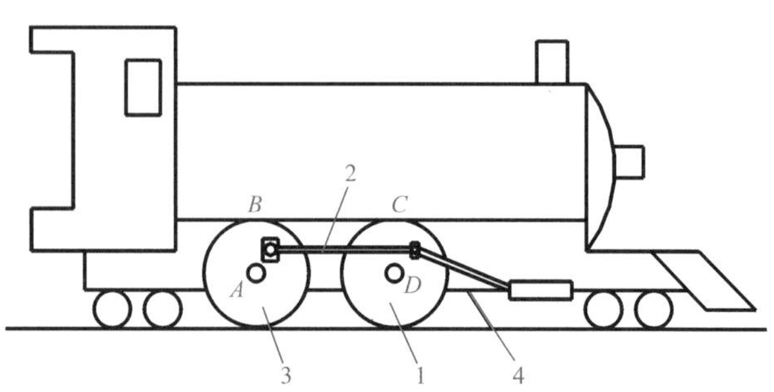

图 3-7 机车车轮联动机构

1、3—曲柄；2—连杆；4—机架

(3)运动的不确定性

如图 3-9 所示，在平行四边形机构中，当两曲柄转至与机架共线的位置时，主动曲柄 AB 继续转动，例如到达 AB_2 位置；从动曲柄 CD 可能按原转动方向转到 C_2D 位置(此时机构仍是平行四边形机构)，也可能反向转到 $C'D$ 位置。

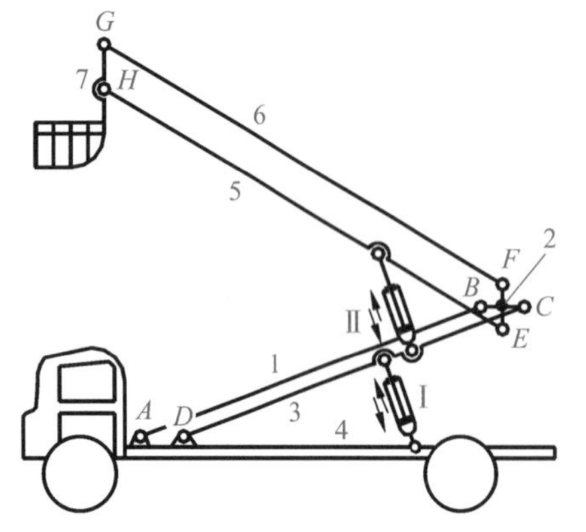

图 3-8 摄影车升降机构

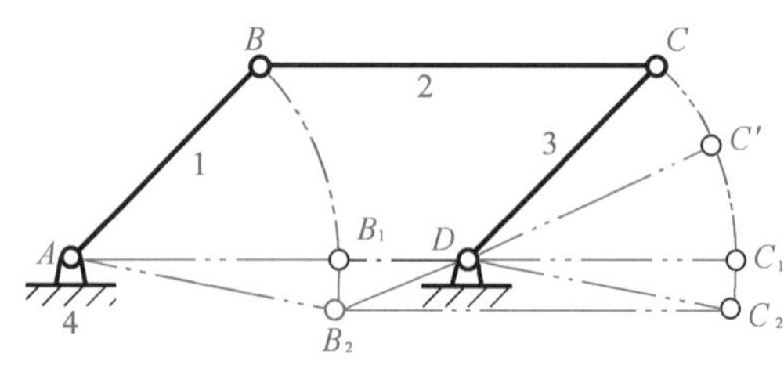

图 3-9 平行四边形机构(二)

为了克服运动的不确定性，可以对从动曲柄施加外力或利用飞轮及构件本身的惯性作用，也可以采用辅助曲柄等，如图 3-10 所示。

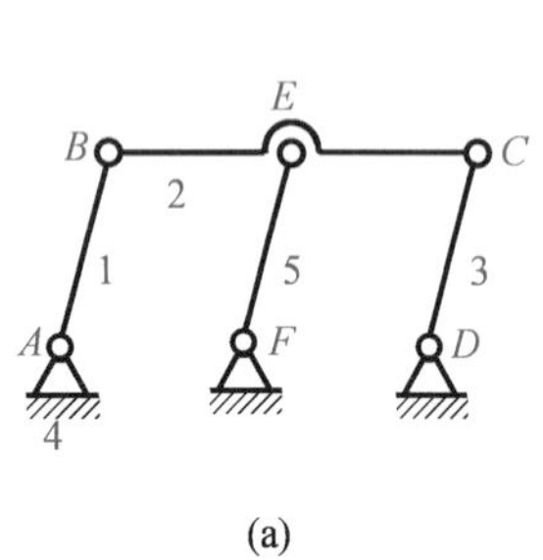

(a)

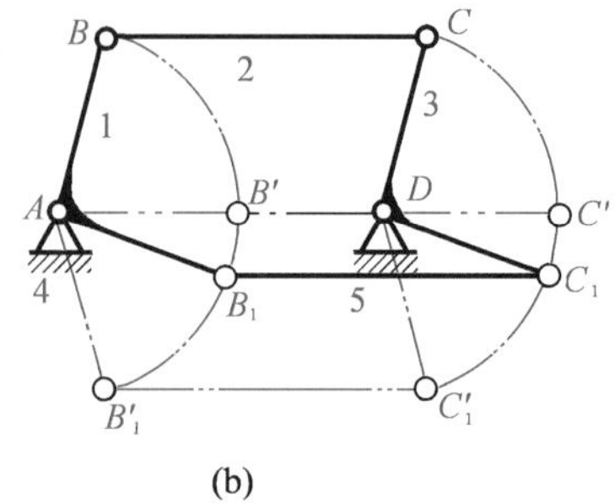

(b)

图 3-10 带有辅助构件的平行四边形机构

对于两个曲柄转向相反的情况，即连杆与机架的长度相等、两个曲柄长度相等且转向相反，这种双曲柄机构称为反平行四边形机构。反平行四边形机构不具备平行四边形机构前述的两个运动特征，如图 3-11 所示。

车门启闭机构就是反平行四边形机构的应用实例，如图 3-12 所示。

当主动曲柄 1 转动时，从动曲柄 3 做相反方向转动，从而使两扇车门同时开启或关闭。

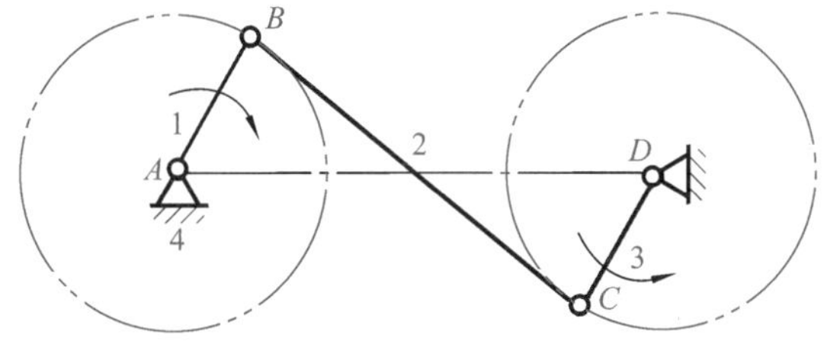

图 3-11 反平行四边形机构

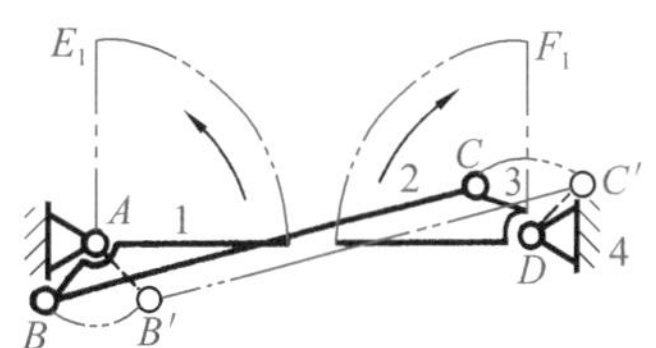

图 3-12 车门启闭机构

3. 双摇杆机构

两连架杆均为摇杆的铰链四杆机构称为双摇杆机构，常用于操纵机构、仪表机构等。如图 3-13 所示的港口起重机机构，可实现货物的水平移动，以减少功率消耗。

在双摇杆机构中，若两摇杆长度相等，则称为等腰梯形机构。等腰梯形机构的运动特性是两摇杆摆角不相等。如图 3-14 所示的车辆前轮转向机构，$ABCD$ 呈等腰梯形，构成等腰梯形机构。当汽车转弯时，为了保证轮胎与地面之间做纯滚动，以减轻轮胎磨损，AB、DC 两摇杆摆角不同，使两前轮的转动轴线会交于后轮轴线上的 O 点，这时四个车轮绕 O 点做纯滚动。

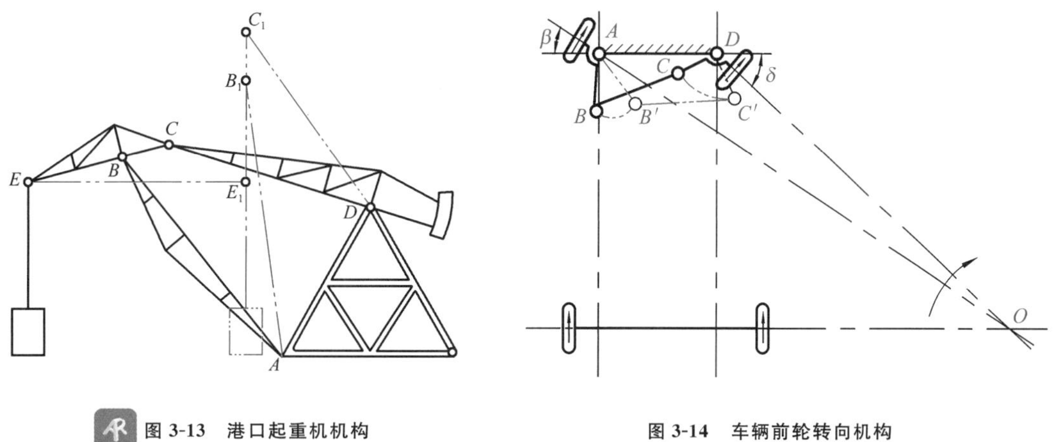

图 3-13 港口起重机机构

图 3-14 车辆前轮转向机构

二、铰链四杆机构的演化——含有一个移动副的平面四杆机构

1. 曲柄滑块机构

在图 3-15(a)所示的曲柄摇杆机构中，曲柄 1 为主动件，摇杆 3 为从动件，摇杆 3 上 C 点的轨迹是以 D 为圆心、以摇杆 3 的长度 CD 为半径的圆弧 mm。当将摇杆转化成滑块，

使滑块与机架组成移动副，同时保证 C 点轨迹不变时，C 点的轨迹由圆弧线转化为同一圆弧线的滑槽。此时，虽然转动副 D 的类型发生改变，但机构的运动特性并没有改变。若将弧线形滑槽的半径增至无穷大，即将转动副 D 的中心移至无穷远处，则弧线形滑槽变为直槽，这样曲柄摇杆机构就演化成一种新的机构——曲柄滑块机构，如图 3-15(d)所示。

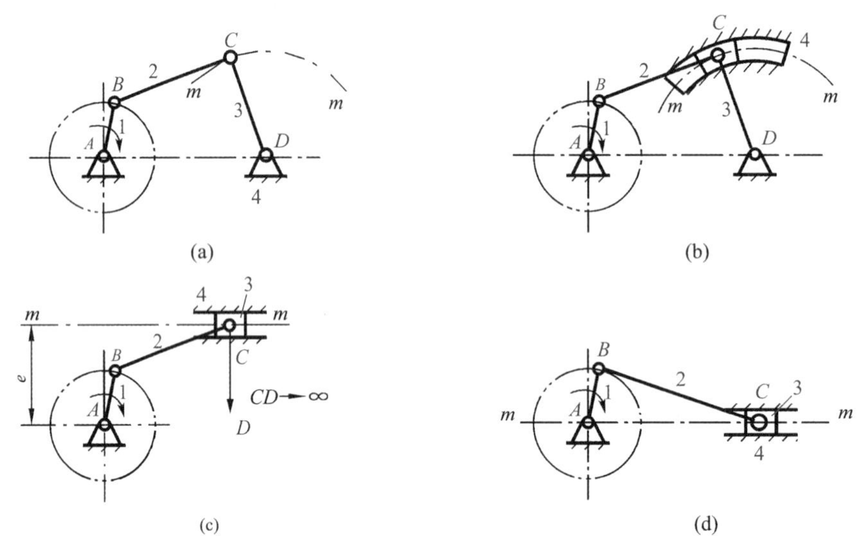

图 3-15 从曲柄摇杆机构到曲柄滑块机构的演化

曲柄滑块机构是由曲柄、连杆、滑块和机架组成的机构。

若滑块轨道中心线通过曲柄的转动中心 A，则称为对心曲柄滑块机构，如图 3-16 所示。滑块往复移动的距离 H 称为滑块行程。

若滑块轨道中心线偏离曲柄的转动中心 A，则称为偏置曲柄滑块机构，如图 3-17 所示。滑块轨道中心线与曲柄转动中心的垂直距离 e 称为偏心距。

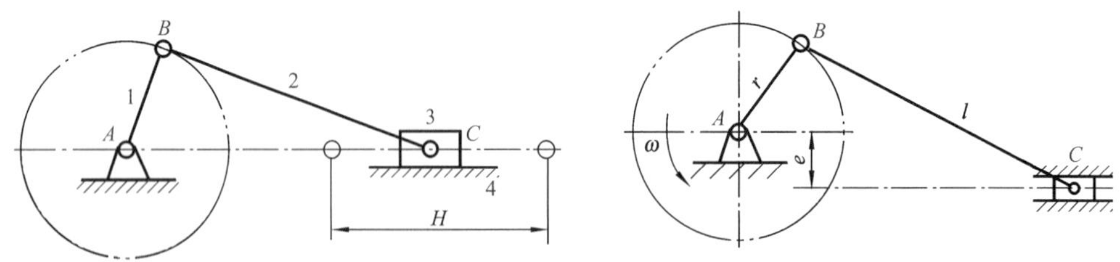

图 3-16 对心曲柄滑块机构　　图 3-17 偏置曲柄滑块机构

曲柄滑块机构可将主动滑块的往复直线运动经连杆转化为从动曲柄的连续转动，如应用于发动机中；也可将主动曲柄的连续转动经连杆转化为从动滑块的往复直线运动，如应用于往复式气体压缩机、往复式液体泵等机械中。

2. 偏心轮机构

在曲柄滑块机构中，如果要求滑块的行程较短，则曲柄的长度也必须较短，因此曲柄两端的转动副靠得很近。为了提高曲柄的强度，需将曲柄做成偏心轮形式。

由偏心轮、连杆、滑块和机架组成的机构称为偏心轮机构，如图 3-18 所示。

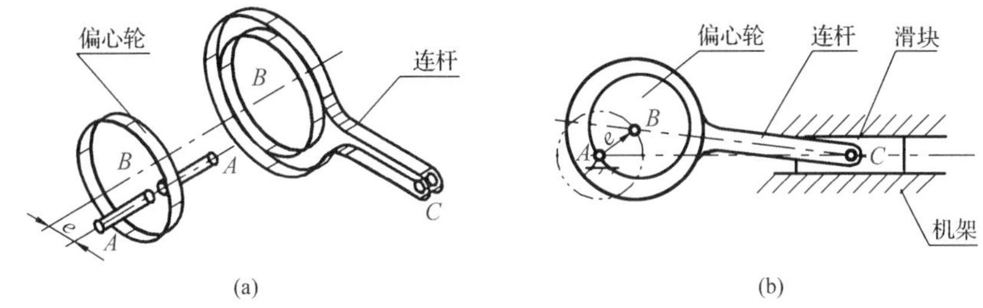

图 3-18　偏心轮机构

偏心轮机构的实质就是曲柄滑块机构的变形。偏心轮是转动副 B 扩大到包括转动副 A 而形成的，偏心轮的特点是几何中心 B 和转动中心 A 不重合。当偏心轮绕转动中心 A 转动时，其几何中心 B 绕转动中心 A 做圆周运动，从而带动套装在偏心轮上的连杆运动，进而使滑块在机架滑槽内往复移动。转动中心 A 到几何中心 B 的距离 e 称为偏心距，相当于曲柄滑块机构中的曲柄长度。

在偏心轮机构中，由于偏心距较小，故一般只能以偏心轮为主动件，将它的连续转动转化为滑块的往复移动。偏心轮机构常用于曲柄承受较大冲击载荷或曲柄长度较短的机器中，如应用于小型往复泵、冲床、剪床及颚式破碎机等机械设备中。

3. 导杆机构

在对心曲柄滑块机构中，如图 3-19(a)所示，如果以构件 1 作为机架，则构件 2 和构件 4 为连架杆，它们可以分别绕 B、A 点做整周转动，视为曲柄；滑块 3 一方面与构件 2 一同绕 A 点转动，一方面沿着构件 4 做往复移动。由于构件 4 充当了滑块 3 的导路，因此称其为导杆。由曲柄、导杆、滑块和机架组成的机构称为导杆机构。由于导杆能做整周转动，因此称其为转动导杆机构，此时机架长度小于曲柄长度。

若取机架长度大于曲柄长度，则导杆 4 只能做往复摆动，形成摆动导杆机构，如图 3-19(b)所示。

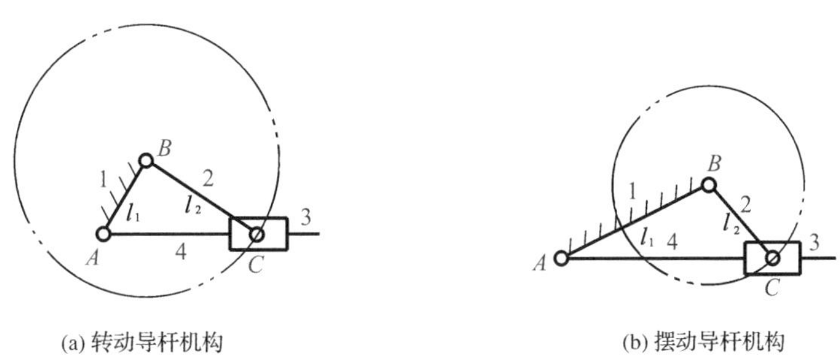

(a) 转动导杆机构　(b) 摆动导杆机构

图 3-19　导杆机构

图 3-19(a)所示的转动导杆机构常与其他构件组合，用于简易刨床、插床以及回转泵、转动式发动机等机械中，如图 3-20 所示。

图 3-19(b)所示的摆动导杆机构常与其他构件组合，用于牛头刨床和插床等机械中，如图 3-21 所示。

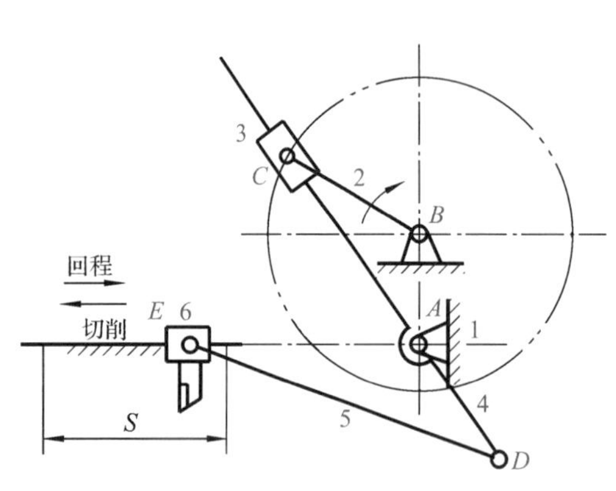

图 3-20 简易刨床的导杆机构

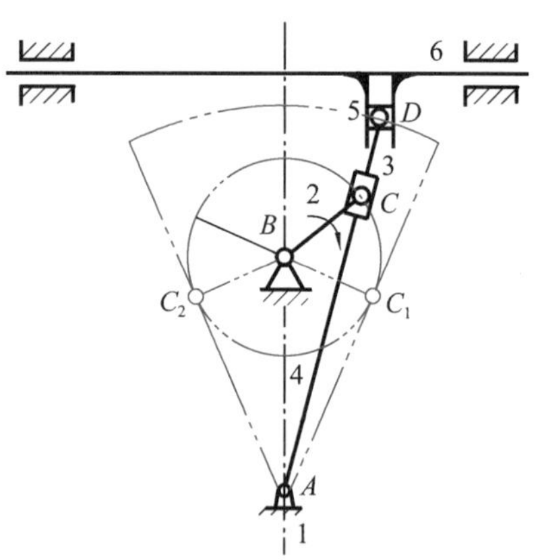

图 3-21 牛头刨床的导杆机构

4. 摇块机构

若将图 3-16 中的连杆 BC 作为机架，则滑块只能绕 C 点摆动，就得到曲柄摇块机构，简称摇块机构，如图 3-22 所示。

摇块机构常用于汽车、吊车等摆动缸式气、液动机构中，如图 3-23 所示。

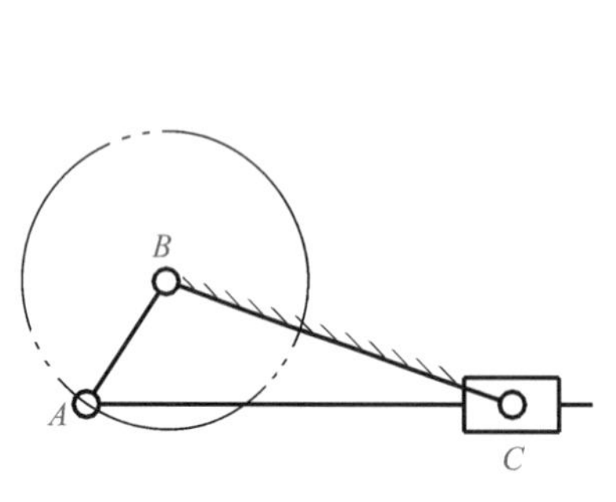

图 3-22 摇块机构

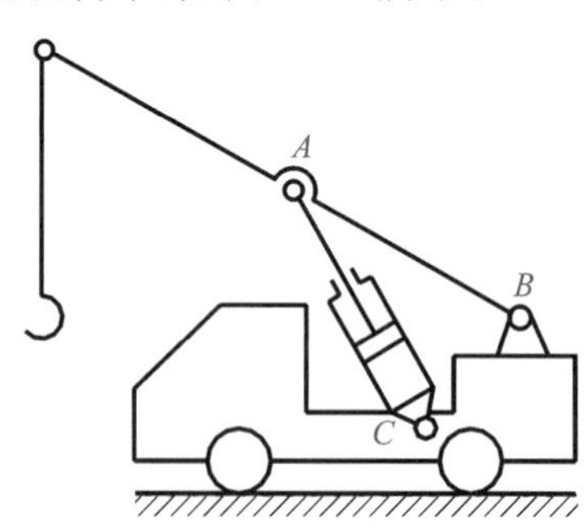

图 3-23 吊车

5. 定块机构

若将图 3-16 中的滑块作为机架，则 BC 杆成为绕转动副 C 摆动的摇杆，AC 杆成为滑块做往复移动，由此得到摇杆滑块机构，又称为定块机构，如图 3-24 所示。

定块机构常用于图 3-25 所示的手摇唧筒或双作用式水泵等机械中。

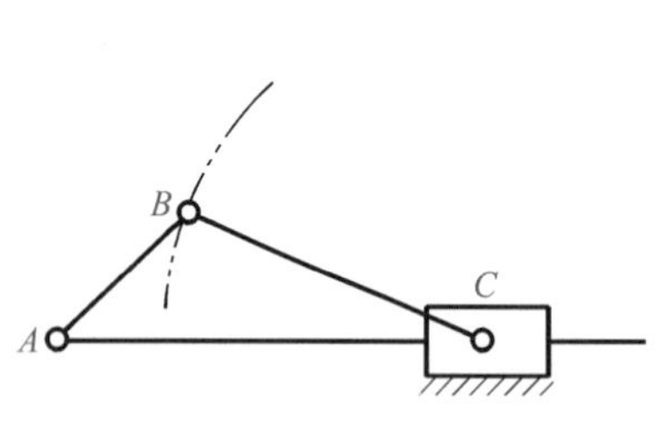

图 3-24 定块机构

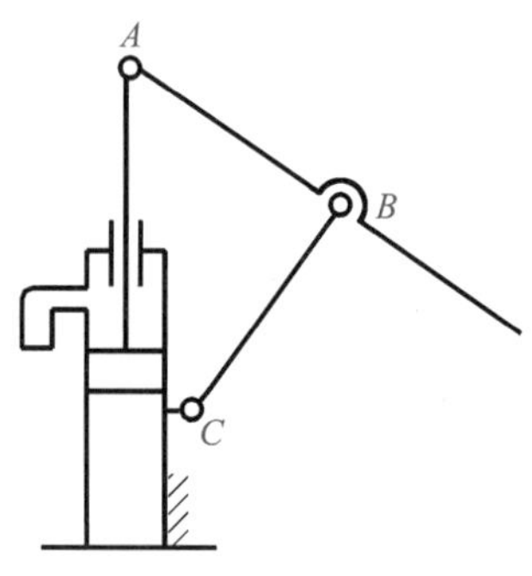

图 3-25 手摇唧筒

3.2 平面四杆机构存在曲柄的条件及基本特性

学习要点

1. 能够运用平面四杆机构存在曲柄的条件判断机构的类型。

2. 掌握机构的急回特性、压力角、传动角及死点的概念，并能够在运动简图上进行标注。

一、铰链四杆机构存在曲柄的条件

铰链四杆机构有三种基本形式，其主要区别在于机构中是否存在曲柄以及曲柄的数目。在铰链四杆机构中，是否存在曲柄、有几个曲柄，与各构件的尺寸及取哪一个构件作为机架有关。下面分析铰链四杆机构存在曲柄的条件。

在图 3-26 所示的铰链四杆机构中，AB 为曲柄，CD 为摇杆，各杆的长度分别为 a、b、c、d。因 AB 为曲柄，故可作出其做整周转动时两次与连杆共线的位置，如图中 AB_1C_1D、AB_2C_2D 所示。在曲柄与连杆部分重叠而成共线的位置构成$\triangle AC_1D$，在曲柄与连杆相延长而成共线的位置构成$\triangle AC_2D$。

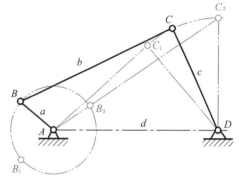

图 3-26　铰链四杆机构存在曲柄的条件

根据三角形两边之和必大于第三边，对于$\triangle AC_1D$ 有

$$c<(b-a)+d$$
$$d<(b-a)+c$$

移项得

$$a+c<b+d$$
$$a+d<b+c$$

对于$\triangle AC_2D$ 有

$$a+b<c+d$$

铰链四杆机构存在曲柄的条件

由于$\triangle AC_1D$ 与$\triangle AC_2D$ 的形状随各杆的相对长度不同而变化，因此考虑三角形变为一直线的特殊情况，此时曲柄与连杆成一直线的位置即四杆共线的位置。在曲柄与另一杆长度之和正好等于其余两杆长度之和时才出现这一特殊情况，于是上面三式应写为

$$\begin{cases} a+c\leqslant b+d \\ a+d\leqslant b+c \\ a+b\leqslant c+d \end{cases} \tag{3-1}$$

将式(3-1)中每两式相加并简化，可得

$$\begin{cases} a\leqslant b \\ a\leqslant c \\ a\leqslant d \end{cases} \tag{3-2}$$

由式(3-2)可知，曲柄(连架杆)AB必为最短杆，再改取不同的构件为机架，可归纳出铰链四杆机构存在曲柄的条件：

(1)连架杆和机架中必有一杆为最短杆(简称最短杆条件)。

(2)最短杆与最长杆的长度之和小于或等于其余两杆的长度之和(简称杆长和条件)。

通过分析可得出如下结论：

(1)铰链四杆机构中，如果最短杆与最长杆的长度之和小于或等于其余两杆的长度之和，则根据机架选取的不同，可有下列三种情况：

①取最短杆为连架杆，则最短杆为曲柄，另一连架杆为摇杆，组成曲柄摇杆机构。

②取最短杆为机架，则两连架杆均为曲柄，组成双曲柄机构。

③取最短杆对面的杆为机架，则两连架杆均为摇杆，组成双摇杆机构。

(2)铰链四杆机构中，如果最短杆与最长杆的长度之和大于其余两杆的长度之和，则不论取哪一杆为机架，都没有曲柄存在，均为双摇杆机构。

二、急回特性

某些连杆机构，例如插床、刨床等单向工作的机械，当主动件(一般为曲柄)等速转动时，为了缩短机器的非生产时间，提高生产率，要求从动件快速返回。这种当主动件等速转动时，做往复运动的从动件在返回行程中的平均速度大于工作行程的平均速度的特性称为急回特性。现以曲柄摇杆机构为例分析机构的急回特性。

在图3-27所示的曲柄摇杆机构中，设曲柄AB为主动件，摇杆CD为从动件。当曲柄AB按ω顺时针做等速转动时，摇杆CD做变速往复摆动。

曲柄AB在转动一周的过程中，有两次与连杆BC共线，这时摇杆CD分别位于两极限位置C_1D与C_2D。从动摇杆在两极限位置C_1D与C_2D之间往复摆动的角度称为摆角ψ。

从动件CD处于两极限位置时，曲柄两对应位置之间所夹的锐角称为极位夹角θ。

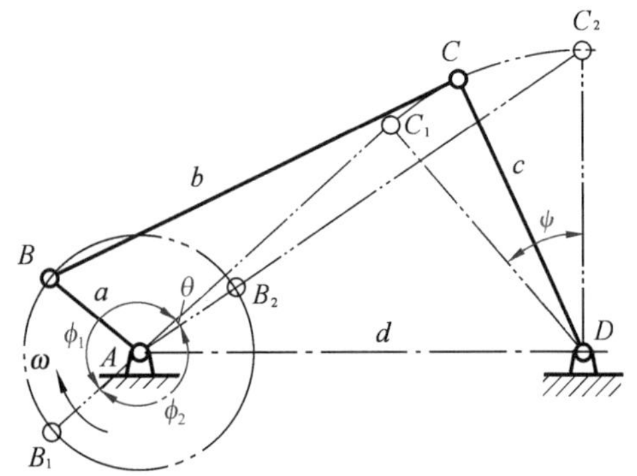

图3-27 曲柄摇杆机构的急回特性分析

在曲柄摇杆机构中，设摇杆由C_1D摆到C_2D的运动过程为工作行程。在这一行程中，曲柄转角$\phi_1=180^\circ+\theta$，所需时间$t_1=\phi_1/\omega=(180^\circ+\theta)/\omega$；摇杆的摆角为$\psi$，摇杆在工作行程中的平均速度 $v_1=\widehat{C_1C_2}/t_1$。摇杆由 C_2D 摆回 C_1D 的运动过程为回程。在这一回程中，曲柄转角 $\phi_2=180°-\theta$，所需时间 $t_2=\phi_2/\omega=(180°-\theta)/\omega$；摇杆的摆角为 ψ，摇杆在回程中的平均速度 $v_2=\widehat{C_2C_1}/t_2$。因为 $(180°+\theta)>(180°-\theta)$，即 $t_1>t_2$，所以 $v_2>v_1$，表明曲柄摇杆机构具有急回特性。急回特性的程度用 v_2 和 v_1 的比值 K 来表示，K 称为行程速比系数，即

微课

平面四杆机构急回特性的应用

$$K=\frac{v_2}{v_1}=\frac{t_1}{t_2}=\frac{\phi_1}{\phi_2}=(180°+\theta)/(180°-\theta) \tag{3-3}$$

上式表明，机构的急回速度取决于极位夹角 θ 的大小。θ 越大，K 值越大，机构的急回程度越明显，但机构的传动平稳性下降。因此在设计时，应根据工作要求合理地选择 K 值，通常取 $K=1.2\sim2.0$。

偏置曲柄滑块机构和摆动导杆机构也具有急回特性。值得注意的是，在摆动导杆机构中 $\theta=\psi$，如图 3-28 所示。

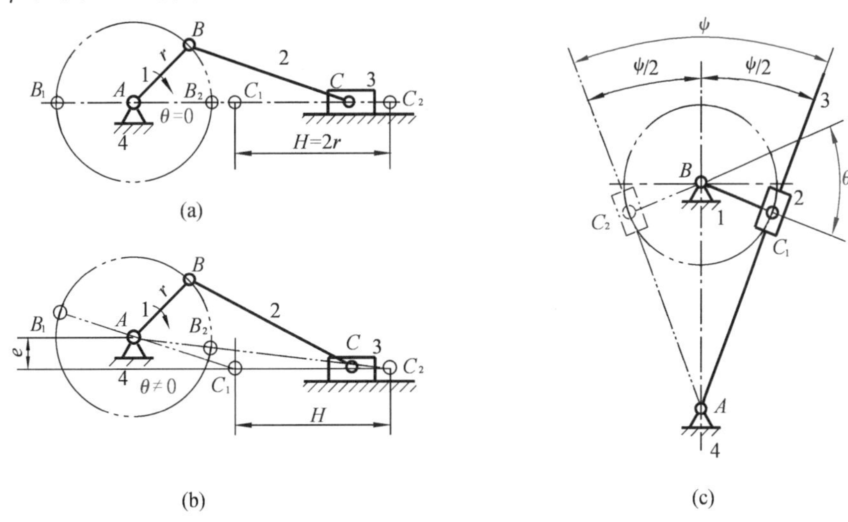

图 3-28 机构急回特性的判定

三、压力角和传动角

在设计平面四杆机构时，不仅应使其实现预期的运动，还应使运转轻便、效率高，即具有良好的传力性能。

在图 3-29 所示的曲柄摇杆机构中，如不计各杆质量和运动副中的摩擦，则连杆 BC 可视为二力杆，它作用于从动件摇杆 CD 上的力 F 是沿 BC 方向的。作用在从动件上的驱动力 F 与其受力点速度 v_C 的方向线之间所夹的锐角 α 称为压力角。压力角的余角 γ 称为传动角。压力角和传动角在机构运动过程中是变化的。

压力角越小或传动角越大，对机构的传动越有利；而压力角越大或传动角越小，会使转动副中的压力增大，磨损加剧，降低机构传动效率。由此可见，压力角和传动角是反映机构传力性能的重要指标。为了保证机构的传力性能良好，规定工作行程中的最小传动角 $\gamma_{min}\geqslant40°\sim50°$。

分析表明，在曲柄摇杆机构中，γ_{min}可能出现在曲柄与机架共线的两个位置之一，可通过计算或作图量取这两个位置的传动角，其中的较小值即 γ_{min}，如图 3-29 中的 γ_1。

在图 3-30 所示的曲柄滑块机构中，若曲柄 AB 为主动件，则最小传动角 γ_{min}出现在曲柄 AB 垂直于滑槽中心线的位置，最小传动角 γ_{min}的计算公式为

对心曲柄滑块机构：

$$\gamma_{min}=\arccos\frac{r}{l} \tag{3-4}$$

偏置曲柄滑块机构：

$$\gamma_{min}=\arccos\frac{r+e}{l} \tag{3-5}$$

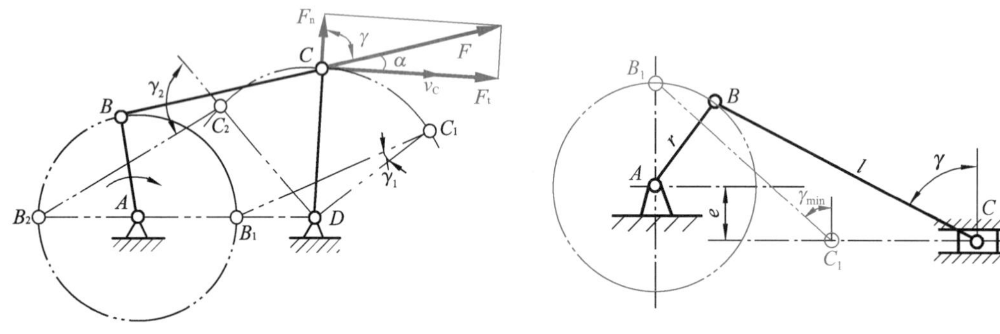

图 3-29 曲柄摇杆机构的压力角和传动角

图 3-30 偏置曲柄滑块机构的最小传动角

对于以曲柄为主动件的摆动导杆机构和转动导杆机构，在不考虑摩擦时，由于滑块对导杆的作用力总与导杆垂直，而导杆上力的作用点的线速度方向总与作用力同向，因此压力角总是等于 0°，传动角总是等于 90°，所以导杆机构的传动性能很好。

四、死点位置

在图 3-31 所示的曲柄摇杆机构中，若摇杆为主动件，当摇杆处于两极限位置时，从动曲柄与连杆共线，主动摇杆通过连杆传给从动曲柄的作用力通过曲柄的转动中心，此时曲柄的压力角 $\alpha=90°$，传动角 $\gamma=0°$，因此无法推动曲柄转动，机构的这个位置称为死点位置。

死点位置常使机构从动件无法运动或出现运动不确定现象。在以滑块为主动件的曲柄滑块机构中，连杆与曲柄共线时的两个位置也称为死点位置，如图 3-28(a)、图 3-28(b)所示。

由上述可见，平面四杆机构是否存在死点位置，取决于从动件是否与连杆共线。对于同一机构，若主动件不同，则有无死点位置将有所不同。例如对于曲柄摇杆机构和曲柄滑块机构，当曲柄为主动件时机构没有死点位置，只有当曲柄为从动件时机构才存在死点位置。

为了使机构能顺利地通过死点位置，通常在从动件轴上安装飞轮，利用飞轮的惯性通过死点位置。也可采用多组机构交错排列的方法，如两组机构交错排列，使左、右两机构

不同时处于死点位置。

在工程上有时也需利用机构的死点位置来进行工作。例如飞机的起落架、折叠式家具和夹具等机构，如图 3-32 所示。

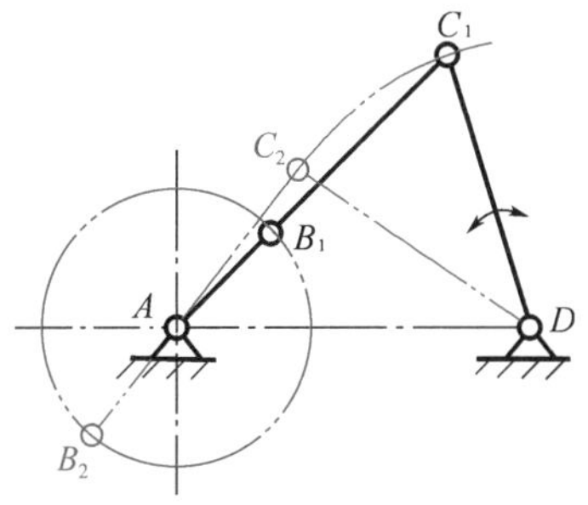

图 3-31 曲柄摇杆机构的死点位置

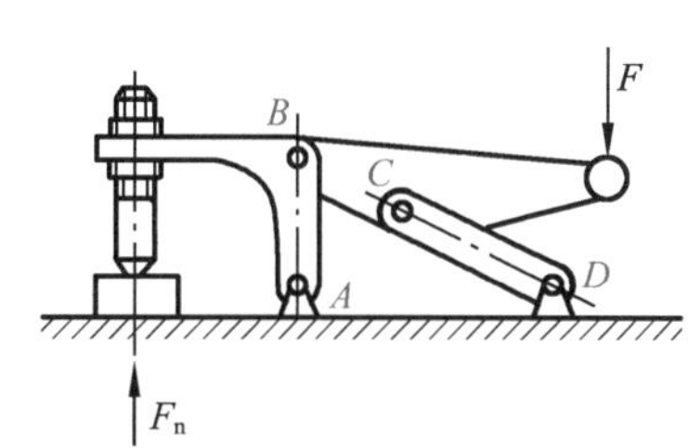

图 3-32 钻床夹具

3.3 平面四杆机构的设计

学习要点

1. 学会给定三个或两个连杆位置设计平面四杆机构。
2. 学会按给定急回特性系数设计平面四杆机构。

平面四杆机构设计的基本问题：根据机构的工作要求，结合附加限定条件确定绘制机构运动简图所必需的参数，包括各构件的长度尺寸及运动副之间的相对位置。

平面四杆机构设计的方法有图解法、实验法和解析法。图解法几何关系清晰，实验法直观、简便，解析法精确。本节介绍图解法。

一、按给定的三个连杆位置设计平面四杆机构

如图 3-33 所示，已知铰链四杆机构中连杆的长度及三个预定位置，要求确定铰链四杆机构中其余构件的尺寸。

分析 此问题的关键是确定两连架杆与机架组成转动副的中心 A、D。

连杆在依次通过预定位置的过程中 B、C 点轨迹为圆弧，此圆弧的圆心即连架杆与机架组成转动副的中心。由此可见，本设计的实质是已知圆弧上三点求圆心。设计步骤如下：

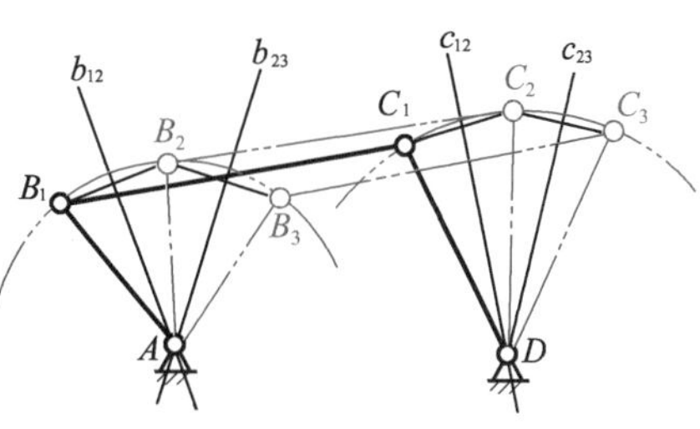

图 3-33 按给定的三个连杆位置设计平面四杆机构

(1)选择适当的比例尺 μ_l,绘出连杆三个预定位置 B_1C_1、B_2C_2、B_3C_3。

(2)求转动副中心 A、D。连接 B_1B_2 和 B_2B_3,分别作 B_1B_2 和 B_2B_3 的中垂线,交点即 A。同理可得 D。

(3)连接 AB_1、C_1D 和 B_1C_1,则 AB_1C_1D 即所求的铰链四杆机构。各构件的实际长度分别为

$$l_{AB}=\mu_l AB_1$$

$$l_{CD}=\mu_l C_1D$$

$$l_{AD}=\mu_l AD$$

二、按给定的两个连杆位置设计平面四杆机构

已知铰链四杆机构(参见图 3-33)中连杆的长度及两个预定位置,两连架杆与机架组成转动副的中心 A、D 可分别在 B_1B_2 和 C_1C_2 的中垂线上任意选取,得到无穷多个解。结合附加限定条件,从无穷解中选取满足要求的解。

铸造车间的造型机翻转机构是双摇杆机构,如图 3-34 所示,在图中粗实线位置Ⅰ时,砂箱和翻台紧固连接,并在振实台上振实造型。当压力油推动活塞时,通过连杆使摇杆摆动,从而将砂箱与翻台转到细虚线位置Ⅱ。托台上升接触砂箱,解除砂箱与翻台间的紧固连接并起模,即要求翻台能实现 B_1C_1、B_2C_2 两个位置。

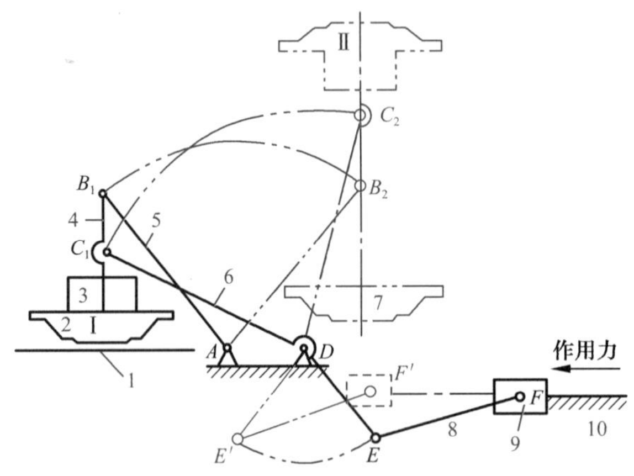

图 3-34 造型机翻转机构

1—振实台;2—翻台;3—砂箱;4、8—连杆;5、6—摇杆;7—托台;9—活塞;10—机架

三、按给定的行程速比系数设计平面四杆机构

如图 3-35 所示,已知曲柄摇杆机构的行程速比系数 K、摇杆的长度 l_{CD} 及摆角 ψ,要求确定机构中其余构件的尺寸。

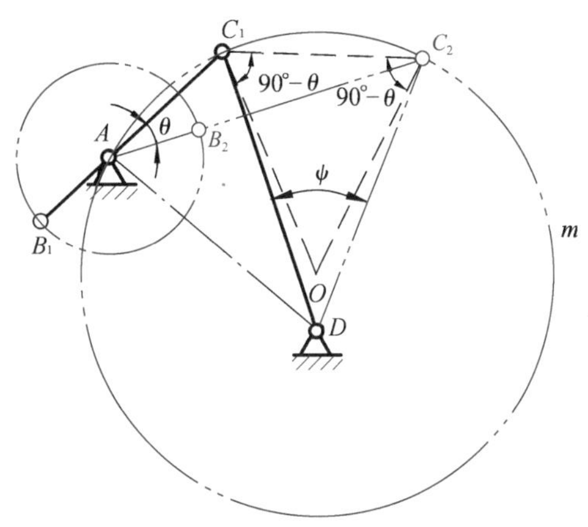

图 3-35　按给定的行程速比系数设计平面四杆机构

分析　此问题的关键是确定曲柄与机架组成转动副的中心 A 的位置。

假设该机构已设计出来。在曲柄摇杆机构中，当摇杆处于两极限位置时，曲柄与连杆两次共线，$\angle C_1AC_2$ 即极位夹角 θ。只要过 C_1、C_2 以及曲柄的转动中心 A 作一辅助圆 m，则 C_1C_2 为该圆的弦，其所对应的圆周角即 θ。由此可见，曲柄与机架组成转动副的中心 A 应在弦 C_1C_2 所对应的圆周角为 θ 的辅助圆 m 上。求出 A 点后，结合摇杆处于极限位置的条件即可确定机构中构件的尺寸。

设计步骤如下：

(1)计算极位夹角。

$$\theta=180^\circ\frac{K-1}{K+1}$$

(2)选择适当的比例尺 μ_l，任选转动副 D 的位置，绘出摇杆的两个极限位置 C_1D 和 C_2D。

(3)连接 C_1、C_2 两点，作 $\angle C_1C_2O=\angle C_2C_1O=90^\circ-\theta$，得交点 O。以 O 为圆心、OC_1 为半径作辅助圆 m，该圆周上任一点所对应的弦 C_1C_2 的圆周角均为 θ。在该圆周上允许范围内任选一点 A，连 AC_1、AC_2，则 $\angle C_1AC_2=\theta$。A 点即曲柄与机架组成转动副的中心位置。

(4)因极限位置出现在曲柄与连杆共线时，故 $AC_1=BC-AB$，$AC_2=BC+AB$，由此可求得

$$AB=\frac{AC_2-AC_1}{2}$$

$$BC=\frac{AC_2+AC_1}{2}$$

因此曲柄、连杆、机架的实际长度分别为

$$l_{AB}=\mu_lAB,l_{BC}=\mu_lBC,l_{AD}=\mu_lAD$$

由于 A 点是任选的，因此可得无穷多解。当附加某些辅助条件时，例如给定机架长度 l_{AD} 或最小转动角 γ_{min} 等，即可确定 A 点的位置，使其具有确定解。

知识梳理与总结

通过本章的学习，我们学会了平面四杆机构的三种基本形式及其演化过程，也学会了用图解法设计平面四杆机构。

1. 平面四杆机构的基本类型

按照两连架杆可否做整周回转，可将平面四杆机构分为双曲柄机构、曲柄摇杆机构和双摇杆机构。

2. 平面四杆机构存在曲柄的条件及其基本类型的判别

(1)最短杆条件。

(2)杆长和条件。

3. 平面连杆机构的运动特性

急回特性和行程速比系数，$K=\frac{180°+\theta}{180°-\theta}>1$。

极位夹角 θ 和行程速比系数 K 是反映机构运动性能的重要参数。$\theta>0°$，则 $K>1$，机构有急回特性；$\theta=0°$，则 $K=1$，机构无急回特性。

4. 平面四杆机构的传力特性

(1)压力角和传动角的概念

压力角和传动角互为余角，即 $\alpha+\gamma=90°$。

压力角和传动角是反映机构力学性能的重要参数，必须使 $\alpha_{max}\leqslant[\alpha]$ 或 $\gamma_{min}\geqslant[\gamma]$。

(2)机构的死点位置

机构处于死点位置时 $\alpha=90°$，$\gamma=0°$，此时机构的运动是不确定的。传动用的机构一般靠惯性和相同机构错位排列的方法使机构顺利通过死点位置。有时死点位置也可以被用来实现某些工作要求。

5. 平面连杆机构的设计方法

(1)按给定的连杆位置设计平面连杆机构。

(2)按给定的行程速比系数 K 设计平面连杆机构。

第4章

凸轮机构

学习导航

知识目标

了解凸轮机构的类型、特点及应用场合。

了解凸轮机构的常用运动规律及位移曲线绘制方法。

掌握用反转法设计凸轮轮廓曲线的绘制方法。

能力目标

会分析凸轮机构的类型及应用。

会绘制从动件运动规律曲线。

会用图解法设计凸轮轮廓曲线。

思政映射

随着数控加工技术和工业母机的智能化，依据凸轮机构的运动规律加工凸轮变得越来越简单，这是实现制造强国战略对工业 4.0 的巨大贡献。

4.1 凸轮机构的类型及应用

学习要点

了解凸轮机构的组成、分类方法和在工程实际中的应用。

一、凸轮机构的应用和组成

凸轮机构广泛地应用在各种机械和自动控制装置中。

图 4-1 所示为内燃机配气机构。其中构件 2 为机架，凸轮以等角速度转动，并利用其曲线轮廓驱动从动件气阀做上下往复移动，从而有规律地开启或关闭气阀。

图 4-2 所示为冲床送料凸轮机构。其中构件 3 为机架，凸轮做往复移动，并利用其曲线轮廓驱动从动件送料杆往复移动，完成送料动作。

图 4-3 所示为绕线机的凸轮机构。其中构件 1 为机架，主动件凸轮做等速转动，并利用其曲线轮廓驱动从动件布线杆往复摆动，使线均匀地缠绕在绕线轴上。

综上所述，凸轮机构由凸轮、从动件和机架组成。凸轮是具有变化向径或曲线轮廓的构件，凸轮与从动件通过高副连接，故凸轮机构属于高副机构。凸轮机构的主要作用是将主动凸轮的连续转动或移动转化为从动件的往复移动或摆动。

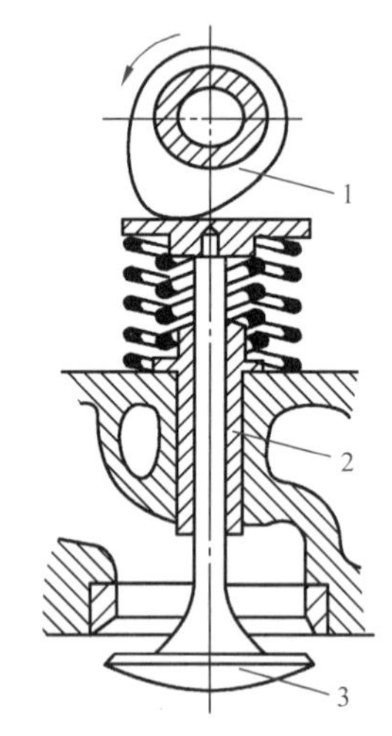

图 4-1 内燃机配气机构

1—凸轮；2—机架；3—气阀

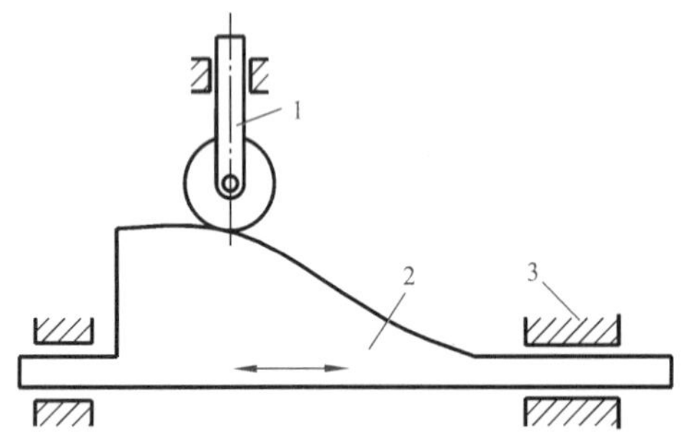

图 4-2 冲床送料凸轮机构

1—送料杆；2—凸轮；3—机架

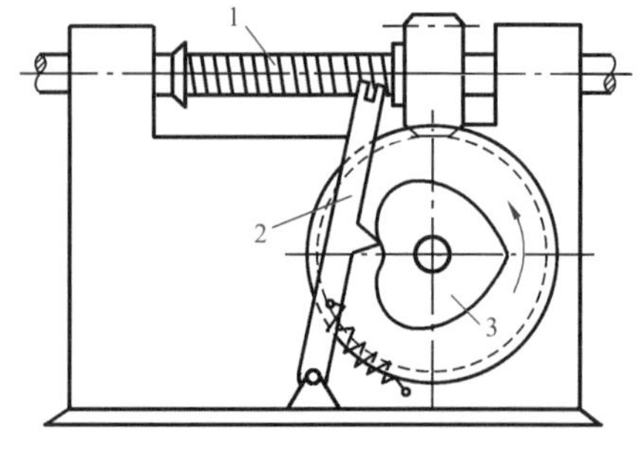

图 4-3 绕线机的凸轮机构

1—绕线轴；2—布线杆；3—凸轮

凸轮机构结构简单、紧凑，设计方便，只需设计适当的凸轮轮廓，便可以使从动件实现预期的运动规律。其缺点是凸轮轮廓与从动件之间是点或线接触，易磨损，故适用于传力不大的控制机械中，例如自动机床进刀机构、上料机构，内燃机配气机构，印刷机、纺织机和各种电气开关中。

凸轮机构的应用

二、凸轮机构的分类

常用的凸轮机构可按下列方法分类：

1. 按凸轮形状分类

（1）盘形凸轮

具有变化向径并绕其轴线转动的盘状零件称为盘形凸轮。它是凸轮的基本形式，如图 4-1、图 4-3 所示。

（2）移动凸轮

做往复移动的凸轮称为移动凸轮。可将其看作是当转动中心在无穷远处时盘形凸轮的演化形式，如图 4-2 所示。

（3）圆柱凸轮

圆柱体的表面上具有曲线凹槽或端面上具有曲线轮廓的凸轮称为圆柱凸轮。圆柱凸轮可视为将移动凸轮卷在圆柱体上而形成的，属于空间凸轮机构，如图 4-4 所示。

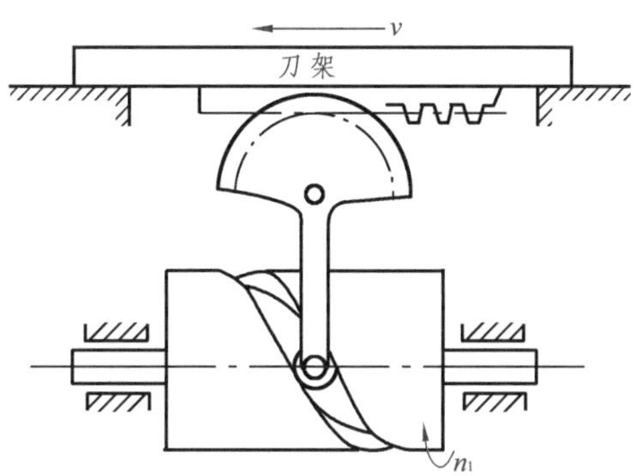

图 4-4　圆柱凸轮机构（进刀机构）

2. 按从动件的端部结构分类

（1）尖顶从动件

从动件端部以尖顶与凸轮轮廓接触，如图 4-5（a）所示。这种从动件结构最简单，尖顶能与复杂的凸轮轮廓保持接触，因此理论上可以实现任意预期的运动规律。尖顶从动件是研究其他类型从动件凸轮机构的基础。由于尖顶与凸轮是点接触，易磨损，因此仅适用于低速轻载的凸轮机构中。

凸轮机构的命名方法

（2）滚子从动件

从动件端部装有可以自由转动的滚子，滚子与凸轮轮廓之间为滚动摩擦，耐磨损，可以承受较大的载荷，故应用广泛，如图 4-5(b)所示。

(3)平底从动件

从动件的端部是一平底，这种从动件与凸轮轮廓的接触处在一定条件下易形成油膜，利于润滑，传动效率较高，且能传递较大的作用力，故常用于高速凸轮机构中，如图 4-5(c)所示。

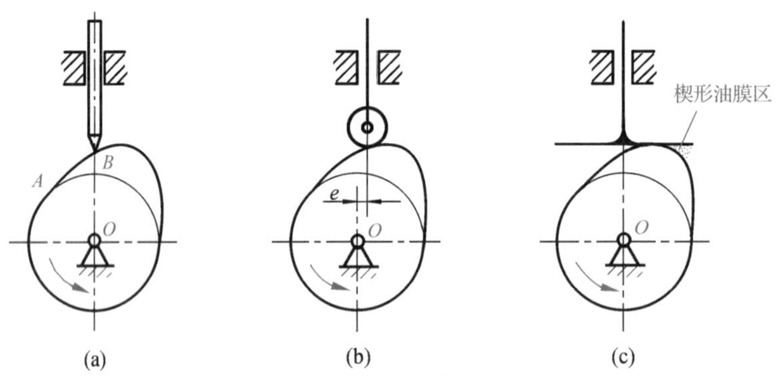

图 4-5 从动件的端部结构形式

3. 按从动件的运动方式分类

(1)移动从动件

如图 4-1 所示，从动件做往复直线移动。

(2)摆动从动件

如图 4-3 所示，从动件做往复摆动。

4. 按锁合方式分类

使从动件与凸轮轮廓始终保持接触的方式称为锁合。

(1)力锁合

利用重力、弹簧力或其他力锁合。如图 4-1 所示，凸轮机构利用弹簧力锁合。

(2)形锁合

利用凸轮和从动件的特殊几何形状锁合，如图 4-4 所示。

4.2 凸轮机构从动件的常用运动规律

学习要点

了解等速运动、等加速等减速运动和简谐运动规律的运动线图的绘制方法、运动特性和适用范围。

一、凸轮机构运动分析的基本概念

在凸轮机构中，从动件的运动规律取决于凸轮轮廓曲线的形状。结合凸轮轮廓，分析从动件的位移、速度、加速度的运动规律，称为凸轮机构的运动分析。

图 4-6 所示为对心尖顶直动从动件盘形凸轮机构。以凸轮轮廓上最小向径 r_0 为半径所作的圆称为凸轮的基圆，r_0 称为基圆半径。点 A 为凸轮轮廓曲线的起始点，也是从动件所处的最低位置点。

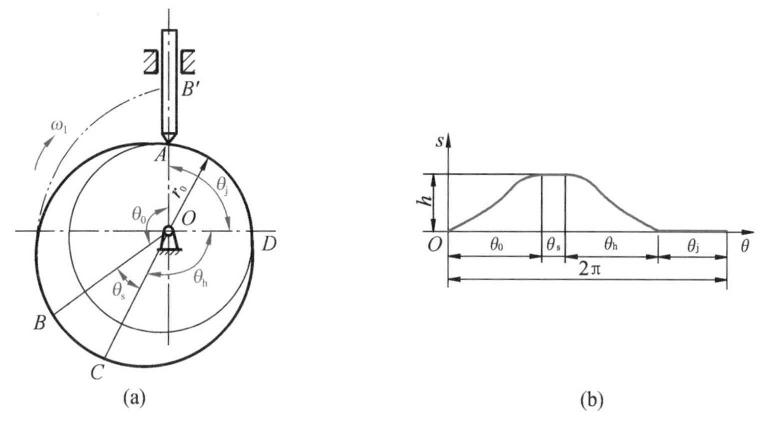

图 4-6　对心尖顶直动从动件盘形凸轮机构

当凸轮以等角速度 ω_1 顺时针转过角 θ_0 时，从动件尖顶与凸轮轮廓 AB 段接触并按一定的运动规律上升至最高位置 B'。从动件由最低位置点 A 升至最高位置点 B'的运动过程称为推程，从动件移动的最大位移 h 称为行程，对应的凸轮转角 θ_0 称为推程运动角。当凸轮继续转过角 θ_s 时，从动件尖顶与凸轮轮廓 BC 段接触，由于 BC 是一段圆弧，因此从动件处于最高位置点静止不动，这一过程称为远休止过程，对应的凸轮转角 θ_s 称为远休止角。当凸轮继续转过角 θ_h 时，从动件尖顶与凸轮轮廓 CD 段接触，从动件按一定规律下降至最低位置点。从动件由最高位置点降至最低位置点的运动过程称为回程，对应的凸轮转角 θ_h 称为回程运动角。当凸轮继续转过角 θ_j 时，从动件尖顶与凸轮轮廓 DA 段接触，由于 DA 是一段圆弧，因此从动件处于最低位置点静止不动，这一过程称为近休止过程，对应的凸轮转角 θ_j 称为近休止角。凸轮连续转动，从动件重复上述“升—停—降—停”的运动过程。“升—停—降—停”的运动过程是凸轮机构典型的运动过程。

综上所述，从动件的运动取决于凸轮轮廓曲线的形状，即凸轮轮廓决定了从动件的运动规律。因此，设计凸轮轮廓曲线时，应首先根据工作要求选定从动件的运动规律，然后再按从动件的位移曲线设计出相应的凸轮轮廓曲线。

二、从动件的常用运动规律

下面介绍几种从动件的常用运动规律。

1. 等速运动规律

从动件在运动过程中，运动速度为常量的运动规律称为等速运动规律。当凸轮以等

角速度 ω_1 转动时,从动件在推程或回程中的速度为常数。

凸轮转角 θ 与时间 t 的关系为

$$\theta=\omega_1 t$$

推程时,从动件位移 s 与时间 t 的关系为

$$s=vt$$

推程开始时:$t=0,\theta=0,s=0$;

推程终止时:$t=t_0,\theta=\theta_0,s=h$。

从动件用凸轮转角表示的运动方程为

$$\begin{cases} s=\dfrac{h}{\theta_0}\theta \\ v=\dfrac{h}{\theta_0}\omega_1=v_0 \\ a=0 \end{cases} \tag{4-1}$$

回程时,从动件速度为负值。

回程开始时:$t=0,\theta=0,s=h$;

回程终止时:$t=t_h,\theta=\theta_h,s=0$。

同理可推出回程从动件的运动方程为

$$\begin{cases} s=h\left(1-\dfrac{\theta}{\theta_h}\right) \\ v=-\dfrac{h}{\theta_h}\omega_1 \\ a=0 \end{cases} \tag{4-2}$$

图 4-7 所示为等速运动规律的位移、速度、加速度线图。

从图中可以看出,在推程的开始位置,速度由零突变为 v_0,该瞬时的加速度为

$$a=\frac{\mathrm{d}v}{\mathrm{d}t}=\lim_{\Delta t\to 0}\frac{v_0-0}{\Delta t}=+\infty$$

同理,在推程终止的位置,加速度为

$$a=\frac{\mathrm{d}v}{\mathrm{d}t}=\lim_{\Delta t\to 0}\frac{0-v_0}{\Delta t}=-\infty$$

对于等速运动,在运动的起点和终点,由于从动件速度的突变,理论上加速度可以达到无穷大,将产生极大的惯性力,导致机构产生强烈的冲击。这种由从动件在某瞬时由于速度的突变,加速度和惯性力在理论上均趋于无穷大时引起的冲击,称为刚性冲击。所以等速运动规律只适用于低速轻载的凸轮机构,或者在运动开始和终止段用其他运动规律过渡,消除刚性冲击。

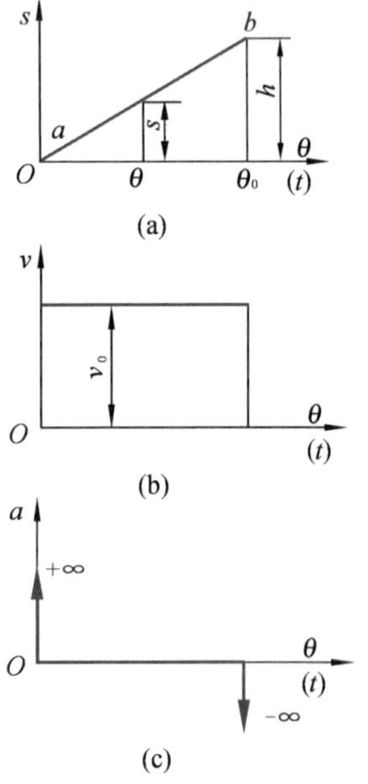

图 4-7 等速运动规律的位移、速度、加速度线图

2. 等加速等减速运动规律

从动件在前半行程做等加速运动,后半行程做等减速

运动，两部分加速度的绝对值相等，这种运动规律称为等加速等减速运动规律。

从动件位移 s 与时间 t 的关系为

$$s=\frac{1}{2}at^2$$

推程中，前半推程的运动方程为

$$\begin{cases}s=\dfrac{2h}{\theta_0^2}\theta^2\\ v=\dfrac{4h\omega_1}{\theta_0^2}\theta \quad \left(0\leqslant\theta\leqslant\dfrac{\theta_0}{2}\right)\text{（推程等加速段）}\\ a=\dfrac{4h\omega_1^2}{\theta_0^2}\end{cases}\tag{4-3}$$

后半推程的运动方程为

$$\begin{cases}s=h-\dfrac{2h}{\theta_0^2}(\theta_0-\theta)^2\\ v=\dfrac{4h\omega_1}{\theta_0^2}(\theta_0-\theta) \quad \left(\dfrac{\theta_0}{2}\leqslant\theta\leqslant\theta_0\right)\text{（推程等减速段）}\\ a=-\dfrac{4h\omega_1^2}{\theta_0^2}\end{cases}\tag{4-4}$$

图 4-8 所示为等加速等减速运动规律的位移、速度、加速度线图。

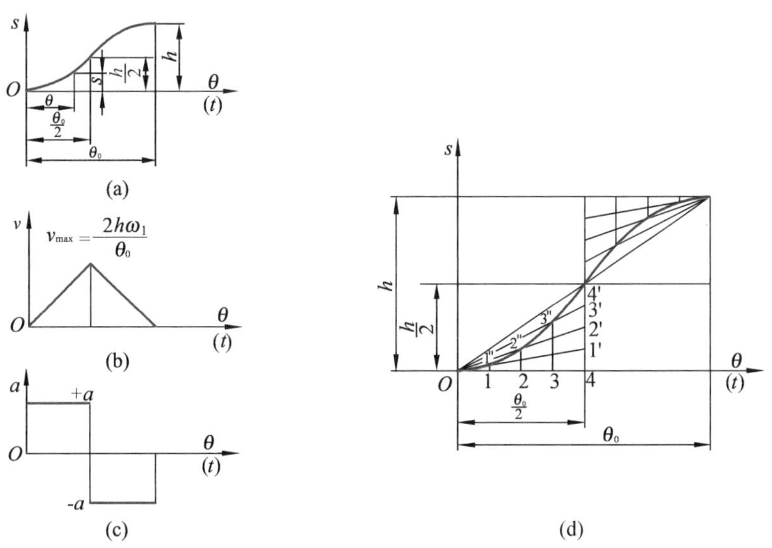

图 4-8 等加速等减速运动规律的位移、速度、加速度线图

等加速等减速运动规律在运动的开始点、中间点和终止点，从动件的加速度突变为有限值，将产生有限的惯性力，从而引起冲击。这种由从动件在某瞬时加速度发生有限值的突变所引起的冲击称为柔性冲击。因此等加速等减速运动规律适用于中速场合。

当已知从动件的推程运动角 θ_0 和行程 h 时，等加速等减速运动规律从动件位移曲线的作法如图 4-8(d)所示：

(1)选取横坐标轴代表凸轮转角 θ，纵坐标轴代表从动件位移 s。

(2)选取适当的角度比例尺 μ_θ 和位移比例尺 μ_s。在 θ 轴上量取线段 $O4$ 代表 $\theta_0/2$，在 s 轴上量取线段 $44'$ 代表 $h/2$(先作前半部分的位移曲线)。

(3)将 $O4$ 分成四等份(等分数可视具体情况而定)，得 O、1、2、3、4 各点；再将 $44'$ 分成与上面相等的等份，得 4、$1'$、$2'$、$3'$、$4'$ 各点。

(4)过 1、2、3、4 各点作垂直于 θ 轴的直线，再将 $1'$、$2'$、$3'$、$4'$ 各点分别与坐标原点连接成直线，这两组直线分别相交于 $1''$、$2''$、$3''$ 各点，然后将 O、$1''$、$2''$、$3''$、$4'$ 各点连接成光滑的曲线，即得前半部分(等加速上升)的位移曲线。

(5)用与上述类似的方法作出后半部分(等减速上升)的位移曲线。

3. 简谐运动规律

从动件的加速度按余弦规律变化的运动规律称为简谐运动规律。加速度曲线为半个周期的余弦曲线，位移曲线为简谐运动曲线。图 4-9 所示为简谐运动规律的位移、速度、加速度线图。从动件的位移方程为

$$s=\frac{h}{2}\left[1-\cos\left(\frac{\pi}{\theta_0}\theta\right)\right]$$

当已知从动件的推程运动角 θ_0 和行程 h 时，简谐运动规律从动件位移曲线的作法如图 4-9(a)所示：

(1)选取横坐标轴代表凸轮转角 θ，纵坐标轴代表从动件位移 s。

(2)选取适当的角度比例尺 μ_θ 和位移比例尺 μ_s。在 θ 轴上量取线段 $O8$ 代表凸轮转角 θ_0，且将其等分成八等份，得 O、1、2……8 各点；在 s 轴上量取线段 $O8'$ 代表从动件的行程 h，且以此为直径作半圆，将半圆周分成与上述相同的等份，得 O、$1'$、$2'$……$8'$各点。

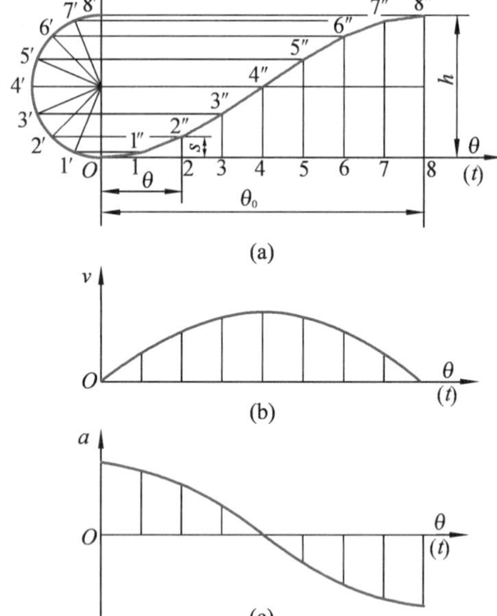

图 4-9 简谐运动规律的位移、速度、加速度线图

(3)过 1、2……8 各点分别作平行于 s 轴的直线，再过 $1'$、$2'$……$8'$各点分别作平行于 θ 轴的直线，这两组直线分别相交于 $1''$、$2''$……$8''$各点，然后将这些交点连接成光滑的曲线，即得简谐运动规律的位移曲线。

简谐运动规律在运动起始和终止位置的加速度曲线不连续，存在柔性冲击，因此简谐运动规律适用于中速场合。但若从动件仅做“升—降—升”的连续运动(无休止)且升降均为简谐运动规律，则加速度曲线变为连续曲线，此时无柔性冲击，可用于高速场合。

在工程上，除上述几种常见运动规律外，为了避免冲击，还可应用正弦加速度等运动规律，或者将几种曲线组合起来加以应用。

在选择从动件的运动规律时，不仅要考虑刚性冲击和柔性冲击，还要注意各种运动规律的最大速度 v_{max} 和最大加速度 a_{max} 的影响。在凸轮机构中，如果从动件的质量较大，最大速度 v_{max} 和最大加速度 a_{max} 也较大，将引起很大的刚性冲击，同时对机构的强度、磨损都有较大的影响。现将几种常用运动规律的特点和适用范围列于表 4-1 中，供选择从动

件运动规律时参考。

表 4-1　常用从动件运动规律的比较

运动规律	最大速度 v_{max}	最大加速度 a_{max}	冲击性质	适用范围(推荐)
等速运动	$1.00\times\frac{h}{\theta_0}\omega_1$	∞	刚性冲击	低速、轻载
等加速等减速运动	$2.00\times\frac{h}{\theta_0}\omega_1$	$4.00\times\frac{h}{\theta_0^2}\omega_1^2$	柔性冲击	中速、轻载
简谐运动	$1.57\times\frac{h}{\theta_0}\omega_1$	$4.93\times\frac{h}{\theta_0^2}\omega_1^2$	柔性冲击	中低速、中载或重载

4.3　盘形凸轮轮廓的设计方法

学习要点

掌握反转法原理，能够利用图解法设计对心尖顶直动从动件、对心滚子直动从动件和对心平底直动从动件盘形凸轮轮廓。

根据工作条件要求，在确定了从动件的运动规律并选定凸轮的转动方向、基圆半径等之后，就可以进行凸轮轮廓设计。凸轮轮廓的设计方法有图解法和解析法。图解法简便、直观，但精度较低，可用于设计一般精度要求的凸轮机构；解析法精度高，多用于设计精度要求较高的凸轮机构。

一、用图解法设计盘形凸轮轮廓

如图 4-10 所示，凸轮机构工作时，主动凸轮以等角速度 ω_1 转动。用图解法设计盘形凸轮轮廓时，给整个凸轮机构加上一个公共的角速度 $-\omega_1$。根据相对运动原理，凸轮静止不动，从动件一方面随导路(即机架)以角速度 $-\omega_1$ 绕轴 O 转动，另一方面又在导路中按预期的运动规律做往复移动。此时，凸轮机构中各构件间的相对运动并没有改变。由于从动件尖顶始终与凸轮轮廓相接触，故从动件在这种复合运动中，其尖顶的运动轨迹即凸轮轮廓曲线。这种利用与凸轮转向相反的方法逐点按位移曲线绘制出凸轮轮廓曲线的方法称为反转法。

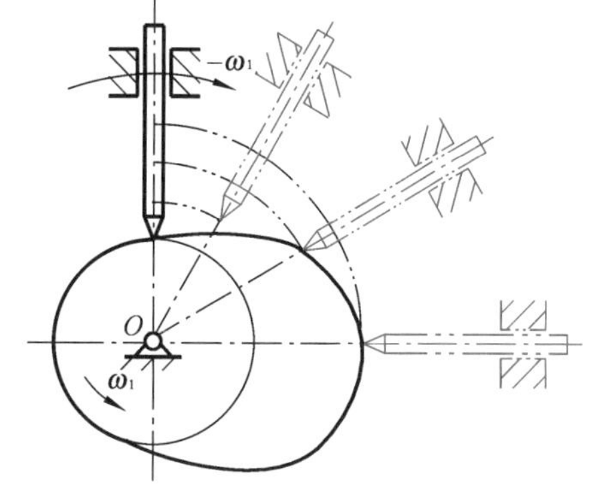

图 4-10　反转法原理

下面介绍利用反转法原理绘制盘形凸轮轮廓曲线的步骤。

1. 对心尖顶直动从动件盘形凸轮

已知基圆半径 $r_0=40$ mm，凸轮按逆时针方向转动，从动件的行程 $h=20$ mm，运动规律见表 4-2。

表 4-2　从动件的运动规律

凸轮转角 θ	0°～120°	120°～150°	150°～210°	210°～360°
从动件的运动规律	等速上升 20 mm	停止不动	等速下降至原来位置	停止不动

如图 4-11 所示，作图步骤如下：

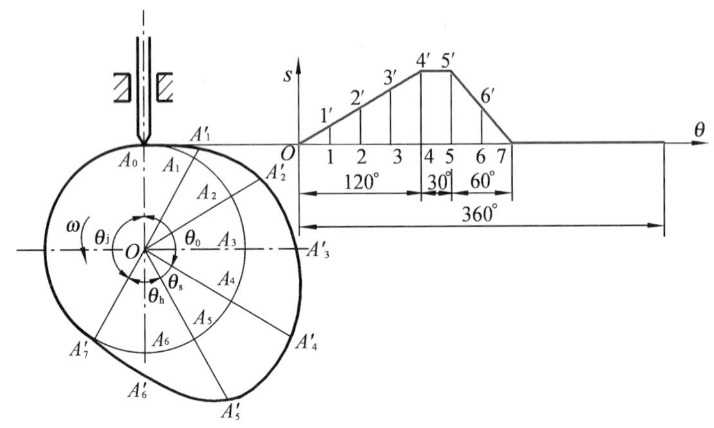

图 4-11　对心尖顶直动从动件盘形凸轮轮廓曲线的绘制

(1)选择比例尺 μ_l、μ_θ，作从动件位移曲线。取长度比例尺 $\mu_l=2$ mm/mm，角度比例尺 $\mu_\theta=6°$/mm。沿横坐标轴在推程角和回程角范围内作一定的等份，并通过各等分点作 θ 轴垂线，与位移曲线相交，即得凸轮各转角所对应的从动件的位移 11′、22′、33′……

(2)用同一长度比例尺绘制基圆。基圆的圆心为 O，半径为 $OA_0=r_0/\mu_l=40/2=20$ mm。此基圆与从动件导路中心线的交点 A_0 即从动件尖顶的起始位置。

(3)自 OA_0 沿 ω 的相反方向(顺时针方向)量取角度 $\theta_0=120°$，$\theta_s=30°$，$\theta_h=60°$，$\theta_j=150°$，并将它们各分成与位移曲线对应的若干等份，得 A_1、A_2、A_3……，连接 OA_1、OA_2、OA_3……，延长各径向线，它们便是反转后从动件导路中心线的各个位置。

(4)在位移曲线中量取各个位移量，并取 $A_1A_1'=11'$、$A_2A_2'=22'$、$A_3A_3'=33'$……，于是得反转后从动件尖顶的一系列位置 A_1'、A_2'、A_3'……

(5)将 A_1'、A_2'、A_3'……用平滑的曲线连接起来，即所求的凸轮轮廓曲线。

2. 对心滚子直动从动件盘形凸轮

对心滚子直动从动件盘形凸轮轮廓曲线的绘制可分为如下两个步骤(图 4-12)：

(1)将滚子的中心看作是尖顶从动件的尖顶，按前述方法绘制尖顶直动从动件盘形凸轮轮廓曲线，该曲线称为凸轮的理论轮廓曲线。

(2)以理论轮廓曲线上各点为圆心、以滚子半径 r_T 为半径作一系列的滚子圆，然后作这些滚子圆的内包络线，此包络线即所求的对心滚子直动从动件盘形凸轮轮廓曲线，称为凸轮的实际轮廓曲线。

由作图方法可知，滚子从动件凸轮机构工作时，滚子中心的位置刚好就是尖顶从动件的尖顶位置，因而从动件的运动规律与原来的运动规律相一致。

用图解法设计凸轮轮廓时应注意：

(1)基圆是指凸轮理论轮廓曲线上的圆。

(2)凸轮理论轮廓曲线与实际轮廓曲线是等距曲线。

3. 对心平底直动从动件盘形凸轮

对心平底直动从动件盘形凸轮轮廓曲线的绘制与对心滚子直动从动件盘形凸轮轮廓曲线的绘制类似。如图 4-13 所示，将平底从动件的轴线与平底的交点 A_0 看成尖顶从动件的尖端，按尖顶从动件凸轮轮廓曲线的绘制方法求得理论轮廓曲线上的各点 A_1、A_2、A_3……，然后过这些点画出一系列平底线 A_1B_1、A_2B_2、A_3B_3……，这些平底线所形成的包络线就是凸轮的实际轮廓曲线。

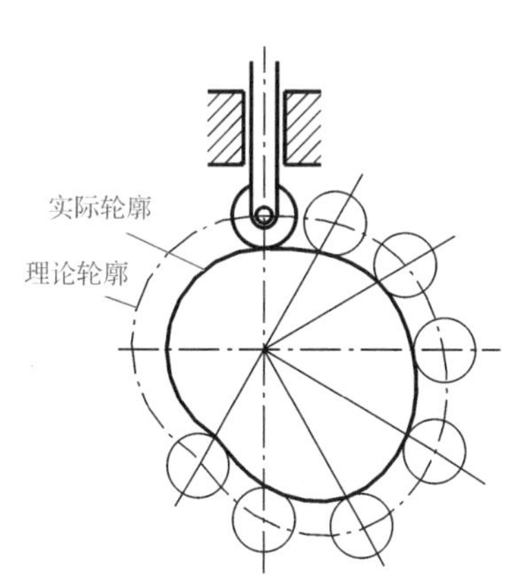

图 4-12　对心滚子直动从动件盘形凸轮轮廓曲线的绘制

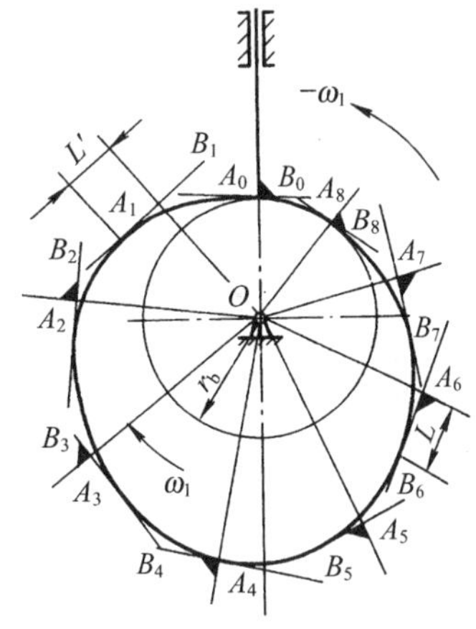

图 4-13　对心平底直动从动件盘形凸轮轮廓曲线的绘制

设计对心平底直动从动件盘形凸轮轮廓时，从动件平底的左右两侧尺寸必须大于导路至左右最远切点的距离 L'、L，以保证凸轮轮廓上任一点都能与平底相切；凸轮的轮廓必须是处处外凸的，因为内凹的轮廓无法与平底接触。

二、用解析法设计盘形凸轮轮廓

用图解法设计盘形凸轮轮廓简便、直观，但精度不高，故只适用于对从动件运动规律要求不太严格的情况。对于转速及精度要求高的凸轮机构，应采用解析法进行凸轮轮廓设计，以提高凸轮轮廓的设计精度。本节以偏置滚子直动从动件盘形凸轮机构为例，介绍用解析法设计凸轮轮廓曲线。

1. 凸轮理论轮廓曲线方程式

图 4-14 所示为一偏置滚子直动从动件盘形凸轮轮廓曲线方程式推导。在直角坐标系中，B 点为滚子从动件中心在凸轮理论轮廓曲线上的一个位置，由图中的几何关系可知，该点的直角坐标为

$$\begin{cases} x=DN+CD=(s_0+s)\sin\theta+e\cos\theta \\ y=BN-MN=(s_0+s)\cos\theta-e\sin\theta \end{cases} \tag{4-5}$$

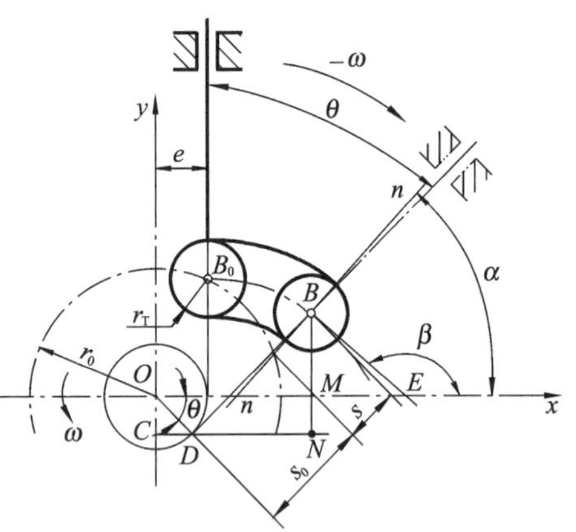

图 4-14 偏置滚子直动从动件盘形凸轮轮廓曲线方程式推导

式中：e 为偏心距；s 为从动件位移；θ 为凸轮转角；$s_0=\sqrt{r_0^2-e^2}$。

式(4-5)即偏置滚子直动从动件盘形凸轮理论轮廓曲线的方程式。若令式中的$e=0$，即可得对心滚子直动从动件盘形凸轮理论轮廓曲线方程式。

2. 凸轮实际轮廓曲线方程式

由前述可知，在滚子直动从动件盘形凸轮机构中，凸轮的实际轮廓曲线与理论轮廓曲线为法向等距曲线，两者在法线方向上相距滚子半径 r_T。因此，若已知理论轮廓曲线上 B 点的坐标(x,y)，则实际轮廓曲线上对应点的坐标(x',y')为

$$\begin{cases} x'=x\mp r_T\cos\alpha \\ y'=y\mp r_T\sin\alpha \end{cases} \tag{4-6}$$

式中：α 为法线与轴的夹角，它与理论轮廓曲线上 B 点的斜率有关；r_T 为滚子半径，“－”号用于内等距曲线，“＋”号用于外等距曲线。

由高等数学可知，图 4-14 所示理论轮廓曲线上 B 点的切线斜率为

$$\tan\beta=\mathrm{d}y/\mathrm{d}x=-BM/ME$$

角 $\alpha=\angle MBE$，故法线 $n-n$ 的斜率为

$$\tan\alpha=ME/BM=-\mathrm{d}x/\mathrm{d}y$$

又由于 x、y 皆为参数方程，因此

$$\tan\alpha=-(\mathrm{d}x/\mathrm{d}\theta)/(\mathrm{d}y/\mathrm{d}\theta) \tag{4-7}$$

式中，$\mathrm{d}x/\mathrm{d}\theta$、$\mathrm{d}y/\mathrm{d}\theta$ 可由式(4-5)求得

$$\begin{cases} \mathrm{d}x/\mathrm{d}\theta=(\mathrm{d}s/\mathrm{d}\theta-e)\sin\theta+(s_0+s)\cos\theta \\ \mathrm{d}y/\mathrm{d}\theta=(\mathrm{d}s/\mathrm{d}\theta-e)\cos\theta-(s_0+s)\sin\theta \end{cases} \tag{4-8}$$

将式(4-7)变换成 $\sin\alpha$ 和 $\cos\alpha$ 的形式，并代入式(4-6)，即可得由滚子内包络线形成的偏置滚子直动从动件盘形凸轮的实际轮廓曲线方程式为

$$\begin{cases} x' = x \mp r_T \dfrac{dy/d\theta}{\sqrt{(dx/d\theta)^2 + (dy/d\theta)^2}} \\ y' = y \mp r_T \dfrac{dx/d\theta}{\sqrt{(dx/d\theta)^2 + (dy/d\theta)^2}} \end{cases} \tag{4-9}$$

以上是图 4-14 所示凸轮轮廓曲线的方程式，若凸轮转向为顺时针，或从动件偏置在凸轮的左侧，则上式中的 θ 和 e 分别代入负值即可。此外，当对凸轮进行铣削或磨削加工时，若刀具直径与滚子直径不同，通常还需要给出刀具中心轨迹的坐标值，凸轮轮廓的曲率半径也可用计算方法求得。有关这两方面内容请参考相关文献。

4.4　凸轮机构设计中应注意的问题

学习要点

掌握滚子半径的选择方法，会进行凸轮机构压力角的校核，掌握基圆半径变化与压力角的关系。

设计凸轮机构时，不仅要保证从动件实现预期的运动规律，还要求传力性能良好，结构紧凑。因此，设计凸轮机构时应注意下述几方面问题。

一、滚子半径的选择

设计滚子从动件时，若从强度和耐用性方面考虑，则滚子的半径应取大些。滚子半径取大时，对凸轮的实际轮廓曲线影响很大，有时甚至使从动件不能完成预期的运动规律。

设理论轮廓曲线上最小曲率半径为 ρ_{min}，滚子半径为 r_T，对应的实际轮廓曲线的曲率半径为 ρ_a，它们之间的关系如图 4-15 所示。

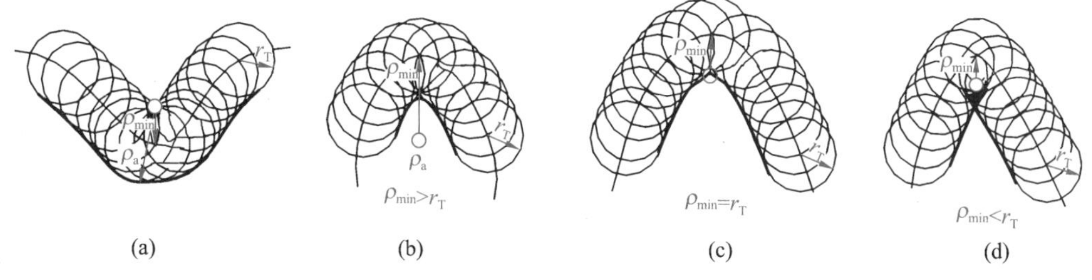

图 4-15　滚子半径的选择

1. 凸轮理论轮廓的内凹部分

由图 4-15(a)可得

$$\rho_a=\rho_{min}+r_T$$

由上式可知，实际轮廓曲线的曲率半径总大于理论轮廓曲线的曲率半径。因此，不论选择多大的滚子，都能作出实际轮廓曲线。

2. 凸轮理论轮廓的外凸部分

由图 4-15(b)～图 4-15(d)可得

$$\rho_a=\rho_{min}-r_T$$

当 $\rho_{min}>r_T$ 时，$\rho_a>0$，实际轮廓曲线为一平滑的曲线，这种情况是正常的。

当 $\rho_{min}=r_T$ 时，$\rho_a=0$，实际轮廓曲线出现了尖点。这种尖点极易磨损，磨损后就会改变从动件预定的运动规律，从而影响凸轮机构的工作寿命。

当 $\rho_{min}<r_T$ 时，$\rho_a<0$，实际轮廓曲线不但出现尖点，而且相交，图中阴影部分的轮廓在实际加工中被切去，使从动件工作时不能到达预定的工作位置，无法实现预期的运动规律，这种现象称为运动失真。

由上述可知，滚子半径 r_T 不宜过大，否则会发生运动失真；滚子半径也不宜过小，否则凸轮与滚子的接触应力过大且难以装在轴上。因此，一般推荐 $r_T\leqslant 0.8\rho_{min}$。若从结构上考虑，可使 $r_T=(0.1\sim0.15)r_0$。为了避免出现尖点，一般要求 $\rho_a>3\sim5$ mm。

对于一般机械，滚子直径可取 20～35 mm。此外，为了加工方便、减小误差，设计时最好取滚子直径与切制凸轮时的铣刀直径相同。

图 4-16 所示为理论轮廓曲线最小曲率半径的求法。在理论轮廓曲线上估计曲率半径最小位置，取一小段曲线 B_1B_2，将其二等分得点 B，然后分别以 B_1、B、B_2 为圆心，以适当长度为半径作等圆 a_1、a、a_2。连接 a_1、a 两圆和 a、a_2 两圆的交点，将这两条连线延长得交点 O，OB 即该处的曲率半径 ρ_{min}。

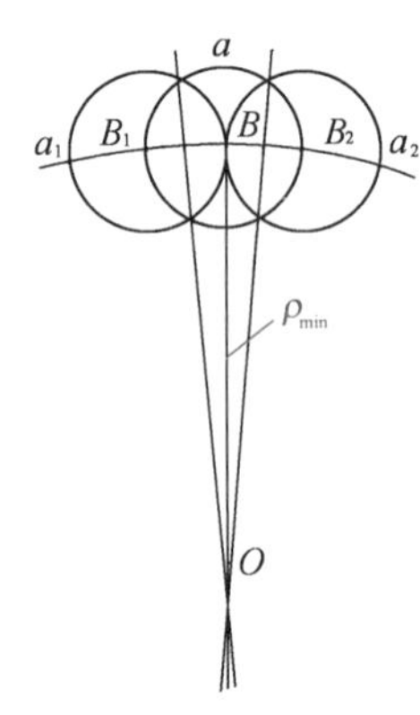

图 4-16 理论轮廓曲线最小曲率半径的求法

二、压力角的校核

1. 压力角与作用力的关系

如图 4-17 所示的凸轮机构，工作时，不计凸轮与从动件之间的摩擦，凸轮施加给从动件的驱动力 F 沿凸轮轮廓的法线 $n-n$ 方向传递。从动件受到的驱动力 F 的方向与该力作用点线速度 v 的方向之间所夹的锐角 α 称为凸轮机构在该位置的压力角，也称为从动件的压力角。在工作过程中，压力角 α 是变化的。

将力 F 分解为两个分力：与从动件线速度 v 的方向一致的分力 F_1 和与 v 垂直的分

力 F_2。F_1 是使从动件运动的有效分力；F_2 使从动件与导路间的正压力增大，从而使摩擦力增大，因而是有害分力。当压力角 α 增大到某一值时，从动件将发生自锁（卡死）现象。

由以上分析可知，从改善受力情况、提高效率、避免自锁的方面考虑，压力角 α 越小越好。但压力角越小，凸轮的尺寸越大。因此，设计凸轮机构时，根据经验，压力角 α 不能过大，也不能过小，应有一定的许用值，用 $[\alpha]$ 表示，即应使 $\alpha \leqslant [\alpha]$。一般规定压力角的许用值如下：

对于移动从动件，在推程时 $[\alpha] \leqslant 30°$；

对于摆动从动件，在推程时 $[\alpha] \leqslant 45°$；

对于靠弹簧力复位的移动或摆动从动件，在回程时 $[\alpha] \leqslant 80°$。

凸轮轮廓曲线上各点的压力角 α 是变化的。在绘出凸轮轮廓曲线后，必须对理论轮廓曲线，特别是推程中各处的压力角进行校核，以防超过其许用值。常用的简便方法如图 4-18 所示。

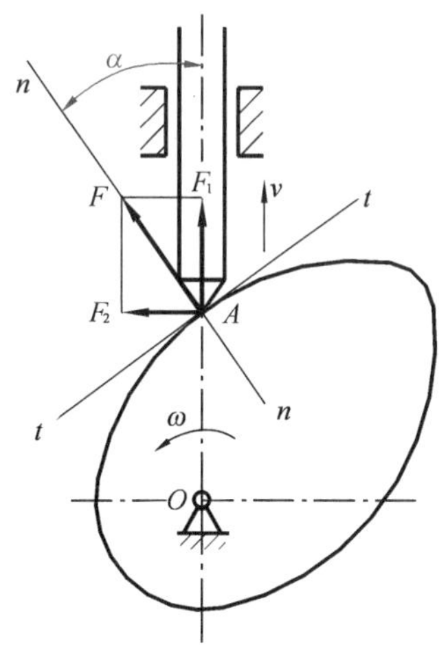

图 4-17　凸轮机构压力角

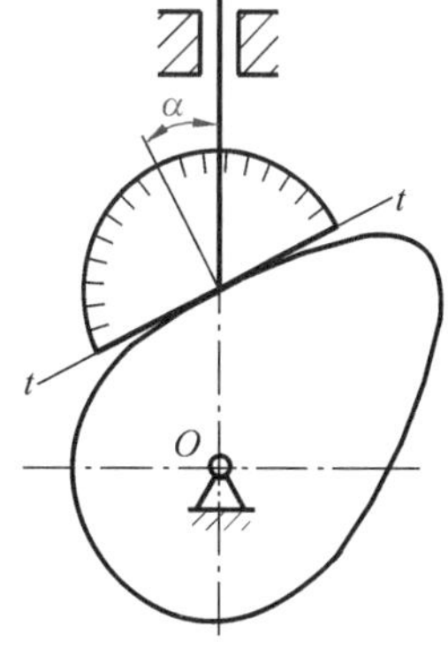

图 4-18　校核压力角

在凸轮机构中，最大的压力角一般存在于运动过程的起始点、速度最大的点以及凸轮轮廓向径急剧变化的地方。若测量结果超过许用值，则应考虑重新设计。通常可用加大凸轮基圆半径的方法使压力角 α 减小。

三、基圆半径的确定

基圆半径一般可根据经验公式选择，即

$$r_0 \geqslant 0.9d_s + (7 \sim 9)$$

式中，d_s 为凸轮轴的直径。

依据选定的 r_0 设计出凸轮轮廓后，应进行压力角校核，若发现 $\alpha_{max} > [\alpha]$，则应适当增大凸轮基圆半径，重新设计。若不便于增大基圆半径，则可用从动件偏置（即凸轮转动中心与直动从动件不共线，参见图 4-14）的方法重新设计凸轮轮廓。

4.5 凸轮机构的常用材料和结构

学习要点

了解制作凸轮的常用材料及凸轮结构设计的常用方法。

一、凸轮常用材料

凸轮机构主要的失效形式是磨损和疲劳点蚀，这就要求凸轮和滚子的工作表面硬度高、耐磨并且有足够的表面接触强度。对于经常受冲击的凸轮机构，还要求凸轮心部有较好的韧性。

低速、中小载荷的一般场合，凸轮采用 45 钢、40Cr，经表面淬火，硬度达 40～50HRC；也可采用 15 钢、20Cr、20CrMnTi，经渗碳淬火，硬度达 56～62HRC。

滚子材料可采用 20Cr，经渗碳淬火，表面硬度达 56～62HRC。也可用滚动轴承作为滚子。

二、凸轮的结构

除尺寸较小的凸轮与轴制成一体的情况外，凸轮结构设计应考虑安装时便于调整凸轮与轴相对位置的需要。凸轮的常用结构有如下几种：

1. 凸轮轴

图 4-19 所示为凸轮与轴做成一体的凸轮轴。这种凸轮结构紧凑，工作可靠。

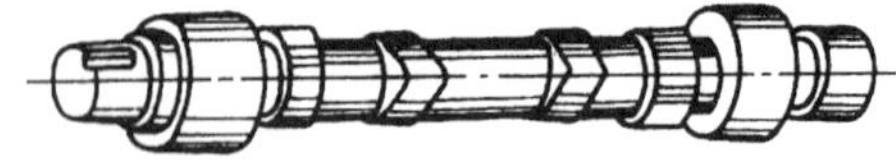

图 4-19 凸轮轴

2. 整体式

图 4-20 所示为整体式凸轮，用于尺寸无特殊要求的场合。轮毂尺寸推荐值为 $d_1=(1.5\sim2.0)d_0$，$L=(1.2\sim1.6)d_0$，其中 d_0 为凸轮孔径。

3. 镶块式

图 4-21 所示为镶块式凸轮，它由若干镶块拼接、固定在鼓轮上。鼓轮上制有许多螺纹孔，供固定镶块时灵活选用。这种凸轮可以按使用要求更换不同轮廓的镶块，以适应工作情况的变化，它适用于需经常变换从动件运动规律的场合。

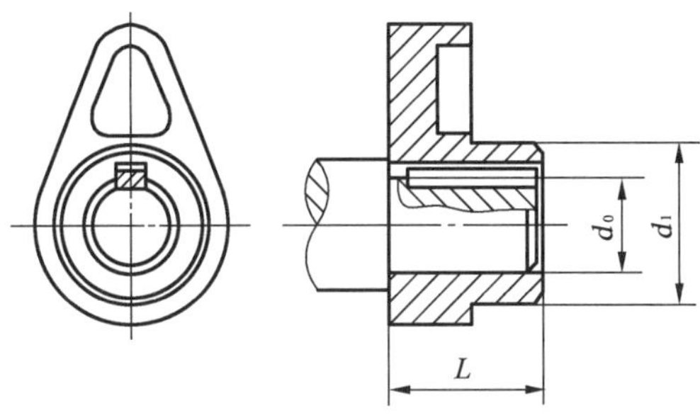

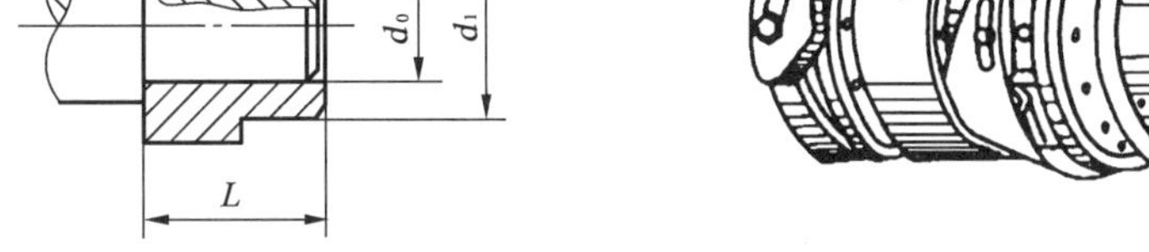

图 4-20 整体式凸轮

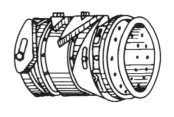

图 4-21 镶块式凸轮

4. 组合式

如图 4-22 所示，组合式凸轮用螺栓将凸轮和轮毂连成一体，可以方便地调整凸轮与从动件起始的相对位置。

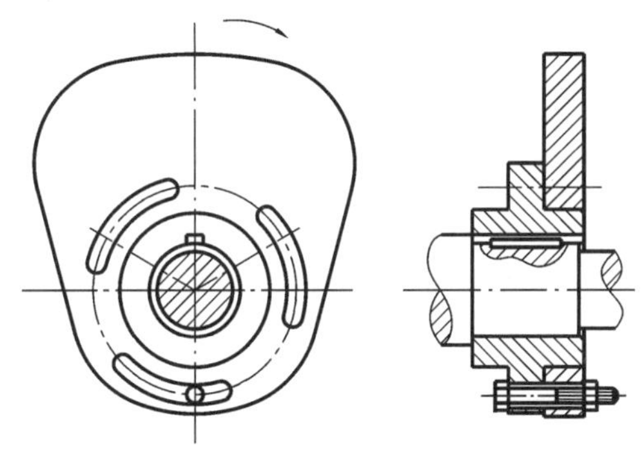

图 4-22 组合式凸轮

除采用键连接将凸轮固定在轴上外，也可以采用紧定螺钉和锥面固定，如图 4-23(a)所示，初调时用紧定螺钉定位，然后用圆锥销固定；图 4-23(b)所示为采用开槽锥形套固定，这种方式调用灵活，但传递转矩不能太大。

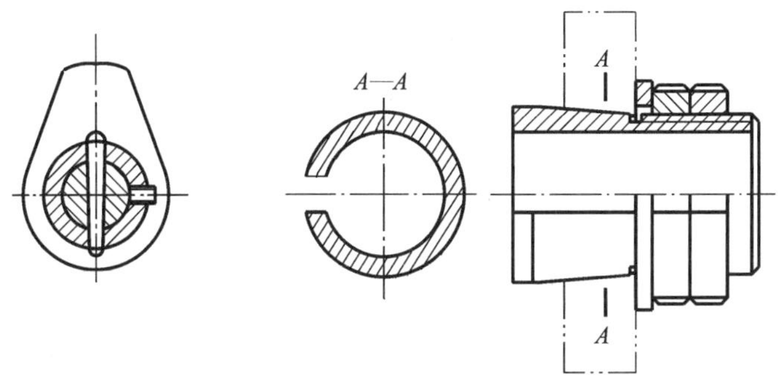

(a)圆锥销或紧定螺钉固定

(b)开槽锥形套固定

图 4-23 凸轮在轴上的固定方式

知识梳理与总结

通过本章的学习，我们掌握了凸轮机构的分类方法，也学会了利用反转法设计凸轮轮廓曲线。

1. 已知凸轮机构从动件的运动规律，可以方便地设计出相应的凸轮轮廓曲线。凸轮副为高副，易磨损，只适用于传力不大的场合。

2. 在从动件运动规律中，等速运动规律存在刚性冲击，等加速等减速运动规律和简谐运动规律存在柔性冲击。

3. 凸轮轮廓曲线设计的基本原理是反转法，即从动件按照与凸轮转向相反的方向绕凸轮转动，以绘制出凸轮轮廓曲线。

4. 凸轮机构的压力角指从动件受力方向与运动方向之间的夹角。压力角越大，传力性能越差。可采用增大基圆半径或适当偏置从动件等措施减小压力角。

5. 为避免滚子从动件凸轮机构的运动失真，可增大基圆半径或减小滚子半径。

第5章 其他常用机构

学习导航

知识目标

了解螺旋机构中传动螺纹、连接螺纹的应用场合及主要几何参数，掌握螺旋机构在工程设计中的应用。

认识和了解棘轮机构、槽轮机构、不完全齿轮机构及其应用场合。

能力目标

学会在设计中选择和应用以上常用机构完成机械运动的传递。

思政映射

机械中一些不太常见的机构，其特殊运动形式能让人产生好奇心。好奇心能够提高学习兴趣，促使你接受挑战，激发创新思维。

在许多机械中，经常用到一些其他类型的机构，如螺旋机构、棘轮机构、槽轮机构、不完全齿轮机构和凸轮式间歇机构等。本章将对这些机构的组成、工作原理、特点及应用分别做简要介绍。

5.1 螺旋机构

学习要点

了解螺旋机构中传动螺纹、连接螺纹的应用场合及主要几何参数，掌握螺旋机构在工程设计中的应用。

带有螺纹的零件有很多，常用来作为连接件、紧固件、传动件及测量工具上的零件。螺纹按其功用可分为两种：一种是利用螺纹连接件如螺钉、螺栓和螺母等将需要相对固定在一起的零件连接起来，称为螺纹连接；另一种是由螺杆、螺母和机架组成的螺旋机构，其工作原理是将旋转运动转化为直线运动，同时传递运动与动力。

一、螺纹的形成与类型

1. 螺纹的形成

如图 5-1 所示，将一直角三角形绕在直径为 d_2 的圆柱表面上，使三角形的底边 ab 与圆柱体的底边重合，则三角形的斜边在圆柱体表面上形成一条螺旋线。三角形的斜边与底边的夹角 ψ 称为螺旋升角。若取一平面图形，使其平面始终通过圆柱体的轴线并沿着螺旋线运动，则该平面图形在空间形成一个螺旋形体，称为螺纹。

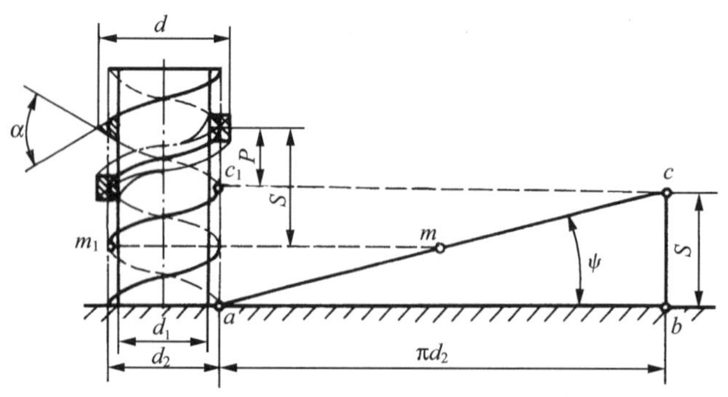

图 5-1 螺纹的形成

2. 螺纹的类型

(1)按螺旋线的绕行方向，可将螺纹分为左旋螺纹和右旋螺纹，规定外螺纹轴线直立时螺旋线向右上升为右旋螺纹，向左上升为左旋螺纹。一般采用右旋螺纹，有特殊要求时才采用左旋螺纹。

(2)按螺旋线的数目,可将螺纹分为单线螺纹和等距排列的多线螺纹。为了制造方便,螺纹线数一般不超过4线。

(3)按平面图形的形状(即牙型),可将螺纹分为三角形螺纹、矩形螺纹、梯形螺纹和锯齿形螺纹等,如图5-2所示。三角形螺纹多用于连接,其余螺纹多用于传动。

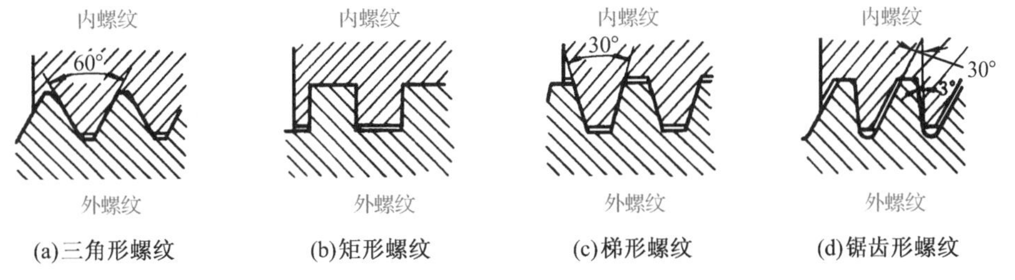

图5-2　螺纹的牙型

二、螺纹的主要几何参数

现以图5-3所示的圆柱普通螺纹为例,说明螺纹的主要几何参数。

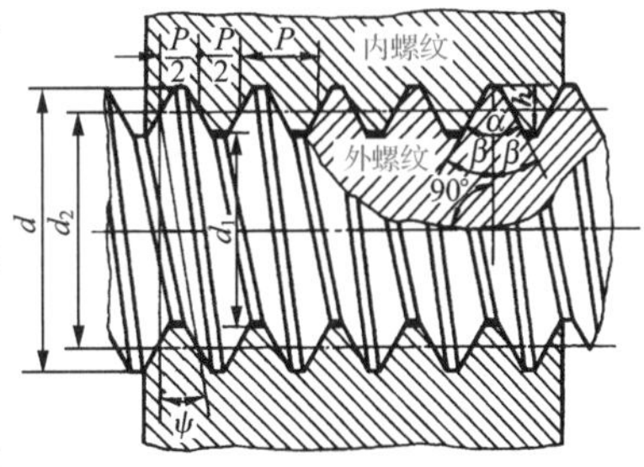

图5-3　螺纹的主要几何参数

(1)大径 d

大径是与外螺纹牙顶相重合的假想圆柱体直径,在标准中规定为公称直径。

(2)小径 d_1

小径是与外螺纹牙底相重合的假想圆柱体直径,在强度计算中作为危险剖面的计算直径。

(3)中径 d_2

中径是在轴向剖面内牙厚与牙间宽相等处的假想圆柱体直径,近似等于螺纹的平均直径。

$$d_2 \approx 0.5(d+d_1)$$

(4)螺距 P

螺距是相邻两牙对应两点间的轴向距离。

(5)线数 n

线数是螺纹螺旋线的数目,为便于制造,一般取 $n \leqslant 4$。

(6)导程 S

导程是同一螺旋线上相邻两牙对应两点间的轴向距离。螺距、导程、线数之间的关系为

$$S=nP$$

(7)螺旋升角 ψ

螺旋升角是在中径圆柱面上螺旋线的切线与垂直于螺旋线轴线的平面之间的夹角。

$$\psi=\arctan\frac{S}{\pi d_2}=\arctan\frac{nP}{\pi d_2}$$

(8)牙型角 α 及牙型斜角 β

在轴向剖面内螺纹牙型两侧边的夹角称为牙型角 α,螺纹牙型的侧边与螺纹轴线的

垂直平面的夹角称为牙型斜角 β。若牙型角对称，则 $\beta=\frac{\alpha}{2}$。

三、常用螺纹的特点和应用

1. 普通螺纹

普通螺纹即三角形米制螺纹，牙型角 $\alpha=60°$，大径 d 为公称直径，单位为 mm。同一公称直径按螺距的大小，可分为粗牙螺纹和细牙螺纹，其中螺距最大的称为粗牙螺纹，其余都称为细牙螺纹。一般连接多用粗牙螺纹。细牙螺纹的螺距小，小径大，螺旋升角小，因而自锁性能较好，强度高，但不耐磨，容易滑扣，适用于薄壁零件、受动载荷的连接中，也可作为微调机构的调整螺纹。

2. 管螺纹

管螺纹的牙型角 $\alpha=55°$，牙顶呈圆弧形，内外螺纹旋合后无径向间隙，紧密性好。管螺纹为英制螺纹，公称直径近似为管子的内径。按螺纹是分布在圆柱上还是圆锥上，将管螺纹分为圆柱管螺纹和圆锥管螺纹，如图 5-4 所示。圆柱管螺纹适用于低压场合，圆锥管螺纹适用于水、煤气等高压或密封性要求较高的管路系统连接。

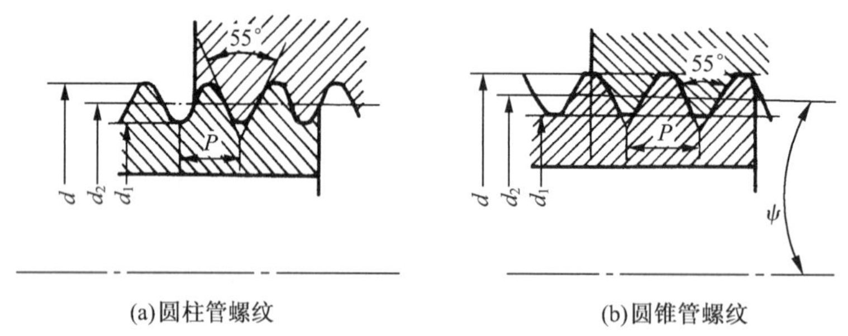

(a)圆柱管螺纹　　(b)圆锥管螺纹

图 5-4　管螺纹

3. 矩形螺纹

矩形螺纹的牙型为正方形，如图 5-2(b)所示，牙型角 $\alpha=0°$，牙厚为螺距的一半。其传动效率较其他螺纹高，但牙根强度较低，精加工较困难，且螺纹磨损后轴向间隙难以补偿。因此，这种螺纹已较少采用。

4. 梯形螺纹

如图 5-2(c)所示，梯形螺纹的牙型为等腰梯形，牙型角 $\alpha=30°$。其传动效率比矩形螺纹低，但工艺性较好，牙根强度高，对中性好。当采用剖分螺母时，还可以调整因磨损而产生的间隙，因此广泛应用于螺旋传动中。

5. 锯齿形螺纹

如图 5-2(d)所示，锯齿形螺纹工作面的牙型斜角为 3°，非工作面的牙型斜角为 30°。这种螺纹兼有矩形螺纹传动效率高和梯形螺纹牙根强度高的优点，但只能承受单向载荷，适用于单向承载的螺旋传动，如螺旋压力机、千斤顶等。

四、螺旋机构的应用和类型

螺旋机构可以用来将回转运动转变为直线移动，在各种机械设备和仪器中均有广泛的应用。图 5-5 所示的机床手摇进给机构就是应用螺旋机构的一个实例，当摇动手轮使螺杆旋转时，螺母带动溜板沿导轨面移动，可以看出，该机构将螺杆的旋转运动转化为螺母的轴向移动。螺旋机构的主要优点是结构简单，制造方便，能将较小的回转力矩转变成较大的轴向力，能达到较高的传动精度，并且工作平稳，易于自锁。它的主要缺点是摩擦损失大，传动效率低，因此一般不用来传递大的功率。由前所述，螺旋机构常用于起重机、压力机及功率不大的进给系统和微调装置中。

螺旋机构的应用和类型

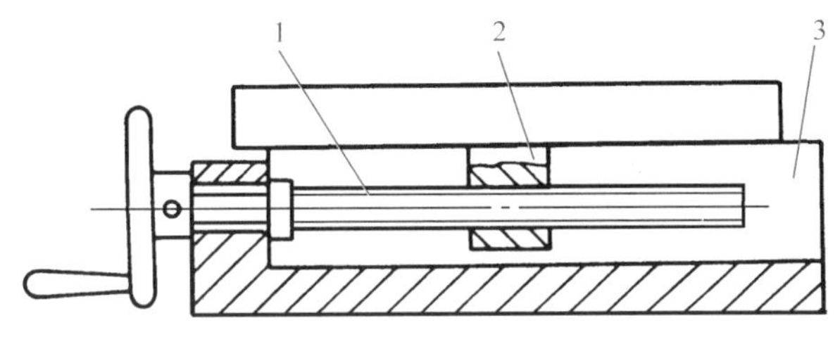

图 5-5 机床手摇进给机构

1—螺杆；2—螺母；3—机架

螺旋机构中的螺杆一般用中碳钢制成，螺母则常用耐磨性较好的材料（如青铜、耐磨铸铁等）来制造。

根据从动件运动状况的不同，螺旋机构有单速式、差速式和增速式三种基本形式。

1. 单速式螺旋机构

如图 5-5 所示，当螺杆旋转时，螺母做轴向移动，螺母移动速度的大小和方向取决于螺杆旋转速度的大小和方向。这种螺旋机构常用于机床进给机构、平口台钳等装置中。

图 5-6 所示的台虎钳所用的螺旋机构是另一种单速式螺旋机构，当搬动手柄使螺杆旋转时，螺杆同时以某一速度做轴向移动，从而带动活动钳口趋近或离开固定钳口。

2. 差速式螺旋机构

图 5-7 为差速式螺旋机构（也称为差动螺旋机构）简图。螺杆与机架在 A 处以螺旋副连接，其螺纹导程为 L_A；螺杆与螺母在 B 处也以螺旋副连接，其螺纹导程为 L_B；螺母与机架在 C 处以移动副连接。设 A、B 两处的螺旋方向相同，L_A 和 L_B 的差值很小，则当螺杆转动时，螺母可实现极其缓慢的差速移动。这种螺旋机构的优点是既能得到极小的位移，其螺纹的导程又无须太小，因而便于加工制造。差速式螺旋机构常用于较精密的机械或仪器中，如测微器、分度机构及机床刀具的微调机构等。

3. 增速式螺旋机构

图 5-8 为增速式螺旋机构简图。在螺杆上，a、b 两段螺纹旋向相反，当螺杆在机架的支承内转动时，两螺母 2 和 2′将在滑槽内产生较快的逆向运动，或快速分离，或快速趋合。

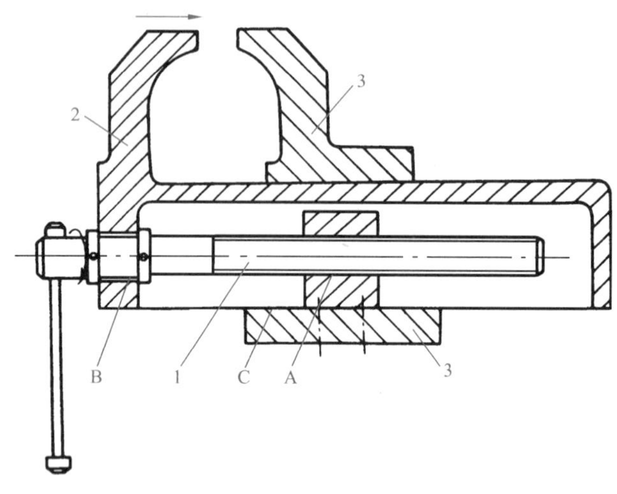

图 5-6　台虎钳

1—螺杆；2—活动钳口；3—固定钳口

在实际应用中，通常将 a、b 两段螺纹的导程做成相等的，这样可实现螺母等速快分或快合。这种螺旋机构常用于机械加工自动定心夹具和两脚规中。

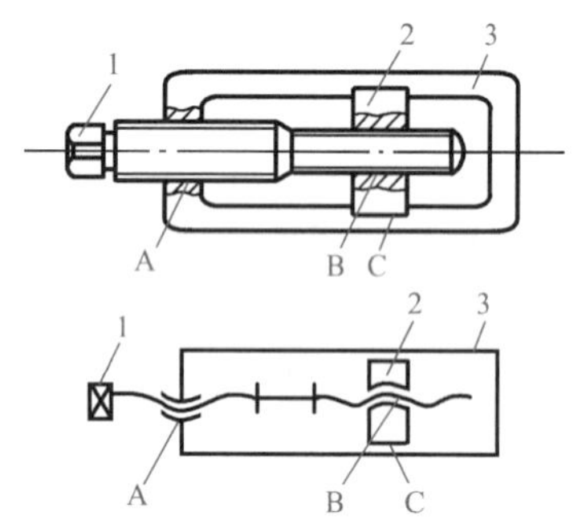

图 5-7　差速式螺旋机构简图

1—螺杆；2—螺母(或滑块)；3—机架

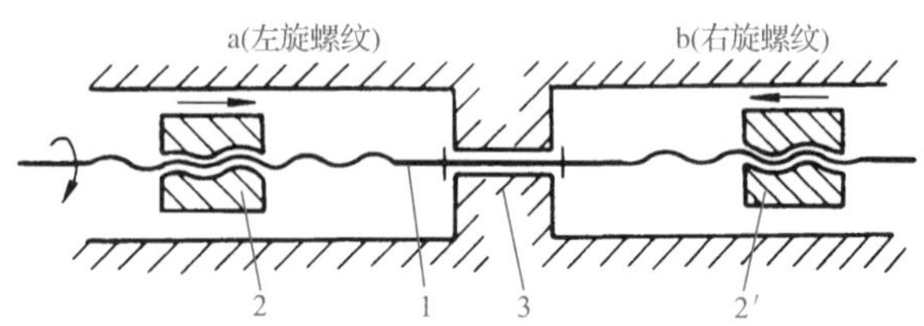

图 5-8　增速式螺旋机构简图

1—螺杆；2、2′—螺母；3—机架

五、滚动螺旋机构

普通螺旋机构由于齿面之间存在相对滑动摩擦，因此传动效率低。为了提高效率并减轻磨损，可采用以滚动摩擦代替滑动摩擦的滚动螺旋机构。如图 5-9 所示，滚动螺旋机构由螺母、丝杠、滚珠和滚珠循环装置等组成。在丝杠和螺母的螺纹滚道之间装入许多滚珠，以减小滚道间的摩擦，当丝杠与螺母之间产生相对转动时，滚珠沿螺纹滚道滚动，并沿滚珠循环装置的通道返回，构成封闭循环。滚动螺旋机构由于以滚动摩擦代替了滑动摩擦，因此摩擦阻力小，传动效率高，运动稳定，动作灵敏，但其结构复杂，尺寸较大，制造技术要求高。滚动螺旋机构目前主要用于数控机床和精密机床的进给机构、重型机械的升降机构、精密测量仪器以及各种自动控制装置中。

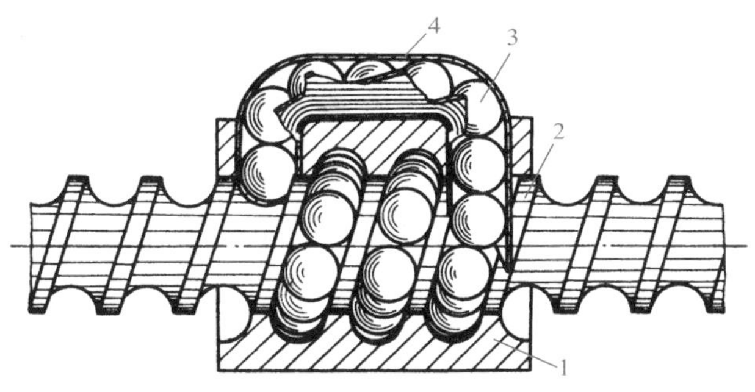

图 5-9 滚动螺旋机构

1—螺母；2—丝杠；3—滚珠；4—滚珠循环装置

5.2 棘轮机构

学习要点

认识和了解棘轮机构及其应用场合。

棘轮机构由棘轮、棘爪和机架组成，如图 5-10 所示。

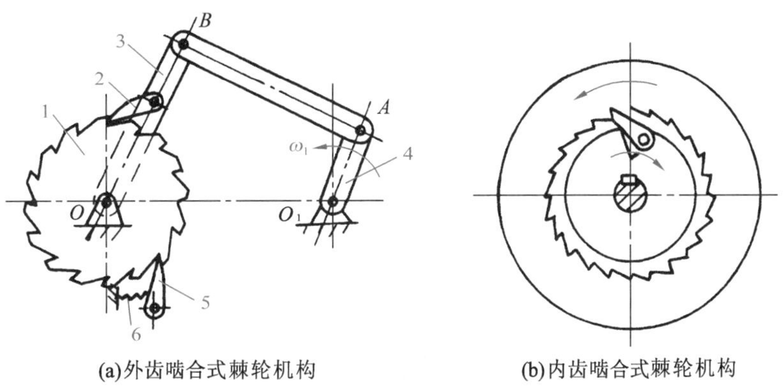

图 5-10 棘轮机构

1—棘轮；2—驱动棘爪；3—摇杆；4—曲柄；5—止动棘爪；6—片弹簧

认识棘轮机构

棘轮与传动轴固连，驱动棘爪铰接于摇杆上，摇杆空套在棘轮轴上，可以绕其转动。当摇杆逆时针方向摆动时，与它相连的驱动棘爪插入棘轮的齿槽内，推动棘轮转过一定的角度。当摇杆顺时针方向摆动时，驱动棘爪便在棘轮的齿背上滑过。这时片弹簧迫使止动棘爪插入棘轮的齿间，阻止棘轮顺时针方向转动，故棘轮静止。因此，当摇杆往复摆动时，棘轮做单向间歇运动。

棘轮机构按其工作原理，可分为齿式棘轮机构和摩擦式棘轮机构；按啮合的情况，可分为外齿啮合式棘轮机构和内齿啮合式棘轮机构。

齿式棘轮机构的棘轮外缘、内缘或端面上具有刚性的轮齿，按其运动形式又分为以下几类：

1. 单动式棘轮机构

这种机构的特点是摇杆正向摆动时棘爪驱动棘轮沿同一方向转过某一角度，摇杆反向摆动时棘轮静止。

2. 双动式棘轮机构

如图 5-11 所示，双动式棘轮机构的特点是摇杆的往复摆动能使棘轮沿同一方向间歇转动。驱动棘爪可制成平头的或钩头的。

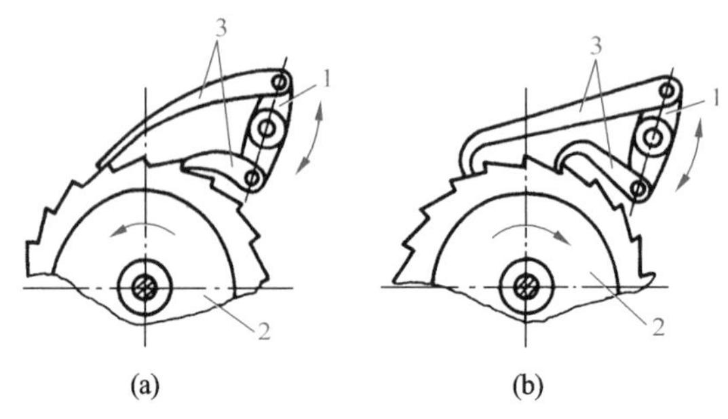

图 5-11　双动式棘轮机构

1—摇杆；2—棘轮；3—驱动棘爪

3. 可变向棘轮机构

可变向棘轮机构的棘轮采用矩形齿，如图 5-12(a)所示。其特点是当棘爪处于实线位置，摇杆往复摆动时，棘轮沿逆时针方向做单向间歇运动；当棘爪翻转到虚线位置，摇杆往复摆动时，棘轮将沿顺时针方向做单向间歇运动。

图 5-12(b)所示为另一种可变向棘轮机构。当棘爪处于图示位置往复摆动时，棘轮沿逆时针方向做单向间歇运动；若将棘爪提起，并绕其本身轴线转过 180°后再插入棘轮齿中往复摆动，则棘轮沿顺时针方向做单向间歇运动。

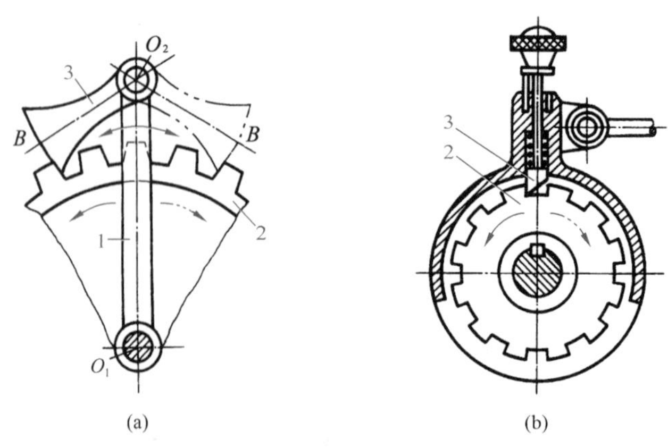

图 5-12　可变向棘轮机构

1—摇杆；2—棘轮；3—棘爪

4. 摩擦式棘轮机构

齿式棘轮机构的棘轮转角都是相邻两齿所夹中心角的倍数，也就是说，棘轮的转角是有级性改变的。如果需要无级性改变转角，可采用摩擦式棘轮机构。如图 5-13 所示，它由摩擦轮和摇杆及其铰接的驱动偏心楔块、止动楔块和机架组成。当摇杆沿逆时针方向摆动时，通过驱动偏心楔块与摩擦轮之间的摩擦力使摩擦轮沿逆时针方向运动。当摇杆沿顺时针方向摆动时，驱动偏心楔块在摩擦轮上滑过，而止动楔块与摩擦轮之间的摩擦力促使止动楔块与摩擦轮卡紧，从而使摩擦轮静止，以实现间歇运动。

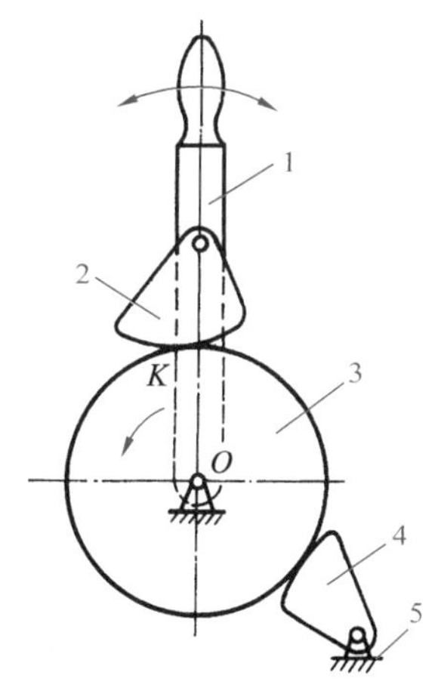

图 5-13 摩擦式棘轮机构

1—摇杆；2—驱动偏心楔块；3—摩擦轮；4—止动楔块；5—机架

棘轮机构的结构简单，制造方便，运动可靠。齿式棘轮机构传动平稳，转角准确，但运动只能有级调节，且噪声、冲击和磨损都较大。摩擦式棘轮机构传动平稳，无噪声，可实现运动的无级调节，但其运动准确性较差。因此，棘轮机构常用于速度较低和载荷不大的场合，实现机械的间歇送料、分度、制动和超越离合器等运动，如自动线上的浇注输送装置（图 5-14）、牛头刨床的横向进给机构（图 5-15）等。

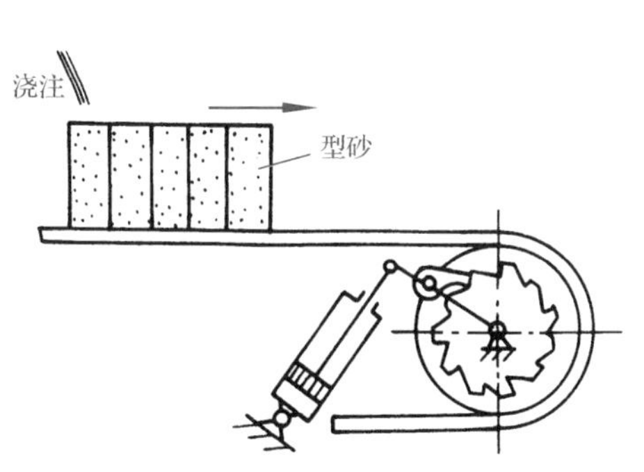

图 5-14 自动线上的浇注输送装置

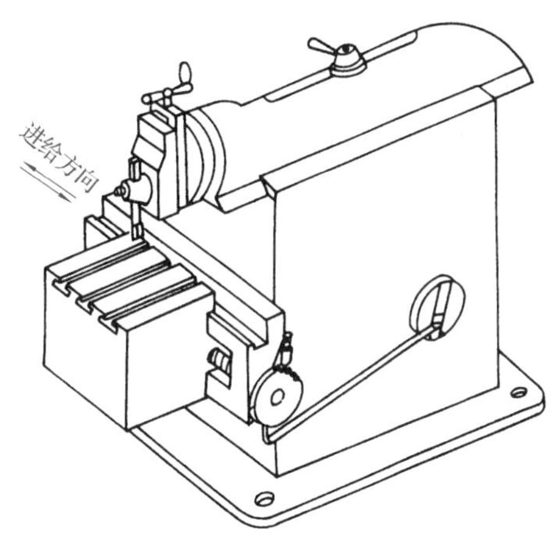

图 5-15 牛头刨床的横向进给机构

5.3 槽轮机构

学习要点

认识和了解槽轮机构及其应用场合。

槽轮机构由带圆柱销的主动拨盘、具有径向槽的从动槽轮和机架组成，如图 5-16 所示。当主动拨盘以 ω_1 做等角速度转动时，驱动从动槽轮做时动时停的单向间歇运动。当主动拨盘上的圆柱销 A 未进入从动槽轮的径向槽时，由于从动槽轮的内凹锁止弧$\overset{\frown}{efg}$被主动拨盘的外凸圆弧卡住，因此从动槽轮静止。图 5-16(a)所示的位置是圆柱销 A 刚开始进入从动槽轮径向槽时的情况，这时锁止弧$\overset{\frown}{efg}$刚被松开，因此从动槽轮受圆柱销 A 的驱动开始沿顺时针方向转动；当圆柱销 A 离开径向槽时，从动槽轮的下一个内凹锁止弧又被主动拨盘的外凸圆弧卡住，致使从动槽轮静止，直到圆柱销 A 再进入从动槽轮的另一径向槽，二者又重复上述运动循环。

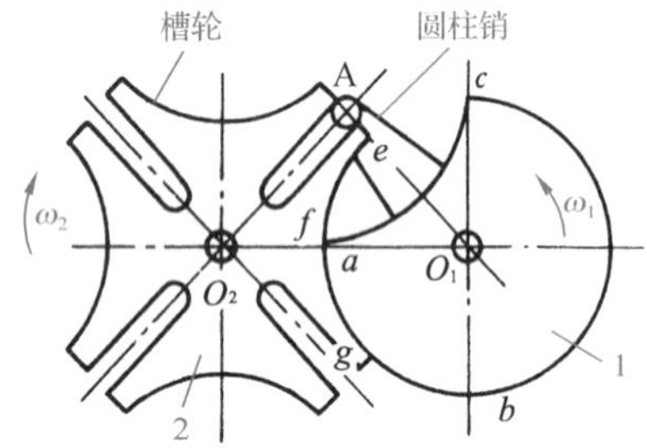

(a)圆柱销进入径向槽

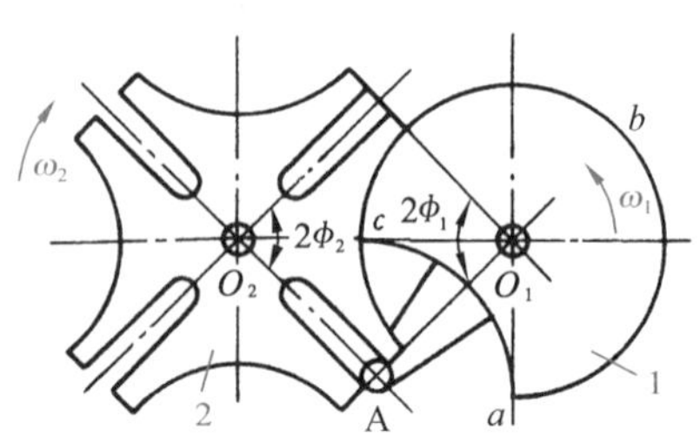

(b)圆柱销退出径向槽

图 5-16 单圆柱销外啮合槽轮机构

1—主动拨盘；2—从动槽轮

槽轮机构有外啮合槽轮机构(图 5-16)和内啮合槽轮机构之分。在外啮合槽轮机构中，主动拨盘与从动槽轮异向回转；而在内啮合槽轮机构中，主动拨盘与从动槽轮同向回转。

微课

认识槽轮机构

主动拨盘上的圆柱销可以是一个，也可以是多个。图 5-17 所示为双圆柱销外啮合槽轮机构，此时主动拨盘转动一周，从动槽轮转动两次。

在槽轮机构中，从动槽轮在进入和退出啮合时比棘轮机构平稳，但仍然存在有限的加速度突变，即存在柔性冲击。从动槽轮在转动过程中，其角速度和角加速度有较大的变化，槽数越少，这种变化越大，影响其动力特性，所以从动槽轮的槽数不宜选得过少，一般选取$Z=4\sim8$。

槽轮机构的结构简单，制造方便，转位迅速，工作可靠，外形尺寸小，机械效率高，因此在自动机械中得到了广泛应用。图 5-18 所示为槽轮机构在电影放映机中的应用。

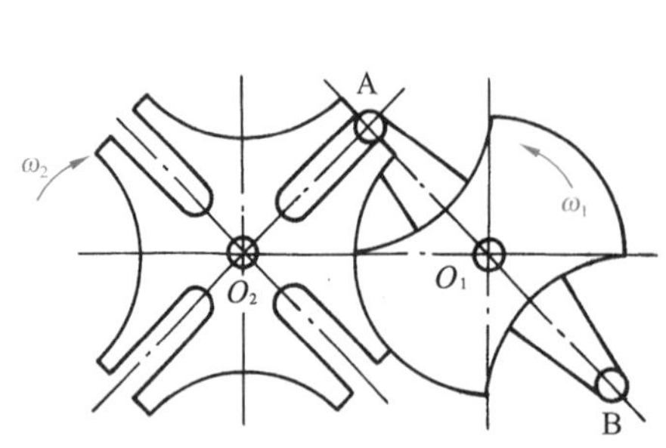

图 5-17 双圆柱销外啮合槽轮机构

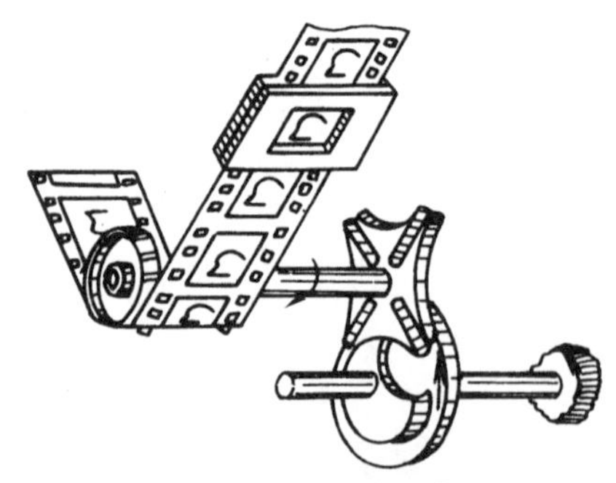

图 5-18 电影放映机中的槽轮机构

图 5-19 所示为六角车床刀架的转位机构。槽轮有六个径向槽，与之相连的刀架上可装六把刀具，拨轮每转一周，驱动槽轮转过 360°/6=60°，刀架也随之转过 60°，从而将下一工序的刀具转到工作位置。

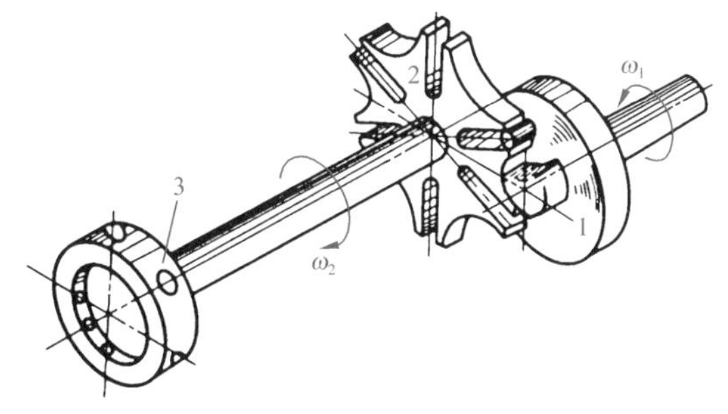

图 5-19 六角车床刀架的转位机构

1—拨轮；2—槽轮；3—刀架

5.4 不完全齿轮机构

学习要点

认识和了解不完全齿轮机构。

如图 5-20 所示的外啮合不完全齿轮机构，它由具有一个或几个齿的不完全齿轮、具有正常轮齿且带锁止弧的齿轮和机架组成。在主动轮 1 等速连续转动的过程中，当轮 1 上的轮齿与从动轮 2 的正常齿相啮合时，轮 1 驱动轮 2 转动；当轮 1 的锁止弧 S_1 与轮 2 的锁止弧 S_2 接触时，轮 2 停歇不动并停止在确定的位置上，从而实现周期性的单向间歇运动。在图 5-20 所示的外啮合不完全齿轮机构中，主动轮每转一周，从动轮只转 1/4 周。

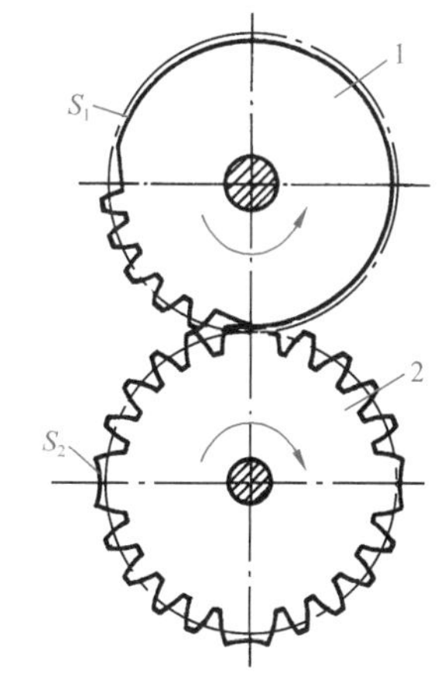

图 5-20 外啮合不完全齿轮机构

1—不完全齿轮；2—带锁止弧的齿轮

不完全齿轮机构有外啮合和内啮合两种类型，一般常用外啮合形式。

不完全齿轮机构与其他间歇运动机构相比，其优点是结构简单，制造方便，从动轮的运动时间和静止时间的比例不受机构的限制；其缺点是从动轮在转动开始和终止时，角速度有突变，冲击较大，故一般只用于低速轻载场合。

不完全齿轮机构常用于多工位自动机和半自动机工作台的间歇转位及某些间歇进给机构中，如蜂窝煤压制机工作台转盘的间歇转位机构等。

知识梳理与总结

通过本章的学习，我们了解了螺旋机构、棘轮机构、槽轮机构及不完全齿轮机构的特点及应用。

1.螺旋机构螺纹的主要几何参数有螺纹的大径、小径、螺距、线数、导程、牙型角等。螺旋机构的应用十分广泛，根据从动件的运动状况，可分为单速螺旋机构、差速螺旋机构、增速螺旋机构，在数控机床和精密机床中也经常用到滚珠螺旋机构。

2.棘轮机构是一种间歇运动机构，能够实现单向和双向间歇运动的控制。

3.槽轮机构也是一种间歇运动机构，分为外啮合和内啮合槽轮机构，常用于自动车床的间歇进给运动或转位运动。

4.不完全齿轮机构分为外啮合和内啮合两种形式，常用于自动机和半自动机工作台的间歇转位或间歇进给运动。

第6章

带传动和链传动

学习导航

知识目标

了解带传动的特点、类型及应用。
掌握带传动的受力分析和应力分析的方法。
掌握带传动弹性滑动和传动比的概念及计算方法。
熟悉V带结构和国家标准以及V带轮的常用材料和结构。
掌握带传动的失效形式及设计方法。
熟悉带传动的张紧和安装方法。
了解链传动的结构特点及应用。

能力目标

学会分析带传动的受力情况。
学会分析带传动的失效形式及设计准则。
能够依据手册设计V带传动，合理选择带的型号。

思政映射

力量与功率的传递可以是刚性的，也可以是柔性的。V带传动的魅力在于其柔性和平稳性，能屈能伸，守护安全。人如果具备这种品性，能够展示柔性力量的价值，以柔克刚，从而变得坦然，就能够避免由急躁所造成的各种错误。

6.1 带传动的类型、特点及应用

学习要点

认识带的类型及传动特点。

如图 6-1 所示，带传动由主动轮 1、从动轮 2 及传动带 3 组成。传动带是挠性件，张紧在两轮上，通过它将主动轮的运动和动力传递给从动轮。

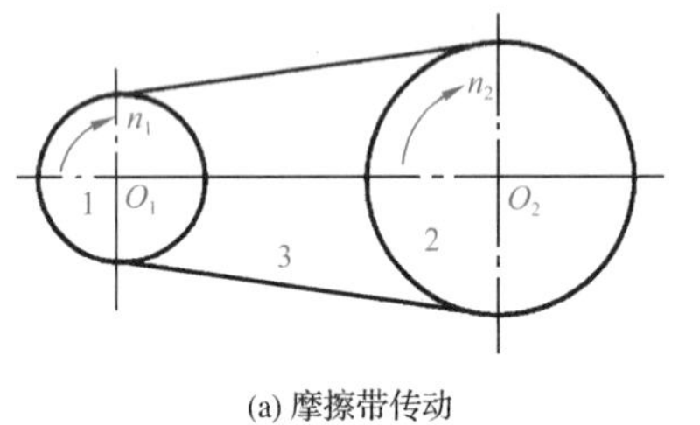

(a) 摩擦带传动

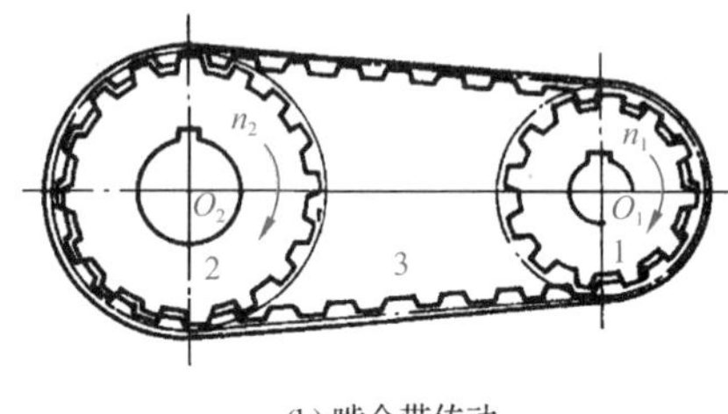

(b) 啮合带传动

图 6-1 带传动

一、带传动的类型和应用

根据工作原理，可将带传动分为两类，即靠传动带与带轮间的摩擦力实现传动的摩擦带传动(图 6-1(a))，以及靠带内侧的凸齿与带轮外缘上的齿槽直接啮合实现传动的啮合带传动，图 6-1(b)所示的同步带传动就是啮合带传动的一种。本章将重点介绍摩擦带传动。摩擦带传动按传动带的截面形状可分为如下几种：

微课

认识带传动

1. 平带传动

如图 6-2(a)所示，平带的截面形状为矩形，其工作面为内表面。常用的平带为橡胶帆布带。平带传动多用于中心距较大的场合。

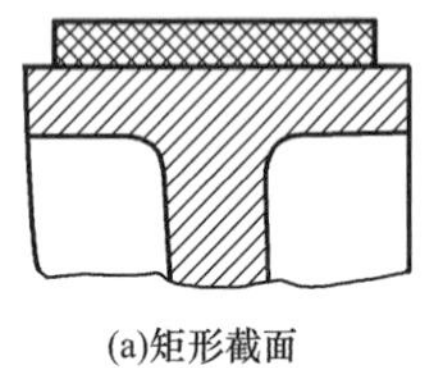
(a)矩形截面

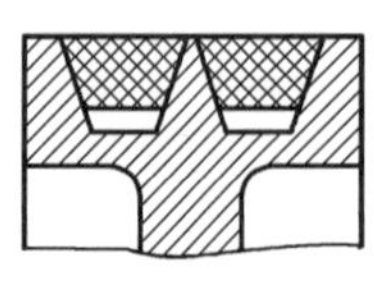
(b)等腰梯形截面

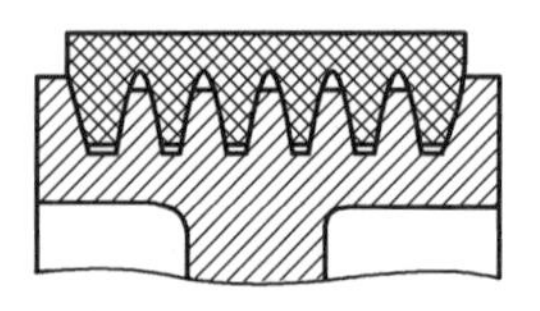
(c)多个等腰梯形或矩形的组合截面

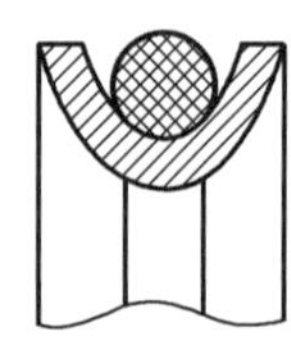
(d)圆形截面

图 6-2 摩擦带传动的类型

2. V 带传动

V 带的截面形状为等腰梯形，其工作面为两侧面，如图 6-2(b)所示。V 带与平带相比，当量摩擦系数大，能传递较大的功率，且结构紧凑，在机械传动中应用最广。

3. 多楔带传动

如图 6-2(c)所示,多楔带是在平带基体上由多根 V 带组成的传动带。多楔带能传递的功率更大,且能避免由多根 V 带长度不等所产生的传力不均的现象发生,故适用于传递功率较大且要求结构紧凑的场合。

4. 圆带传动

圆带的横截面为圆形,如图 6-2(d)所示。圆带传动常用于小功率传动,如仪表、缝纫机、牙科医疗器械等。

二、带传动的特点

带传动是利用具有弹性的挠性带来传递运动和动力的,它具有以下特点:

(1)弹性带可缓冲吸振,故传动平稳,噪声小。

(2)过载时带会在带轮上打滑,从而起到保护其他传动件免受损坏的作用。

(3)带传动的中心距较大,结构简单,制造、安装和维护较方便,且成本低廉。

(4)由于带与带轮之间存在弹性滑动,因此导致速度损失,传动比不准确,且传动效率较低。

(5)带为非金属元件,故不宜用在酸、碱、高温等恶劣工作环境中。

带传动适用于要求传动平稳,但传动比要求不严格且中心距较大的场合。一般带速 $v=5\sim25$ m/s,传动比 $i\leqslant7$,传递功率 $P<100$ kW。

6.2 带传动的受力分析和应力分析

学习要点

1. 掌握带传动的初拉力、紧边拉力和松边拉力之间的相互关系以及影响带传动能力的因素。

2. 掌握带传动不同截面的应力分布情况及最大应力的发生位置。

一、带传动的受力分析

如图 6-3(a)所示,传动带必须以一定的张紧力安装在带轮上。不工作时,带两边承受相等的拉力,称为初拉力 F_0。工作时,由于带和带轮的接触面间产生摩擦力,因此绕入主动轮的一边被拉紧,拉力由 F_0 增大到 F_1,称为紧边;离开主动轮的一边被放松,拉力由 F_0 减小为 F_2,称为松边,如图 6-3(b)所示。

带传动的受力与应力分析

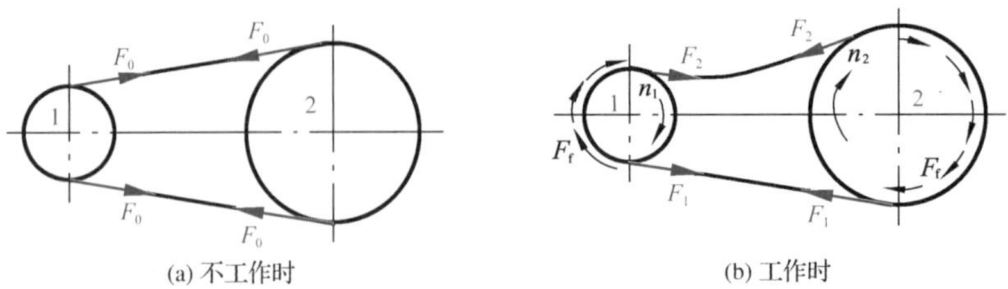

图 6-3 带传动的受力分析

因为带的总长近似不变，所以紧边拉力的增加量 F_1-F_0 应等于松边拉力的减少量 F_0-F_2，即

$$F_0=\frac{1}{2}(F_1+F_2) \tag{6-1}$$

紧边和松边的拉力之差 F 称为带传动的有效圆周力，即

$$F=F_1-F_2 \tag{6-2}$$

由于靠摩擦传动，故有效圆周力 F 在数值上等于带与带轮接触面间摩擦力的总和。

带传动所传递的功率为

$$P=\frac{Fv}{1\ 000} \tag{6-3}$$

式中：F 为有效圆周力，N；v 为带速，m/s。

当带传动的功率增加时，有效圆周力 F 也相应地增大。对于一定的初拉力 F_0 来说，当传递的有效圆周力 F 超过摩擦力时，带就开始在带轮上全面滑动，即打滑，这说明带传动所传递的圆周力 F 有极限值。当传动带和带轮间有全面滑动趋势时，摩擦力就会达到最大值，即有效圆周力达到最大值。此时，紧边拉力 F_1 和松边拉力 F_2 之间的关系可用欧拉公式表示为

$$\frac{F_1}{F_2}=\mathrm{e}^{f\alpha} \quad （忽略离心力） \tag{6-4}$$

式中：e 为自然对数的底，e≈2.718；f 为带与带轮接触面间的当量摩擦系数；α 为小带轮的包角，rad，即带与小带轮接触弧所对的中心角。

由式(6-1)、式(6-2)和式(6-4)可得

$$F=2F_0\ \frac{\mathrm{e}^{f\alpha}-1}{\mathrm{e}^{f\alpha}+1} \tag{6-5}$$

由式(6-5)可知，影响带所传递的圆周力 F 的因素有：

(1)初拉力 F_0：F 与 F_0 成正比，初拉力 F_0 越大，F 就越大。但 F_0 过大会加剧带的磨损，致使带过快松弛，缩短其工作寿命。

(2)摩擦系数 f：f 越大，摩擦力也越大，F 就越大。V 带因用当量摩擦系数 f_v 取代平带的摩擦系数 $f(f_v>f)$，所以 V 带的传递能力高于平带。

(3)包角 α：F 随 α 的增大而增大。由于大带轮的包角 α_2 大于小带轮的包角 α_1，因此打滑首先发生在小带轮上。一般要求 $\alpha_1\geqslant 120°$。

联立式(6-2)和式(6-4)，可得带传动在不打滑条件下所能传递的最大圆周力为

$$F_{\max}=F_1\left(1-\frac{1}{\mathrm{e}^{f\alpha}}\right) \tag{6-6}$$

二、带传动的应力分析

带传动工作时，带所受的应力有如下几种：

1. 由紧边拉力和松边拉力产生的拉应力

紧边拉应力　$$\sigma_1=\frac{F_1}{A}$$

松边拉应力　$$\sigma_2=\frac{F_2}{A}$$

式中，A 为带的横截面面积，mm^2。

因为 $F_1>F_2$，所以 $\sigma_1>\sigma_2$。

2. 由离心力 F_C 产生的拉应力 σ_C

工作时，绕在带轮上的传动带随带轮做圆周运动，产生离心拉力 F_C，F_C 作用于带的全长上，产生的离心拉应力为

$$\sigma_C=\frac{F_C}{A}=\frac{qv^2}{A}$$

式中：q 为传动带单位长度的质量，kg/m，各种型号 V 带的 q 值见表 6-1；v 为带速，m/s；A 为带的横截面面积，mm^2。

表 6-1　普通 V 带的截面尺寸(摘自 GB/T 13575.1—2008)　mm

型号	Y	Z	A	B	C	D	E
顶宽 b	6	10	13	17	22	32	38
节宽 b_p	5.3	8.5	11	14	19	27	32
高度 h	4.0	6.0	8.0	11	14	19	23
楔角 α	40°						
每米质量 $q/(kg\cdot m^{-1})$	0.023	0.060	0.105	0.170	0.300	0.630	0.970

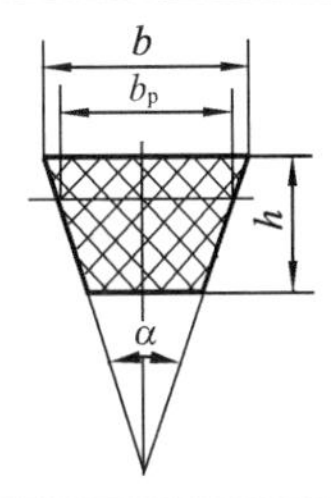

3. 由带弯曲变形产生的应力 σ_b

传动带绕过带轮时发生弯曲变形，从而产生的弯曲应力为

$$\sigma_b=E\frac{h}{d_d}$$

式中：E 为带的弹性模量，MPa；h 为带的高度，mm；d_d 为带轮的基准直径，mm。

表 6-2 列出了带轮的基准直径系列。

表 6-2　普通 V 带轮的最小基准直径和基准直径系列(摘自 GB/T 13575.1—2008)　mm

V 带轮型号	Y	Z	A	B	C	D	E
d_{dmin}	20	50	75	125	200	355	500
基准直径系列	28　31.5　40　50　56　63　71　75　80　90　100　106　112　118　125　132　140　150　160　180　200　212　224　250　280　315　355　375　400　450　500　560　630…						

带工作时的应力分布情况如图 6-4 所示。当带由紧边绕入小带轮时，其所受的应力达到最大值，为

$$\sigma_{max}=\sigma_1+\sigma_C+\sigma_{b1}$$

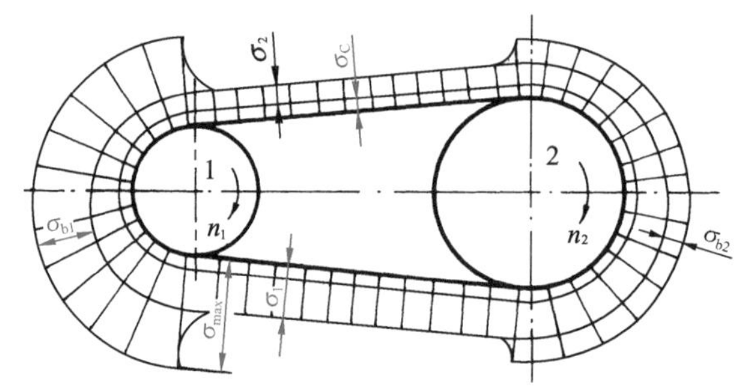

图 6-4 带工作时的应力分布情况

可见，带是在交变应力情况下工作的，当应力循环达到一定次数后，将导致带发生疲劳破坏。

带的疲劳强度条件是

$$\sigma_{max}=\sigma_1+\sigma_C+\sigma_{b1}\leqslant[\sigma] \tag{6-7}$$

式中，$[\sigma]$为带的许用应力。

6.3 带传动的弹性滑动和传动比

学习要点

掌握弹性滑动的概念及带传动比的计算方法。

传动带是弹性体，工作时会产生弹性变形。当带由紧边绕经主动轮进入松边时，它所受的拉力由 F_1 逐渐减为 F_2，其弹性伸长量也由 ΔL_1 减小为 ΔL_2，带相对于轮面向后收缩了 $\Delta L_1-\Delta L_2$，带与带轮的轮面间出现局部相对滑动，导致带速低于主动轮的圆周速度。同样，当带由松边绕经从动轮进入紧边时，它所受的拉力逐渐增加，带逐渐被拉长，带沿轮面产生向前的弹性滑动，使带的速度大于从动轮的圆周速度。这种由于带的弹性变形及拉力差而产生的带与带轮间的滑动称为弹性滑动。

带的弹性滑动使从动轮的圆周速度 v_2 小于主动轮的圆周速度 v_1，其速度的降低率用滑动率 ε 表示，即

$$\varepsilon=\frac{v_1-v_2}{v_1}=\frac{d_1n_1-d_2n_2}{d_1n_1}$$

式中：n_1、n_2 分别为主动轮和从动轮的转速，r/min；d_1、d_2 分别为主动轮和从动轮的基准直径，mm。由上式得带传动的传动比为

$$i=\frac{n_1}{n_2}=\frac{d_2}{d_1(1-\varepsilon)} \tag{6-8}$$

从动轮的转速为

$$n_2=\frac{n_1d_1(1-\varepsilon)}{d_2} \tag{6-9}$$

因带传动的滑动率 $\varepsilon=0.01\sim0.02$，值很小，故在一般传动计算中可不予考虑。

6.4　V带与V带轮

学习要点

掌握 V 带的国家标准及 V 带轮的常用材料和结构特点。

V 带有普通 V 带、窄 V 带、宽 V 带等。其中普通 V 带和窄 V 带应用较广，本章介绍普通 V 带传动。

一、普通 V 带的结构和尺寸标准

标准普通 V 带的横截面结构如图 6-5 所示，由抗拉体、顶胶、底胶以及包布层组成。抗拉体是承受载荷的主体，有图 6-5(a)所示的线绳结构和图 6-5(b)所示的帘布结构两种。线绳结构柔韧性好，抗弯曲强度高；帘布结构抗拉强度高。顶胶、底胶的材料为橡胶，包布层的材料为橡胶帆布。

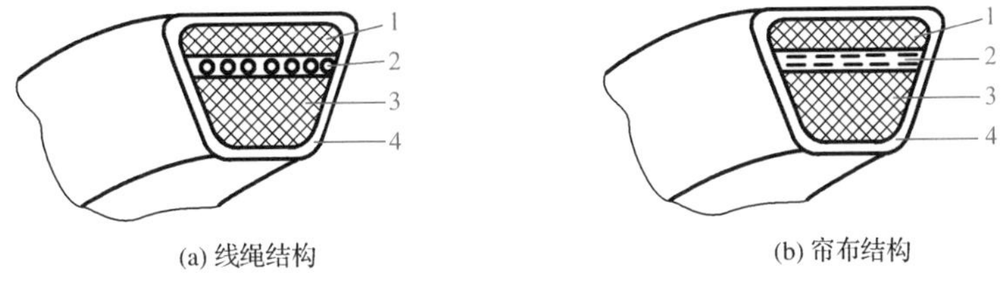

图 6-5　标准普通 V 带的横截面结构

1—顶胶；2—抗拉体；3—底胶；4—包布层

普通 V 带的截面尺寸按由小至大的顺序分为 Y、Z、A、B、C、D、E 七种型号，见表6-1。

当 V 带绕在带轮上时，V 带会产生弯曲变形，其外层被拉长，内层被压短，两层之间存在一层既不伸长又不缩短的中性层，称为节面。节面的宽度称为节宽，见表 6-1。V 带装在带轮上，和节宽相对应的带轮直径称为基准直径，其标准系列见表 6-2。V 带在规定的张紧力下，带与带轮基准直径相配处的周线长度称为基准长度。基准长度的标准系列和带长修正系数 K_L 见表 6-3。

表 6-3　普通 V 带基准长度的标准系列和带长修正系数 K_L(摘自 GB/T 13575.1—2008)

Y L_d/mm	K_L	Z L_d/mm	K_L	A L_d/mm	K_L	B L_d/mm	K_L	C L_d/mm	K_L	D L_d/mm	K_L	E L_d/mm	K_L
200	0.81	405	0.87	630	0.81	930	0.83	1 565	0.82	2 740	0.82	4 660	0.91
224	0.82	475	0.90	700	0.83	1 000	0.84	1 760	0.85	3 100	0.86	5 040	0.92
250	0.84	530	0.93	790	0.85	1 100	0.86	1 950	0.87	3 330	0.87	5 420	0.94
280	0.87	625	0.96	890	0.87	1 210	0.87	2 195	0.90	3 730	0.90	6 100	0.96
315	0.89	700	0.99	990	0.89	1 370	0.90	2 420	0.92	4 080	0.91	6 850	0.99
355	0.92	780	1.00	1 100	0.91	1 560	0.92	2 715	0.94	4 620	0.94	7 650	1.01
400	0.96	920	1.04	1 250	0.93	1 760	0.94	2 880	0.95	5 400	0.97	9 150	1.05
450	1.00	1 080	1.07	1 430	0.96	1 950	0.97	3 080	0.97	6 100	0.99	12 230	1.11
500	1.02	1 330	1.13	1 550	0.98	2 180	0.99	3 520	0.99	6 840	1.02	13 750	1.15
		1 420	1.14	1 640	0.99	2 300	1.01	4 060	1.02	7 620	1.05	15 280	1.17
		1 540	1.54	1 750	1.00	2 500	1.03	4 600	1.05	9 140	1.08	16 800	1.19
				1 940	1.02	2 700	1.04	5 380	1.08	10 700	1.13		
				2 050	1.04	2 870	1.05	6 100	1.11	12 200	1.16		
				2 200	1.06	3 200	1.07	6 815	1.14	13 700	1.19		
				2 300	1.07	3 600	1.09	7 600	1.17	15 200	1.21		
				2 480	1.09	4 060	1.13	9 100	1.21				
				2 700	1.10	4 430	1.15	10 700	1.24				
						4 820	1.17						
						5 370	1.20						
						6 070	1.24						

普通 V 带的型号及基准长度通常压印在带的外表面上，以便选用时识别。例如，基准长度为 1 560 mm 的 B 型普通 V 带，其标记为：B1560　GB/T 13575.1。

二、普通 V 带轮的结构

1. 普通 V 带轮的材料

普通 V 带轮最常用的材料是灰铸铁。当带速 $v \leqslant 25$ m/s 时，可用 HT150；当带速 25 m/s $< v \leqslant 30$ m/s 时，可用 HT200；当带速 $v > 30$ m/s 时，可用铸钢。传递功率较小时，可用铸铝或工程塑料。

2. 普通 V 带轮的结构

普通 V 带轮一般由具有轮槽的轮缘（带轮的外缘部分）、轮辐（轮缘与轮毂相连的部分）和轮毂（带轮与轴相配的部分）三部分组成。轮槽尺寸见表 6-4，轮槽工作表面的表面粗糙度 Ra 值为 1.6 μm 或 3.2 μm。

表 6-4　　　　　　　　　　　　普通 V 带轮的轮槽尺寸　　　　　　　　　　　　mm

轮槽尺寸		Y	Z	A	B	C	D	E
槽型		Y	Z	A	B	C	D	E
b_d		5.3	8.5	11	14	19	27	32
h_{amin}		1.6	2.0	2.75	3.5	4.8	8.1	9.6
h_{fmin}		4.7	7.0	8.7	10.8	14.3	19.9	23.4
e		8±0.3	12±0.3	15±0.3	19±0.4	25.5±0.5	37±0.6	44.5±0.7
f		7±1	8±1	10^{+2}_{-1}	12.5^{+2}_{-1}	17^{+2}_{-1}	23^{+3}_{-1}	29^{+4}_{-1}
δ_{min}		5	5.5	6	7.5	10	12	15
B		$B=(Z-1)e+2f$　（Z 为轮槽数）						
d_d	ϕ 32°	≤60						
	ϕ 34°		≤80	≤118	≤190	≤315		
	ϕ 36°	>60					≤475	≤600
	ϕ 38°		>80	>118	>190	>315	>475	>600

注：δ_{min}是轮缘最小壁厚推荐值。

V 带轮按轮辐结构的不同可分为四种形式：实心带轮（S 型），如图 6-6（a）所示；腹板带轮（P 型），如图 6-6（b）所示；孔板带轮（H 型），如图 6-6（c）所示；椭圆轮辐带轮（E 型），如图 6-6（d）所示。带轮直径较小时可采用实心带轮，中等直径的带轮可采用腹板带轮或孔板带轮，直径较大时可采用椭圆轮辐带轮。

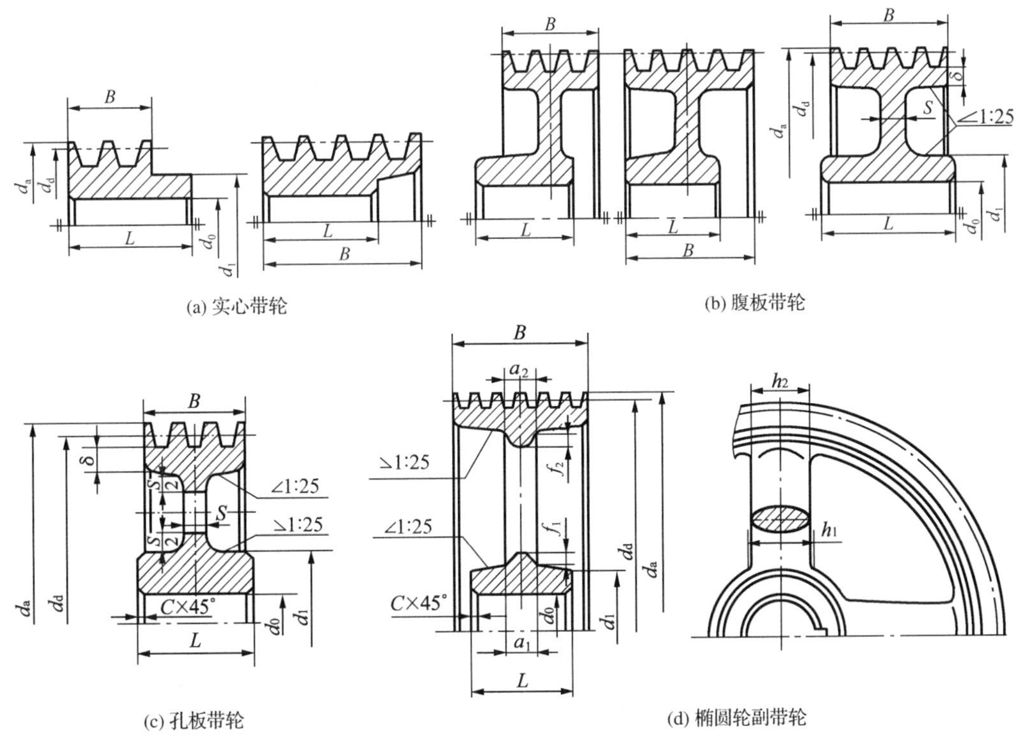

图 6-6　V 带轮的典型结构

$$d_1=(1.8\sim2)d_0, L=(1.5\sim2)d_0, S=(0.2\sim0.3)B$$

$$h_1=290\sqrt[3]{\frac{P}{nA}}\quad(\text{单位为 mm})$$

式中 P——传递的功率,kW;

n——带轮的转速,r/min;

A——轮辐数。

$$h_2=0.8h_1, a_1=0.4h_1, a_2=0.8a_1, f_1=0.2h_1, f_2=0.2h_2$$

V 带轮的具体结构形式及尺寸的确定可参阅有关机械设计手册。

6.5 带传动的失效形式及设计计算

学习要点

掌握 V 带传动的失效形式、设计准则、设计步骤及设计方法。

一、带传动的失效形式和设计准则

由带传动的工作情况分析可知,带传动的主要失效形式是打滑和带的疲劳损坏,因此,带传动的设计准则是在保证带传动不打滑的条件下,使带具有一定的疲劳强度和寿命。

二、单根普通 V 带传递的功率

在载荷平稳、特定带长、传动比 $i=1$、包角 $\alpha_1=180°$、抗拉体为化学纤维绳芯结构的条件下,由实验得到的单根普通 V 带的基本额定功率 P_0 见表 6-5。

表 6-5 单根普通 V 带的基本额定功率 P_0 kW

带型	小带轮的基准直径 d_{d1}/mm	小带轮的转速 n_1/(r·min^{-1})									
		400	700	800	950	1 200	1 450	1 600	2 000	2 400	2 800
Z	50	0.06	0.09	0.10	0.12	0.14	0.16	0.17	0.20	0.22	0.26
	56	0.06	0.11	0.12	0.14	0.17	0.19	0.20	0.25	0.30	0.33
	63	0.08	0.13	0.15	0.18	0.22	0.25	0.27	0.32	0.37	0.41
	71	0.09	0.17	0.20	0.23	0.27	0.30	0.33	0.39	0.46	0.50
	80	0.14	0.20	0.22	0.26	0.30	0.35	0.39	0.44	0.50	0.56
	90	0.14	0.22	0.24	0.28	0.33	0.36	0.40	0.48	0.54	0.60
A	75	0.26	0.40	0.45	0.51	0.60	0.68	0.73	0.84	0.92	1.00
	90	0.39	0.61	0.68	0.77	0.93	1.07	1.15	1.34	1.50	1.64
	100	0.47	0.74	0.83	0.95	1.14	1.32	1.42	1.66	1.87	2.05
	112	0.56	0.90	1.00	1.15	1.39	1.61	1.74	2.04	2.30	2.51
	125	0.67	1.07	1.19	1.37	1.66	1.92	2.07	2.44	2.74	2.98
	140	0.78	1.26	1.41	1.62	1.96	2.28	2.45	2.87	3.22	3.48
	160	0.94	1.51	1.69	1.95	2.36	2.73	2.54	3.42	3.80	4.06
	180	1.09	1.76	1.97	2.27	2.74	3.16	3.40	3.93	4.32	4.54

续表

带型	小带轮的基准直径 d_{d1}/mm	小带轮的转速 n_1/(r·min^{-1})									
		400	700	800	950	1 200	1 450	1 600	2 000	2 400	2 800
B	125	0.84	1.30	1.44	1.64	1.93	2.19	2.33	2.64	2.85	2.96
	140	1.05	1.64	1.82	2.08	2.47	2.82	3.00	3.42	3.70	3.85
	160	1.32	2.09	2.32	2.66	3.17	3.62	3.86	4.40	4.75	4.89
	180	1.59	2.53	2.81	3.22	3.85	4.39	4.68	5.30	5.67	5.76
	200	1.85	2.96	3.30	3.77	4.50	5.13	5.46	6.13	6.47	6.43
	224	2.17	3.47	3.86	4.42	5.26	5.97	6.33	7.02	7.25	6.95
	250	2.50	4.00	4.46	5.10	6.04	6.82	7.20	7.87	7.89	7.14
	280	2.89	4.61	5.13	5.85	6.90	7.76	8.13	8.60	8.22	6.80
C	200	2.41	3.69	4.07	4.58	5.29	5.84	6.07	6.34	6.02	5.01
	224	2.99	4.64	5.12	5.78	6.71	7.45	7.75	8.06	7.57	6.08
	250	3.62	5.64	6.23	7.04	8.21	9.04	9.38	9.62	8.75	6.56
	280	4.32	6.76	7.52	8.49	9.81	10.72	11.06	11.04	9.50	6.13
	315	5.14	8.09	8.92	10.05	11.53	12.46	12.72	12.14	9.43	4.16
	355	6.05	9.50	10.46	11.73	13.31	14.12	14.19	12.59	7.98	—
	400	7.06	11.02	12.10	13.48	15.04	15.53	14.24	11.95	4.34	—
	450	8.20	12.63	13.80	15.23	16.59	16.47	15.57	9.64	—	—
D	355	9.24	13.70	16.15	17.25	16.77	15.63	—	—	—	—
	400	11.45	17.07	20.06	21.20	20.15	18.31	—	—	—	—
	450	13.85	20.63	24.01	24.84	22.02	19.59	—	—	—	—
	500	16.20	23.99	27.50	26.71	23.59	18.88	—	—	—	—
	560	18.95	27.73	31.04	29.67	22.58	15.13	—	—	—	—
	630	22.05	31.68	34.19	30.15	18.06	6.25	—	—	—	—
	710	25.45	35.59	36.35	27.88	7.99	—	—	—	—	—
	800	29.08	39.14	36.76	21.32	—	—	—	—	—	—

注:因为 Y 形带主要用于传动,所以没有列出。

实际应用时,应对查得的单根普通 V 带的基本额定功率 P_0 值加以修正,从而得出单根普通 V 带在实际工作条件下所能传递的许用功率$[P_0]$,其计算公式为

$$[P_0]=(P_0+\Delta P_0)K_\alpha K_L \tag{6-10}$$

式中:ΔP_0 为功率增量,考虑实际传动比 $i\neq1$ 时,V 带绕过大轮所受的弯曲应力比特定条件下的小,额定功率的增大值见表 6-6;K_α 为包角系数,考虑 $\alpha_1\neq180°$时包角对传递功率的影响,见表 6-7;K_L 为带长修正系数,考虑带为非特定长度时带长对传递功率的影响,见表 6-3。

表 6-6 **单根普通 V 带额定功率的增量 ΔP_0** kW

带型	传动比 i	小带轮的转速 $n_1/(\mathrm{r \cdot min^{-1}})$									
		400	700	800	950	1 200	1 450	1 600	2 000	2 400	2 800
Z	1.00～1.01	0.00	0.00	0.00	0.00	0.00	0.00	0.00	0.00	0.00	0.00
	1.02～1.04	0.00	0.00	0.00	0.00	0.00	0.00	0.01	0.01	0.01	0.01
	1.05～1.08	0.00	0.00	0.00	0.00	0.01	0.01	0.01	0.01	0.02	0.02
	1.09～1.12	0.00	0.00	0.00	0.01	0.01	0.01	0.01	0.02	0.02	0.02
	1.13～1.18	0.00	0.00	0.01	0.01	0.01	0.01	0.01	0.02	0.02	0.03
	1.19～1.24	0.00	0.00	0.01	0.01	0.01	0.02	0.02	0.02	0.03	0.03
	1.25～1.34	0.00	0.01	0.01	0.01	0.02	0.02	0.02	0.02	0.03	0.03
	1.35～1.50	0.00	0.01	0.01	0.02	0.02	0.02	0.02	0.03	0.03	0.04
	1.51～1.99	0.01	0.01	0.02	0.02	0.02	0.02	0.03	0.03	0.04	0.04
	≥2.00	0.01	0.02	0.02	0.02	0.03	0.03	0.03	0.04	0.04	0.04
A	1.00～1.01	0.00	0.00	0.00	0.00	0.00	0.00	0.00	0.00	0.00	0.00
	1.02～1.04	0.01	0.01	0.01	0.01	0.02	0.02	0.02	0.03	0.03	0.04
	1.05～1.08	0.01	0.02	0.02	0.03	0.03	0.04	0.04	0.06	0.07	0.08
	1.09～1.12	0.02	0.03	0.03	0.04	0.05	0.06	0.06	0.08	0.10	0.11
	1.13～1.18	0.02	0.04	0.04	0.05	0.07	0.08	0.09	0.11	0.13	0.15
	1.19～1.24	0.03	0.05	0.05	0.06	0.08	0.09	0.11	0.13	0.16	0.19
	1.25～1.34	0.03	0.06	0.06	0.07	0.10	0.11	0.13	0.16	0.19	0.23
	1.35～1.50	0.04	0.07	0.08	0.08	0.11	0.13	0.15	0.19	0.23	0.26
	1.51～1.99	0.04	0.08	0.09	0.10	0.13	0.15	0.17	0.22	0.26	0.30
	≥2.00	0.05	0.09	0.10	0.11	0.15	0.17	0.19	0.24	0.29	0.34
B	1.00～1.01	0.00	0.00	0.00	0.00	0.00	0.00	0.00	0.00	0.00	0.00
	1.02～1.04	0.01	0.02	0.03	0.03	0.04	0.05	0.06	0.07	0.08	0.10
	1.05～1.08	0.03	0.05	0.06	0.07	0.08	0.10	0.11	0.14	0.17	0.20
	1.09～1.12	0.04	0.07	0.08	0.10	0.13	0.15	0.17	0.21	0.25	0.29
	1.13～1.18	0.06	0.10	0.11	0.13	0.17	0.20	0.23	0.28	0.34	0.39
	1.19～1.24	0.07	0.12	0.14	0.17	0.21	0.25	0.28	0.35	0.42	0.49
	1.25～1.34	0.08	0.15	0.17	0.20	0.25	0.31	0.34	0.42	0.51	0.59
	1.35～1.50	0.10	0.17	0.20	0.23	0.30	0.36	0.39	0.49	0.59	0.69
	1.51～1.99	0.11	0.20	0.23	0.26	0.34	0.40	0.45	0.56	0.68	0.79
	≥2.00	0.13	0.22	0.25	0.30	0.38	0.46	0.51	0.63	0.76	0.89
C	1.00～1.01	0.00	0.00	0.00	0.00	0.00	0.00	0.00	0.00	0.00	0.00
	1.02～1.04	0.04	0.07	0.08	0.09	0.12	0.14	0.16	0.20	0.23	0.27
	1.05～1.08	0.08	0.14	0.16	0.19	0.24	0.28	0.31	0.39	0.47	0.55
	1.09～1.12	0.12	0.21	0.23	0.27	0.35	0.42	0.47	0.59	0.70	0.82
	1.13～1.18	0.16	0.27	0.31	0.37	0.47	0.58	0.63	0.78	0.94	1.10
	1.19～1.24	0.20	0.34	0.39	0.47	0.59	0.71	0.78	0.98	1.18	1.37
	1.25～1.34	0.23	0.41	0.47	0.56	0.70	0.85	0.94	1.17	1.41	1.64
	1.35～1.50	0.27	0.48	0.55	0.65	0.82	0.99	1.10	1.37	1.65	1.92
	1.51～1.99	0.31	0.55	0.63	0.74	0.94	1.14	1.25	1.57	1.88	2.19
	≥2.00	0.35	0.62	0.71	0.83	1.06	1.27	1.41	1.76	2.12	2.47
D	1.00～1.01	0.00	0.00	0.00	0.00	0.00	0.00	0.00	—	—	—
	1.02～1.04	0.14	0.24	0.28	0.33	0.42	0.51	0.56	—	—	—
	1.05～1.08	0.28	0.49	0.56	0.66	0.84	1.01	1.11	—	—	—
	1.09～1.12	0.42	0.73	0.83	0.99	1.25	1.51	1.67	—	—	—
	1.13～1.18	0.56	0.97	1.11	1.32	1.67	2.02	2.23	—	—	—
	1.19～1.24	0.70	1.22	1.39	1.60	1.09	2.52	2.78	—	—	—
	1.25～1.34	0.83	1.46	1.67	1.92	2.50	3.02	3.33	—	—	—
	1.35～1.50	0.97	1.70	1.95	2.31	2.92	3.52	3.89	—	—	—
	1.51～1.99	1.11	1.95	2.22	2.64	3.34	4.03	4.45	—	—	—
	≥2.00	1.25	2.19	2.50	2.97	3.75	4.53	5.00	—	—	—

表 6-7　　包角系数 K_α

小带轮的包角 α_1	180°	175°	170°	165°	160°	155°	150°	145°	140°	135°	130°	125°	120°	110°	100°	90°
K_α	1	0.99	0.98	0.96	0.95	0.93	0.92	0.91	0.89	0.88	0.86	0.84	0.82	0.78	0.74	0.69

在设计过程中查取表 6-5 或表 6-6 的参数值时，因实际选取的尺寸不一定与表中数值完全对应，故可用直线插值法近似求解。

例 6-1

已知 A 型带，小带轮的基准直径 $d_{d1}=100$ mm，小带轮的转速 $n_1=1\ 300$ r/min，查表 6-5 求单根普通 V 带的基本额定功率 P_0。

解　查表 6-5 得知：$n_1=1\ 200$ r/min 时，$P_0=1.14$ kW；$n_1=1\ 450$ r/min 时，$P_0=1.32$ kW。

通过观察表中数值发现，当小带轮的基准直径 d_{d1} 一定时，随着转速的增大，单根普通 V 带传递的基本额定功率 P_0 也增大，可以近似地按线性增大的关系求出 $n_1=1\ 300$ r/min 时 P_0 的大小。

设 $n_1=1\ 300$ r/min 时对应的 P_0 值为 x，则可得到如下关系式：

$$\frac{x-1.14}{1.32-1.14}=\frac{1\ 300-1\ 200}{1\ 450-1\ 200}$$

求得 $x=1.212$ kW。

三、普通 V 带传动设计计算

普通 V 带传动的已知条件：传动用途、载荷性质、传递的功率 P、两轮转速 n_1 和 n_2（或传动比 i）以及对传动外廓的尺寸要求等。

普通 V 带传动的设计任务：确定普通 V 带的型号，计算和选择带与带轮的各个参数，计算带的根数，计算初拉力和轴上压力，画出带轮零件工作图等。

设计步骤和参数选择如下：

1. 确定计算功率 P_C

$$P_C=K_A P \tag{6-11}$$

式中，K_A 为工作情况系数，见表 6-8。

表 6-8 工作情况系数 K_A

工况	适用范围	载荷类型					
		空、轻载启动			重载启动		
		每天工作时间/h					
		<10	10～16	>16	<10	10～16	>16
载荷变动微小	液体搅拌机、通风机和鼓风机($P\leqslant 7.5$ kW)、离心机水泵和压缩机、轻型输送机	1.0	1.1	1.2	1.1	1.2	1.3
载荷变动较小	带式输送机(不均匀载荷)、通风机($P>7.5$ kW)、发电机、金属切削机床、印刷机、冲床、压力机、旋转筛、木工机械	1.1	1.2	1.3	1.2	1.3	1.4
载荷变动较大	制砖机、斗式提升机、往复式水泵和压缩机、起重机、摩擦机、冲剪机床、橡胶机械、振动器、纺织机械、重型输送机、木材加工机械	1.2	1.3	1.4	1.4	1.5	1.6
载荷变动很大	破碎机、摩擦机、卷扬机、橡胶压延机、压出机	1.3	1.4	1.5	1.5	1.6	1.8

注:1. 空、轻载启动:电动机(交流启动、△启动、直流并动),四缸以上的内燃机,装有离心式离合器、液力联轴器的动力机。

2. 重载启动:电动机(联机交流启动、直流复动或率动),四缸以下的内燃机。

3. 在反复启动、正反转频繁、工作条件恶劣等场合,K_A 应取表中值的 1.2 倍。

2. 选择普通 V 带的型号

根据计算功率和主动轮转速,由图 6-7 选择普通 V 带的型号。

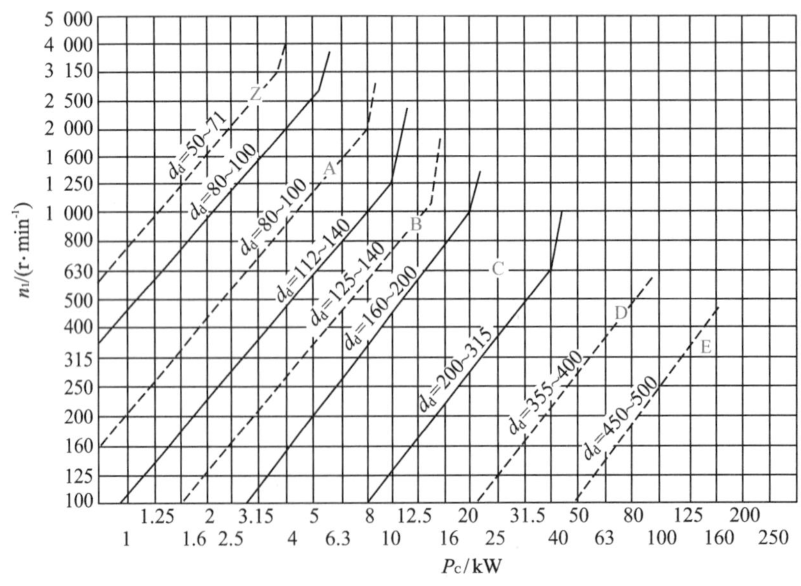

图 6-7 普通 V 带的选型图

3. 确定两带轮的基准直径 d_{d1}、d_{d2}

小带轮的基准直径 d_{d1} 是重要的自选参数，较小的 d_{d1} 可使传动结构紧凑，但弯曲应力大，使带的寿命降低。设计时应使 $d_{d1} \geqslant d_{dmin}$，$d_{dmin}$ 的值见表 6-2。忽略弹性滑动的影响，$d_{d2}=d_{d1}\dfrac{n_1}{n_2}$。$d_{d1}$、$d_{d2}$ 要取标准值，见表 6-2。

4. 验算带速 v

$$v=\frac{\pi d_{d1} n_1}{60 \times 1\,000} \tag{6-12}$$

带速高，则离心力增大，使带与带轮间的摩擦力减小，传动易打滑，且带的绕转次数增多，降低带的寿命；带速低，则带传递的圆周力增大，带的根数增多。一般应使 $v=5 \sim 25$ m/s。如带速超过该范围，则应重选小带轮的基准直径 d_{d1}。

5. 确定中心距 a 和带的基准长度 L_d

带传动的中心距小，则结构紧凑，但传动带较短，包角较小，且带的绕转次数增多，降低了带的寿命，致使传动能力降低。如果中心距过大，则结构尺寸大。通常可按下式初步确定中心距 a_0：

$$0.7(d_{d1}+d_{d2}) \leqslant a_0 \leqslant 2(d_{d1}+d_{d2}) \tag{6-13}$$

带的基准长度计算公式可由下式求得

$$L_0=2a_0+\frac{\pi}{2}(d_{d1}+d_{d2})+\frac{(d_{d2}-d_{d1})^2}{4a_0} \tag{6-14}$$

查表 6-3 选定与计算值 L_0 相近的带的基准长度 L_d 的标准值，再由下式确定实际中心距 a 为

$$a \approx a_0+\frac{L_d-L_0}{2} \tag{6-15}$$

考虑到安装调整和张紧的需要，中心距应有调整量。一般取

$$a_{min}=a-0.015L_d$$

$$a_{max}=a+0.03L_d$$

6. 验算小带轮的包角 α_1

$$\alpha_1=180°-\frac{d_{d2}-d_{d1}}{a} \times 57.3° \tag{6-16}$$

一般 $\alpha_1 \geqslant 120°$，若不满足此条件，则采用适当增大中心距或加张紧轮等措施改进。

7. 计算 V 带根数 z

$$z \geqslant \frac{P_C}{[P_0]}=\frac{P_C}{(P_0+\Delta P_0)K_\alpha K_L} \tag{6-17}$$

带的根数应圆整为整数。根数过多，易使各带受力不均匀，一般应满足 $z<10$。

8. 计算单根 V 带的初拉力 F_0

$$F_0=\frac{500P_C}{zv}\left(\frac{2.5}{K_\alpha}-1\right)+qv^2 \tag{6-18}$$

由于新带易松弛，因此对于非自动张紧的普通 V 带传动，安装新带时的初拉力应为计算值的 1.5 倍。

9. 计算作用在带轮轴上的压力 F_Q

作用在带轮轴上的压力 F_Q 一般按静止状态下带轮两边均作用初拉力 F_0 进行计算，如图6-8所示，可得

$$F_Q = 2zF_0 \sin\frac{\alpha_1}{2} \tag{6-19}$$

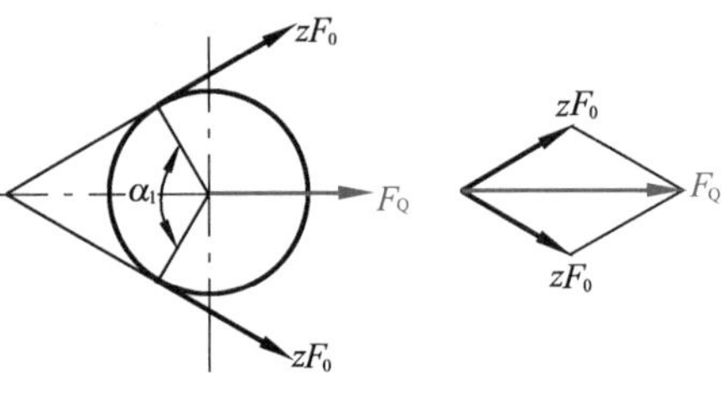

图 6-8 作用在带轮轴上的压力 F_Q

式中：F_0 为单根 V 带的初拉力，N；z 为 V 带根数。

F_Q 的大小会影响轴、轴承的强度和寿命。

10. 带轮结构设计

带轮结构设计参见本章 6.4 节中“普通 V 带轮的结构”部分的内容。设计完成后，需要绘制带轮零件工作图。

例 6-2

设计某机床用普通 V 带传动。已知电动机额定功率 $P=8$ kW，电动机转速 $n_1=1\ 480$ r/min，从动轴转速 $n_2=650$ r/min，每天工作两班制。

解 (1)确定计算功率 P_C

由表 6-8 查得 $K_A=1.1$，由式(6-11)得

$$P_C = K_A P = 1.1\times 8 = 8.8 \text{ kW}$$

(2)选取普通 V 带型号

根据 $P_C=8.8$ kW、$n_1=1\ 480$ r/min，由图 6-7 选用 A 型普通 V 带。

(3)确定两带轮的基准直径 d_{d1}、d_{d2}

根据表 6-2 选取 $d_{d1}=112$ mm。

大带轮的基准直径为

$$d_{d2} = \frac{n_1}{n_2}d_{d1} = \frac{1\ 480}{650}\times 112 = 255 \text{ mm}$$

按表 6-2 选取标准值 $d_{d2}=250$ mm，则实际传动比 i、从动轮的实际转速分别为

$$i = \frac{d_{d2}}{d_{d1}} = \frac{250}{112} = 2.23$$

$$n_2 = \frac{n_1}{i} = \frac{1\ 480}{2.23} = 663.68 \text{ r/min}$$

从动轮的转速误差率为

$$\frac{650-663.68}{650}\times 100\% = -2.1\%$$

误差率在±5%内，为允许值。

(4)验算带速

$$v = \frac{\pi d_{d1} n_1}{60\times 1\ 000} = \frac{3.14\times 112\times 1\ 480}{60\times 1\ 000} = 8.67 \text{ m/s}$$

带速在 5～25 m/s 范围内。

(5)确定带的基准长度 L_d 和实际中心距 a

初定中心距 a_0：

$$0.7(d_{d1}+d_{d2})\leqslant a_0\leqslant 2(d_{d1}+d_{d2})$$

$$253.4\leqslant a_0\leqslant 724$$

取 $a_0=500$ mm。

由式(6-14)得

$$\begin{aligned}L_0&=2a_0+\frac{\pi}{2}(d_{d1}+d_{d2})+\frac{(d_{d2}-d_{d1})^2}{4a_0}\\&=2\times500+\frac{3.14\times(112+250)}{2}+\frac{(250-112)^2}{4\times500}\\&=1\ 000+568.34+9.522=1\ 577.86\ \text{mm}\end{aligned}$$

由表 6-3 选取基准长度 $L_d=1\ 600$ mm。

由式(6-15)得实际中心距为

$$a\approx a_0+\frac{L_d-L_0}{2}=500+\frac{1\ 600-1\ 577.86}{2}=511\ \text{mm}$$

取 $a=510$ mm。

考虑安装、调整和补偿张紧力的需要，中心距应有一定的调节范围。

$$a_{\min}=a-0.015L_d=510-0.015\times1\ 600=486\ \text{mm}$$

$$a_{\max}=a+0.03L_d=510+0.03\times1\ 600=558\ \text{mm}$$

(6)校验小带轮的包角 α_1

由式(6-16)得

$$\alpha_1=180^\circ-\frac{d_{d2}-d_{d1}}{a}\times57.3^\circ=180^\circ-\frac{250-112}{510}\times57.3^\circ=164^\circ$$

$\alpha_1>120^\circ$，合适。

(7)确定 V 带根数 z

根据 $d_{d1}=112$ mm、$n_1=1\ 480$ r/min，查表 6-5，用线性插值法得 $P_0=1.65$ kW。

由表 6-6 查得功率增量 $\Delta P_0=0.171$ kW。

由表 6-3 查得带长修正系数 $K_L=0.99$，由表 6-7 查得包角系数 $K_\alpha=0.958$，因而得普通 V 带根数为

$$z\geqslant\frac{P_C}{[P_0]}=\frac{P_C}{(P_0+\Delta P_0)K_\alpha K_L}=\frac{8.8}{(1.65+0.171)\times0.958\times0.99}=5.10$$

圆整得 $z=5$。

(8)求单根 V 带的初拉力 F_0 及带轮轴上的压力 F_Q

由表 6-1 查得 A 型普通 V 带的每米质量 $q=0.10$ kg/m，根据式(6-18)得单根 V 带的初拉力为

$$F_0=\frac{500P_C}{zv}(\frac{2.5}{K_\alpha}-1)+qv^2=\frac{500\times8.8}{5\times8.67}\times(\frac{2.5}{0.958}-1)+0.1\times8.67^2=170.89\ \text{N}$$

由式(6-19)可得作用在带轮轴上的压力为

$$F_Q=2zF_0\sin\frac{\alpha_1}{2}=2\times5\times170.89\times\sin\frac{164°}{2}=1\ 692.27\ \text{N}$$

(9)带轮结构设计

按本章6.4节中"普通V带轮的结构"部分的内容进行设计(设计过程及带轮零件工作图的绘制略)。

6.6 同步带传动简介

学习要点

了解同步带传动的特点及应用,了解同步带的尺寸规格及国家标准。

一、同步带传动的特点及应用

同步带传动是将啮合传动原理应用于带传动领域的一种传动,它具有带传动、链传动和齿轮传动的优点。同步带传动由于带与带轮是靠啮合来传递运动和动力的(图6-9),带与带轮间无相对滑动,因此能保证准确的传动比。同步带通常以钢丝绳或玻璃纤维绳为抗拉体,以氯丁橡胶或聚氨酯为基体,这种带薄而轻,故可用于较高速度的传动。传动时的线速度可达50 m/s,传动比可达10,效率可达98%。其优点是传动噪声比带传动、链传动和齿轮传动小,耐磨性好,不需要油润滑,寿命比摩擦带传动长;其主要缺点是制造、安装精度要求较高,成本较高。由前所述,同步带传动广泛应用于要求传动比准确的中、小功率传动中,如家用电器、计算机、仪器及机床、内燃机、化工、石油等机械中。

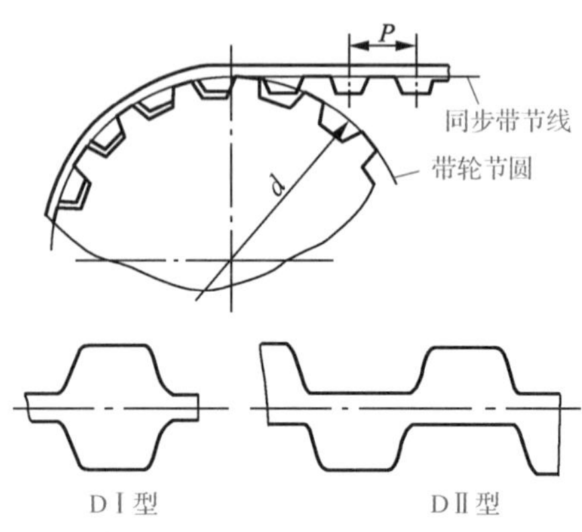

图6-9 同步带与同步带传动

二、同步带的尺寸规格

同步带有单面有齿和双面有齿两种,简称单面带和双面带。双面带又有对称齿型(DⅠ)和交错齿型(DⅡ)之分,如图 6-9 所示。同步带齿有梯形齿和弧形齿两类。同步带型号分为最轻型 MXL、超轻型 XXL、特轻型 XL、轻型 L、重型 H、特重型 XH、超重型 XXH 七种。梯形齿同步带传动的标准见 GB/T 11361—2018 和 GB/T 11362—2021。

在规定张紧力下,相邻两齿中心线的直线距离称为节距,以 P 表示。节距是同步带传动最基本的参数。当同步带垂直其底边弯曲时,在带中保持原长度不变的周线称为节线,节线长以 L_p 表示。

同步带带轮的齿形推荐采用渐开线齿形(可用范成法加工),也可以采用直边齿形。

三、同步带传动的设计

同步带传动的主要失效形式是同步带疲劳断裂、带齿的剪切和压溃以及同步带两侧边和带齿的磨损。保证同步带具有一定的疲劳强度和使用寿命是设计同步带传动的主要依据,因此同步带传动的设计主要是限制单位齿宽的拉力,必要时才校核工作齿面的压力。具体设计计算方法见有关机械设计手册等文献。

6.7　带传动的张紧、安装与维护

学习要点

掌握带传动的张紧与调整以及张紧轮的安装和维护方法。

一、带传动的张紧与调整

带传动工作一段时间后,会因为产生变形而松弛,使张紧力减小,传动能力下降。所以必须定期检查,若发现张紧力不足,需重新张紧。重新张紧的方法通常有如下两种:

带传动的张紧、安装与维护

1. 调整中心距

(1)定期张紧

一般通过调节螺钉来调整中心距,以达到重新张紧的目的。图 6-10(a)所示的滑道式适用于水平的传动场合,图 6-10(b)所示的摆架式适用于倾斜的传动场合。

(2)自动张紧

如图 6-10(c)所示,将装有带轮的电动机安装在摆架上,利用电动机的自重使带轮随电动机绕固定轴摆动,以自动保持张紧力。

2. 采用张紧轮

当中心距不便调整时,可采用张紧轮装置重新张紧。为使张紧轮受力小,带的弯曲应

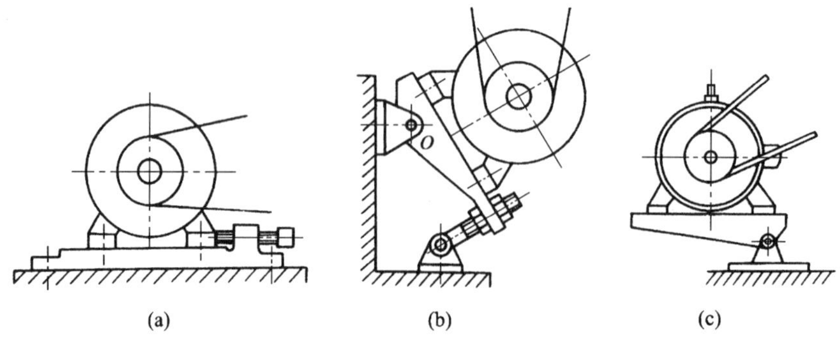

图 6-10 带传动的张紧装置

力应不改变方向,从而延长带的寿命。张紧轮一般设置在松边的内侧且靠近大轮处,如图6-11所示。若设置在外侧,则应靠近小轮,这样可以增加小轮的包角,提高带的工作能力。

二、带传动的安装与维护

正确安装、合理使用和妥善维护,是保证 V 带传动正常工作及延长 V 带寿命的有效措施。一般应注意以下几点:

(1)安装 V 带时,应首先缩小中心距,将 V 带套入轮槽中,再按初拉力进行张紧。同组使用的 V 带应型号相同、长度相等,不同厂家生产的 V 带或新旧 V 带不能同组使用。

(2)安装时两轮轴线必须平行,且两带轮相应的 V 形槽的对称平面应重合,误差不得超过±20′,如图 6-12 所示,否则将加剧带的磨损,甚至使带从带轮上脱落。

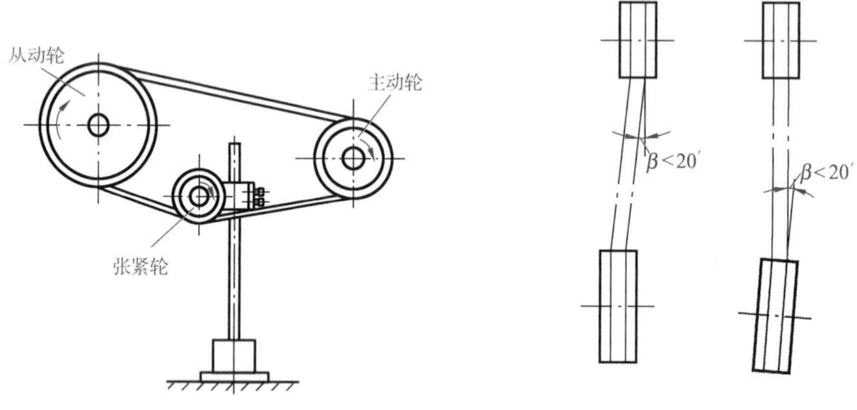

图 6-11 张紧轮装置

图 6-12 带轮安装的位置

(3)带传动装置的外面应加防护罩,以保证安全,防止传动带与酸、碱或油接触而被腐蚀。传动带不宜在阳光下暴晒,以免变质,其工作温度不宜超过 60 ℃。

(4)带传动不需要润滑,禁止往带上加润滑油或润滑脂,应及时清理轮槽内及传动带上的油污。

(5)如果带传动装置较长时间不用,应将传动带放松。

6.8 链传动的基本知识

学习要点

了解链传动的结构、运动特性及基本参数。

一、链传动的组成、特点、分类及应用

链传动广泛应用于矿山机械、农业机械、起重运输机械、机床传动及轻工机械中。如图 6-13 所示，链传动由主动链轮、从动链轮和绕在链轮上的链条组成，通过链条与链轮轮齿相啮合来传递运动和动力。

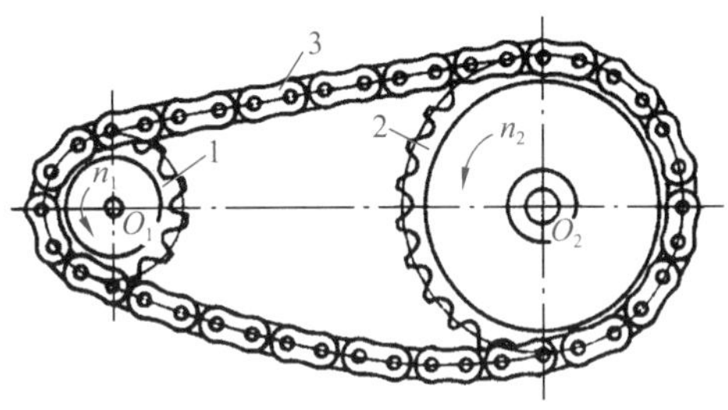

图 6-13　链传动

1—主动链轮；2—从动链轮；3—链条

与带传动相比，链传动能得到准确的平均传动比；链条不需要太大的张紧力，故对轴的作用力小；传递的功率较大，低速时能传递较大的圆周力。链传动可在高温、油污、潮湿、日晒等恶劣环境下工作，但其传动平稳性差，不能保证恒定的瞬时链速和瞬时传动比；链的单位长度质量较大，工作时有周期性的动载荷和啮合冲击，会引起噪声；链节的磨损会造成节距加长，甚至使链条脱落，速度高时尤为严重，同时急速反向性能差，不能用于高速传动。链传动适用于中心距较大的两平行轴间的低速传动或多根轴线的传动。

认识链传动

按用途不同，可将链条分为传动链、输送链和起重链；按结构不同，可将链条分为齿形链（图 6-14）和滚子链（图 6-15）等多种，常用的是滚子链。

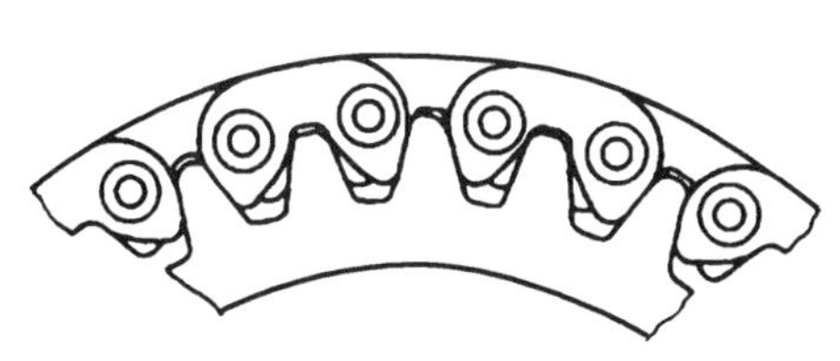

图 6-14　齿形链

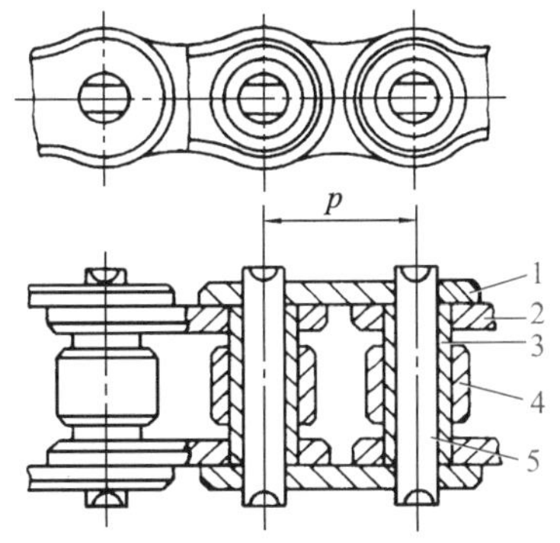

图 6-15　滚子链

1—外链板；2—内链板；3—套筒；4—滚子；5—销轴

二、滚子链的结构特点

如图 6-15 所示，滚子链由内链板、外链板、套筒、销轴和滚子组成。滚子与套筒、销轴与套筒间均为间隙配合，从而形成动连接；套筒与内链板、销轴与外链板间均为过盈配合，从而构成内、外链节。链条工作时滚子与链轮轮齿间为滚动摩擦，可减轻链条与轮齿的磨损。链板制成“8”字形，以减轻质量并保持各截面的强度接近相等。

双排滚子链(图 6-16)或多排滚子链适用于传递功率较大的场合。实际运用中排数不宜过多，一般不超过四排，以免各排受载不均匀。

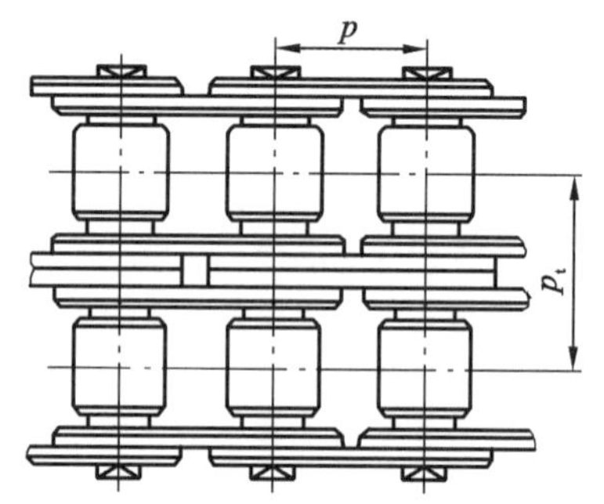

图 6-16 双排滚子链

链条长度以链节数来表示。链节数通常取偶数，当链条连成环形时，外链板与内链板正好相接，接头处可用开口销或弹簧夹锁紧，如图6-17(a)、图 6-17(b)所示。若链节数为奇数，则需采用过渡链节，如图6-17(c)所示。在链条受拉时，过渡链节还要承受附加的弯曲载荷，通常应避免采用。

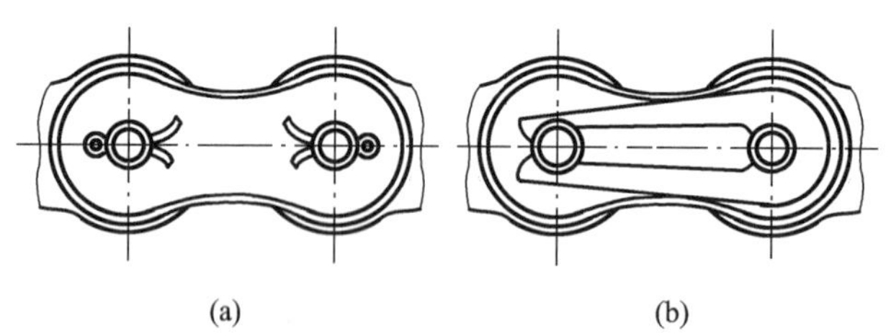

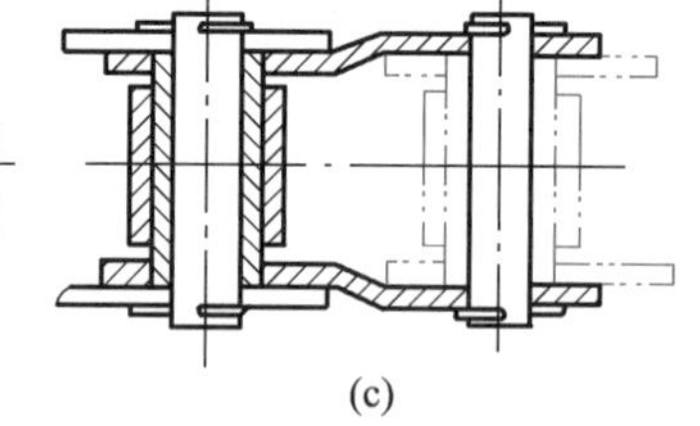

图 6-17 滚子链的接头形式

链条相邻两销轴中心的距离称为节距，用 p 表示，它是链传动的主要参数。滚子链已标准化，表 6-9 列出了部分滚子链的主要尺寸和基本参数。滚子链的链号一般标记在链条上。

表 6-9 传动用短节距精密滚子链的主要尺寸和基本参数(摘自 GB/T 1243—2006)

链号	节距 p/mm	排距 p_t/mm	滚子直径 d_{max}/mm	内节内宽 b_{bmin}/mm	销轴直径 d_{bmax}/mm	内节外宽 b_{max}/mm	外节内宽 b_{min}/mm	销轴长度 b_{max}/mm	内链板高度 h_{max}/mm	单排极限拉伸载荷 Q_{min}/N	单排每米质量(近似值) q/(kg·m^{-1})
05B	8.00	5.64	5.00	3.00	2.31	4.77	4.90	5.6	7.11	4 400	0.18
06B	9.525	10.24	6.35	5.72	3.28	8.53	8.66	13.5	8.26	8 900	0.40
08A	12.70	14.38	7.95	7.85	3.96	11.18	11.23	17.8	12.07	13 800	0.80
08B	12.70	13.92	8.51	7.75	4.45	11.30	11.43	17.0	11.81	17 800	0.70
10A	15.875	18.11	10.16	9.40	5.08	13.84	13.89	21.8	15.09	21 800	1.00
12A	19.05	22.78	11.91	12.57	5.94	17.75	17.81	26.9	18.08	31 100	1.50
16A	25.40	29.29	15.88	15.75	7.92	22.61	22.66	33.5	24.13	55 600	2.60
20A	31.75	35.76	19.05	18.90	9.53	27.46	27.51	41.1	30.18	86 700	3.80
24A	38.10	45.44	22.23	25.22	11.10	35.46	35.51	50.8	36.20	124 600	5.60
28A	44.45	48.87	25.40	25.22	12.70	37.19	37.24	54.9	42.24	169 000	7.50
32A	50.80	58.55	28.58	31.55	14.27	45.21	45.26	65.5	48.26	222 400	10.10
40A	63.50	71.55	39.68	37.85	19.84	54.89	54.94	80.3	60.33	347 000	16.10
48A	76.20	87.83	47.63	47.35	23.80	67.82	67.87	95.5	72.39	500 400	22.60

三、链传动的运动特性

设 n_1、n_2 分别为两轮的转速(r/min),z_1、z_2 分别为主、从动链轮的齿数,p 为节距,则链条的平均速度为

$$v=\frac{z_1pn_1}{60\times1\ 000}=\frac{z_2pn_2}{60\times1\ 000} \tag{6-20}$$

由上式可得链传动的平均传动比为

$$i_{12}=\frac{n_1}{n_2}=\frac{z_2}{z_1}=\text{常数} \tag{6-21}$$

实际上,平均传动比的瞬时值是按每一链节的啮合过程做周期性变化的。链传动工作时不可避免地会产生振动、冲击及附加动载荷,使传动不平稳,因此链传动不适用于高速传动。

四、链传动主要参数的选择

1. 齿数 z_1、z_2 和传动比 i

若小链轮齿数 z_1 太少,则动载荷增大,传动平稳性差,链条易磨损,故应限制小链轮的最少齿数,一般取 $z_{min}>17$。低速时,可少至 9。大链轮齿数按传动比确定,$z_2=iz_1$,应使 $z_2\leqslant z_{max}=120$。若 z_2 过多,则磨损后的链条易从链轮上脱落。链节数常为偶数,为使磨损均匀,链轮齿数一般应取与链节数互为质数的奇数,并优先选用数列 17、19、23、25、38、57、76、85、114 中的数。

通常链传动的传动比 $i\leqslant6$,推荐采用 $i=2\sim3.5$。

2. 节距 p

节距 p 是链传动最主要的参数,它决定了链传动的承载能力。在一定条件下,p 越大,承载能力越强,但引起的冲击、振动和噪声也越大。为使传动平稳和结构紧凑,应尽量选用节距较小的单排链。高速、大功率时,可选用小节距多排链。

3. 中心距 a 和链节数 L_p

中心距大,则链长,单位时间内链节应力循环次数少,磨损慢,链的使用寿命长,且小链轮的包角大,同时啮合齿数多,对传动有利。但中心距过大,链条易发生上、下颤动。最大中心距 $a_{max}=80p$,最小中心距应保证小链轮的包角不小于 120°。

链条的长度常用链节数 L_p 表示,链长总长 $L=pL_p$。链节数可根据 z_1、z_2 和选定的中心距 a_0 计算,计算结果圆整成相近的偶数。根据选定的 L_p 可计算理论中心距 a_0,为保证链长有合适的垂度,实际中心距 a 应略小于理论中心距 a_0。为了便于安装和张紧,一般设计成可调整的中心距。

4. 链轮

链轮的结构如图 6-18 所示。小直径的链轮可制成实心式,如图 6-18(a)所示;中等直径的链轮可制成孔板式,如图 6-18(b)所示;大直径的链轮可制成组合式,如图 6-18(c)(焊接式)和图 6-18(d)(螺栓连接)所示。

常用的链轮材料有碳素钢,如 45、50 钢等,重要的链轮可采用合金钢。由于小链轮的啮合次数比大链轮多,所受冲击力也大,因此所用材料一般优于大链轮。

链轮齿形应保证链节能平稳自如地进入和退出啮合,使其不易脱链,并便于加工。

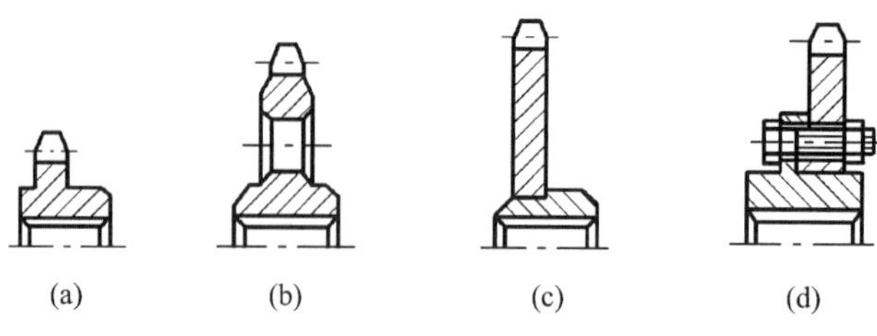

图 6-18 链轮的结构

图 6-19 所示为滚子链链轮的端面齿形。用标准刀具加工齿形时，在链轮工作图上不必绘制端面齿形，但需绘出链轮轴面齿形，以便车削链轮毛坯。链轮的端面齿形及轴面齿形的具体尺寸参考《传动用短节距精密滚子链、套筒链、附件和链轮》(GB/T 1243—2006)或有关机械设计手册。

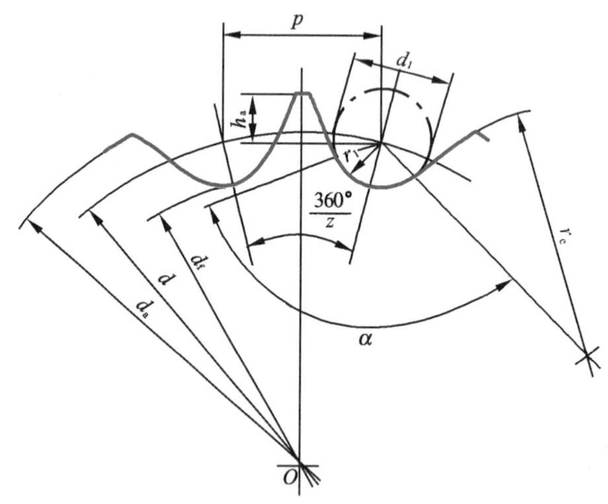

图 6-19 滚子链链轮的端面齿形

知识梳理与总结

通过本章的学习，我们掌握了带传动与链传动的工作原理、特点和应用，也学会了 V 带传动的设计计算方法。

1. 带传动是靠带与带轮之间的摩擦或啮合来传递运动和动力的，普通 V 带传动的应用最广。

2. 带所能提供的摩擦力与初拉力、摩擦系数、小带轮的包角有关；带所受的应力有拉应力、离心应力、弯曲应力，最大应力为这三者之和。

3. 带的失效形式有打滑和疲劳破坏，带传动的设计准则是在不打滑的前提下使带具有一定的疲劳强度和寿命。

4. 根据带轮基准直径不同，带轮可采用实心式、腹板式、孔板式和椭圆轮辐式，带轮轮槽直径尺寸由带的截面型号确定。

5. 链传动是依靠链与链轮之间的啮合来传递运动和动力的。

6. 滚子链的结构和尺寸均已标准化，其中节距为主要参数，链轮材料的选择要考虑其强度、耐磨性和抗冲击性能。

第7章 齿轮传动

学习导航

知识目标

了解齿轮的类型、特点和应用场合。
掌握齿轮传动的基本参数和几何尺寸计算。
掌握齿轮传动的受力分析。
掌握齿轮传动的设计方法及步骤。
掌握齿轮的失效形式及产生失效的原因。

能力目标

会分析齿轮传动的受力情况。
会计算齿轮传动的几何尺寸。
会设计齿轮机构。

思政映射

齿轮传动的失效形式反映了不同场合下的弱势形态，我们根据这个弱点建立设计准则并设计齿轮参数。这种设计思想应用到个人修为中，可以让我们自省，及时发现思想和意志的薄弱环节，并及时矫正，使人格不断完善。

齿轮传动由主动轮、从动轮(或齿条)和机架组成。通过轮齿的啮合将主动轴的运动和转矩传递给从动轴,使其获得预期的转速和转矩。它可以用来传递空间任意两轴间的运动和动力,是现代机械中应用较广泛的机构之一。

7.1 齿轮传动的类型及特点

学习要点

了解齿轮传动的类型及特点。

一、齿轮传动的类型

齿轮传动的类型很多,按两轮轴线的相对位置和齿向,可分为图 7-1 所示的几类。

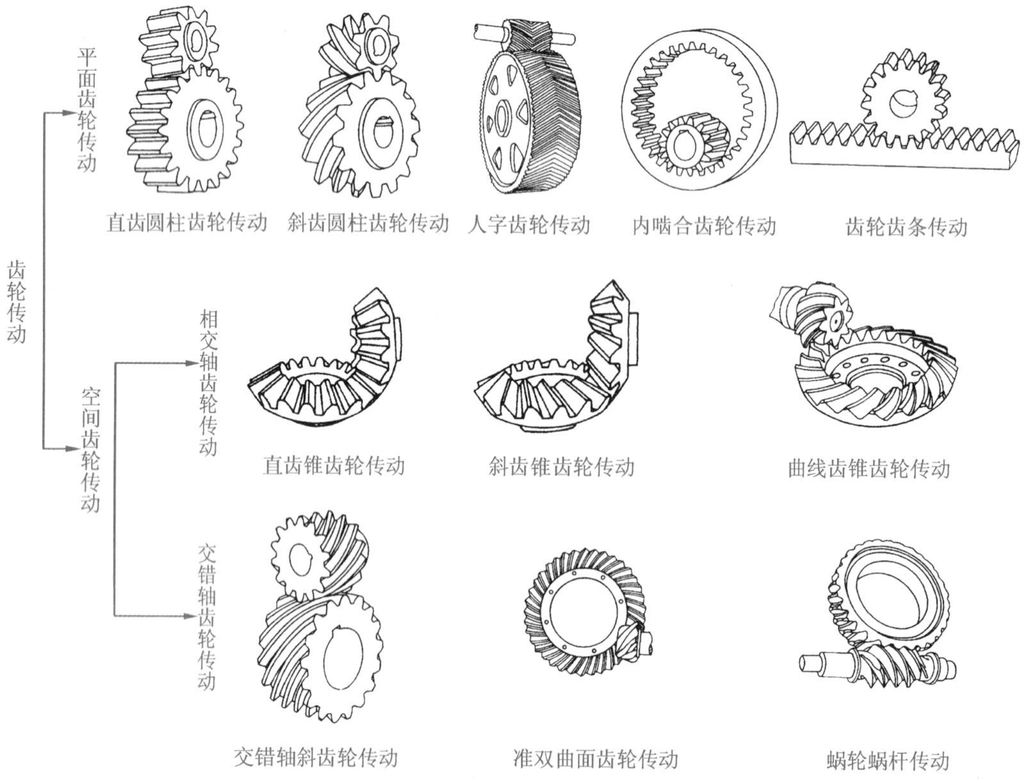

图 7-1 齿轮传动的分类

按照轮齿齿廓曲线的形状,可将齿轮传动分为渐开线齿轮传动、圆弧齿轮传动和摆线齿轮传动等。

按照工作条件的不同，可将齿轮传动分为开式齿轮传动和闭式齿轮传动两种。前者齿轮外露，灰尘易落入齿面；后者齿轮被封闭在箱体内，润滑条件好。

本章仅讨论应用广泛的渐开线齿轮传动。

二、齿轮传动的特点

1. 齿轮传动的优点

(1)适用的圆周速度和功率范围广，效率高。

(2)能保证瞬时传动比恒定。

(3)工作可靠且寿命长。

(4)可以传递空间任意两轴间的运动及动力。

认识齿轮机构

2. 齿轮传动的缺点

(1)制造、安装精度要求较高，故成本高。

(2)精度低时噪声大，是机器的主要噪声源之一。

(3)不宜用作轴间距过大的两轴之间的传动。

7.2 渐开线齿廓的形成及啮合特性

学习要点

熟悉渐开线的形成及性质，掌握渐开线齿廓的啮合特性。

一、渐开线的形成和性质

如图 7-2 所示，一直线 $n-n$ 沿半径为 r_b 的圆周做纯滚动，该直线上任一点 K 的轨迹 $\overset{\frown}{AK}$ 称为该圆的渐开线。这个圆称为渐开线的基圆，直线 $n-n$ 称为渐开线的发生线。渐开线上任一点 K 的向径 r_K 与起始点 A 的向径间的夹角 θ_K 称为渐开线在 K 点的展角。

渐开线的形成和性质

根据渐开线的形成可知，渐开线具有如下性质：

(1)发生线在基圆上滚过的长度等于基圆上被滚过的圆弧长，即 $NK=\overset{\frown}{AN}$。

(2)由于发生线在基圆上做纯滚动，因此切点 N 就是渐开线上 K 点的瞬时速度中心，NK 是 K 点的曲率半径，发生线 NK 就是渐开线在 K 点的法线。又因为发生线在各位置均切于基圆，所以渐开线上任一点的法线必与基圆相切。同时渐开线上离基圆越远的点，因曲率半径越大，故渐开线就越平直。

(3)渐开线的形状取决于基圆的大小。基圆大小不同，渐开线的形状也不同，如图 7-3 所示。C_1、C_2 为在半径不同的两基圆上展开的渐开线。当展角 θ_K 相同时，基圆半径越大，渐开线在 K 点的曲率半径越大，渐开线越平直。当基圆半径无穷大时，渐开线就成为垂直于发生线 N_3K 的一条直线，如图 7-3 所示的 C_3。齿条的齿廓曲线就是变为直线的渐开线。

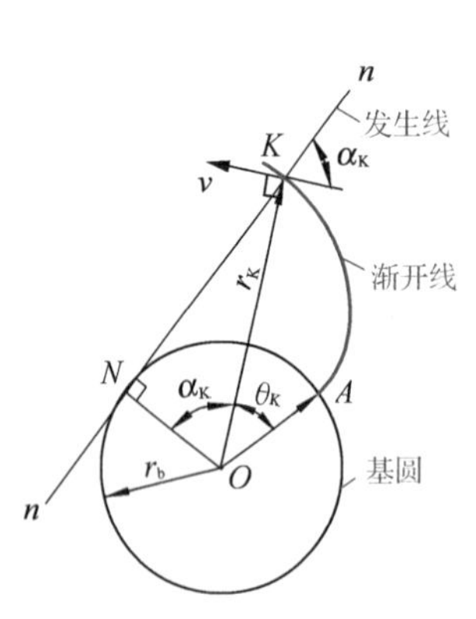

图 7-2　渐开线的形成

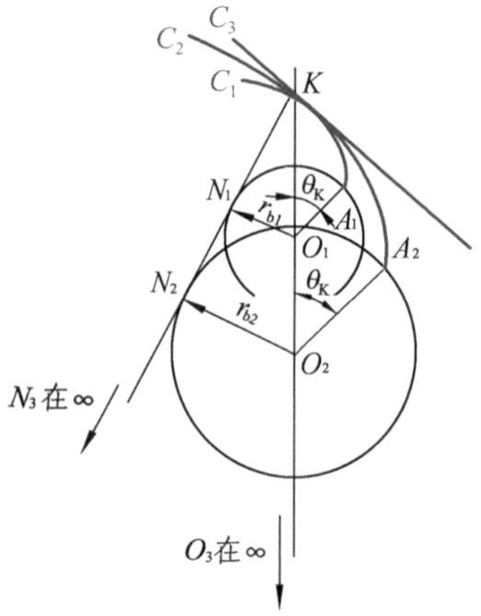

图 7-3　不同基圆的渐开线比较

(4)基圆内无渐开线。

以上四点是研究渐开线齿轮啮合原理的出发点。

二、渐开线方程

如图 7-2 所示，渐开线上任一点 K 的位置可用向径 r_K 和展角 θ_K 表示。当以此渐开线作为齿轮的齿廓在 K 点啮合时，齿廓上 K 点所受的正压力方向(即法线 NK 方向)与 K 点速度方向(垂直于 OK 方向)之间所夹的锐角称为渐开线在 K 点的压力角，用 α_K 表示。

由△NOK 可得

$$r_K=\frac{r_b}{\cos\alpha_K}$$

$$\tan\alpha_K=\frac{NK}{NO}=\frac{\overset{\frown}{NA}}{NO}=\frac{r_b(\alpha_K+\theta_K)}{r_b}=\alpha_K+\theta_K$$

即

$$\theta_K=\tan\alpha_K-\alpha_K$$

此式表明 θ_K 随 α_K 的变化而变化，故称展角 θ_K 为压力角 α_K 的渐开线函数，用 $\mathrm{inv}\alpha_K$ 表示。联立上面 r_K、θ_K 的计算公式可得出以 α_K 为参数的渐开线极坐标方程为

$$\begin{cases}r_K=\dfrac{r_b}{\cos\alpha_K}\\ \theta_K=\mathrm{inv}\,\alpha_K=\tan\alpha_K-\alpha_K\end{cases}\tag{7-1}$$

式中，θ_K、α_K 的单位为弧度(rad)。为了计算方便，工程中将不同压力角的渐开线函数列成表，以备查用，见表 7-1。

表 7-1　　渐开线函数　　rad

α_K		0′	5′	10′	15′	20′	25′	30′	35′	40′	45′	50′	55′
10°	0.00	17941	18397	18860	19332	19812	20299	20795	21299	21810	22330	22859	23396
11°	0.00	23941	24495	25057	25628	26208	26797	27394	28001	28616	29241	29875	30518
12°	0.00	31171	31832	32504	33185	33875	34575	35285	36005	36735	37474	38224	38984
13°	0.00	39754	40534	41325	42126	42938	43760	44593	45437	46291	47157	48033	48921
14°	0.00	49819	50729	51650	52582	53526	54482	55448	56427	57417	58420	59434	60460
15°	0.00	61498	62548	63611	64686	65773	66873	67985	69110	70248	71398	72561	73738
16°	0.0	07493	07613	07735	07857	07982	08107	08234	08362	08492	08623	08756	08889
17°	0.0	09025	09161	09299	09439	09580	09722	09866	10012	10158	10307	10456	10608
18°	0.0	10760	10915	11071	11228	11387	11547	11709	11873	12038	12205	12373	12543
19°	0.0	12715	12888	13063	13240	13418	13598	13779	13963	14148	14334	14523	14713
20°	0.0	14904	15098	15293	15490	15689	15890	16092	16296	16502	16710	16920	17132
21°	0.0	17345	17560	17777	17996	18217	18440	18665	18891	19120	19350	19583	19817
22°	0.0	20054	20292	20533	20775	21019	21266	21514	21765	22018	22272	22529	22788
23°	0.0	23049	23312	23577	23845	24114	24386	24660	24936	25214	25495	25778	26062
24°	0.0	26350	26639	26931	27225	27521	27820	28121	28424	28729	29037	29348	29660
25°	0.0	29975	30293	30613	30935	31260	31587	31917	32249	32583	32920	33260	33602
26°	0.0	33947	34294	34644	34997	35352	35709	36069	36432	36798	37166	37537	37910
27°	0.0	38287	28666	39047	39432	39819	40209	40602	40997	41395	41797	42201	42607
28°	0.0	43017	43430	43845	44264	44685	45110	45537	45967	46400	46837	47276	47718
29°	0.0	48164	48612	49064	49518	49976	50437	50901	51368	51838	52312	52788	53268
30°	0.0	53751	54238	54728	55221	55717	56217	56720	57226	57736	58249	58765	59285

由式(7-1)可得

$$\cos\alpha_K=\frac{r_b}{r_K} \tag{7-2}$$

由此可知渐开线上各点的压力角不同。离基圆越远的点，压力角越大，渐开线在基圆上点的压力角为零。

例 7-1

已知基圆半径 $r_b=56.2$ mm，渐开线上 K 点的向径 $r_K=60$ mm。试求 K 点的压力角 α_K 和展角 θ_K。

解　由式(7-2)得

$$\cos\alpha_K=\frac{r_b}{r_K}=\frac{56.2}{60}\approx 0.936\ 7$$

故 $\alpha_K=20°30'$。

由 $\alpha_K=20°30'$ 查表 7-1 得 $\theta_K=0.016\ 092$ rad。

当不能在表中直接查得 θ_K 时，可采用线性插值法近似求出。

7.3 渐开线标准直齿圆柱齿轮的参数及几何尺寸

学习要点

掌握直齿圆柱齿轮的基本参数及几何尺寸计算，能够运用公法线长度计算齿轮的基本参数。

一、直齿圆柱齿轮各部分名称和符号

图 7-4 所示为直齿圆柱齿轮的一部分。每个轮齿的两侧齿廓都是由形状相同、方向相反的渐开线曲面组成的，其各部分的名称和符号如下：

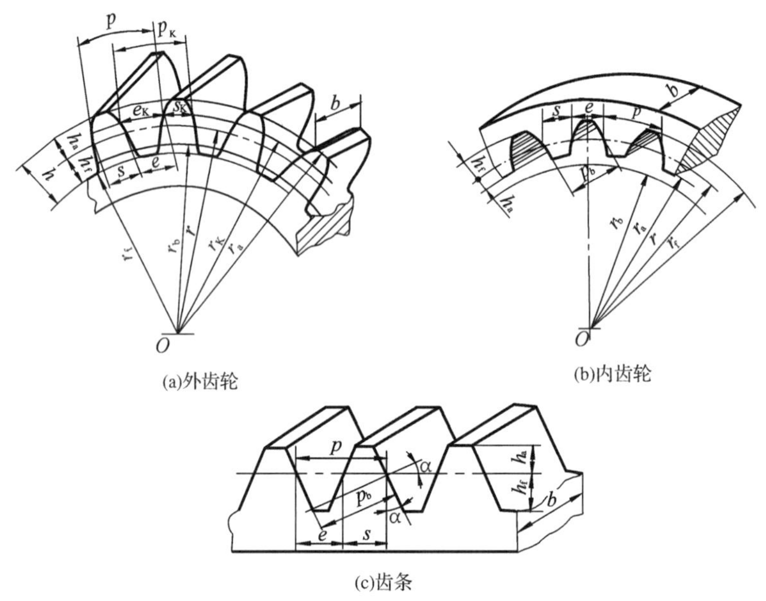

图 7-4 直齿圆柱齿轮各部分名称和符号

(1)齿数

齿数是圆周上均匀分布的轮齿总数，用 z 表示。

(2)齿宽

齿宽是轮齿的轴向长度，用 b 表示。

(3)齿顶圆

齿顶圆是过所有轮齿顶部的圆，其半径用 r_a 表示。

(4)齿根圆

齿根圆是过所有齿槽底部的圆，其半径用 r_f 表示。由图 7-4(a)、图 7-4(b)可见，外齿轮的齿顶圆大于齿根圆，而内齿轮则相反。

(5)齿厚

在半径为 r_K 的圆周上，同一轮齿两侧齿廓间的弧长称为该圆上的齿厚，用 s_K 表示。

(6)齿槽宽

相邻两齿之间的空间称为齿槽。在半径为 r_K 的圆周上，相邻两齿反向齿廓间的弧长称为该圆上的齿槽宽，用 e_K 表示。由图 7-4(a)、图 7-4(b)可见，内齿轮的齿厚相当于外齿轮的齿槽宽。

(7)齿距

在半径为 r_K 的圆周上，相邻两齿同向齿廓间的弧长称为该圆上的齿距，用 p_K 表示，且 $p_K=s_K+e_K$。显然，轮齿在不同圆周上的齿厚、齿槽宽和齿距不同。但因齿条的齿廓是直线，同侧齿廓相互平行，故不论在分度线上、齿顶线上还是在与分度线相互平行的其他直线上，其齿距均相等，如图 7-4(c)所示。

(8)分度圆

为计算齿轮各部分尺寸，在齿顶圆与齿根圆之间选定一个圆作为计算基准，这个圆称为齿轮的分度圆，其直径用 d 表示。分度圆是齿轮所固有的一个圆，其他一些圆如齿顶圆、齿根圆、基圆的尺寸等均由它导出。“分度”二字含有分齿和度量之意。分度圆上的所有参数和尺寸均不带下标。

(9)齿顶高

分度圆与齿顶圆之间的径向距离称为齿顶高，用 h_a 表示。

(10)齿根高

分度圆与齿根圆之间的径向距离称为齿根高，用 h_f 表示。

(11)全齿高

齿顶圆与齿根圆之间的径向距离称为全齿高，用 h 表示，显然 $h=h_a+h_f$。

二、标准直齿圆柱齿轮的基本参数及几何尺寸计算

1. 标准直齿圆柱齿轮的基本参数

标准直齿圆柱齿轮的基本参数介绍如下：

渐开线标准直齿圆柱齿轮的基本参数及几何尺寸计算

(1)模数

由齿距定义可知，任意直径 d_K 的圆周长为 $p_K z=d_K\pi$，则 $d_K=p_K z/\pi$。式中 π 是个无理数。为了便于计算、制造和检验，把分度圆上齿距 p 与 π 的比值 $\frac{p}{\pi}$ 人为地规定成标准数值(见表7-2)，用 m 表示，并称之为齿轮的模数，即 $m=\frac{p}{\pi}$，单位为 mm。它是齿轮计算的重要参数。于是齿轮分度圆直径可以表示为 $d=z\frac{p}{\pi}=zm$。当齿数相同时，模数越大，分度圆齿距越大，轮齿变厚，承载能力越强，同时齿轮的直径变大，齿面接触强度提高，因而承载能力也就越强。

表 7-2　标准模数系列(摘自 GB/T 1357—2008)

第一系列	1,1.25,1.5,2,2.5,3,4,5,6,8,10,12,16,20,25,32,40,50
第二系列	1.125,1.375,1.75,2.25,2.75,3.5,4.5,5.5,(6.5),7,9,11,14,18,22,28,36,45

注:1.选取时优先采用第一系列,括号内的模数尽可能不用。
2.对于斜齿轮,该表所列为法面模数。

(2)压力角

如前所述,齿轮齿廓上各点的压力角不同。为了便于设计、制造和互换使用,将分度圆上的压力角规定为标准值。我国标准规定 $\alpha=20°$。此外,有些国家也采用 14.5°、15°等标准。分度圆上的压力角就是通常所说的齿轮的压力角。而对于齿条,由于齿廓上各点的法线是平行的,而且在传动时齿条做平动,齿廓上各点速度的大小和方向都一致,因此齿条齿廓上各点的压力角均相同,且等于齿廓的倾斜角(取标准值 20°),也称为齿形角,如图 7-4(c)所示。

至此,可以给分度圆下一个完整的定义:分度圆是齿轮上具有标准模数和标准压力角的圆。

(3)齿数

齿数不但影响齿轮的几何尺寸,而且也影响齿廓曲线的形状。由式(7-1)可知

$$d_b=d\cos\alpha=mz\cos\alpha$$

可见,只有 m、z、α 都确定了,齿轮的基圆直径 d_b 才能确定,同时渐开线的形状才能确定,所以 m、z、α 是决定轮齿渐开线形状的三个基本参数。当 m、α 不变时,z 越大,基圆越大,渐开线越平直。当 $z\to\infty$ 时,$d_b\to\infty$,渐开线变成直线,齿轮则变成齿条,此时齿轮上的齿顶圆、齿根圆、分度圆分别成为齿顶线、齿根线和分度线。

(4)齿顶高系数 h_a^* 和顶隙系数 c^*

齿轮的齿顶高、齿根高都与模数 m 成正比,即

$$h_a=h_a^* m$$

$$h_f=(h_a^*+c^*)m$$

$$h=(2h_a^*+c^*)m$$

式中:h_a^* 称为齿顶高系数,c^* 称为顶隙系数。国家标准规定:对于正常齿制,$h_a^*=1$,$c^*=0.25$;对于短齿制,$h_a^*=0.8$,$c^*=0.3$。

由上式可见,齿轮的齿根高大于齿顶高。这是为了保证在一对齿轮啮合时,一个齿轮的齿顶圆与另一个齿轮的齿根圆之间具有一定的径向间隙,此间隙称为顶隙,用 c 表示,$c=c^*m$。有了顶隙,可以避免传动时一个齿轮的齿顶与另一个齿轮的齿根互相卡住,且有利于储存润滑油。

2.标准直齿圆柱齿轮的几何尺寸计算

标准齿轮是指分度圆上的齿厚 s 等于齿槽宽 e,且齿顶高和齿根高及 m、α、h_a^*、c^* 均为标准值的齿轮。现将其几何尺寸的计算公式列于表 7-3 中。

表 7-3 标准直齿圆柱齿轮几何尺寸的计算公式

序号	名称	符号	计算公式
1	齿顶高	h_a	$h_a=h_a^* m$
2	齿根高	h_f	$h_f=(h_a^*+c^*)m$
3	全齿高	h	$h=h_a+h_f=(2h_a^*+c^*)m$
4	顶隙	c	$c=c^* m$
5	分度圆直径	d	$d=mz$
6	基圆直径	d_b	$d_b=d\cos\alpha$
7	齿顶圆直径	d_a	$d_a=d\pm 2h_a=(z\pm 2h_a^*)m$
8	齿根圆直径	d_f	$d_f=d\mp 2h_f=(z\mp 2h_a^*\mp 2c^*)m$
9	齿距	p	$p=\pi m$
10	齿厚	s	$s=\dfrac{p}{2}=\dfrac{\pi m}{2}$
11	齿槽宽	e	$e=\dfrac{p}{2}=\dfrac{\pi m}{2}$
12	标准中心距	a	$a=\dfrac{1}{2}(d_2\pm d_1)=\dfrac{1}{2}m(z_2\pm z_1)$

注：表中正负号处，上面符号用于外齿轮，下面符号用于内齿轮。

国际上有些国家不采用模数制，而采用径节制，即以径节作为计算齿轮几何尺寸的主要基本参数。径节是齿数 z 与分度圆直径（单位 in）之比，用 DP 表示，即

$$DP=z/d=\pi/p(1/\text{in})$$

模数与径节之间互为倒数关系，$m=25.4/DP$。

例 7-2

为修配一残损的正常齿制标准直齿圆柱外齿轮，实测齿高为 8.96 mm，齿顶圆直径为135.90 mm。试确定该齿轮的主要尺寸。

解 由表 7-3 可知，$h=h_a+h_f=(2h_a^*+c^*)m$。

设 $h_a^*=1$，$c^*=0.25$，则

$$m=h/(2h_a^*+c^*)=8.96/(2\times1+0.25)=3.982\ \text{mm}$$

由表 7-2 查得 $m=4$ mm，则

$$z=(d_a-2h_a^* m)/m=(135.90-2\times1\times4)/4=31.975$$

取齿数 $z=32$。

分度圆直径 $d=mz=4\times32=128$ mm；

齿顶圆直径 $d_a=d+2h_a^* m=128+2\times1\times4=136$ mm；

齿根圆直径 $d_f=d-2(h_a^*+c^*)m=128-2\times(1+0.25)\times4=118$ mm；

基圆直径 $d_b=d\cos\alpha=128\times\cos20°=120.281$ mm。

三、渐开线直齿圆柱齿轮公法线长度和固定弦齿厚

在齿轮检验与加工过程中，需要测量齿轮公法线长度和固定弦齿厚。

1. 公法线长度

如图 7-5 所示，卡尺的两个卡脚跨过 k 个齿(图中 $k=3$)，与渐开线齿廓相切于 A、B 两点，此两点间的距离 AB 就称为被测齿轮跨 k 个齿的公法线长度，以 W_k 表示。由于 AB 是渐开线上 A、B 两点的法线，所以 AB 必与基圆相切。由图 7-5 可知

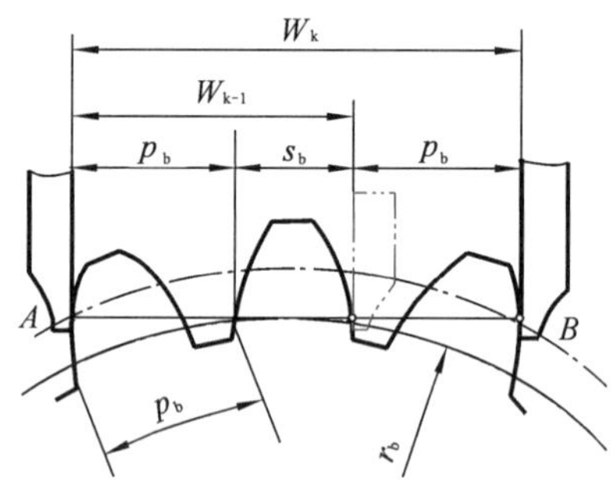

图 7-5　公法线长度

$$W_k=(k-1)p_b+s_b \tag{7-3}$$

式中：p_b 为基圆齿距，s_b 为基圆齿厚。

$$W_k-W_{k-1}=p_b=\pi m\cos\alpha \tag{7-4}$$

式(7-4)可用于测定齿轮参数。W_k 的计算公式为

$$W_k=m\cos\alpha[(k-0.5)\pi+z\,\text{inv}\,\alpha] \tag{7-5}$$

测量公法线长度时，必须保证卡尺的两个卡脚与渐开线齿廓相切，应尽量使卡脚卡在齿廓的中部，这样测得的公法线长度值较准确。据此条件可推出合理的跨齿数 k 的计算公式为

$$k=z\frac{\alpha}{180^\circ}+0.5 \tag{7-6}$$

式中：α 为分度圆压力角，单位为度(°)；z 为齿轮的齿数。计算出的 k 值四舍五入取整数。

2. 固定弦齿厚与固定弦齿高

对于大模数($m>10$ mm)圆柱齿轮或锥齿轮，通常测量固定弦齿厚。

所谓固定弦齿厚 $\bar{s}_c$，是指标准齿条的齿廓与齿轮齿廓对称相切时，两切点之间的距离，如图 7-6 所示的 AB。其计算公式为

$$\bar{s}_c=\frac{\pi m}{2}\cos^2\alpha \tag{1}$$

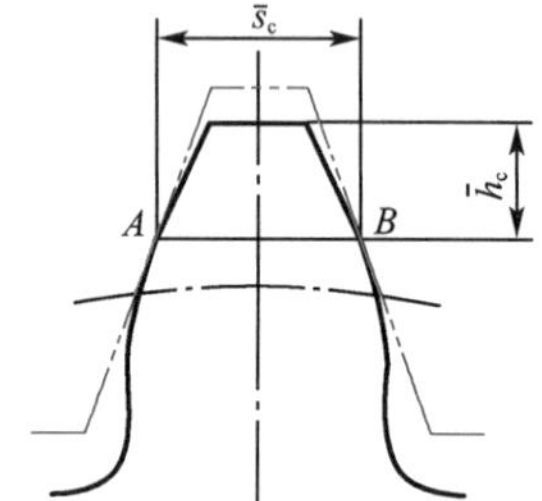

图 7-6　固定弦齿厚和固定弦齿高

齿顶到固定弦 AB 的距离称为固定弦齿高，以 $\bar{h}_c$ 表示(图 7-6)。其计算公式为

$$\bar{h}_c=m(h_a^*-\frac{\pi}{8}\sin 2\alpha) \tag{2}$$

当 $\alpha=20^\circ$、$h_a^*=1$ 时，(1)、(2)两式可写为

$$\begin{cases}\bar{s}_c=1.387m\\ \bar{h}_c=0.7476m\end{cases} \tag{7-7}$$

由于测量固定弦齿厚需要用齿顶圆作为测量基准，因此用这种方法检测齿轮时，应对其齿顶圆规定较小的公差值。又因为测量公法线长度和固定弦齿厚的目的都是检测齿轮误差的大小，所以在实际中采用其中一种方法即可。

7.4 渐开线直齿圆柱齿轮的啮合传动

学习要点

掌握渐开线齿廓啮合特性；掌握直齿圆柱齿轮的正确啮合条件、连续传动条件及重合度的概念；了解齿轮传动无侧隙啮合、标准安装和非标准安装的概念。

一、渐开线齿廓啮合特性

1.瞬时传动比恒定

图 7-7 所示为一对渐开线齿轮的齿廓在任意点 K 啮合，O_1、O_2 分别为两轮的转动中心，C_1、C_2 为两轮上相互啮合的一对齿廓。由渐开线性质(2)可知，过啮合点 K 所作的两齿廓的公法线 N_1N_2 必定同时与两轮基圆相切，即 N_1N_2 为两基圆的内公切线，N_1、N_2 为切点。由于齿轮安装完后，两轮的基圆位置不再改变，且两圆沿同一方向的内公切线只有一条，因此无论两渐开线齿廓在哪一点啮合(如图 7-7 中在 K' 点啮合)，过啮合点所作的公法线都一定与 N_1N_2 重合。故任意啮合点 K 的公法线 N_1N_2 为一定直线，其与两轮连心线 O_1O_2 的交点 P 也为一定点。设该瞬时两轮的角速度分别为 ω_1、ω_2，则两轮在 K 点的速度分别为 $v_{K1}=\omega_1\overline{O_1K}$，$v_{K2}=\omega_2\overline{O_2K}$。齿轮传动时，两轮在过啮合点 K 的公法线上的分速度必须相等，否则两齿廓将分离或互相嵌入。所以

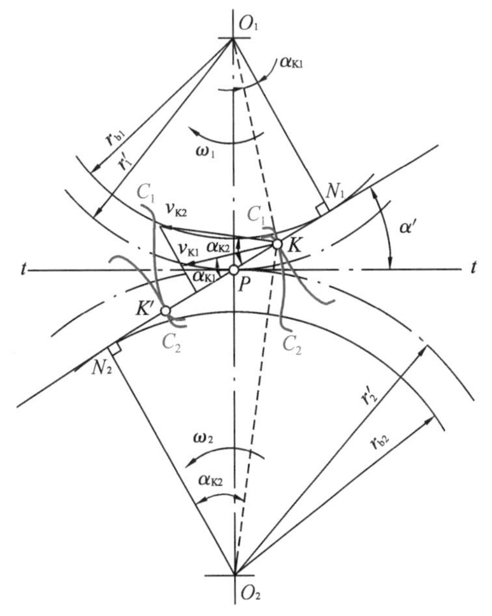

图 7-7 渐开线齿轮的啮合

微课

分析渐开线直齿圆柱齿轮的啮合传动

$$v_{K1}\cdot\cos\alpha_{K1}=v_{K2}\cdot\cos\alpha_{K2}$$

即

$$\omega_1\overline{O_1K}\cos\alpha_{K1}=\omega_2\overline{O_2K}\cos\alpha_{K2}$$

于是该瞬时的传动比为

$$i_{12}=\frac{\omega_1}{\omega_2}=\frac{\overline{O_2K}\cos\alpha_{K2}}{\overline{O_1K}\cos\alpha_{K1}}=\frac{\overline{O_2N_2}}{\overline{O_1N_1}}=\frac{r_{b2}}{r_{b1}}=\text{常数} \qquad (7-8)$$

由于渐开线的基圆半径 r_{b1}、r_{b2} 不变，且 K 点为任意点，因此渐开线齿廓在任意点 K 啮合时，两轮的瞬时传动比都等于基圆半径的反比，即瞬时传动比恒定。公法线 N_1N_2 与连心线 O_1O_2 的交点 P 称为节点。分别以 O_1、O_2 为圆心，过节点 P 所作的圆称为节圆，其半径用 r_1'、r_2' 表示。因为 $\Delta O_1PN_1 \backsim \Delta O_2PN_2$，所以

$$i_{12}=\frac{\omega_1}{\omega_2}=\frac{\overline{O_2N_2}}{\overline{O_1N_1}}=\frac{\overline{O_2P}}{\overline{O_1P}}=\frac{r_2'}{r_1'} \tag{7-9}$$

由式(7-9)可得 $\omega_1r_1'=\omega_2r_2'=v_{P1}=v_{P2}$。由于一对节圆的圆周速度相等，因此齿轮啮合时两节圆在做纯滚动。

注意

节圆是一对齿轮传动时出现了节点以后才存在的，单个齿轮不存在节点，也不存在节圆。而且如果两轮的中心 O_1、O_2 发生改变，则两轮节圆的大小也将随之改变。

齿轮传动中，齿廓在除节点外的其他点上沿公切线的分速度并不相等，故两齿廓沿切向必将产生相对滑动，且啮合点 K 离节点越远，滑动速度越大。

2. 中心距可分性

由式(7-8)可知，渐开线齿轮的传动比等于两轮基圆半径的反比。齿轮在加工完成后，基圆半径就确定了。当两轮的中心距因制造、安装的误差以及在运转过程中轴的变形、轴承的磨损等而使得实际值与设计值有所偏差时，也不会改变传动比。渐开线齿轮传动的这一特性称为中心距可分性。它为齿轮的设计、制造和安装带来了很大方便，也是渐开线齿轮传动得到广泛应用的重要原因。

中心距变化后，两轮的节圆半径也随之变化，但它们的比值将保持不变。

3. 啮合角和传力方向恒定

由上述可知，一对渐开线齿廓在任何位置啮合时，过啮合点的齿廓公法线都是同一条直线 N_1N_2，这说明一对渐开线齿廓从开始啮合到脱离啮合，所有的啮合点均在 N_1N_2 线上。因此，N_1N_2 线是两齿廓啮合点的轨迹，叫作渐开线齿轮传动的啮合线。啮合线 N_1N_2 与两轮节圆公切线 $t-t$ 之间所夹的锐角称为啮合角，用 α' 表示。由图 7-7 可知，啮合角在数值上等于渐开线在节圆处的压力角。由于 N_1N_2 位置固定，因此啮合角 α' 恒定。啮合线 N_1N_2 又是啮合点的公法线，而齿轮啮合传动时其正压力是沿公法线方向的，故齿廓间的正压力方向(即传力方向)恒定，这对齿轮的平稳传动是很有益的。

至此可知，啮合线、公法线、压力线和基圆的内公切线四线重合，为一定直线。

二、渐开线直齿圆柱齿轮的正确啮合条件

齿轮传动是靠多对轮齿依次啮合实现的，但并非任意两个渐开线齿轮都能搭配起来进行正确啮合传动。为此，必须要研究一对渐开线齿轮正确啮合的条件。

两齿轮在啮合过程中，每对轮齿仅啮合一段时间便分离，由后一对轮齿接替。接替时在啮合线上至少应保证同时有两对齿廓啮合。图 7-8(a)所示为一对渐开线齿轮正在进行啮合传动。该图说明，当轮 1 上的相邻两齿同侧齿廓在 N_1N_2 线上的 K、K' 点参与啮

合时,要求轮 2 上与之啮合的两同侧齿廓在 N_1N_2 线上的交点必须与 K、K' 重合(因为齿廓只有在啮合线上的点才能参与啮合),否则将出现相邻两齿廓在啮合线上不接触(图 7-8(b))或重叠(图 7-8(c))的现象,导致无法正常啮合传动。

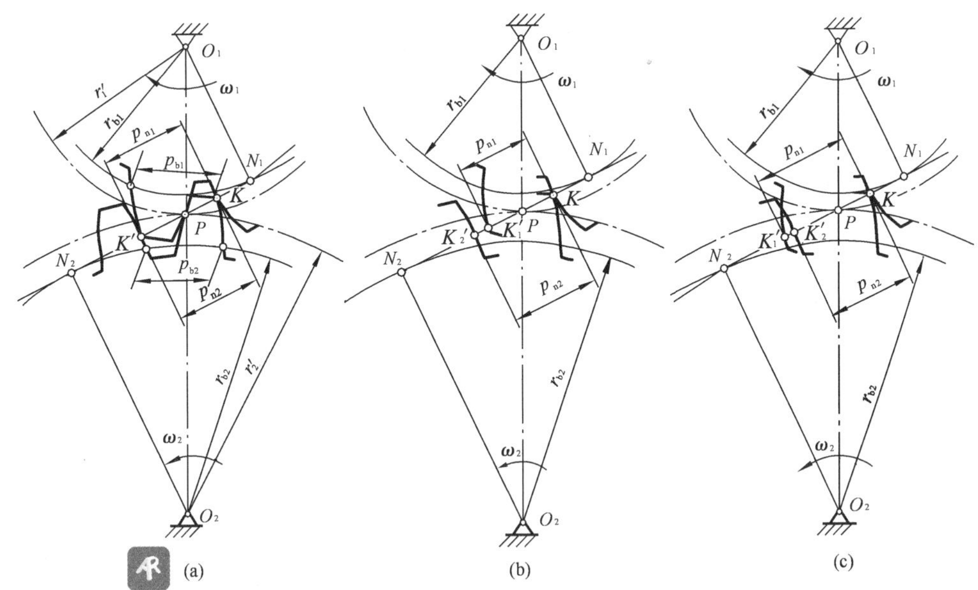

图 7-8 渐开线直齿圆柱齿轮的正确啮合条件

由此可知,要使两齿轮正确啮合,它们的相邻两齿同侧齿廓在啮合线上的长度(称为法向齿距 p_n)必须相等,即 $p_{n1}=p_{n2}$。由渐开线的性质可知,齿轮的法向齿距 p_n 等于其基圆齿距 p_b,所以有

$$p_{b1}=p_{b2}$$

而 $p_{b1}=\frac{\pi d_{b1}}{z_1}=\frac{\pi d_1 \cos \alpha_1}{z_1}=\pi m_1 \cos \alpha_1$,同理 $p_{b2}=\pi m_2 \cos \alpha_2$,故两轮的正确啮合条件为

$$m_1 \cos \alpha_1 = m_2 \cos \alpha_2$$

由于渐开线齿轮的模数和压力角均已标准化,因此两轮的正确啮合条件为

$$m_1=m_2=m$$

$$\alpha_1=\alpha_2=\alpha$$

上式表明,渐开线齿轮的正确啮合条件是两轮的模数和压力角必须分别相等。

三、渐开线齿轮连续传动条件及重合度

为研究齿轮传动的连续条件,先来讨论齿轮传动的啮合过程。图 7-9(a)所示为一对渐开线齿轮啮合的情况,其中轮 1 为主动轮,轮 2 为从动轮。一对齿轮的啮合是从主动轮的齿根推动从动轮的齿顶开始的,初始啮合点是从动轮齿顶与啮合线的交点 B_2。随着啮合传动的进行,轮齿的啮合点将沿着线段 N_1N_2 向 N_2 方向移动,同时主动轮齿廓上的啮合点将由齿根向齿顶移动,从动轮齿廓上的啮合点将由齿顶向齿根移动。当啮合进行到主动轮的齿顶圆与啮合线的交点 B_1 时,两轮齿即将脱离啮合。

B_1 点为轮齿啮合终止点。一对轮齿的啮合点实际所走过的轨迹只是啮合线 N_1N_2

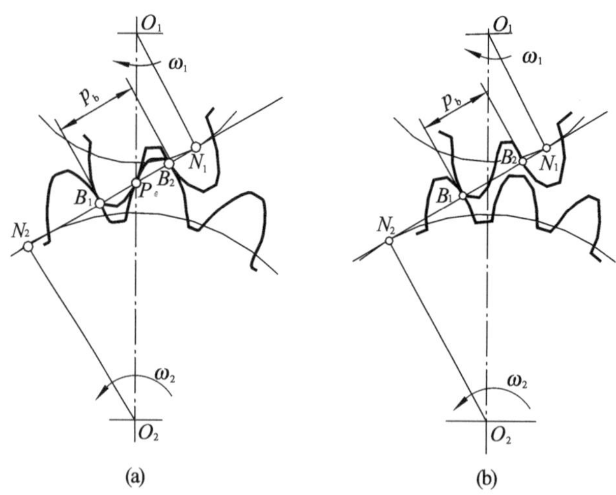

图 7-9 渐开线齿轮连续传动条件

上的一段 B_1B_2，故称 B_1B_2 为实际啮合线，它由两轮齿顶圆截啮合线得到。若将两轮的齿顶圆加大，则 B_2、B_1 分别向 N_1、N_2 靠近，B_1B_2 线段变长。但因基圆内没有渐开线，故两轮的齿顶圆不能超过 N_1 及 N_2 点。因此，啮合线 N_1N_2 是理论上可能的最长啮合线段，称为理论啮合线段。N_1、N_2 称为啮合极限点。

由以上分析可知，要使齿轮连续传动，必须保证前一对轮齿在 B_1 点脱离啮合之前，后一对轮齿就已在 B_2 点进入啮合，图 7-9(a)。当 $\overline{B_1B_2}=p_b$ 时，传动刚好连续。但当 $\overline{B_1B_2}<p_b$ 时(图 7-9(b))，传动不连续。若 $\overline{B_1B_2}\geqslant p_b$，则在实际啮合线 $\overline{B_1B_2}$ 内，有时有一对齿啮合，有时有两对齿啮合，传动连续。通常把 $\overline{B_1B_2}$ 与 p_b 的比值 ε_α 称为齿轮传动的重合度。于是，可得齿轮连续传动的条件为

$$\varepsilon_\alpha=\frac{\overline{B_1B_2}}{p_b}\geqslant 1$$

理论上 $\varepsilon_\alpha=1$，就能保证一对齿轮连续传动。但由于齿轮制造和安装误差以及轮齿变形等原因，实际中应使 $\varepsilon_\alpha>1$。一般机械制造中 $\varepsilon_\alpha=1.1\sim1.4$。对于 $\alpha=20°$、$h_a^*=1$ 的标准直齿圆柱齿轮，$\varepsilon_{\alpha\max}=1.981$。

齿轮传动的重合度大小，实质上表明同时参与啮合的轮齿对数与啮合持续的时间比例。图 7-10 所示为 $\varepsilon_\alpha=1.3$ 的情况，当前一对齿在 D 点啮合时，后一对齿在 B_2 点开始进入啮合。从此时至前一对齿到达 B_1 点，后一对齿到达 C 点为止(即啮合线上的 B_1D 和 CB_2)，这区间是双齿啮合区，而在 CD 区间却只有一对齿啮合，是单齿啮合区。所以 $\varepsilon_\alpha=1.3$ 表明在齿轮转过一个基圆齿距的时间内有 30% 的时间是双齿啮合，70% 的时间是单齿啮合。

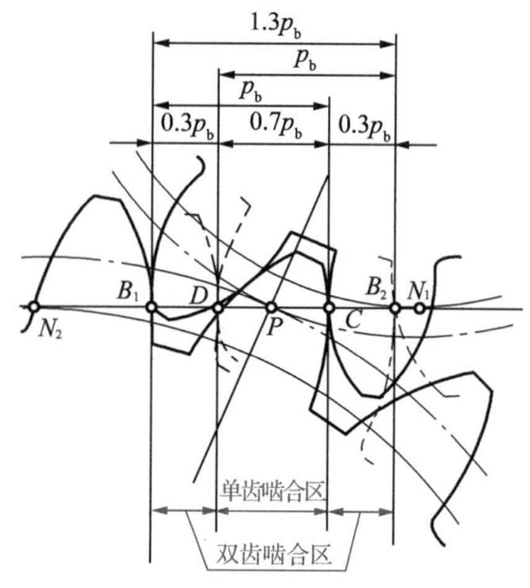

图 7-10 $\varepsilon_\alpha=1.3$ 的含义

齿轮传动的重合度越大，就意味着同时参与啮合的轮齿越多。这样，每对轮齿的受载就小，因而也就提高了齿轮传动的承载能力。故 ε_α 是衡量齿轮传动质量的指标之一。

四、齿轮传动的无侧隙啮合和标准中心距

1. 外啮合传动

在齿轮啮合传动时，为了避免齿轮反转时产生空程和冲击，理论上要求齿轮传动为无侧隙啮合。因齿轮传动相当于一对节圆做纯滚动，这就要求相互啮合的两轮中一轮节圆的齿槽宽与另一轮节圆的齿厚相等，即齿侧间隙 $\Delta = e_1' - s_2' = 0$。而对于标准齿轮，只有分度圆上的齿厚等于齿槽宽，$s = e = \frac{\pi m}{2}$。所以若要保证无侧隙啮合，只有节圆与分度圆重合，此时 $e_1' = s_2' = e_2 = s_2 = \frac{\pi m}{2}$，$r_1' = r_1$，$r_2' = r_2$，$\alpha' = \alpha$。这种安装称为标准安装，此时的中心距称为标准中心距，计算公式如下：

$$a = r_1' + r_2' = r_1 + r_2 = \frac{1}{2} m(z_1 + z_2)$$

由图 7-11(a)可知，标准安装时，两轮在径向方向的间隙为 c，称为标准顶隙。

必须指出，为了保证齿面润滑，避免轮齿因摩擦发生热膨胀而产生卡死现象及补偿加工误差等，在两轮的齿侧间应留有较小的侧隙，此侧隙一般在制造齿轮时由齿厚的偏差来保证，而在设计计算齿轮传动时仍按无侧隙计算。

由于齿轮的制造和安装误差、轴的受载变形以及轴承磨损等，两轮的实际中心距 a' 往往与标准中心距 a 不相等，这种安装称为非标准安装。图 7-11(b)所示为 $a' > a$ 的情况，这时两轮的分度圆不再相切而分离，节圆与分度圆也不再重合，此时 $r_1' > r_1$，$r_2' > r_2$，$\alpha' > \alpha$。两轮中心距与啮合角的关系为

$$a' = r_1' + r_2' = \frac{r_{b1}}{\cos\alpha'} + \frac{r_{b2}}{\cos\alpha'} = (r_1 + r_2)\frac{\cos\alpha}{\cos\alpha'} = a\frac{\cos\alpha}{\cos\alpha'}$$

也即

$$a'\cos\alpha' = a\cos\alpha \tag{7-10}$$

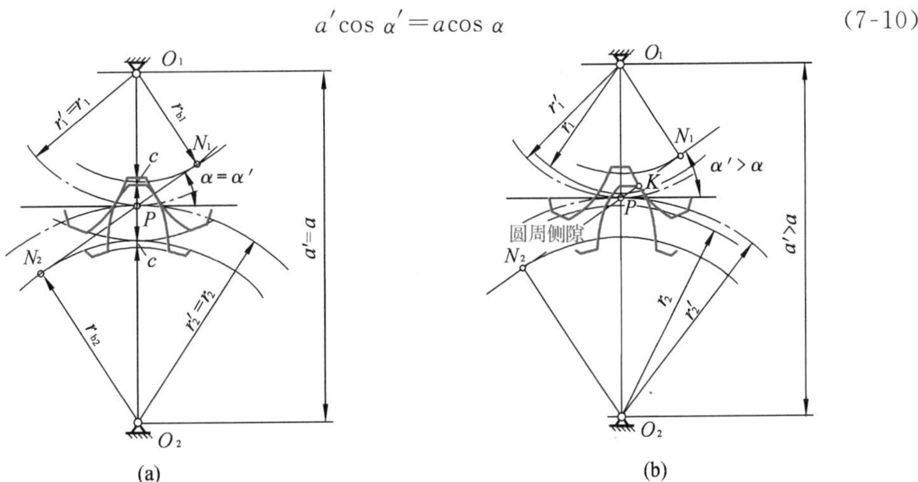

图 7-11　外啮合齿轮传动

2. 齿轮齿条啮合

图 7-12 所示为齿轮与齿条的啮合情况。啮合线 N_1N_2 与齿轮的基圆相切于 N_1 点，并垂直于齿条的直线齿廓。由于齿条的基圆半径为无穷大，N_2 在无穷远处，过齿轮中心且与齿条分度线垂直的直线与啮合线的交点 P 即传动的节点。齿轮齿条啮合时，相当于齿轮的节圆与齿条的节线做纯滚动。

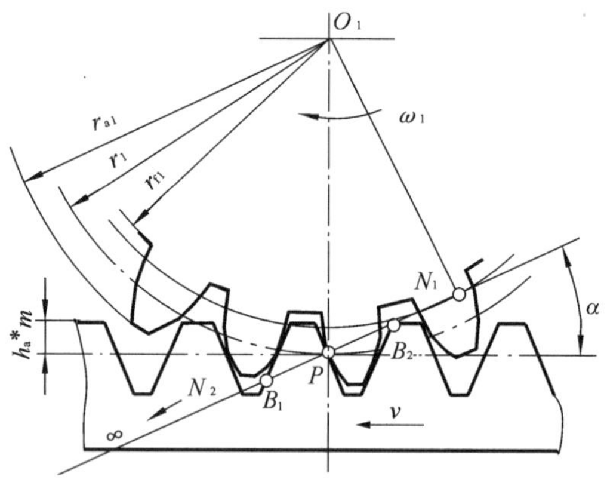

图 7-12　齿轮齿条啮合

齿轮与齿条标准安装时，齿轮的分度圆与齿条的分度线相切，所以齿轮的节圆与分度圆重合，齿条的节线与分度线也重合，啮合角等于齿轮分度圆的压力角，也等于齿条的齿形角。当齿条远离或靠近齿轮时（相当于中心距改变），因啮合线 N_1N_2 既要切于基圆，又要保持与齿条的直线齿廓相垂直，故其位置不变，节点位置也不变，啮合角不变。所以齿轮与齿条啮合传动时，不论是否标准安装，齿轮的分度圆永远与节圆重合，啮合角恒等于齿形角（齿轮分度圆的压力角）。但在非标准安装时，齿条的节线与分度线是不重合的。

例 7-3

一对外啮合齿轮传动，齿数 $z_1=30$，$z_2=40$，模数 $m=20$ mm，压力角 $\alpha=20°$，齿顶高系数 $h_a^*=1$。当中心距 $a'=725$ mm 时，求啮合角 α'；如 $\alpha'=22°30'$，求中心距 a' 及传动时两节圆半径 r_1'、r_2'。

解　因 $a=\frac{m}{2}(z_1+z_2)=\frac{20}{2}\times(30+40)=700$ mm，由式(7-10)知

$$\cos\alpha'=\frac{a}{a'}\cos\alpha$$

当 $a'=725$ mm 时，则

$$\alpha'=\arccos\left(\frac{a}{a'}\cos\alpha\right)=\arccos\left(\frac{700}{725}\times\cos 20°\right)=24°52'$$

若 $\alpha'=22°30'$，则

$$a'=a\,\frac{\cos\alpha}{\cos\alpha'}=700\times\frac{\cos 20°}{\cos 22°30'}=711.98\ \text{mm}$$

由于 $a'=r_1'+r_2'=711.98$ mm 且 $\frac{r_2'}{r_1'}=\frac{z_2}{z_1}=\frac{40}{30}$，所以得

$$r_1'=305.13\ \text{mm}$$

$$r_2'=406.84\ \text{mm}$$

7.5　渐开线齿轮的切制原理与根切现象

学习要点

掌握范成法切齿原理，了解根切现象产生的原因。

一、渐开线齿轮的切制原理

根据原理不同，切制渐开线齿轮的方法分为仿形法和范成法两种。

1. 仿形法

仿形法是利用成形刀具的轴向剖面形状与齿轮齿槽形状一致的特点，在普通铣床上用铣刀直接在齿轮毛坯上加工出齿形的方法，如图 7-13 所示。加工时，先切出一个齿槽，然后用分度头将轮坯转过$\frac{360°}{z}$，再加工第二个齿槽，依次进行，直到加工出全部齿槽。

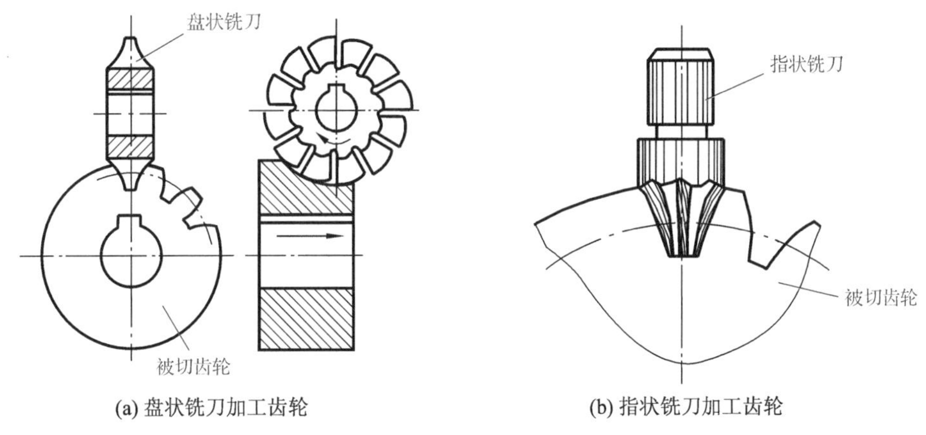

图 7-13　仿形法加工齿轮

常用的刀具有盘状铣刀(图 7-13(a))和指状铣刀(图 7-13(b))两种。

由于渐开线齿廓的形状取决于基圆的大小，而基圆半径 $r_b=(mz\cos\alpha)/2$，因此齿廓形状与 m、z、α 有关。欲加工精确的齿廓，即使在相同 m 及 α 的情况下，不同齿数的齿轮也需要不同的铣刀，这在实际上是做不到的。所以，工程中在加工同样 m 及 α 的齿轮时，根据齿轮齿数的不同，一般只备 1 至 8 号八种齿轮铣刀。各号齿轮铣刀切制齿轮的齿数范围见表 7-4。因铣刀的号数有限，故用这种方法加工出来的齿轮齿廓通常是近似的，而且分度的误差也会影响齿轮的精度，加工也不连续。因此，仿形法切制齿轮的生产率低，精度差,但其加工方法简单,不需要齿轮加工专用机床,成本低,所以常用在修配或精度要求不高的小批量生产中。

表 7-4 齿轮铣刀切制齿轮的齿数范围

刀号	1	2	3	4	5	6	7	8
加工齿数范围	12～13	14～16	17～20	21～25	26～34	35～54	55～134	≥135

2. 范成法

范成法是利用一对齿轮(或齿轮与齿条)啮合时,两轮齿廓互为包络线的原理来切制齿轮的加工方法。将其中一个齿轮(或齿条)制成刀具,当它的节圆(或齿条刀具节线)与被加工轮坯的节圆做纯滚动时(该运动是由加工齿轮的机床提供的,称为范成运动),刀具在与轮坯相对运动的各个位置切去轮坯上的材料,留下刀具的渐开线齿廓外形,轮坯上刀具的各个渐开线齿廓外形的包络线,便是被加工齿轮的齿廓。

范成法切制齿轮时,常用的刀具有齿轮插刀、齿条插刀和齿轮滚刀,如图 7-14 所示。用此方法加工齿轮,只要刀具和被加工齿轮的模数 m 和压力角 α 相等,则不管被加工齿轮的齿数是多少,都可以用同一把刀具来加工。这给生产带来很大的方便,故范成法得到了较广泛的应用。

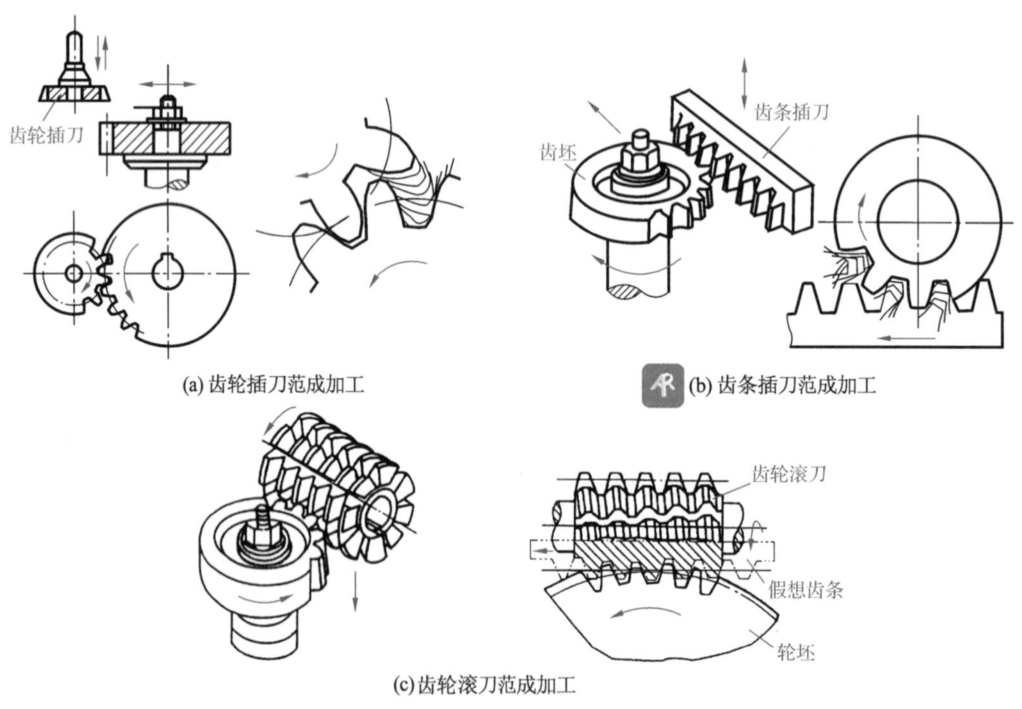

(a) 齿轮插刀范成加工　(b) 齿条插刀范成加工

(c) 齿轮滚刀范成加工

图 7-14 范成法切制齿轮

二、渐开线齿轮的根切现象及最少齿数

1. 根切现象

用范成法加工齿轮时,若刀具的齿顶线(或齿顶圆)超过理论啮合极限点 N_1,则切削

刃会把齿轮齿根附近的渐开线齿廓切去一部分，这种现象称为根切，如图 7-15 中的虚线所示。轮齿的根切一方面削弱了轮齿的弯曲强度，一方面由于齿廓渐开线的工作长度缩短，导致实际啮合线 B_1B_2 缩短，使齿轮传动的重合度下降，影响传动的平稳性，这对传动十分不利，因此应当避免产生根切。

2. 最少齿数

由上述可知，若要避免在切制标准齿轮时产生根切，在保证刀具的分度线与轮坯分度圆相切的前提下，还必须使刀具的齿顶线不超过 N_1 点(图 7-16)，即

$$h_a^* m \leqslant N_1M$$

而

$$N_1M = PN_1\sin\alpha = r\sin^2\alpha = \frac{mz}{2}\sin^2\alpha$$

整理后得出

$$z \geqslant \frac{2h_a^*}{\sin^2\alpha}$$

即

$$z_{\min} = \frac{2h_a^*}{\sin^2\alpha} \tag{7-11}$$

因此，当 $\alpha=20°$、$h_a^*=1$ 时，标准直齿圆柱齿轮不根切的最少齿数 $z_{\min}=17$。

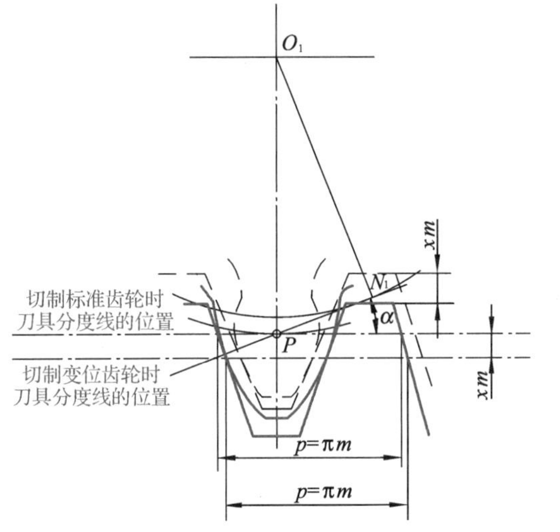

图 7-15　轮齿的根切现象及变位齿轮的切制

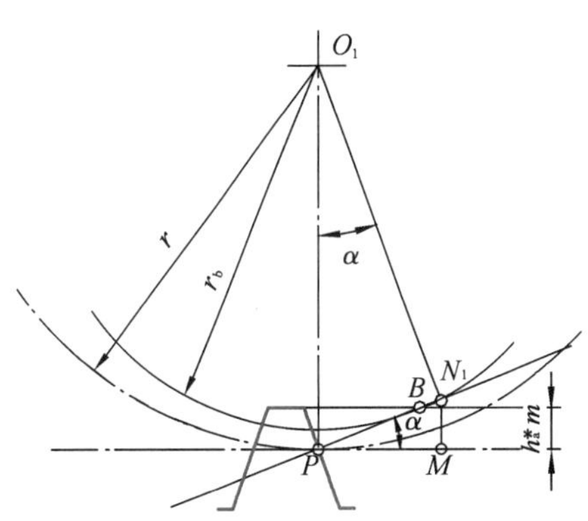

图 7-16　避免根切的条件

7.6　变位齿轮传动简介

学习要点

了解变位齿轮及变位系数的概念以及正变位、负变位齿轮的应用场合。

1. 变位齿轮及最小变位系数

前面讨论的都是渐开线标准齿轮，它们设计简单，互换性好，有许多优点，因而有着广泛的应用。但随着生产的发展，对齿轮传动性能的要求日益提高，标准齿轮暴露出许多不足，例如：

(1)结构不够紧凑。因受根切限制，齿数不得小于 z_{min}，这就要求齿轮结构尺寸不能太小。

(2)难以凑配中心距。因标准中心距为 $a=\frac{m}{2}(z_1+z_2)$，当实际中心距 $a'<a$ 时，根本无法安装；而当 $a'>a$ 时，虽然能安装，但会产生较大的齿侧间隙，从而产生冲击和噪声。而且 ε_α 也要降低，会影响传动的平稳性。

(3)承载能力较低。一对标准齿轮传动时，小齿轮的齿根厚度小，而啮合次数又较多，故在相同条件下，小齿轮比大齿轮容易损坏。因此，大齿轮轮齿的抗弯能力不能充分发挥出来，达不到等强度的要求，限制了大齿轮的承载能力。

采用变位齿轮可以弥补上述标准齿轮的不足。如图 7-15 所示，当刀具在虚线位置时，因为齿顶线超过极限点 N_1，所以切出来的齿轮会产生根切。若将刀具向远离轮心 O_1 的方向移动一段距离 xm 至实线位置，齿顶线不再超过极限点 N_1，则切出来的齿轮就不会再根切。这种改变刀具与轮坯相对位置后切制出来的齿轮称为变位齿轮，刀具由标准位置(刀具分度线与被切齿轮分度圆相切处)沿径向移动的距离 xm 称为变位量。其中 m 为模数，x 称为变位系数。刀具远离轮心的变位称为正变位，$x>0$；刀具移近轮心的变位称为负变位，$x<0$。

加工变位齿轮时，齿轮分度圆不再与刀具的分度线相切，而是切于节线。齿轮的分度圆与刀具的节线做纯滚动，且刀具节线与分度线平行，节线上的齿距、模数和压力角与分度线上的相等，所以无论刀具正变位还是负变位，被切齿轮的齿距、模数、压力角都将和刀具分度线上的数值相等，且为标准值。变位齿轮的分度圆直径和基圆直径也不变，从而变位前后齿轮的齿廓是同一条渐开线，只是截取了不同的部位，如图 7-17 所示。由图可知，正变位齿轮齿根部分的齿厚增大，提高了齿轮的抗弯强度，但齿顶减薄。负变位齿轮则与其相反。

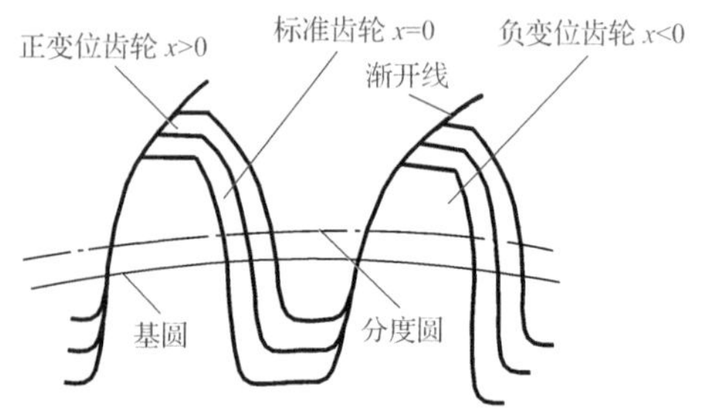

图 7-17 标准齿轮与变位齿轮比较

变位齿轮与标准齿轮相比的参数和尺寸变化情况见表 7-5。

表 7-5 变位齿轮与标准齿轮相比的参数和尺寸变化情况

变位类型	模数 m	压力角 α	分度圆直径 d	基圆直径 d_b	齿根圆直径 d_f	齿根高 h_f	齿厚 s	齿槽宽 e	齿根厚 s_f
正变位	不变				增大	减小	增大	减小	增大
负变位					减小	增大	减小	增大	减小

用范成法切制齿数小于最少齿数的齿轮时，为避免根切，必须采用正变位齿轮。当刀具的齿顶线正好通过 N_1 点时，刀具的移动量为最小，此时的变位系数称为最小变位系数，用 $x_{\min}$ 表示。可以证明

$$x_{\min}=h_a^* \frac{z_{\min}-z}{z_{\min}} \tag{7-12}$$

当 $\alpha=20°$、$h_a^*=1$ 时

$$x_{\min}=\frac{17-z}{17} \tag{7-13}$$

式(7-12)表示，当被加工齿轮的齿数 $z<z_{\min}$ 时，$x_{\min}$ 为正值，说明为避免根切，该齿轮必须采用正变位，且变位系数 $x \geqslant x_{\min}$。反之，当齿数 $z>z_{\min}$ 时，$x_{\min}$ 为负值，说明该齿轮在切制标准齿轮或负变位齿轮(刀具移距 $\leqslant |x_{\min}m|$)时，均不会发生根切。

2. 变位直齿圆柱齿轮传动的啮合角和中心距

齿轮传动时，理论上要求两轮齿廓间无齿侧间隙。经推导，无侧隙啮合方程式为

$$\operatorname{inv}\alpha'=\frac{2(x_1+x_2)\tan\alpha}{z_1+z_2}+\operatorname{inv}\alpha \tag{7-14}$$

式(7-14)表明了两轮在无侧隙啮合时，啮合角 α' 与变位系数之间的关系。若 $x_1+x_2=0$，则 $\alpha'=\alpha$，两轮节圆与分度圆重合，实际中心距等于标准中心距，即 $a'=a$；若 $x_1+x_2\neq 0$，则 $\alpha'\neq\alpha$，两轮节圆与分度圆不重合，这时实际中心距不等于标准中心距，即 $a'\neq a$，但两者仍满足式(7-10)。也就是说，变位齿轮传动($x_1+x_2\neq 0$)在实际中心距不等于标准中心距时，也能保证无侧隙啮合。利用这一特点可以配凑中心距。

3. 变位齿轮传动的类型

按照相互啮合的两齿轮变位系数之和的不同，变位齿轮传动可分为三种基本类型，标准齿轮传动可看作零变位传动的特例。

变位齿轮传动的类型及性能比较见表 7-6。

表 7-6　　变位齿轮传动的类型及性能比较

传动类型	高度变位齿轮传动	角度变位齿轮传动	
		正传动	负传动
齿数条件	$z_1+z_2\geqslant 2z_{\min}$	$z_1+z_2<2z_{\min}$(也可以 $>2z_{\min}$)	$z_1+z_2>2z_{\min}$
变位系数要求	$x_1=-x_2\neq 0$，$x_1+x_2=0$	$x_1+x_2>0$	$x_1+x_2<0$
传动特点	$a'=a$，$\alpha'=\alpha$	$a'>a$，$\alpha'>\alpha$	$a'<a$，$\alpha'<\alpha$
主要优点	小齿轮取正变位，允许 $z_1<z_{\min}$，减小传动尺寸。提高了小齿轮齿根强度，减轻了小齿轮齿面磨损，可成对替换标准齿轮	传动机构更加紧凑，提高了抗弯强度和接触强度，提高了耐磨性能，可满足 $a'>a$ 的中心距要求	重合度略有提高，满足 $a'<a$ 的中心距要求
主要缺点	互换性差，小齿轮齿顶易变尖，重合度略有下降	互换性差，齿顶变尖，重合度下降较多	互换性差，抗弯强度和接触强度下降，轮齿磨损加剧

7.7 齿轮的失效形式与设计准则

学习要点

掌握齿轮常见失效形式、产生原因及防止措施，掌握齿轮设计准则。

一、齿轮的失效形式

齿轮传动的失效主要是轮齿的失效。常见的轮齿失效形式有以下五种：

1. 轮齿折断

轮齿折断一般发生在齿根处。轮齿好像一个悬臂梁，受载后其根部的弯曲应力最大，再加上齿根过渡部分的截面突变及加工刀痕等引起的应力集中作用，当轮齿反复受载时，齿根部分在交变弯曲应力的作用下将产生疲劳裂纹，并逐渐扩展，致使轮齿折断。这种折断称为疲劳折断，如图 7-18(a)所示。

轮齿短时严重过载也会发生折断，称为过载折断。

对于齿宽较大而载荷沿齿向分布不均匀的齿轮、接触线倾斜的斜齿轮和人字齿轮，会产生轮齿局部折断，如图 7-18(b)所示。

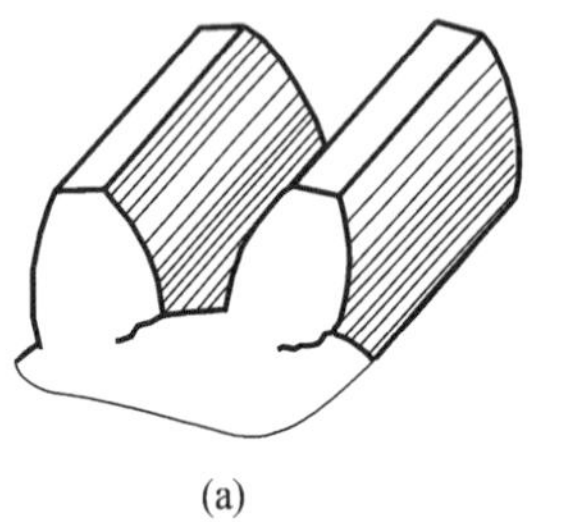

(a)

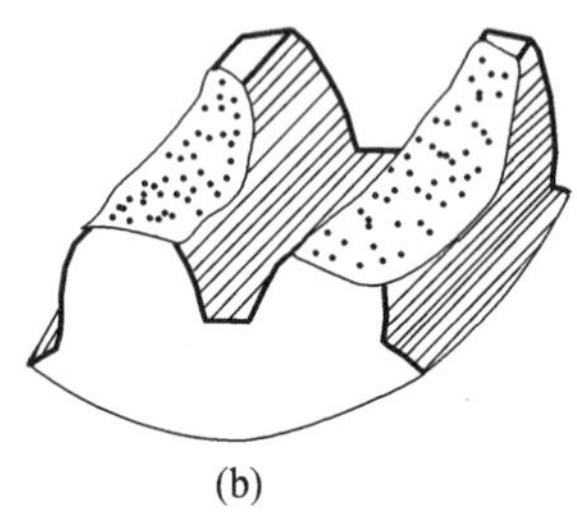

(b)

图 7-18 轮齿折断

提高轮齿抗折断能力的措施有很多，如增大齿根过渡圆角，消除该处的加工刀痕以降低应力集中；增大轴及支承的刚度，以减小齿面上局部受载的程度；使轮齿芯部具有足够的韧性；在齿根处施加适当的强化措施（如喷丸）等。

2. 齿面磨损

轮齿在啮合过程中存在相对滑动，当其工作面间进入硬屑粒（如砂粒、铁屑等）时，将引起齿面磨损，如图 7-19 所示。齿面磨损会破坏渐开线齿形，使齿侧间隙加大，引起冲击和振动。严重时轮齿会因变薄、抗弯强度降低而折断。

齿面磨损是开式传动的主要失效形式。采用闭式传动，提高齿面硬度，减小齿面粗糙度值以及采用清洁的润滑油，都可以减轻齿面磨损。

3. 齿面点蚀

轮齿进入啮合后，齿面接触处会产生接触应力，在这种脉动循环的接触应力作用下，轮齿表面会产生细微的疲劳裂纹，随着应力循环次数的增加，裂纹逐渐扩展，致使表层金属微粒剥落，形成小麻点或较大的凹坑，这种现象称为齿面点蚀，如图7-20所示。齿轮在啮合传动中，因轮齿在节线附近啮合时往往是单齿啮合，接触应力较大，且此处轮齿间的相对滑动速度小，润滑油膜不易形成，摩擦力较大，故齿面点蚀一般首先发生在节线附近接近齿根表面处，然后再向其他部位扩展。

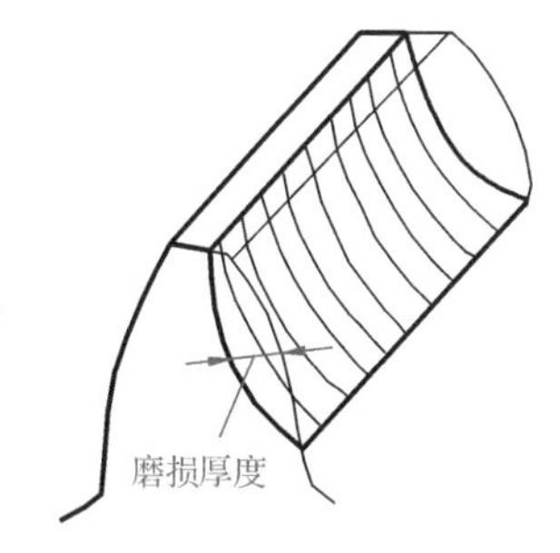

图 7-19　齿面磨损

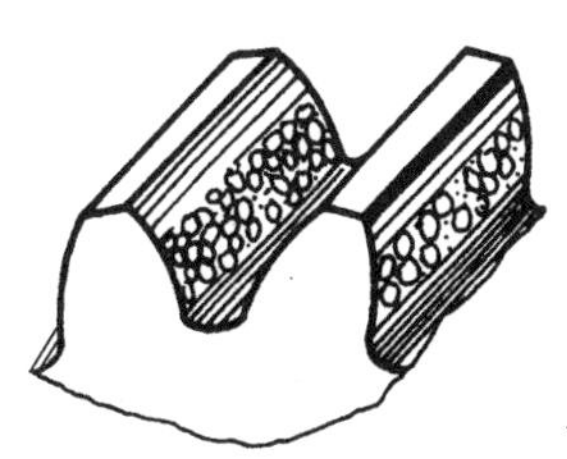

图 7-20　齿面点蚀

闭式传动中的软齿面较易发生齿面点蚀。齿面点蚀严重影响传动的平稳性，并产生振动和噪声，以致齿轮不能正常工作。提高齿面硬度和润滑油的黏度以及减小齿面粗糙度值等均可提高轮齿抗疲劳点蚀的能力。

在开式齿轮传动中，由于齿面磨损较快，因此一般不会出现齿面点蚀。

4. 齿面胶合

齿面胶合是一种严重的黏着磨损现象。在高速重载的齿轮传动中，齿面间的高压、高温使润滑油黏度降低，油膜破坏，局部金属表面直接接触并互相粘连（熔焊）在一起，继而又被撕开而形成沟纹，如图 7-21 所示，这种现象称为齿面胶合。低速重载的齿轮传动，因速度低而不易形成油膜，且啮合处的压力大，使齿面间的表面油膜遭到破坏而产生黏着，也会出现齿面胶合。

提高齿面硬度和减小表面粗糙度值，限制油温、增加油的黏度，选用加有抗胶合添加剂的合成润滑油等方法，将有利于提高轮齿齿面抗胶合的能力。

5. 齿面塑性变形

当轮齿材料较软且载荷较大时，轮齿表层材料在摩擦力的作用下，因屈服将沿着滑动方向产生局部的齿面塑性变形，导致主动轮齿面节线附近出现凹沟，从动轮齿面节线附近出现凸棱（图 7-22），从而使轮齿失去正确的齿形，影响齿轮的正常啮合。

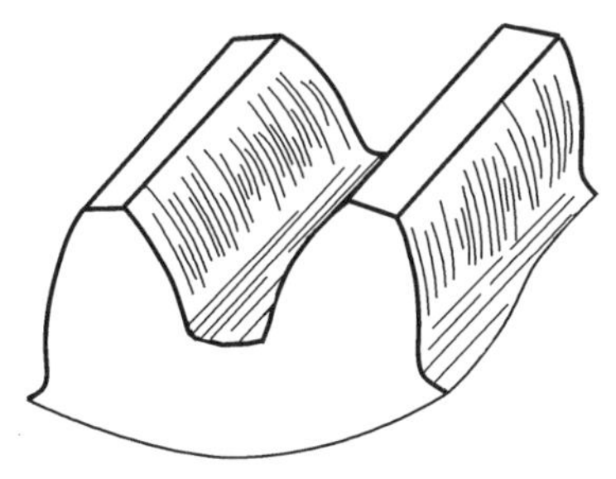

图 7-21　齿面胶合

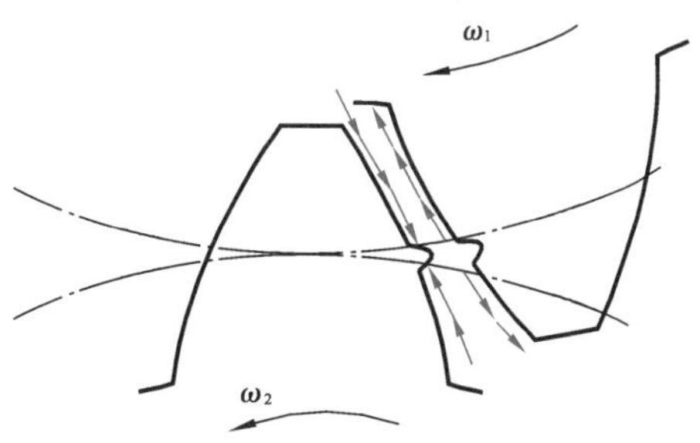

图 7-22　齿面塑性变形

提高齿面硬度，采用黏度较高的润滑油，都有助于防止轮齿产生塑性变形。

二、齿轮的设计准则

设计齿轮传动时，应根据实际情况分析齿轮的主要失效形式，选择相应的设计准则进行设计计算。

对于一般工作条件下的闭式软齿面齿轮传动（齿面硬度不大于 350HBS），齿轮的主要失效形式是齿面点蚀，故设计准则为按齿面接触疲劳强度进行设计，确定齿轮的主要参数和尺寸，再按齿根弯曲疲劳强度进行校核。

对于闭式硬齿面齿轮传动（齿面硬度大于 350HBS），齿轮的主要失效形式是轮齿折断，故设计准则为按齿根弯曲疲劳强度进行设计，确定模数和尺寸，然后再按齿面接触疲劳强度进行校核。

对于开式齿轮传动，因齿轮的主要失效形式是齿面磨损和因磨损导致的轮齿折断，故只按齿根弯曲疲劳强度进行设计计算，确定齿轮的模数。考虑磨损因素的影响，再将模数增大 10%～20%。

7.8 圆柱齿轮的精度简介及齿轮的常用材料

学习要点

熟悉圆柱齿轮精度国家标准及精度等级的选用条件，了解齿轮常用材料及许用应力的概念。

一、圆柱齿轮的精度

圆柱齿轮的精度已经标准化。我国国家标准《圆柱齿轮　精度制》包括两部分内容：

第 1 部分：轮齿同侧齿面偏差的定义和允许值（GB/T 10095.1—2008）；

第 2 部分：径向综合偏差与径向跳动的定义和允许值（GB/T 10095.2—2008）。

标准中将精度等级分为 13 级，由高到低依次用 0、1、2、3……11、12 表示，其中 0 级是最高的精度等级，12 级是最低的精度等级，常用的精度等级为 6～9 级。

齿轮的精度等级是通过实测的偏差值与标准确定的数值进行对比后来评定的。

与《圆柱齿轮　精度制》配套的还有《渐开线圆柱齿轮精度　检验细则》（GB/T 13924—2008）及《圆柱齿轮　检验实施规范》（GB/Z 18620.1～18620.4—2008）等标准。

现代工业对齿轮传动的使用要求归纳起来有：一转范围内传动比的变化尽量小，以保证传递运动准确；瞬时传动比的变化尽量小，以保证传动平稳；受载后工作齿面能够良好接触，以保证足够的承载能力和使用寿命；啮合轮齿的非工作面间有适当的齿侧间隙，以防止传动中卡死和储存润滑油。

一般来说，对于不同的齿轮精度等级要求，齿轮的加工成本是不同的。在保证齿轮传动的工作要求前提下，应使齿轮的加工成本经济合理。选择齿轮的精度等级时，主要考虑齿轮的用途、使用条件、传递功率及圆周速度大小等因素，通常采用类比法确定精度等级。

表 7-7、表 7-8 列出了各种机械中齿轮采用的精度等级、加工方法及选用，可供选择精度等级时参考。

表 7-7　各种机械中齿轮采用的精度等级

应用范围	精度等级	应用范围	精度等级
测量齿轮	2～5	拖拉机	6～10
汽轮机减速器	3～6	一般用途的减速器	6～9
金属切削机床	3～8	轧钢设备的小齿轮	6～10
内燃机车与电气机车	6～7	矿山绞车	8～10
轻型汽车	5～8	起重机	7～10
重型汽车	6～9	农业机械	8～11
航空发动机	3～7		

表 7-8　齿轮精度等级的选用

精度等级	圆周速度/$(m \cdot s^{-1})$（能达到的）		齿面的终加工	工作条件
	直齿	斜齿		
3（极精密）	40	75	特精密的磨削和研齿；用精密滚刀或单边剃齿后大多数不经淬火的齿轮	要求特别精密的或在最平稳且无噪声的特别高速下工作的齿轮传动；特别精密机构中的齿轮；特别高速传动的齿轮（透平齿轮）；检测5～6 级齿轮用的测量齿轮
4（特别精密）	35	70	精密磨齿；用精密滚刀和挤齿或单边剃齿后的大多数齿轮	特别精密分度机构中或在最平稳且无噪声的极高速下工作的齿轮传动；特别精密分度机构中的齿轮；高速透平传动；检测 7 级齿轮用的测量齿轮
5（高精密）	20	40	精密磨齿；大多数用精密滚刀加工，进而挤齿或剃齿的齿轮	精密分度机构中或要求极平稳且无噪声的高速工作的齿轮传动；精密机构用齿轮；透平齿轮；检测 8 级和 9 级齿轮用的测量齿轮
6（高精密）	15	30	精密磨齿或剃齿	要求最高效率且无噪声的高速下平稳工作的齿轮传动或分度机构的齿轮传动；特别重要的航空、汽车齿轮；读数装置用特别精密传动的齿轮
7（精密）	10	15	无须热处理，仅用精确刀具加工的齿轮；淬火齿轮必须精整加工（磨齿、挤齿、珩齿等）	增速和减速用齿轮传动；金属切削机床送刀机构用齿轮；高速减速器用齿轮；航空、汽车用齿轮；读数装置用齿轮
8（中等精密）	6	10	不磨齿，不必光整加工或对研	不要求特别精密的一般机械制造用齿轮；包括在分度链中的机床传动齿轮；飞机、汽车制造业中的不重要齿轮；起重机构用齿轮；农业机械中的重要齿轮，通用减速器齿轮
9（较低精度）	2	4	无须特殊光整加工	用于粗糙加工的齿轮

二、齿轮常用材料及许用应力

1. 齿轮常用材料

为了使齿轮能够正常工作，轮齿表面应具有较高的抗磨损、抗点蚀、抗胶合及抗塑性变形的能力，而齿根要有较高的抗折断能力。因此，对齿轮材料的基本要求为齿面要硬，齿芯要韧，具有足够的强度，还应具有良好的加工工艺性及热处理性能，且经济性要好。最常用的齿轮材料是锻钢，如各种碳素结构钢和合金结构钢。只有当齿轮的尺寸较大($d_a>$400～600 mm)或结构复杂而不容易锻造时，才采用铸钢。在一些低速轻载的开式齿轮传动中，也常采用铸铁齿轮；在高速小功率、精度要求不高或需要低噪声的特殊齿轮传动中，也可采用非金属材料。

齿轮常用材料及其力学性能见表 7-9。

表 7-9 齿轮常用材料及其力学性能

<table>
<tr><th>材料</th><th>牌号</th><th>热处理</th><th>硬度</th><th>强度极限
σ_b/MPa</th><th>屈服极限
σ_s/MPa</th><th>应用范围</th></tr>
<tr><td rowspan="2">优质
碳素钢</td><td>45</td><td>正火
调质
表面淬火</td><td>169～217HBS
217～255HBS
40～50HRC</td><td>580
650
750</td><td>290
360
450</td><td>低速轻载
低速中载
高速中载或低速重载，冲击很小</td></tr>
<tr><td>50</td><td>正火</td><td>180～220HBS</td><td>620</td><td>320</td><td>低速轻载</td></tr>
<tr><td rowspan="4">合金钢</td><td>40Cr</td><td>调质
表面淬火</td><td>240～260HBS
48～55HRC</td><td>700
900</td><td>550
650</td><td>中速中载
高速中载，无剧烈冲击</td></tr>
<tr><td>42SiMn</td><td>调质
表面淬火</td><td>217～269HBS
45～55HRC</td><td>750</td><td>470</td><td>高速中载，无剧烈冲击</td></tr>
<tr><td>20Cr</td><td>渗碳淬火</td><td>56～62HRC</td><td>650</td><td>400</td><td rowspan="2">高速中载，承受冲击</td></tr>
<tr><td>20CrMnTi</td><td>渗碳淬火</td><td>56～62HRC</td><td>1 100</td><td>850</td></tr>
<tr><td rowspan="2">铸钢</td><td>ZG310～570</td><td>正火
表面淬火</td><td>160～210HBS
40～50HRC</td><td>570</td><td>320</td><td rowspan="2">中速、中载、大直径</td></tr>
<tr><td>ZG340～640</td><td>正火
调质</td><td>170～230HBS
240～270HBS</td><td>650
700</td><td>350
380</td></tr>
<tr><td>球墨铸铁</td><td>QT600-2
QT500-5</td><td>正火</td><td>220～280HBS
147～241HBS</td><td>600
500</td><td></td><td>低、中速轻载，有小的冲击</td></tr>
<tr><td>灰铸铁</td><td>HT200
HT300</td><td>人工时效
(低温退火)</td><td>170～230HBS
187～235HBS</td><td>200
300</td><td></td><td>低速轻载，冲击很小</td></tr>
</table>

2. 齿轮材料的选用原则

选用齿轮材料必须根据机器对齿轮传动的要求，本着既可靠又经济的原则来进行。

小齿轮受载次数比大齿轮多，且小齿轮齿根较薄，为了使配对的两齿轮使用寿命接近，应使小齿轮的材料比大齿轮的好一些或硬度高一些。对于软齿面齿轮传动，应使小齿轮的齿面硬度比大齿轮高 30～50HBS。齿数比越大，两齿轮的硬度差也应越大。对于传递功率中等、传动比相对较大的齿轮传动，可考虑采用硬齿面的小齿轮与软齿面的大齿轮匹配，这样可以通过硬齿面对软齿面的冷作硬化作用来提高软齿面的硬度。硬齿面齿轮传动的两轮齿面硬度可大致相等。

3. 许用应力

齿面接触疲劳许用应力为

$$[\sigma_H]=\frac{\sigma_{Hlim}Z_N}{S_H}\quad \text{MPa} \tag{7-15}$$

齿根弯曲疲劳许用应力为

$$[\sigma_F]=\frac{\sigma_{Flim}Y_N}{S_F}\quad \text{MPa} \tag{7-16}$$

式中　S_H、S_F——齿面接触疲劳强度安全系数和齿根弯曲疲劳强度安全系数，可查表 7-10；

表 7-10　　安全系数 S_H 和 S_F

安全系数	软齿面(≤350HBS)	硬齿面(>350HBS)	重要的传动、渗碳淬火齿轮或铸造齿轮
S_H	1.0～1.1	1.1～1.2	1.3～1.6
S_F	1.3～1.4	1.4～1.6	1.6～2.2

Y_N、Z_N——弯曲疲劳寿命系数和接触疲劳寿命系数。它们是考虑当齿轮要求有限使用寿命时，齿轮许用应力可以提高的系数。其与应力循环次数有关，可分别查图 7-23 和图 7-24 得到。图中横坐标为应力循环次数 N，其计算公式为

$$N=60njL_h \tag{7-17}$$

式中：n 为齿轮转速，r/min；j 为齿轮转一转时同侧齿面的啮合次数；L_h 为齿轮工作寿命，h。

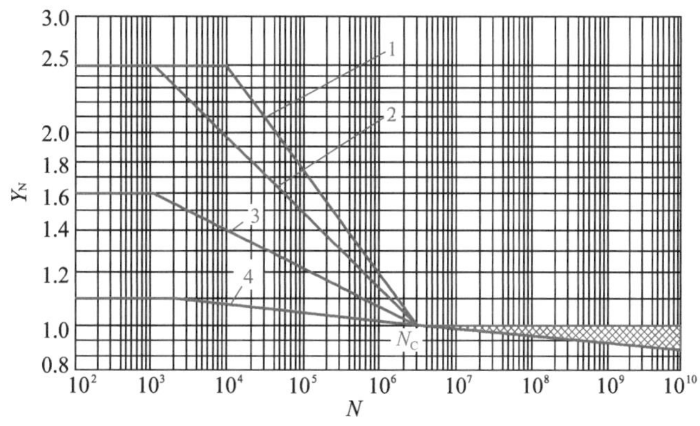

图 7-23　弯曲疲劳寿命系数 Y_N

1—调质钢，球墨铸铁(珠光体、贝氏体)，珠光体可锻铸铁；2—渗碳淬火的渗碳钢，火焰或感应表面淬火的钢、球墨铸铁；3—渗氮的渗氮钢，球墨铸铁(铁素体)，结构钢，灰铸铁；4—碳氮共渗的调质钢、渗碳钢

(注：当 $N>N_C$ 时，可根据经验在网格区内取 Y_N 值)

σ_{Hlim}——试验齿轮的齿面接触疲劳强度极限，MPa。用各种材料的齿轮试验测得，可查图 7-25；

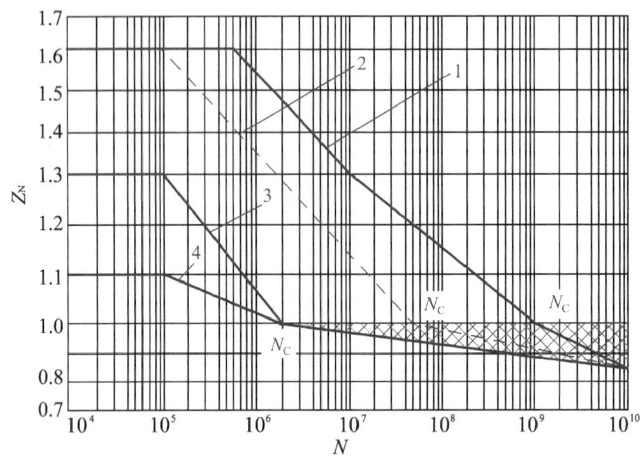

图 7-24 接触疲劳寿命系数 Z_N

1—允许一定点蚀时的结构钢，调质钢，球墨铸铁(珠光体、贝氏体)，珠光体可锻铸铁，渗碳淬火钢的渗碳钢；2—材料同 1，不允许出现点蚀，火焰或感应淬火的钢；3—灰铸铁，球墨铸铁(铁素体)，渗氮的渗氮钢，调质钢、渗碳钢；4—碳氮共渗的调质钢，渗碳钢(注：当 $N>N_C$ 时，可根据经验在网格区内取 Z_N 值)

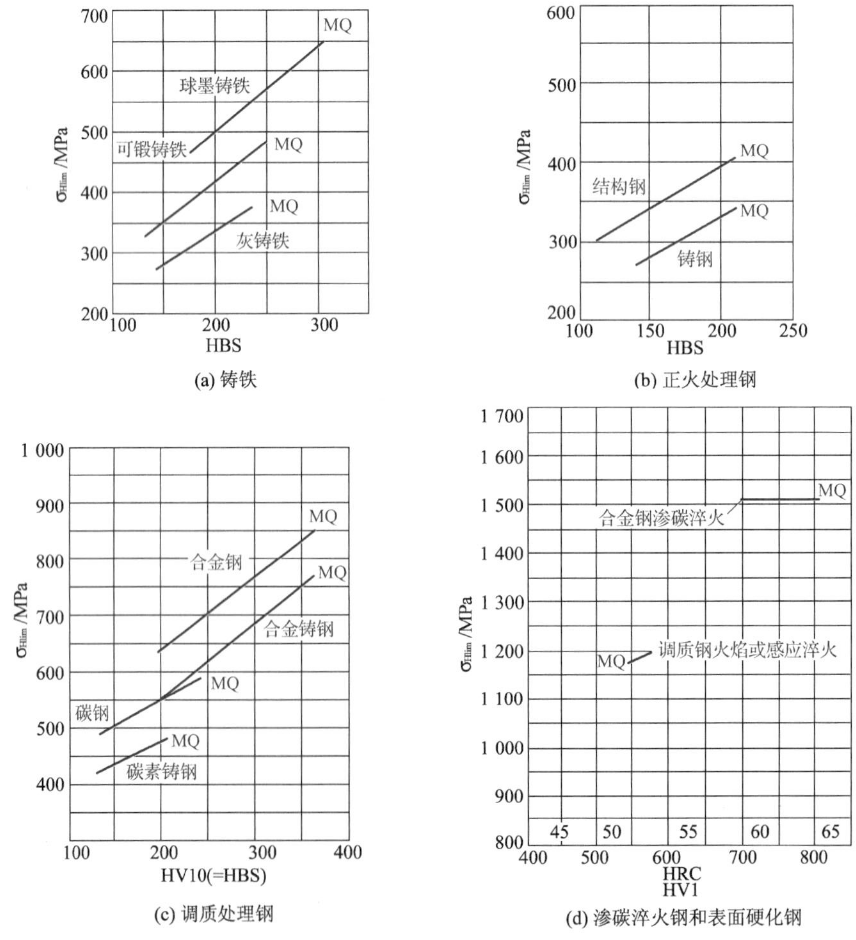

图 7-25 试验齿轮的齿面接触疲劳强度极限 σ_{Hlim}

σ_{Flim}——试验齿轮的齿根弯曲疲劳强度，MPa。用各种材料的齿轮试验测得，可查图 7-26。图中所示 σ_{Flim} 为脉动循环应力时的极限应力。当齿轮受对称循环弯曲应力时，应将图中 σ_{Flim} 的值乘 0.7。图中 MQ 线表示可以由有经验的工业齿轮制造者，以合理的生产成本来达到的中等质量要求。

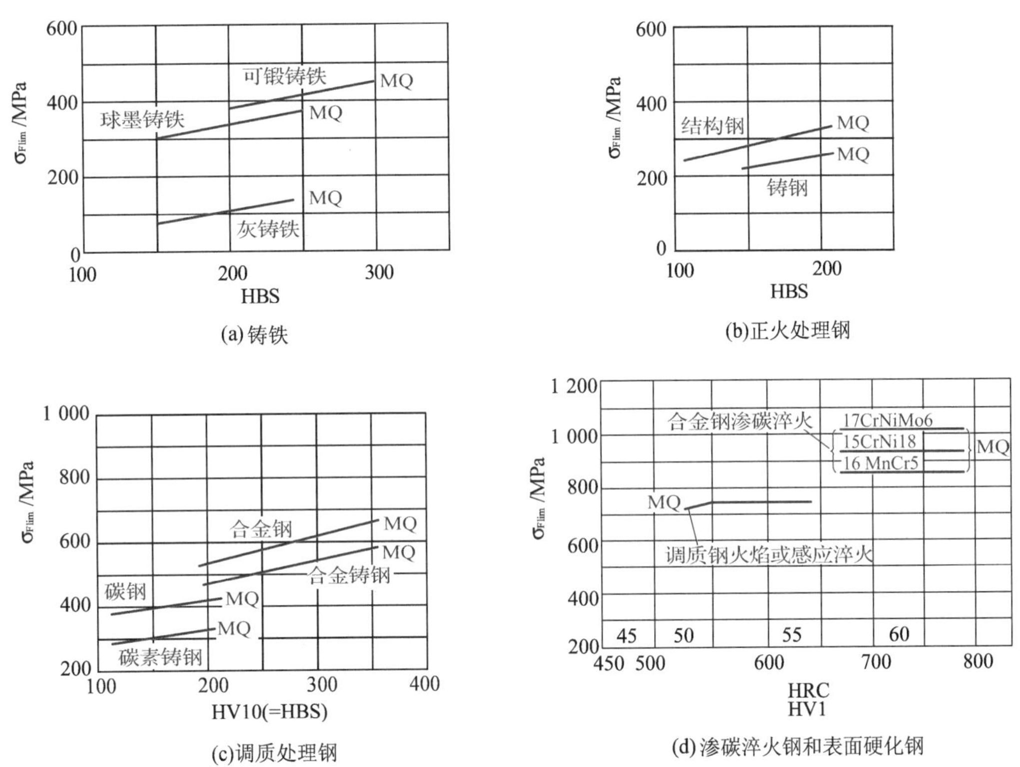

图 7-26　试验齿轮的齿根弯曲疲劳强度极限 σ_{Flim}

7.9　渐开线标准直齿圆柱齿轮传动的设计计算

学习要点

掌握轮齿的受力分析及力的计算公式，以及齿轮接触疲劳强度和弯曲疲劳强度的计算；掌握齿轮的齿数比、齿数、模数、齿宽系数的选择方法。

一、轮齿的受力分析

为了计算齿轮的强度以及设计轴和轴承装置等，需要确定作用在轮齿上的力。图 7-27 所示为一对标准直齿圆柱齿轮啮合传动时的受力情况。如果忽略齿面间的摩擦力，将沿齿宽分布的载荷简化为齿宽中点处的集中力，则两轮齿面间的相互作用力应沿啮合点的公法线 N_1N_2 方向（图中的 F_{n1} 为作用于主动轮上的力）。为便于计算，将 F_{n1} 在节点 P 处分解为两个相互垂直的分力，即切于分度圆的圆周力 F_{t1} 和指向轮心的径向力 F_{r1}。其计算公式为

$$\begin{cases} F_{t1}=\dfrac{2T_1}{d_1} \\ F_{r1}=F_{t1}\tan\alpha \\ F_{n1}=\dfrac{F_{t1}}{\cos\alpha} \end{cases} \tag{7-18}$$

式中 T_1——小齿轮传递的转矩，N·mm。$T_1=9.55\times10^6\dfrac{P}{n_1}$，$P$ 为传递的功率(kW)，n_1 为小齿轮的转速(r/min)；

d_1——小齿轮分度圆直径，mm；

α——压力角。

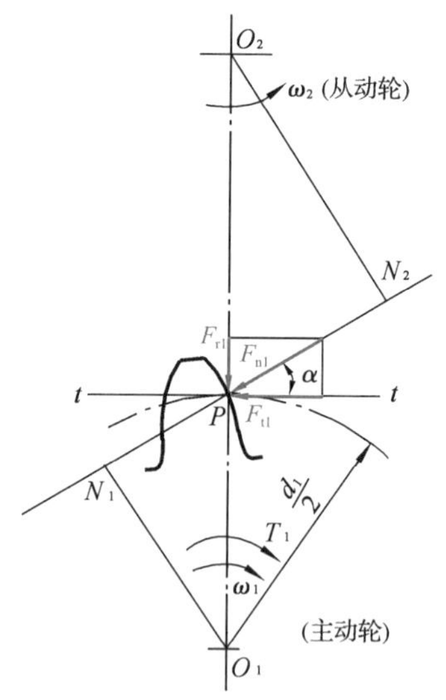

图 7-27 直齿圆柱齿轮传动的受力分析

作用在主动轮和从动轮上的各对力为作用力与反作用力，所以 $F_{t1}=-F_{t2}$，$F_{r1}=-F_{r2}$，$F_{n1}=-F_{n2}$。主动轮上圆周力的方向与其受力点的速度方向相反，从动轮上圆周力的方向与其受力点的速度方向相同。两个齿轮上的径向力分别指向各自的轮心。

二、轮齿的计算载荷

上述受力分析是在载荷沿齿宽均匀分布及作用在齿轮上的外载荷能精确计算的理想条件下进行的。但实际运转时，轴和轴承的变形以及传动装置的制造、安装误差等原因导致载荷沿齿宽不能均匀分布，从而引起载荷集中。此外，由于原动机和工作机的工作特性不同，齿轮制造误差以及轮齿变形等原因还会引起附加动载荷，从而使实际载荷大于理想条件下的载荷。因此，计算齿轮强度时，需引用载荷系数来考虑上述各种因素的影响，使之尽可能符合作用在轮齿上的实际载荷，通常按计算载荷 F_{nc} 进行计算。

$$F_{nc}=KF_n$$

式中，K 为载荷系数，其值可由表 7-11 查取。

表 7-11 载荷系数 K

工作机械	载荷特性	原动机		
		电动机	多缸内燃机	单缸内燃机
均匀加料的运输机和加料机、轻型卷扬机、发电机、机床辅助传动	均匀、轻微冲击	1～1.2	1.2～1.6	1.6～1.8
不均匀加料的运输机和加料机、重型卷扬机、球磨机、机床主传动	中等冲击	1.2～1.6	1.6～1.8	1.8～2.0
冲床、钻床、轧机、破碎机、挖掘机	大的冲击	1.6～1.8	1.9～2.1	2.2～2.4

注：斜齿、圆周速度低、精度高、齿宽系数小、齿轮在两轴承间对称布置时取小值，直齿、圆周速度高、精度低、齿宽系数大、齿轮在两轴承间不对称布置时取大值。

三、齿面接触疲劳强度计算

齿面点蚀是因为接触应力的反复作用而引起的。因此，为防止齿面过早产生疲劳点蚀，在进行强度计算时，应使齿面节线附近产生的最大接触应力小于或等于齿轮材料的接触疲劳许用应力，即

$$\sigma_H \leqslant [\sigma_H]$$

经推导整理可得标准直齿圆柱齿轮传动的齿面接触疲劳强度的校核公式为

$$\sigma_H = 3.52 Z_E \sqrt{\frac{KT_1(u \pm 1)}{bd_1^2 u}} \leqslant [\sigma_H] \tag{7-19}$$

式中 σ_H——齿面的接触应力，MPa；

$[\sigma_H]$——齿轮材料的接触疲劳许用应力，MPa；

T_1——小齿轮传递的转矩，N·mm；

b——工作齿宽，mm；

u——齿数比，即大齿轮齿数与小齿轮齿数之比 $u=\frac{z_2}{z_1}$；

K——载荷系数，其值见表 7-11；

d_1——小齿轮分度圆直径，mm；

Z_E——齿轮材料的弹性系数，$\sqrt{\text{MPa}}$，其值见表 7-12；

$\pm$——“+”用于外啮合齿轮传动，“－”用于内啮合齿轮传动。

表 7-12　齿轮材料的弹性系数 Z_E　$\sqrt{\text{MPa}}$

两轮材料组合	钢对钢	钢对铸铁	铸铁对铸铁
Z_E	189.8	165.4	144

为了便于设计计算，引入齿宽系数 $\psi_d=\frac{b}{d_1}$，并代入式(7-19)中，得到齿面接触疲劳强度的设计公式为

$$d_1 \geqslant \sqrt[3]{\frac{KT_1(u \pm 1)}{\psi_d u}\left(\frac{3.52 Z_E}{[\sigma_H]}\right)^2} \tag{7-20}$$

应用上述公式时应注意以下两点：

(1)两齿轮的齿面接触应力大小相等；

(2)若两齿轮的接触疲劳许用应力不同，则进行强度计算时应选用较小值。

四、齿根弯曲疲劳强度计算

轮齿的疲劳折断主要与齿根弯曲应力的大小有关。为了防止轮齿疲劳折断，应使齿根最大的弯曲应力 σ_F 小于或等于齿轮材料的弯曲疲劳许用应力，即 $\sigma_F \leqslant [\sigma_F]$。

在计算弯曲应力时，轮齿可视为宽度为 b 的悬臂梁(略去压缩应力，只考虑弯曲应

力)。假定全部载荷由一对齿承受,且载荷作用于齿顶时,齿根部分产生的弯曲应力最大,而危险截面则认定为与轮齿齿廓对称线成 30°的两直线与齿根过渡曲线相切点连线的齿根截面,如图 7-28 所示的 AB。经推导可得齿根弯曲疲劳强度校核公式为

$$\sigma_F=\frac{2KT_1}{bm^2 z_1}Y_F Y_S\leqslant[\sigma_F] \tag{7-21}$$

式中 σ_F——齿根危险截面的最大弯曲应力,MPa;

$[\sigma_F]$——齿轮材料的弯曲疲劳许用应力,MPa;

Y_F——齿形系数,其值见表 7-13;

Y_S——应力修正系数,其值见表 7-14。

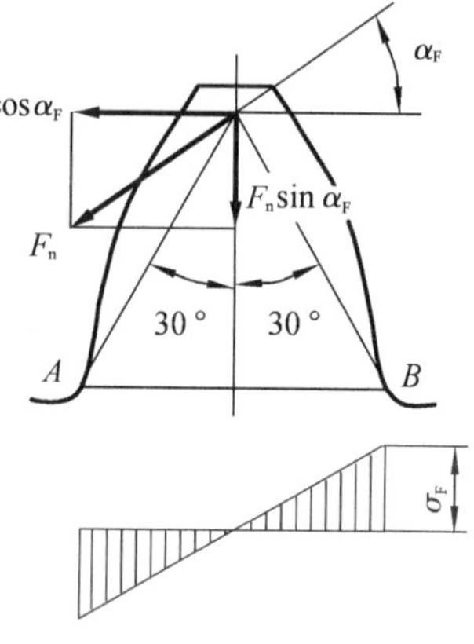

图 7-28 轮齿的弯曲强度

表 7-13 标准外齿轮的齿形系数 Y_F

Z	12	14	16	17	18	19	20	22	25	28	30	35	40	45	50	60	80	100	≥200
Y_F	3.47	3.22	3.03	2.97	2.91	2.85	2.81	2.75	2.65	2.58	2.54	2.47	2.41	2.37	2.35	2.30	2.25	2.18	2.14

注:$\alpha=20°,h_a^*=1,c^*=0.25$。

表 7-14 标准外齿轮的应力修正系数 Y_S

Z	12	14	16	17	18	19	20	22	25	28	30	35	40	45	50	60	80	100	≥200
Y_S	1.44	1.47	1.51	1.53	1.54	1.55	1.56	1.58	1.59	1.61	1.63	1.65	1.67	1.69	1.71	1.73	1.77	1.80	1.88

注:$\alpha=20°,h_a^*=1,c^*=0.25,\rho_f=0.38m$,其中 ρ_f 为齿根圆角曲率半径,m 为齿轮的模数。

在进行强度计算时,因两齿轮的齿数不同,故 Y_F、Y_S 不同,且两齿轮材料的弯曲疲劳许用应力$[\sigma_F]_1$、$[\sigma_F]_2$ 也不一定相同,因此必须分别校核两齿轮的齿根弯曲疲劳强度。

将齿宽系数 $\psi_d=\frac{b}{d_1}$代入式(7-21),可得出齿根弯曲疲劳强度的设计公式为

$$m\geqslant1.26\sqrt[3]{\frac{KT_1Y_FY_S}{\psi_d z_1^2[\sigma_F]}} \tag{7-22}$$

注意

设计计算时,应将两轮的$\frac{Y_FY_S}{[\sigma_F]}$值进行比较,取较大者代入式(7-22),并将计算得出的模数按表 7-2 选取标准值。

五、齿轮主要参数的选择

在设计齿轮传动时,应按前面 7.7.2 节中的要求进行设计计算。通过强度条件可以确定齿轮的 d_1、m 等一些主要的参数,但有些主要的参数(如 z_1、ψ_d 等)需要设计者自己选定。下面讨论如何合理地选择这些参数。

1. 齿数比

一对齿轮的齿数比 u 不宜选得过大,否则大、小齿轮的尺寸相差悬殊,会增大传动装

置的结构。一般取 $i \leqslant 6$。i 过大时，可采用多级传动。若采用对开式传动或手动传动，则必要时单级传动比 i 可达 8～12。

2. 齿数和模数

一般设计中取 $z > z_{min}$。齿数越多，重合度越大，传动越平稳，且能改善传动质量，减轻磨损。当分度圆直径一定时，增加齿数、减小模数，就可以降低齿高，减少金属切削量，节省制造费用。但模数减小，轮齿的弯曲强度降低。因此设计时，在保证弯曲强度的前提下，应取较多的齿数。

在闭式软齿面齿轮传动中，齿轮的失效形式主要是齿面点蚀，而轮齿弯曲强度有较大的富余，因此可取较多的齿数，通常 $z_1 = 20 \sim 40$。对于传递动力的齿轮，应保证 $m \geqslant 1.5 \sim 2$ mm。

在闭式硬齿面和开式齿轮传动中，其承载能力主要由齿根弯曲疲劳强度决定，为使轮齿不致过小，应适当减少齿数以保证有较大的模数 m，通常 $z_1 = 17 \sim 20$。

对于载荷不稳定的齿轮传动，z_1、z_2 应互为质数，以减少或避免周期性振动，有利于使所有轮齿磨损均匀，提高耐磨性。

3. 齿宽系数 ψ_d

由强度计算可知，齿宽系数 ψ_d 越大，轮齿越宽，齿轮的承载能力就越强，同时小齿轮分度圆直径 d_1 减小，圆周速度降低，还可以使传动外廓尺寸减小。但 ψ_d 越大，载荷沿齿宽分布越不均匀。因此 ψ_d 应取得适当，其值可以参考表 7-15 选取。

表 7-15　　齿宽系数 ψ_d

齿轮相对于轴承的位置	齿面硬度	
	软齿面（≤350HBS）	硬齿面（>350HBS）
对称布置	0.8～1.4	0.4～0.9
不对称布置	0.6～1.2	0.3～0.6
悬臂布置	0.3～0.4	0.2～0.25

注：1. 对于直齿圆柱齿轮，取较小值；对于斜齿轮，可取较大值；对于人字齿轮，可取更大值。

2. 载荷平稳、轴的刚性较大时，取值应大一些；变载荷、轴的刚性较小时，取值应小一些。

为了补偿轴向加工和装配的误差，设计时通常使小齿轮的齿宽 b_1 比大齿轮的齿宽 b_2 增加5～10 mm。

例 7-4

设计一单级直齿圆柱齿轮减速器。已知传递功率 $P = 10$ kW，电动机驱动，小齿轮转速 $n_1 = 955$ r/min，传动比 $i = 4$，单向运转，载荷平稳。使用寿命 10 年，单班制工作。

解　(1)选择齿轮材料及精度等级

小齿轮选用 45 钢调质，硬度为 220～250HBS；大齿轮选用 45 钢正火，硬度为 170～210HBS。因为是普通减速器，所以由表 7-7 选择 8 级精度，要求齿面粗糙度 Ra 值不大于 3.2～6.3 μm。

(2)按齿面接触疲劳强度设计

因两齿轮均为钢质齿轮，故可应用式(7-20)求出 d_1 值，确定有关参数与系数。

①转矩 T_1

$$T_1=9.55\times10^6\frac{P}{n_1}=9.55\times10^6\times\frac{10}{955}=10^5\ \text{N}\cdot\text{mm}$$

②载荷系数 K 及材料的弹性系数 Z_E

查表 7-11 取 $K=1.1$，查表 7-12 取 $Z_E=189.8\ \sqrt{\text{MPa}}$。

③齿数 z_1 和齿宽系数 ψ_d

取小齿轮齿数 $z_1=25$，则大齿轮齿数 $z_2=100$。因单级齿轮传动为对称布置，而齿轮齿面又为软齿面，故由表 7-15 选取 $\psi_d=1$。

④许用接触应力$[\sigma_H]$

由图 7-25 查得 $\sigma_{\text{Hlim1}}=560\ \text{MPa}$，$\sigma_{\text{Hlim2}}=530\ \text{MPa}$。

$$N_1=60njL_h=60\times955\times1\times(10\times52\times5\times8)=1.19\times10^9$$

$$N_2=\frac{N_1}{i}=\frac{1.19\times10^9}{4}=2.98\times10^8$$

由图 7-24 查得 $Z_{N1}=1$，$Z_{N2}=1.06$。（允许有一定的点蚀）

由表 7-10 查得 $S_H=1$。

由式(7-15)可得

$$[\sigma_H]_1=\frac{Z_{N1}\cdot\sigma_{\text{Hlim1}}}{S_H}=\frac{1\times560}{1}=560\ \text{MPa}$$

$$[\sigma_H]_2=\frac{Z_{N2}\cdot\sigma_{\text{Hlim2}}}{S_H}=\frac{1.06\times530}{1}=562\ \text{MPa}$$

故

$$d_1\geqslant\sqrt[3]{\frac{KT_1(u+1)}{\psi_d u}\left(\frac{3.52Z_E}{[\sigma_H]}\right)^2}=\sqrt[3]{\frac{1.1\times10^5\times(4+1)}{1\times4}\times\left(\frac{3.52\times189.8}{560}\right)^2}=58.06\ \text{mm}$$

$$m=\frac{d_1}{z_1}=\frac{58.06}{25}=2.32\ \text{mm}$$

由表 7-2 取标准模数 $m=2.5\ \text{mm}$。

(3)主要尺寸计算

$$d_1=mz_1=2.5\times25=62.5\ \text{mm}$$

$$d_2=mz_2=2.5\times100=250\ \text{mm}$$

$$b=\psi_d d_1=1\times62.5=62.5\ \text{mm}$$

经圆整后取 $b_2=65\ \text{mm}$，$b_1=b_2+5=70\ \text{mm}$。

$$a=\frac{1}{2}m(z_1+z_2)=\frac{1}{2}\times2.5\times(25+100)=156.25\ \text{mm}$$

(4)按齿根弯曲疲劳强度校核

由式(7-21)求出 σ_F，如 $\sigma_F\leqslant[\sigma_F]$，则校核合格。

确定有关参数与系数：

①齿形系数 Y_F

由表 7-13 查得 $Y_{F1}=2.65$，$Y_{F2}=2.18$。

②应力修正系数 Y_S

由表 7-14 查得 $Y_{S1}=1.59$，$Y_{S2}=1.80$。

③许用弯曲应力$[\sigma_F]$

由图 7-26 查得 $\sigma_{Flim1}=205\ \text{MPa}$，$\sigma_{Flim2}=190\ \text{MPa}$。

由表 7-10 查得 $S_F=1.3$。

由图 7-23 查得 $Y_{N1}=Y_{N2}=1$。

由式(7-16)得

$$[\sigma_F]_1=\frac{Y_{N1}\cdot\sigma_{Flim1}}{S_F}=\frac{205}{1.3}=158\ \text{MPa}$$

$$[\sigma_F]_2=\frac{Y_{N2}\cdot\sigma_{Flim2}}{S_F}=\frac{190}{1.3}=146\ \text{MPa}$$

故

$$\sigma_{F1}=\frac{2KT_1}{bm^2z_1}Y_{F1}Y_{S1}=\frac{2\times1.1\times10^5}{65\times2.5^2\times25}\times2.65\times1.59=91.27\ \text{MPa}<[\sigma_F]_1=158\ \text{MPa}$$

$$\sigma_{F2}=\sigma_{F1}\frac{Y_{F2}Y_{S2}}{Y_{F1}Y_{S1}}=91.27\times\frac{2.18\times1.8}{2.65\times1.59}=85\ \text{MPa}<[\sigma_F]_2=146\ \text{MPa}$$

齿根弯曲疲劳强度校核合格。

(5)验算齿轮的圆周速度 v

$$v=\frac{\pi d_1n_1}{60\times1\,000}=\frac{3.14\times62.5\times955}{60\times1\,000}=3.12\ \text{m/s}$$

由表 7-8 可知，选 8 级精度是合适的。

(6)几何尺寸计算及齿轮零件工作图绘制

略。

7.10 渐开线斜齿圆柱齿轮传动

学习要点

掌握斜齿圆柱齿轮的基本参数、几何尺寸计算以及正确啮合条件；掌握斜齿圆柱齿轮的受力分析方法及计算公式，会判断各个分力的方向。

一、齿廓曲面的形成及啮合特点

分析渐开线斜齿圆柱齿轮的传动特点

因为圆柱齿轮是有一定宽度的，所以轮齿的齿廓沿轴线方向形成一曲面。图7-29(a)所示为直齿圆柱齿轮渐开线齿廓曲面的形成。当发生面 S 在基圆柱上做纯滚动时，其上与母线平行的直线 KK' 在空间所走过的轨迹即直齿圆柱齿轮渐开线齿廓曲面。斜齿圆柱齿轮渐开线齿廓曲面的形成原理和直齿圆柱齿轮相似，如图 7-30(a)所示，所不同的是形成渐开线齿面的直线 KK' 不再与轴线平行，而是与其成 β_b 角。当发生面 S 在基圆柱上做纯滚动时，其上与母线 NN' 成一倾斜角 β_b 的斜线 KK' 在空间所走过的轨迹，即斜齿圆柱齿轮渐开线螺旋齿面。β_b 称为基圆柱上的螺旋角。

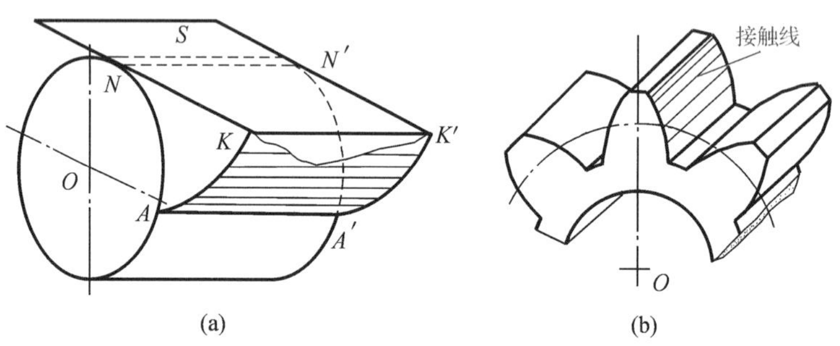

图 7-29　直齿圆柱齿轮渐开线齿廓曲面的形成与接触线

由上述渐开线齿廓曲面的形成可知，直齿圆柱齿轮啮合时，齿面的接触线均平行于齿轮轴线，如图 7-29(b)所示。齿轮传动时，轮齿是沿整个齿宽同时进入啮合或脱离啮合的，所以载荷是沿齿宽突然加上或卸掉的。因此，直齿圆柱齿轮传动的平稳性较差，容易产生冲击和噪声，不适用于高速、重载传动。而斜齿圆柱齿轮啮合传动时，不论两齿廓在何位置接触，其接触线都是与轴线倾斜的直线，如图 7-30(b)所示。轮齿沿齿宽是逐渐进入啮合又逐渐脱离啮合的。齿面接触线的长度也由零逐渐增加，又逐渐缩短，直至脱离接触。因此，斜齿轮传动的平稳性比直齿轮传动好，减少了冲击、振动和噪声，在高速大功率的传动中应用广泛。

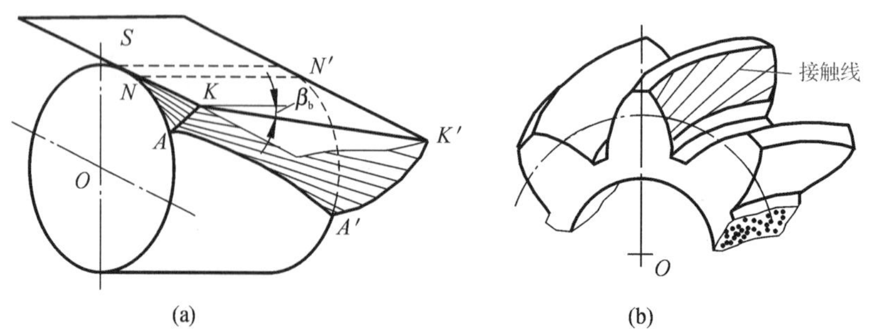

图 7-30　斜齿圆柱齿轮渐开线齿廓曲面的形成与接触线

二、斜齿圆柱齿轮的基本参数和尺寸

由于斜齿圆柱齿轮的齿廓曲面是渐开线螺旋面，在垂直于齿轮轴线的端面（下标以“t”表示）和垂直于齿廓螺旋面的法面（下标以“n”表示）上齿形不同，所以参数就有端面和法面之分。加工斜齿轮时，刀具通常是沿着螺旋线方向进刀切削的，故斜齿轮的法面参数为标准值。斜齿轮的几何尺寸一般是按端面参数进行计算的。因此，要掌握这两个平面内各参数的换算关系。

1. 螺旋角

图 7-31 所示为斜齿轮的分度圆柱及其展开图。分度圆柱上轮齿的螺旋线展开成一条斜线，此斜线与轴线的夹角 β 称为分度圆柱上的螺旋角，简称螺旋角，它表示轮齿的倾斜程度。基圆柱上的螺旋角用 β_b 表示。显然 β 与 β_b 大小不同，其关系为

$$\tan\beta_b=\frac{d_b}{d}\tan\beta=\tan\beta\cos\alpha_t \tag{7-23}$$

式中，α_t 为斜齿轮端面压力角。

斜齿轮按其齿廓螺旋线的旋向不同，分为左旋齿轮和右旋齿轮。当外齿轮轴线直立时，螺旋线向左上升为左旋齿轮，向右上升为右旋齿轮，如图 7-32 所示。

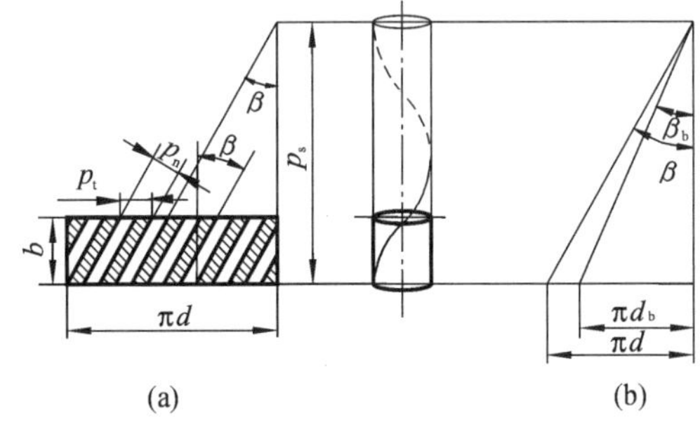

图 7-31　斜齿轮的分度圆柱及其展开图

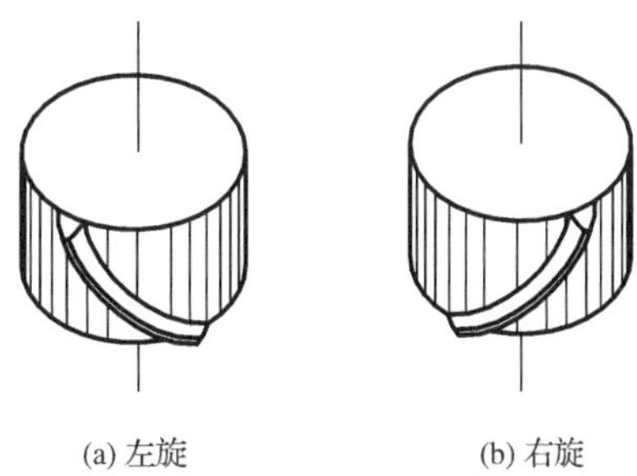

图 7-32　斜齿轮轮齿的旋向

2. 模数

由图 7-31 可知，法面齿距 p_n 与端面齿距 p_t 的几何关系为 $p_n=p_t\cos\beta$，而 $p_n=\pi m_n$，$p_t=\pi m_t$，所以

$$m_n=m_t\cos\beta \tag{7-24}$$

3. 压力角

斜齿轮的法面压力角 α_n 和端面压力角 α_t 的关系可用图 7-33 所示的斜齿条导出为

$$\tan\alpha_n=\tan\alpha_t\cos\beta \tag{7-25}$$

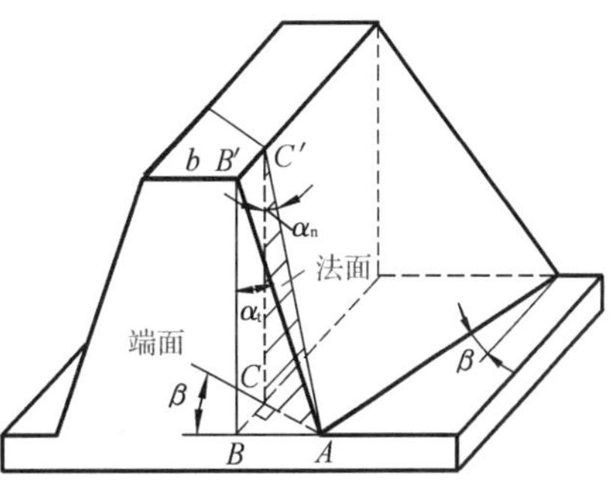

图 7-33　斜齿条的压力角

4. 齿顶高系数及顶隙系数

斜齿轮的齿顶高和齿根高不论从端面还是法面看都是相等的，即

$$h_{an}^*m_n=h_{at}^*m_t\quad c_n^*m_n=c_t^*m_t$$

将式(7-24)代入以上两式得

$$\begin{cases} h_{at}^* = h_{an}^* \cos\beta \\ c_t^* = c_n^* \cos\beta \end{cases} \tag{7-26}$$

式中：h_{an}^* 和 c_n^* 是法面齿顶高系数和顶隙系数(标准值)；h_{at}^* 和 c_t^* 是端面齿顶高系数和顶隙系数(非标准值)。

5. 斜齿轮的几何尺寸计算

由于斜齿轮传动在端面上相当于一对直齿轮传动，因此将斜齿轮的端面参数代入直齿轮的计算公式，就可得到斜齿轮的相应尺寸，见表 7-16。

表 7-16　外啮合标准斜齿圆柱齿轮传动的几何尺寸计算公式

名称	符号	计算公式
端面模数	m_t	$m_t = \dfrac{m_n}{\cos\beta}$($m_n$ 为标准值)
端面压力角	α_t	$\alpha_t = \arctan\dfrac{\tan\alpha_n}{\cos\beta}$
分度圆直径	d	$d = m_t z = (m_n/\cos\beta)z$
齿顶高	h_a	$h_a = m_n h_{an}^*$
齿根高	h_f	$h_f = (h_{an}^* + c_n^*)m_n$
全齿高	h	$h = h_a + h_f = (2h_{an}^* + c_n^*)m_n$
齿顶圆直径	d_a	$d_a = d + 2h_a$
齿根圆直径	d_f	$d_f = d - 2h_f$
中心距	a	$a = \dfrac{1}{2}(d_1 + d_2) = \dfrac{1}{2}m_t(z_1 + z_2) = \dfrac{m_n}{2\cos\beta}(z_1 + z_2)$

三、斜齿轮正确啮合的条件和重合度

1. 正确啮合的条件

一对外啮合斜齿圆柱齿轮的正确啮合条件为两斜齿轮的法面模数和法面压力角分别相等，螺旋角大小相等、旋向相反，即

$$\begin{cases} m_{n1} = m_{n2} = m_n \\ \alpha_{n1} = \alpha_{n2} = \alpha_n \\ \beta_1 = -\beta_2 (\text{内啮合时 } \beta_1 = \beta_2) \end{cases}$$

2. 斜齿轮传动的重合度

为便于分析斜齿轮传动的重合度，现将端面尺寸和齿宽均相同的一对直齿轮传动与一对斜齿轮传动进行对比。

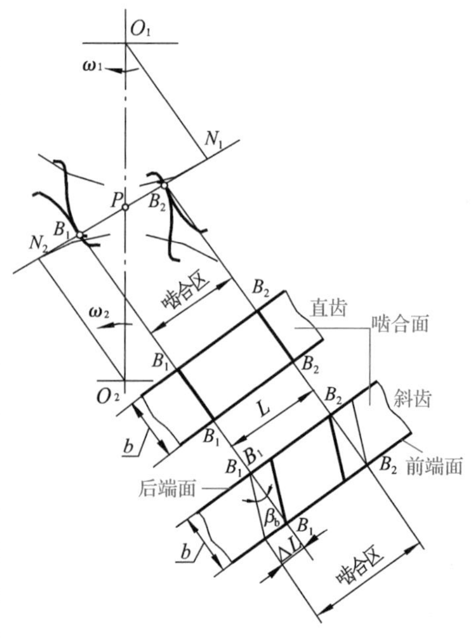

图 7-34　齿轮的啮合区

图 7-34 所示为端面尺寸相同的直齿轮及斜齿轮传动时各自的啮合平面。图中直线 B_2B_2 表示在啮合平面内一对轮齿进入啮合的位置，直线 B_1B_1 则表示一对轮齿脱离啮合的位置。当直齿

轮前端齿廓在 B_2 点开始进入啮合时，沿齿宽同时进入啮合；且在 B_1 点脱离啮合时，沿齿宽同时脱离啮合，所以重合度 $\varepsilon_\alpha=L/p_{bt}$。对于斜齿轮来说，当轮齿前端齿廓在 B_2 点进入啮合时，后端尚未进入啮合（是沿齿宽逐渐进入啮合的）。前端齿廓在 B_1 点开始脱离啮合时，后端还要继续啮合一段长度 ΔL，直到其到达 B_1 点，才完成脱离啮合。因此，传动的重合度增大 $\varepsilon_\beta=\Delta L/p_{bt}$，故斜齿轮传动的重合度为

$$\varepsilon_\gamma=\varepsilon_\alpha+\varepsilon_\beta=\varepsilon_\alpha+\frac{b\sin\beta}{\pi m_n} \tag{7-27}$$

式中：ε_α 为端面重合度，其值等于与斜齿轮端面齿廓相同的直齿轮传动的重合度；ε_β 称为轴面重合度，即由于轮齿的倾斜而产生的附加重合度。

显然，ε_γ 随 β 和 b 的增大而增大。其值可以很大，即可以有很多对轮齿同时啮合。因此，斜齿轮传动较平稳，承载能力也较大。

四、斜齿圆柱齿轮的当量齿数

在用仿形法加工斜齿轮时，必须按齿轮的法面齿形选择刀具，进行强度计算时也须知道法面齿形。通常采用下述近似方法分析斜齿轮的法面齿形。

如图 7-35 所示，过分度圆柱上齿廓的任意一点 C 作垂直于分度圆柱螺旋线的法面 $n-n$，该法面与分度圆柱的交线为一椭圆，其长半轴 $a=\dfrac{d}{2\cos\beta}$，短半轴 $b=\dfrac{d}{2}$。由高等数学可知，椭圆在 C 点的曲率半径为

$$\rho=\frac{a^2}{b}=\frac{d}{2\cos^2\beta}$$

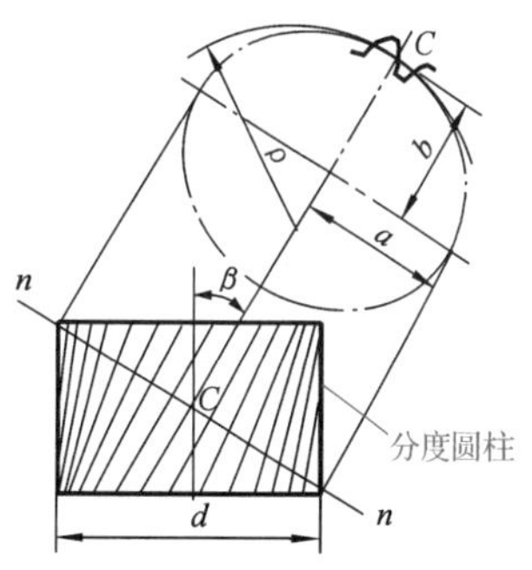

图 7-35　斜齿轮的当量齿轮

该椭圆形平面上 C 点附近的齿形与斜齿轮的法面齿形最为接近，可以近似地看成是斜齿轮的法面齿形。以该齿形为基准，虚拟出一个直齿圆柱齿轮，这个假想的与斜齿轮的法面齿形非常接近的直齿圆柱齿轮就称为该斜齿轮的当量齿轮，其齿数称为当量齿数。

过 C 点以 ρ 为半径作出当量齿轮的分度圆，其上的模数及压力角分别为斜齿轮的法面模数 m_n 及法面压力角 α_n，当量齿数 z_v 为

$$z_v=\frac{2\rho}{m_n}=\frac{d}{m_n\cos^2\beta}=\frac{m_n z}{m_n\cos^3\beta}=\frac{z}{\cos^3\beta} \tag{7-28}$$

由式(7-28)可知，z_v 一般不是整数，也不需圆整，它是虚拟的，且 z_v 大于 z。

当量齿轮不发生根切的最少齿数 $z_{vmin}=17$，所以标准斜齿轮不产生根切的最少齿数为

$$z_{min}=z_{vmin}\cos^3\beta=17\cos^3\beta$$

标准斜齿轮不产生根切的最少齿数小于 17，因此斜齿轮传动机构紧凑。

五、斜齿圆柱齿轮的强度计算

1. 受力分析

图 7-36 所示为斜齿圆柱齿轮传动中主动轮轮齿的受力情况。当轮齿上作用转矩 T_1

时，若不计摩擦力，则该轮齿的受力可视为集中作用于齿宽中点的法向力 F_{n1}。F_{n1} 可以分解为三个相互垂直的分力，即圆周力 F_{t1}、径向力 F_{r1} 及轴向力 F_{a1}，其值分别为

$$\begin{cases} F_{t1}=\dfrac{2T_1}{d_1} \\ F_{r1}=F_{t1}\dfrac{\tan\alpha_n}{\cos\beta} \\ F_{a1}=F_{t1}\tan\beta \end{cases} \tag{7-29}$$

式中：T_1 为主动轮传递的转矩，N·mm；d_1 为主动轮分度圆直径，mm；β 为分度圆上的螺旋角；α_n 为法面压力角。

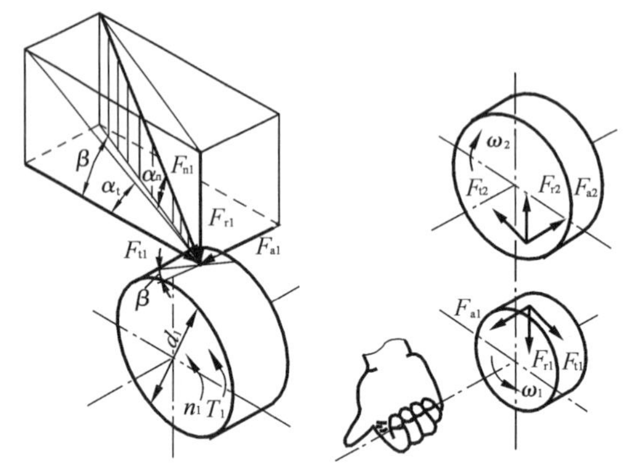

图 7-36　斜齿圆柱齿轮的受力分析

圆周力和径向力方向的判定方法与直齿圆柱齿轮相同，轴向力的方向可用主动轮左右手定则来判定。当主动轮是右旋时用右手，左旋时用左手。即握住主动轮轴线，四个手指沿着主动轮的转向弯曲，伸出拇指的指向为轴向力的方向。从动轮的轴向力则与其大小相等，方向相反。

2. 斜齿圆柱齿轮的强度计算

斜齿圆柱齿轮的强度计算与直齿圆柱齿轮相似。但由于斜齿轮啮合时，齿面上的接触线是倾斜的，重合度相对较大以及载荷作用位置的变化等因素的影响，接触应力和弯曲应力降低，承载能力提高。其强度计算公式如下：

(1)齿面接触疲劳强度计算

校核公式为

$$\sigma_H=3.17Z_E\sqrt{\frac{KT_1(u\pm1)}{bd_1^2u}}\leqslant[\sigma_H] \tag{7-30}$$

设计公式为

$$d_1\geqslant\sqrt[3]{\frac{KT_1(u\pm1)}{\psi_d u}\left(\frac{3.17Z_E}{[\sigma_H]}\right)^2} \tag{7-31}$$

斜齿轮接触疲劳许用应力$[\sigma_H]$的确定与直齿轮相同。

(2)齿根弯曲疲劳强度计算

校核公式为

$$\sigma_F=\frac{1.6KT_1}{bm_nd_1}Y_FY_S=\frac{1.6KT_1\cos\beta}{bm_n^2z_1}Y_FY_S\leqslant[\sigma_F] \tag{7-32}$$

设计公式为

$$m_n\geqslant1.17\sqrt[3]{\frac{KT_1\cos^2\beta Y_FY_S}{\psi_d z_1^2[\sigma_F]}} \tag{7-33}$$

设计时应将 $Y_{F1}Y_{S1}/[\sigma_F]_1$ 和 $Y_{F2}Y_{S2}/[\sigma_F]_2$ 两比值中的较大值代入上式，并将计算所得的 m_n 按标准模数取值。Y_F、Y_S 应按斜齿轮的当量齿数 z_v 查取。

设计斜齿圆柱齿轮传动选择主要参数时，比直齿圆柱齿轮多考虑一个螺旋角 β。增大螺旋角 β 可增大重合度，提高传动的平稳性和承载能力，但轴向力随之增大，影响轴承结构。螺旋角 β 过小，又不能显示出斜齿轮传动的优越性。因此，一般取 $\beta=8°\sim20°$，对于高速大功率的传动，为消除轴向力，可以采用左右对称的人字齿轮，此时螺旋角可以增大，常取 $\beta=25°\sim45°$。

斜齿轮传动的中心距 $a=m_n(z_1+z_2)/2\cos\beta$，其值一般要取整，以便于加工和检验。$z_1$、$z_2$ 为整数，m_n 为标准值，可以利用下式调整螺旋角 β，来达到凑配中心距 a 的目的。

$$\beta=\arccos\frac{m_n(z_1+z_2)}{2a}$$

例 7-5

设计一斜齿圆柱齿轮减速器。该减速器用于重型机械上，由电动机驱动。已知传递功率 $P=70$ kW，小齿轮转速 $n_1=960$ r/min，传动比 $i=3$，载荷有中等冲击，单向运转，齿轮相对于轴承对称布置，工作寿命为 10 年，单班制工作。

解　(1)选择齿轮材料及精度等级

因传递功率较大，故选用硬齿面齿轮组合。小齿轮用 16MnCr5 渗碳淬火，硬度为56～62HRC；大齿轮用 40Cr 表面淬火，硬度为 50～55HRC。选择齿轮精度等级为 8 级。

(2)按齿根弯曲疲劳强度设计

$$m_n\geqslant1.17\sqrt[3]{\frac{KT_1\cos^2\beta Y_FY_S}{\psi_d z_1^2[\sigma_F]}}$$

确定有关参数与系数：

①转矩 T_1

$$T_1=9.55\times10^6\frac{P}{n_1}=9.55\times10^6\times\frac{70}{960}=6.96\times10^5\ \text{N}\cdot\text{mm}$$

②载荷系数 K

查表 7-11 取 $K=1.4$。

③齿数 z、螺旋角 β 和齿宽系数 ψ_d

因为是硬齿面传动，所以取 $z_1=20$，则

$$z_2=iz_1=3\times20=60$$

初选螺旋角 $\beta=14°$。

当量齿数 z_v 为

$$z_{v1}=\frac{z_1}{\cos^3\beta}=\frac{20}{\cos^3 14°}=21.89$$

$$z_{v2}=\frac{z_2}{\cos^3\beta}=\frac{60}{\cos^3 14°}=65.68$$

由表 7-13 查得齿形系数 $Y_{F1}=2.81$,$Y_{F2}=2.30$。

由表 7-14 查得应力修正系数 $Y_{S1}=1.56$,$Y_{S2}=1.73$。

由表 7-15 选取 $\psi_d=b/d=0.8$。

④许用弯曲应力$[\sigma_F]$

按图 7-26 查 σ_{Flim},小齿轮按 16MnCr5 查取,大齿轮按调质钢查取,得 $\sigma_{Flim1}=880$ MPa,$\sigma_{Flim2}=740$ MPa。

由表 7-10 查得 $S_F=1.4$。

$$N_1=60njL_h=60\times960\times1\times(10\times52\times5\times8)=1.20\times10^9$$

$$N_2=N_1/i=1.20\times10^9/3=4.0\times10^8$$

查图 7-23 得 $Y_{N1}=Y_{N2}=1$。

由式(7-16)得

$$[\sigma_F]_1=\frac{Y_{N1}\cdot\sigma_{Flim1}}{S_F}=\frac{880}{1.4}=629\ \text{MPa}$$

$$[\sigma_F]_2=\frac{Y_{N2}\cdot\sigma_{Flim2}}{S_F}=\frac{740}{1.4}=529\ \text{MPa}$$

故

$$\frac{Y_{F1}Y_{S1}}{[\sigma_F]_1}=\frac{2.81\times1.56}{629}=0.007\,0\ \text{MPa}^{-1}$$

$$\frac{Y_{F2}Y_{S2}}{[\sigma_F]_2}=\frac{2.30\times1.73}{529}=0.007\,5\ \text{MPa}^{-1}$$

故

$$m_n\geqslant1.17\sqrt[3]{\frac{KT_1\cos^2\beta Y_F Y_S}{\psi_d z_1^2[\sigma_F]}}=1.17\times\sqrt[3]{\frac{1.4\times6.96\times10^5\times0.007\,5\times\cos^2 14°}{0.8\times20^2}}=3.25\ \text{mm}$$

由表 7-2 取标准数值 $m_n=4$ mm。

⑤确定中心距 a 及螺旋角 β

传动的中心距 a 为

$$a=\frac{m_n(z_1+z_2)}{2\cos\beta}=\frac{4\times(20+60)}{2\cos 14°}=164.898\ \text{mm}$$

取 $a=165$ mm。

确定螺旋角为

$$\beta=\arccos\frac{m_n(z_1+z_2)}{2a}=\arccos\frac{4\times(20+60)}{2\times165}=14°8'2''$$

此值与初选值相差不大,故不必重新计算。

(3)校核齿面接触疲劳强度

$$\sigma_H = 3.17 Z_E \sqrt{\frac{KT_1(u+1)}{bd_1^2 u}} \leqslant [\sigma_H]$$

确定有关参数与系数:

①分度圆直径 d

$$d_1 = \frac{m_n z_1}{\cos\beta} = \frac{4\times 20}{\cos 14°8'2''} = 82.5\ \text{mm}$$

$$d_2 = \frac{m_n z_2}{\cos\beta} = \frac{4\times 60}{\cos 14°8'2''} = 247.5\ \text{mm}$$

②齿宽 b

$$b = \psi_d d_1 = 0.8\times 82.5 = 66\ \text{mm}$$

取 $b_2 = 70$ mm,$b_1 = 75$ mm。

③齿数比 u

$$u = i = 3$$

④许用接触应力$[\sigma_H]$

由图 7-25 查得 $\sigma_{Hlim1} = 1\ 500$ MPa,$\sigma_{Hlim2} = 1\ 220$ MPa。

由表 7-10 查得 $S_H = 1.2$。

由图 7-24 查得 $Z_{N1} = 1$,$Z_{N2} = 1.04$。

由式(7-15)得

$$[\sigma_H]_1 = \frac{Z_{N1}\cdot\sigma_{Hlim1}}{S_H} = \frac{1\times 1\ 500}{1.2} = 1\ 250\ \text{MPa}$$

$$[\sigma_H]_2 = \frac{Z_{N2}\cdot\sigma_{Hlim2}}{S_H} = \frac{1.04\times 1\ 220}{1.2} = 1\ 057\ \text{MPa}$$

由表 7-12 查得弹性系数 $Z_E = 189.8$,故

$$\sigma_H = 3.17\times 189.8\times\sqrt{\frac{1.4\times 6.96\times 10^5\times(3+1)}{75\times 82.5^2\times 3}} = 960\ \text{MPa}$$

$\sigma_H < [\sigma_H]_2$,故齿面接触疲劳强度校核合格。

(4)验算齿轮圆周速度 v

$$v = \frac{\pi d_1 n_1}{60\times 1\ 000} = \frac{3.14\times 82.5\times 960}{60\times 1\ 000} = 4.14\ \text{m/s}$$

由表 7-8 可知,选 8 级精度是合适的。

(5)几何尺寸计算及齿轮零件工作图绘制

略。

7.11 直齿锥齿轮传动

学习要点

了解锥齿轮的应用场合及受力分析方法，背锥和当量齿数的概念以及标准锥齿轮的参数计算。

一、锥齿轮传动概述

锥齿轮传动用于传递两相交轴的运动和动力，两轴之间的交角 Σ 可根据传动的需要决定。在一般机械中，多采用 $\Sigma=90°$ 的传动。

分析锥齿轮的传动特点

锥齿轮的轮齿分布在一个截锥体上，如图 7-37(a)所示，从大端到小端逐渐收缩。对应于圆柱齿轮中的各有关圆柱，在这里都变成圆锥。如分度圆锥、齿顶圆锥、基圆锥、节圆锥等。一对锥齿轮的运动可以看成是两个锥顶重合的节圆锥做纯滚动。为了计算和测量方便，通常以大端参数为标准值(因大端尺寸测量的相对误差较小)。

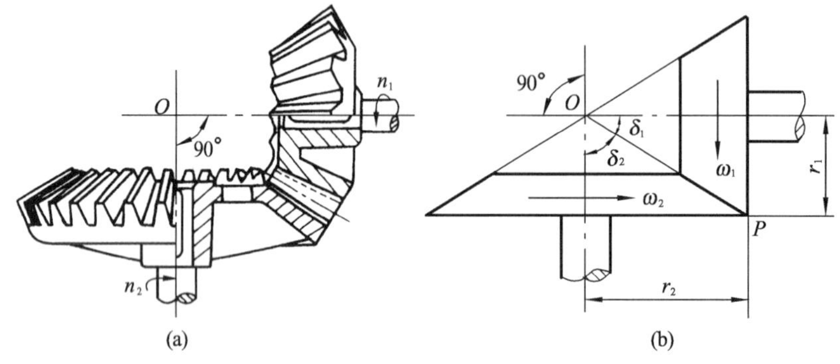

图 7-37 直齿锥齿轮传动

锥齿轮的轮齿有直齿、斜齿及曲齿(图 7-1)等多种形式。由于直齿锥齿轮的设计、制造和安装均较简便，因此应用最为广泛。曲齿锥齿轮由于传动平稳，承载能力较强，因此常用于高速重载的传动，如汽车、拖拉机中的差速齿轮等，但其设计和制造较复杂。本节只讨论直齿锥齿轮传动。

图 7-37(b)所示为一对正确安装的标准锥齿轮。节圆锥与分度圆锥重合，两齿轮的分度圆锥角分别为 δ_1 和 δ_2，大端分度圆半径分别为 r_1 和 r_2，两轮的传动比为

$$i=\frac{\omega_1}{\omega_2}=\frac{n_1}{n_2}=\frac{z_2}{z_1}=\frac{r_2}{r_1}=\frac{OP\sin\delta_2}{OP\sin\delta_1}=\frac{\sin\delta_2}{\sin\delta_1} \quad (7\text{-}34)$$

当 $\Sigma=\delta_1+\delta_2=90°$时，有

$$i=\tan\delta_2=\cot\delta_1 \quad (7\text{-}35)$$

锥齿轮传动时，啮合轮齿除了受圆周力和径向力之外，还受轴向力。其圆周力和径向力方向的确定方法与直齿轮相同，两齿轮的轴向力方向都是沿着各自的轴线方向并指向各自轮齿的大端，如图 7-38 所示，且 $F_{t1}=-F_{t2}$，$F_{r1}=-F_{a2}$，$F_{a1}=-F_{r2}$。

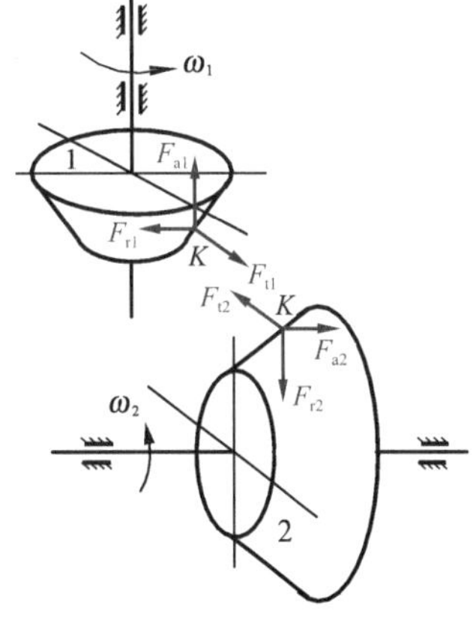

图 7-38　锥齿轮主、从动轮受力分析

二、锥齿轮的齿廓曲线、背锥和当量齿数

1. 锥齿轮的齿廓曲线

直齿锥齿轮齿廓曲线的形成如图 7-39 所示。一圆平面 S(发生面)与一基圆锥相切于 ON，设该圆平面的半径与基圆锥的锥距 R 相等，同时圆心 O 与锥顶重合。当发生面 S 绕基圆锥做纯滚动时，该平面上的任一点 B 将在空间展出一条渐开线$\overset{\frown}{AB}$。显然渐开线$\overset{\frown}{AB}$在以锥距 R 为半径的球面上，故曲线$\overset{\frown}{AB}$称为球面渐开线。由于锥齿轮的齿廓曲线为球面曲线，而球面无法展开成平面，这给锥齿轮的设计和制造带来了很大困难，因此工程中常用与之近似的平面渐开线齿形代替球面渐开线齿形。

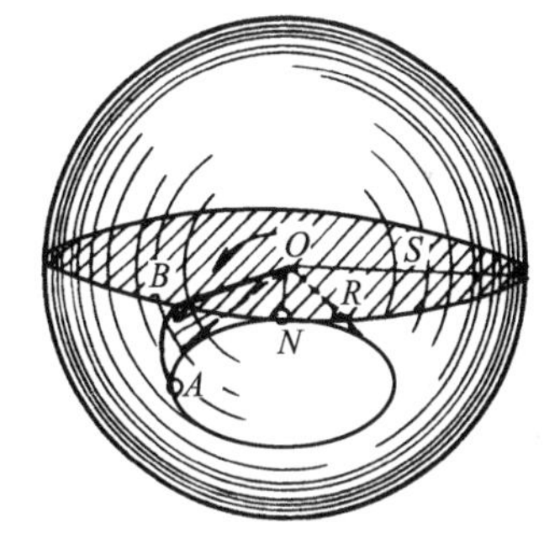

图 7-39　直齿锥齿轮齿廓曲线的形成

2. 背锥和当量齿数

图 7-40 是一个锥齿轮的轴向半剖面图。OAB 为分度圆锥，Oaa 为齿根圆锥，Obb 为齿顶圆锥。过分度圆锥上的点 A 作球面的切线 AO_1 与分度圆锥的轴线交于 O_1 点，以 OO_1 为轴、O_1A 为母线作一圆锥体，此圆锥体称为该锥齿轮的背锥。显然背锥与球面相切于锥齿轮大端的分度圆上。将锥齿轮大端的球面渐开线齿廓向背锥上投影，a、b 点的投影为 a'、b'点。由图可以看出 $a'b'$与 ab 相差极小，$ab\approx a'b'$，即背锥上的齿高部分近似等于球面上的齿高部分，故可用背锥上的齿廓代替球面上的齿廓。

将背锥展开成平面，可以得到一个扇形齿轮，如图 7-41 所示。设此扇形齿轮的模数、压力角、齿顶高系数、顶隙系数分别与锥齿轮大端齿形参数相同，并把扇形齿轮补足为完

整的圆柱齿轮，该虚拟的圆柱齿轮称为该锥齿轮的当量齿轮。其齿数称为当量齿数，用 z_v 表示。

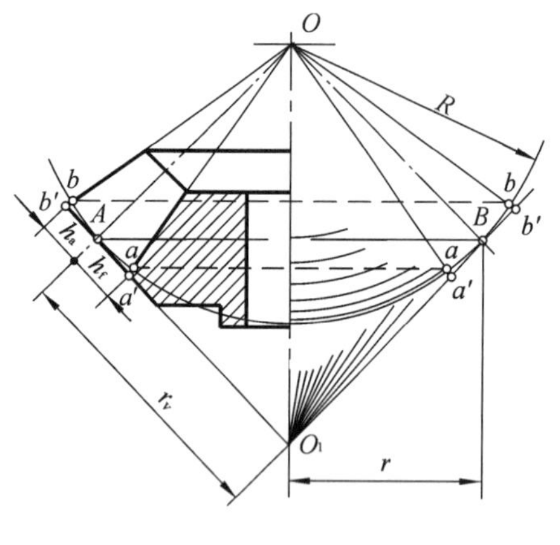

图 7-40 锥齿轮的背锥

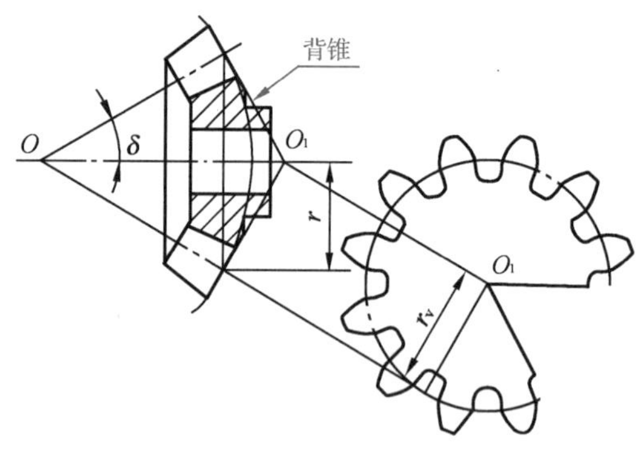

图 7-41 锥齿轮的当量齿轮

由图 7-41 可得当量齿轮的分度圆半径为

$$r_v=\frac{r}{\cos\delta}=\frac{mz}{2\cos\delta}$$

又因为

$$r_v=\frac{mz_v}{2}$$

所以

$$z_v=\frac{z}{\cos\delta}$$

式中，δ 为锥齿轮的分度圆锥角。一般 z_v 不是整数。

在锥齿轮的啮合传动和加工中，研究当量齿轮有如下重要意义：

(1)用仿形法加工锥齿轮时，根据 z_v 来选择铣刀。

(2)直齿锥齿轮的重合度可按当量齿轮的重合度计算。

(3)用范成法加工时，可根据 z_v 来计算直齿锥齿轮不发生根切的最少齿数，$z_{min}=z_{vmin}\cos\delta$。当 $\alpha=20°$、$h_a^*=1$ 时，$z_{vmin}=17$，故 $z_{min}=17\cos\delta$。

直齿锥齿轮的正确啮合条件可以从当量圆柱齿轮的正确啮合条件得到，即两轮的大端模数、压力角必须相等，$m_1=m_2=m$，$\alpha_1=\alpha_2=\alpha$。

三、标准直齿锥齿轮的几何尺寸计算

对于 $\Sigma=90°$ 的标准直齿锥齿轮传动(图 7-42)，其基本尺寸计算见表 7-17。国家标准规定，对于正常齿轮，大端上齿顶高系数 $h_a^*=1$，顶隙系数 $c^*=0.2$。

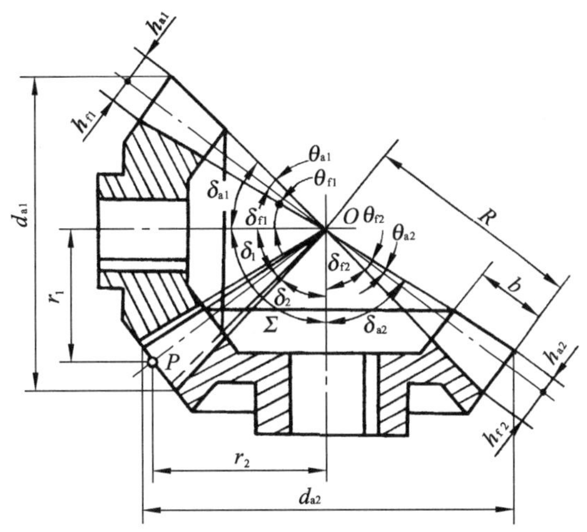

图 7-42　$\Sigma=90°$的标准直齿锥齿轮的几何尺寸

表 7-17　标准直齿锥齿轮传动($\Sigma=90°$)的主要几何尺寸计算公式

名称	符号	计算公式
分度圆锥角	δ	$\delta_1=\operatorname{arccot}\dfrac{z_2}{z_1}$，$\delta_2=90°-\delta_1$
分度圆直径	d	$d_1=mz_1$，$d_2=mz_2$
齿顶高	h_a	$h_{a1}=h_{a2}=h_a^* m$
齿根高	h_f	$h_{f1}=h_{f2}=(h_a^*+c^*)m$
齿顶圆直径	d_a	$d_{a1}=d_1+2h_a\cos\delta_1$，$d_{a2}=d_2+2h_a\cos\delta_2$
齿根圆直径	d_f	$d_{f1}=d_1-2h_f\cos\delta_1$，$d_{f2}=d_2-2h_f\cos\delta_2$
锥距	R	$R=\dfrac{1}{2}\sqrt{d_1^2+d_2^2}$
齿宽	b	$b\leqslant\dfrac{1}{3}R$
齿顶角	θ_a	$\theta_{a1}=\theta_{a2}=\arctan\dfrac{h_a}{R}$
齿根角	θ_f	$\theta_{f1}=\theta_{f2}=\arctan\dfrac{h_f}{R}$
齿顶圆锥角	δ_a	$\delta_{a1}=\delta_1+\theta_{a1}$，$\delta_{a2}=\delta_2+\theta_{a2}$
齿根圆锥角	δ_f	$\delta_{f1}=\delta_1-\theta_{f1}$，$\delta_{f2}=\delta_2-\theta_{f2}$
当量齿数	z_v	$z_{v1}=\dfrac{z_1}{\cos\delta_1}$，$z_{v2}=\dfrac{z_2}{\cos\delta_2}$

7.12 齿轮的结构

学习要点

了解齿轮结构的基本形式,能够通过机械设计手册设计齿轮结构。

在进行了齿轮传动的强度计算后,就已确定了齿轮的主要参数和尺寸。而齿轮的轮毂、轮辐、轮缘等部分的尺寸大小,通常都是由结构设计来确定的。

齿轮的结构形式主要与齿轮的尺寸大小、毛坯材料、加工工艺、使用要求及经济性等因素有关。进行齿轮的结构设计时,必须综合考虑上述各方面的因素。通常是先按齿轮的直径大小选定合适的结构形式,再由经验公式确定有关尺寸,绘制零件工作图。

常用的齿轮结构形式有以下几种:

1. 齿轮轴

当圆柱齿轮的齿根圆至键槽底部的距离 $x \leqslant (2\sim2.5)m_n$ 或当锥齿轮小端的齿根圆至键槽底部的距离 $x \leqslant (1.6\sim2)m$ 时,应将齿轮与轴制成一体,称为齿轮轴,如图 7-43 所示。

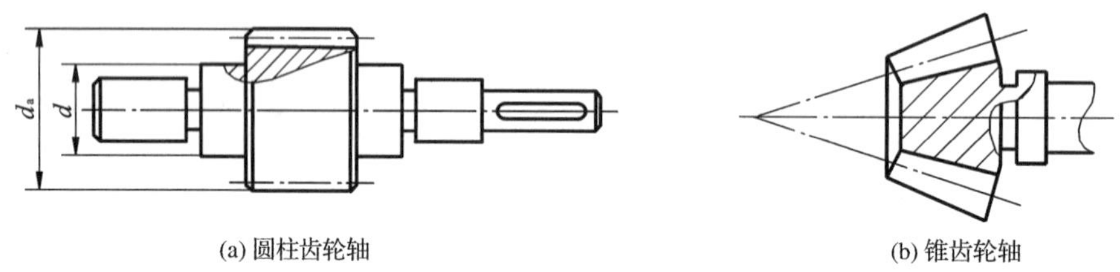

(a) 圆柱齿轮轴　　(b) 锥齿轮轴

图 7-43　齿轮轴

2. 实体式齿轮

当齿轮的齿顶圆直径 $d_a \leqslant 200$ mm 时,可采用实体式结构,如图 7-44 所示。这种齿轮常用锻钢制造。

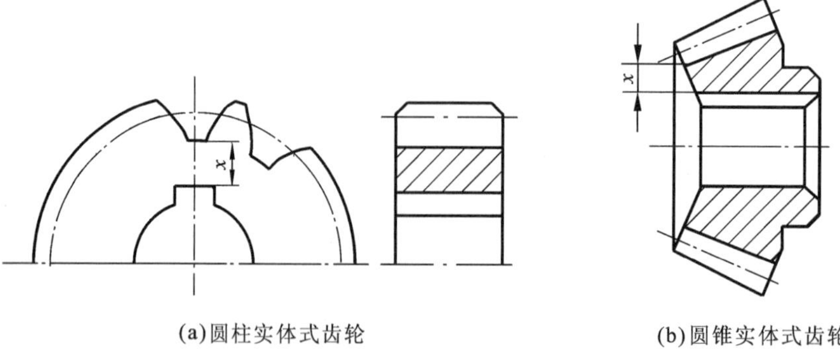

(a)圆柱实体式齿轮　　(b)圆锥实体式齿轮

图 7-44　实体式齿轮

3. 腹板式齿轮

当齿轮的齿顶圆直径 $d_a=200\sim500$ mm 时，可采用腹板式结构，如图 7-45 所示。这种齿轮通常用锻钢制造，其各部分尺寸由图中经验公式确定。

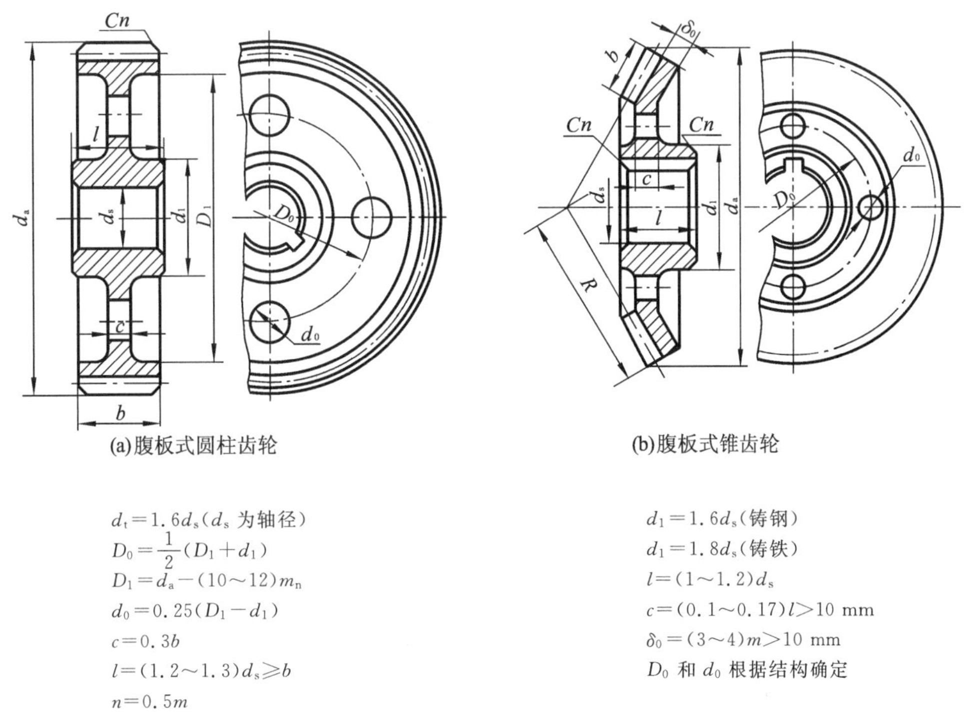

图 7-45　腹板式圆柱齿轮和锥齿轮

4. 轮辐式齿轮

当 $d_a>500$ mm 时，可采用轮辐式结构，如图 7-46 所示。这种结构的齿轮常采用铸钢或铸铁制造，其各部分尺寸由图中经验公式确定。

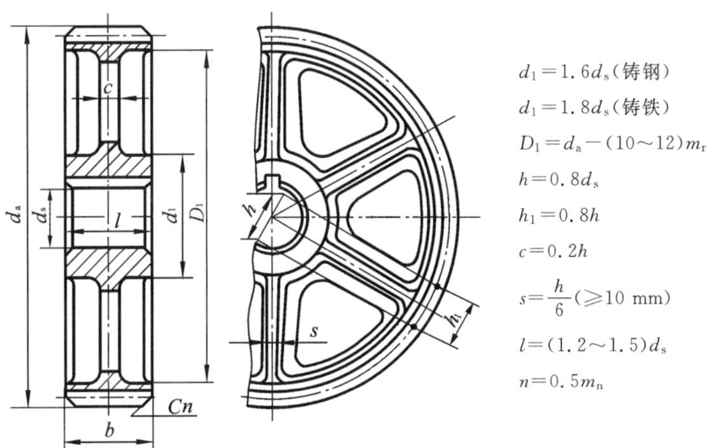

图 7-46　铸造轮辐式圆柱齿轮

7.13 齿轮传动的润滑与维护

学习要点

掌握齿轮传动的润滑方式及润滑油的牌号。

一、齿轮传动的润滑

齿轮传动的润滑对于齿轮传动十分重要。它可以减少摩擦损失，提高传动效率，还可以起到散热、防锈、降低噪声、改善工作条件、提高使用寿命等作用。

1. 润滑方式

闭式齿轮传动的润滑方式根据齿轮的圆周速度大小而定，一般有浸油润滑和喷油润滑两种。

(1)浸油润滑

当齿轮的圆周速度 $v<12$ m/s 时，通常将大齿轮浸入油池中进行润滑，如图 7-47(a)所示。浸油深度为 1～2 个齿高，以不小于 10 mm 为宜。但浸入过深，会增大齿轮的运动阻力并使油温升高。在多级齿轮传动中，常采用带油轮将油带到未浸入油池内的轮齿上，如图 7-47(b)所示。

(2)喷油润滑

当齿轮的圆周速度 $v>12$ m/s 时，由于圆周速度大，齿轮搅油剧烈，增加损耗，搅起箱底沉淀杂质，因此不宜采用浸油润滑，而应采用喷油润滑，即用油泵将具有一定压力的润滑油借喷嘴喷到轮齿啮合处，如图 7-47(c)所示。

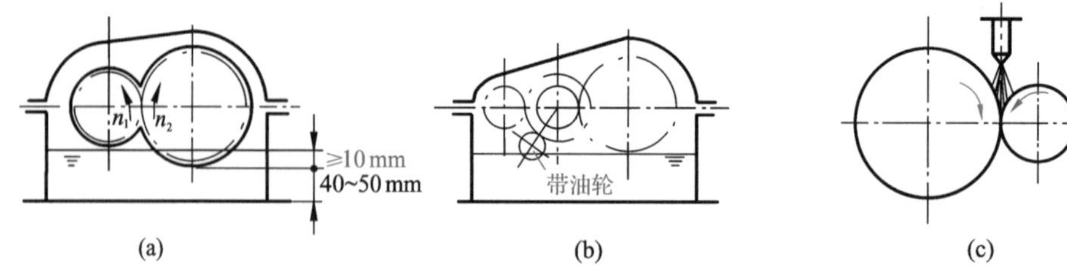

图 7-47 齿轮润滑

对于开式齿轮传动，由于其传动速度较低，因此通常采用人工定期加油润滑的方式。

2. 润滑剂的选择

齿轮传动的润滑剂多采用合成润滑剂，其性能稳定，使用寿命长。其运动黏度通常根据工作温度、齿轮材料和圆周速度选取，并由选定的运动黏度等级再确定润滑剂的牌号。润滑剂的运动黏度等级可参考表 7-18 和表 7-19 选取。

表 7-18　直齿与斜齿齿轮传动装置推荐的最低限度 ISO 润滑剂等级(石油基润滑剂)
(摘自 GB/Z 19414—2003 及 ISO/TR 13593:1999)

节线速度/($m\cdot s^{-1}$)	不同环境温度范围的 ISO 润滑剂等级		
	−40～−5 ℃	−10～20 ℃	10～50 ℃
≤10	见表 7-19	150	320
>10～20		68	150
>20～35		32	68

表 7-19　直齿与斜齿齿轮合成类(SHC)润滑剂的推荐值(合成润滑剂)
(摘自 GB/Z 19414—2003 及 ISO/TR 13593:1999)

项目	不同环境温度范围的 ISO 润滑剂等级			
	−40～−10 ℃	−30～10 ℃	−20～30 ℃	−10～50 ℃
ISO 等级	32	68	150	220
黏度指标(最小值)	130	135	135	145

二、齿轮传动的维护

(1)使用齿轮传动时,在启动、加载、卸载及换挡的过程中应力求平稳,避免产生冲击载荷,以防引起断齿等故障。

(2)经常检查润滑系统的状况(如润滑剂的液面高度等)。液面过低则润滑不良,液面过高会增加搅油功率的损失。对于压力喷油润滑系统还需检查油压状况,油压过低会造成供油不足,油压过高则可能是由油路不畅通所致,需及时调整油压,还应按照使用规则定期更换或补充规定牌号的润滑剂。在正常条件下,石油基润滑剂第一次更换是在运行 5 000 h 或一年时,合成润滑剂第一次更换是在运行 7 500 h 或一年时。

(3)注意检查齿轮传动的工作状况,如有无不正常的声音或箱体过热现象等。润滑不良和装配不符合要求是齿轮失效的重要原因,声响监测和定期检查是发现齿轮损伤的主要方法。

知识梳理与总结

通过本章的学习,我们掌握了齿轮传动的工作原理、特点,也学会了齿轮传动的设计计算方法。

1. 渐开线齿廓的几何特性使齿轮传动具有瞬时传动比恒定、中心距可分性和传力方向不变的特点。

2. 齿轮模数 m、压力角 α、齿顶高系数 h_a^*、顶隙系数 c^*、齿数 z 和螺旋角 β 是圆柱齿轮的主要参数。上述参数决定了圆柱齿轮的基本几何尺寸,其中模数 m、压力角 α 和齿数 z 决定齿廓形状。模数 m 决定轮齿的大小及承载能力,齿数 z 影响齿轮的大小、传动比及传动的平稳性。螺旋角 β 是反映轮齿倾斜程度及方向的重要参数,它影响轴向力 F_a 的大小和方向。对于直齿,$\beta=0°$。

3. 标准直齿圆柱齿轮是指齿轮模数 m、压力角 α、齿顶高系数 h_a^*、顶隙系数 c^* 均为标准值且分度圆上齿厚等于齿槽宽的齿轮。在切齿加工和检验中，一般需测量公法线长度 W，以确定齿轮是否合格。

4. 圆柱齿轮正确啮合的条件是两齿轮的模数和压力角分别相等。对于外啮合斜齿圆柱齿轮，还要求两齿轮螺旋角大小相等、旋向相反。一对标准直齿圆柱齿轮啮合，分度圆与节圆重合时的中心距 a 称为标准中心距。圆柱齿轮连续传动的条件为重合度 $\varepsilon \geqslant 1$。标准直齿圆柱齿轮采用标准中心距安装，能够满足连续传动的条件。

5. 圆柱齿轮精度等级分为 13 级，即 0～12 级。齿轮的主要失效形式有轮齿折断、齿面磨损、齿面点蚀、齿面胶合及齿面塑性变形。选择齿轮材料的主要依据是齿轮承受的载荷、运转速度、工作环境以及结构和经济性等要求。齿轮常用的材料是优质碳素结构钢和合金结构钢，多为锻造；直径较大、形状复杂的齿轮用铸钢或球墨铸铁；不重要的齿轮可用灰铸铁。

6. 齿轮的强度计算根据齿轮的失效形式进行。对于软齿面闭式齿轮传动，先用齿面接触疲劳强度设计公式确定齿轮传动参数和几何尺寸，然后再校核齿根弯曲疲劳强度；对于硬齿面闭式齿轮传动，先用齿根弯曲疲劳强度设计公式粗估模数，确定齿轮传动参数和几何尺寸后再校核齿面接触疲劳强度。对于开式齿轮传动或铸铁齿轮传动，只用齿根弯曲疲劳强度设计公式粗估模数并适当放大即可，不需要再校核齿面接触疲劳强度。

7. 圆柱齿轮传动轮齿间的作用力可分解为圆周力 F_t、径向力 F_r 和轴向力 F_a(直齿轮轴向力为零)，轴向力方向与轮齿的螺旋线方向和齿轮转向有关，可用左右手法则来判定。

8. 圆柱齿轮的结构形式有齿轮轴、实心式、腹板式和轮辐式等，一般根据齿顶圆直径大小选定，结构尺寸一般由经验公式确定。

第8章

蜗杆传动

学习导航

知识目标

了解蜗杆传动的类型、特点及应用场合。
掌握蜗杆传动的基本参数及几何尺寸计算。
掌握蜗杆传动的受力分析方法。
熟悉蜗杆传动的设计方法和步骤。
了解解决蜗杆传动机构热平衡问题的方法。

能力目标

能够分析蜗杆传动的受力情况。
能够判断蜗杆、蜗轮的转动方向。
会设计蜗杆传动机构。

思政映射

蜗杆传动发热引起效率降低或造成工作失效，其原因是多方面的。设计中应抓住传动副间滑动速度快这一主要矛盾，寻求降低温升的解决方案，控制温度范围，保持工作状态下的热平衡。抓主要矛盾，其他问题或可迎刃而解，这是我们处理问题的有效方法之一。

8.1 蜗杆传动的类型、特点、参数和尺寸

✓ 学习要点

掌握蜗杆传动的类型、特点、基本参数及正确啮合条件；掌握蜗杆直径系数的概念及几何尺寸计算。

蜗杆传动由蜗杆、蜗轮组成，如图 8-1 所示。它用于传递空间两交错轴之间的运动和动力，通常两轴交错角为 90°。蜗杆传动一般用作减速传动，广泛应用于各种机械设备和仪表中。

图 8-1 蜗杆传动

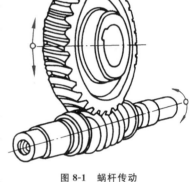

一、蜗杆传动的类型和特点

按蜗杆的形状不同，蜗杆传动可分为圆柱蜗杆传动(图8-2(a))、圆弧面蜗杆传动(图8-2(b))和锥面蜗杆传动(图 8-2(c))。

圆柱蜗杆按其齿廓曲线形状的不同，又可分为阿基米德蜗杆(ZA 型)、渐开线蜗杆(ZI 型)、法面直廓蜗杆(ZN 型)等几种。本章仅介绍阿基米德蜗杆传动。

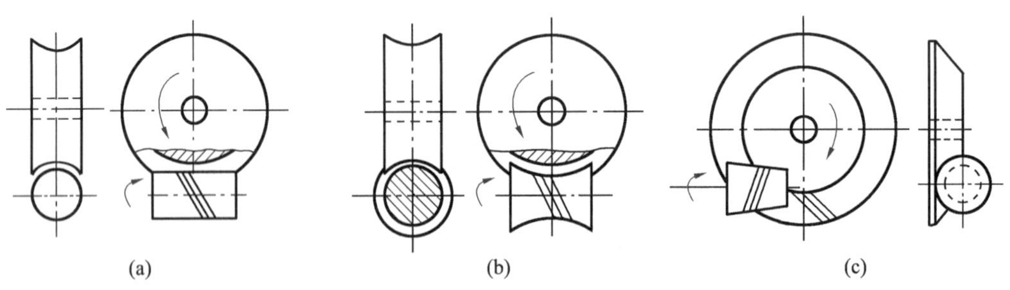

图 8-2 蜗杆传动的类型

图 8-3 所示为阿基米德蜗杆，其端面齿廓为阿基米德螺旋线，轴向齿廓为直线。它一般在车床上用成形车刀切制而成。

认识蜗杆传动

按螺旋方向不同，蜗杆可分为左旋和右旋。

蜗杆传动与齿轮传动相比，具有以下特点：

(1)传动比大，结构紧凑，这是它的最大特点。单级蜗杆传动比 $i=5\sim80$，若只传递运动(如分度机构)，其传动比可达 1 000。

(2)传动平稳，噪声小。由于蜗杆齿呈连续的螺旋状，它与蜗轮齿的啮合是连续不断

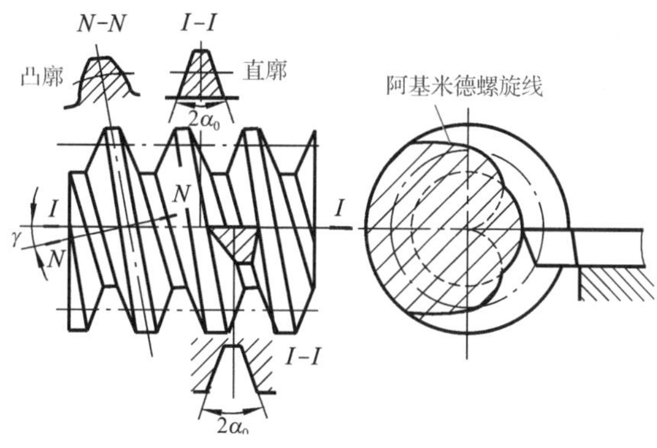

图 8-3　阿基米德蜗杆

地进行的，同时啮合的齿数较多，因此传动平稳，噪声小。

(3)可制成具有自锁性的蜗杆。当蜗杆的螺旋线升角小于啮合面的当量摩擦角时，蜗杆传动便具有自锁性，此时只能由蜗杆带动蜗轮转动，反之则不能运动。

(4)传动效率低。因蜗杆传动齿面间存在较大的相对滑动，摩擦损耗大，效率较低，一般为 0.7～0.8。具有自锁性的蜗杆传动，其效率小于 0.5。

(5)蜗轮的造价较高。为减轻齿面的磨损及防止胶合，蜗轮齿圈一般采用青铜制造，故成本较高。

二、蜗杆传动的基本参数和尺寸

图 8-4 所示为阿基米德蜗杆与蜗轮啮合的情况。通过蜗杆轴线并垂直于蜗轮轴线的剖面称为中间平面，该平面为蜗轮的端面或蜗杆的轴面。在中间平面内，蜗杆与蜗轮的啮合相当于渐开线齿条与齿轮的啮合，该平面内的参数和尺寸取标准值。

蜗杆传动的基本参数和尺寸计算

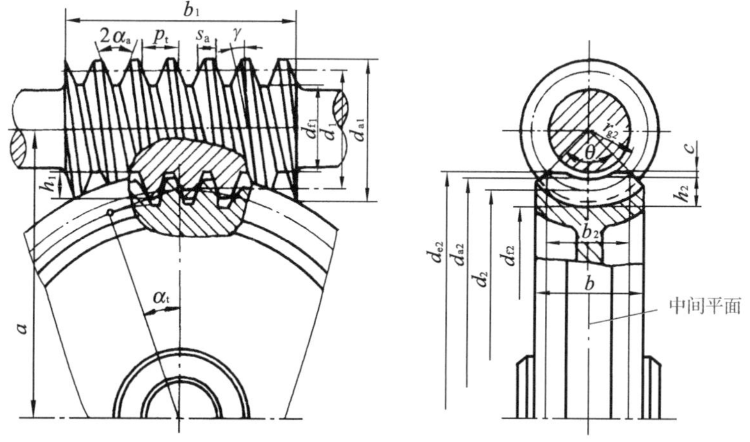

图 8-4　阿基米德蜗杆传动

1.蜗杆传动的主要参数及其选择

(1)蜗杆头数 z_1、蜗轮齿数 z_2 和传动比 i

蜗杆头数 z_1(齿数)即蜗杆螺旋线的数目。z_1 少,效率低,但易得到大的传动比;z_1 多,效率高,但加工精度难以保证。一般取 $z_1=1\sim4$。当传动比大于 40 或要求蜗杆具有自锁性时,取 $z_1=1$。

蜗轮齿数 z_2 由传动比和蜗杆的头数决定。齿数越多,蜗轮的尺寸越大,蜗杆轴也相应增长,但刚度减小,影响啮合精度,故蜗轮齿数不宜多于 100。为避免蜗轮根切,保证传动平稳,蜗轮齿数 z_2 应不少于 28。一般取 $z_2=28\sim80$。z_1、z_2 值的选取可参见表 8-1。

表 8-1　蜗杆头数 z_1 与蜗轮齿数 z_2 的推荐值

传动比	5～6	7～8	9～13	14～24	25～27	28～40	>40
蜗杆头数	6	4	3～4	2～3	2～3	1～2	1
蜗轮齿数	29～36	28～32	27～52	28～72	50～81	28～80	>40

对于减速蜗杆传动,当蜗杆转过一周时,蜗轮将转过 z_1 个齿,故传动比为

$$i=\frac{n_1}{n_2}=\frac{z_2}{z_1} \tag{8-1}$$

式中,n_1、n_2 分别为蜗杆、蜗轮的转速,单位为 r/min。应注意,传动比 i 不等于 d_2/d_1。

(2)模数 m 和压力角 α

蜗杆传动也是以模数作为主要计算参数的。由于在中间平面内,蜗杆传动相当于齿轮与齿条的啮合传动,所以蜗杆的轴面模数 m_{a1} 和轴面压力角 α_{a1} 分别与蜗轮的端面模数 m_{t2} 和端面压力角 α_{t2} 相等,且为标准值。

(3)蜗杆的导程角 γ

蜗杆的轮齿成螺旋线形状绕在分度圆柱上,如图 8-5 所示。将蜗杆分度圆柱展开,其螺旋线与端面的夹角 γ 称为蜗杆的导程角。由图可知,蜗杆螺旋线的导程为

$$L=z_1 p_{a1}=z_1\pi m$$

所以

$$\tan\gamma=\frac{L}{\pi d_1}=\frac{z_1\pi m}{\pi d_1}=\frac{z_1 m}{d_1} \tag{8-2}$$

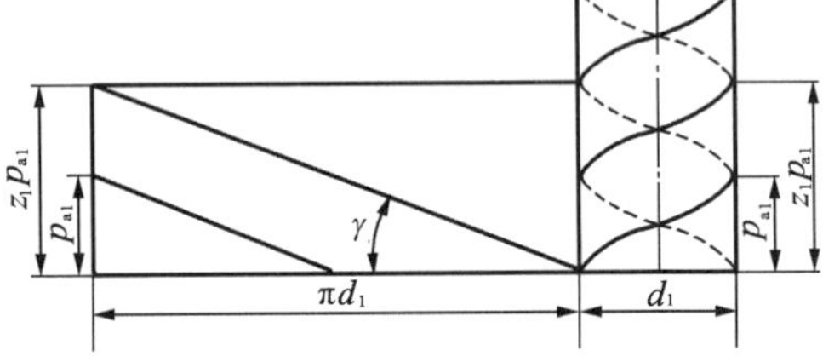

图 8-5　蜗杆分度圆柱展开图

蜗杆导程角 γ 小,效率低,但可实现自锁($\gamma=3.5°\sim4.5°$);γ 增大,效率随之提高,但蜗杆的车削加工较困难。通常取 $\gamma=3.5°\sim27°$。

根据啮合传动原理,两轴交错角为 90°的蜗杆传动正确啮合条件为

$$\begin{cases} m_{a1}=m_{t2} \\ \alpha_{a1}=\alpha_{t2} \\ \gamma=\beta \end{cases} \tag{8-3}$$

式中,β 为蜗轮的螺旋角,其旋向与 γ 相同。

(4)蜗杆分度圆直径 d_1 和直径系数 q

在切制蜗轮轮齿时,所用滚刀的直径和齿形参数必须与蜗杆一致。而蜗杆分度圆直径 d_1 不仅与模数有关,还随 $\frac{z_1}{\tan\gamma}$ 的数值而变化。即使 m 相同,也会有许多不同直径的蜗

杆。为了限制滚刀的数目以及便于滚刀的标准化，对于每一种模数的蜗杆，国家标准制定了蜗杆分度圆直径 d_1 的标准值(见表 8-2)，并把 d_1 与 m 的比值称为蜗杆直径系数 q，即

$$q=\frac{d_1}{m} \tag{8-4}$$

表 8-2　　蜗杆基本参数($\Sigma=90°$，摘自 GB/T 10085—2018)

模数 m/mm	分度圆直径 d_1/mm	蜗杆头数 z_1	直径系数 q	m^2d_1	模数 m/mm	分度圆直径 d_1/mm	蜗杆头数 z_1	直径系数 q	m^2d_1
1	18	1	18.000	18	6.3	(80)	1,2,4	12.698	3 175
1.25	20	1	16.000	31.25		112	1	17.778	4 445
	22.4	1	17.920	35.00	8	(63)	1,2,4	7.875	4 032
1.6	20	1,2,4	12.500	51.20		80	1,2,4,6	10.000	5 120
	28	1	17.500	71.68		(100)	1,2,4	12.500	6 400
2	(18)	1,2,4	9.000	72.00		140	1	17.500	8 960
	22.4	1,2,4,6	11.200	89.60	10	(71)	1,2,4	7.100	7 100
	(28)	1,2,4	14.000	112.00		90	1,2,4,6	9.000	9 000
	35.5	1	17.750	142.0		(112)	1,2,4	11.200	11 200
2.5	(22.4)	1,2,4	8.960	140.0		160	1	16.000	16 000
	28	1,2,4,6	11.200	175.0	12.5	(90)	1,2,4	7.200	14 063
	(35.5)	1,2,4	14.200	221.9		112	1,2,4	8.960	17 500
	45	1	18.000	281.3		(140)	1,2,4	11.200	21 875
3.15	(28)	1,2,4	8.889	277.8		200	1	16.000	31 250
	35.5	1,2,4,6	11.270	352.2	16	(112)	1,2,4	7.000	28 672
	(45)	1,2,4	14.286	446.5		140	1,2,4	8.750	35 840
	56	1	17.778	555.7		(180)	1,2,4	11.250	46 080
4	(31.5)	1,2,4	7.875	504.0		250	1	15.625	64 000
	40	1,2,4,6	10.000	640.0	20	(140)	1,2,4	7.000	56 000
	(50)	1,2,4	12.500	800.0		160	1,2,4	8.000	64 000
	71	1	17.750	1 136		(224)	1,2,4	11.200	89 600
5	(40)	1,2,4	8.000	1 000		315	1	15.750	126 000
	50	1,2,4,6	10.000	1 250	25	(180)	1,2,4	7.200	112 500
	(63)	1,2,4	12.600	1 575		200	1,2,4	8.000	125 000
	90	1	18.000	2 250		(280)	1,2,4	11.200	175 000
6.3	(50)	1,2,4	7.936	1 985		400	1	16.000	250 000
	63	1,2,4,6	10.000	2 500					

注：1. 表中模数均属第一系列，属于第二系列的有 1.5、3、3.5、4.5、5.5、6、7、12、14。

2. 表中蜗杆分度圆直径 d_1 均属第一系列，$d_1<18$ mm 及 $d_1=355$ mm 的未列入。属于第二系列的有 30、38、48、53、60、67、75、85、95、106、118、132、144、170、190、300。

3. 模数和分度圆直径均应优先选用第一系列，括号中的数字尽可能不采用。

由于 d_1、m 均为标准值，因此 q 是导出值，不一定是整数。将上式代入式(8-2)，可得

$$\tan\gamma=\frac{z_1}{q}$$

当 z_1 及 q 的值确定后，蜗杆的导程角 γ 就确定了。

当模数 m 一定时，q 值增大则蜗杆直径 d_1 增大，蜗杆的刚度提高。因此，对于小模数蜗杆一般规定了较大的 q 值，以使蜗杆有足够的刚度。

2. 蜗杆传动的几何尺寸计算

蜗轮的分度圆直径为

$$d_2 = m_{t2} z_2 = m z_2$$

蜗杆传动的标准中心距为

$$a = \frac{1}{2}(d_1 + d_2) = \frac{1}{2} m(q + z_2)$$

标准圆柱蜗杆传动的几何尺寸计算公式见表 8-3。

表 8-3　　标准圆柱蜗杆传动的几何尺寸计算公式

名称	计算公式	
	蜗杆	蜗轮
齿顶高	$h_{a1} = h_a^* m = m$	$h_{a2} = h_a^* m = m$
齿根高	$h_{f1} = (h_a^* + c^*) m = 1.2m$	$h_{f2} = (h_a^* + c^*) m = 1.2m$
分度圆直径	$d_1 = mq$	$d_2 = mz_2$
齿顶圆直径	$d_{a1} = d_1 + 2h_{a1}$	$d_{a2} = d_2 + 2h_{a2}$
齿根圆直径	$d_{f1} = d_1 - 2h_{f1}$	$d_{f2} = d_2 - 2h_{f2}$
顶隙	$c = 0.2m$	
蜗杆轴向齿距，蜗轮端面齿距	$p_{a1} = p_{t2} = \pi m$	
蜗杆分度圆柱的导程角	$\gamma = \arctan \frac{z_1}{q}$	
蜗轮分度圆上轮齿的螺旋角		$\beta = \gamma$
中心距	$a = 0.5(d_1 + d_2) = \frac{m}{2}(q + z_2)$	

注：标准圆柱蜗杆 $h_a^* = 1$。

8.2 蜗杆传动的失效形式、设计准则和常用材料

学习要点

掌握蜗杆传动的失效形式、设计准则及蜗杆蜗轮的常用材料。

一、蜗杆传动的失效形式和设计准则

在蜗杆传动中，由于蜗杆具有连续的螺旋齿，且其材料的强度高于蜗轮轮齿的强度，因此失效多发生在蜗轮轮齿上。由于蜗杆传动的相对滑动速度大、发热量大、效率低，因此传动的失效形式主要是蜗轮齿面的磨损、胶合和点蚀等。

目前，对胶合和磨损尚无比较完善的计算方法，通常只是仿照圆柱齿轮进行齿面接触疲劳强度和齿根弯曲疲劳强度的条件性计算，并在选取许用应力时适当考虑胶合和磨损的影响。实践证明，这种条件性计算是符合工程要求的。

蜗杆传动的设计准则：对闭式蜗杆传动，一般按齿面接触疲劳强度设计，必要时进行齿根弯曲疲劳强度校核。此外，还应做热平衡核算，限制工作温度。对开式蜗杆传动，通

常以保证齿根弯曲疲劳强度作为主要设计准则。当蜗杆直径较小且跨距较大时，还要进行蜗杆的弯曲刚度验算。

二、蜗杆传动的常用材料及选择

由蜗杆传动的失效形式可知，选择的材料除要有足够的强度外，更重要的是要有良好的减摩性、耐磨性和抗胶合能力。实践证明，蜗杆传动较理想的配对材料是钢和青铜。

蜗杆一般用碳钢或合金钢制成。高速重载蜗杆常采用低碳合金钢，如 15Cr、20Cr、20CrMnTi等，经渗碳淬火，表面硬度为 56～62HRC；中速中载蜗杆可采用优质碳素钢或合金结构钢，如 45 或 40Cr，并经淬火，表面硬度为 40～55HRC；对于低速或不重要的传动，蜗杆可用 45 钢经调质处理，表面硬度小于 270HBS。

蜗轮的常用材料为青铜或铸铁。铸造锡磷青铜（ZCuSn10P1）或铸造锡锌铅青铜（ZCuSn5Pb5Zn5）耐磨性好，但价格较高，用于滑动速度 $v_s \geqslant 3$ m/s 的重要传动中；铸造铝铁青铜（ZCuAl10Fe3）的耐磨性、抗胶合性较锡青铜差一些，但强度高，价格便宜，一般用于滑动速度 $v_s \leqslant 4$ m/s 的传动场合；灰铸铁（HT150、HT200）只用于滑动速度 $v_s \leqslant 2$ m/s 的不重要传动中。

8.3　蜗杆传动的受力分析及强度计算

学习要点

掌握蜗杆传动的受力分析及计算公式，能够判定蜗杆、蜗轮的转动方向。

一、蜗杆传动的受力分析

蜗杆传动的受力分析与斜齿圆柱齿轮的受力分析相似。在不计摩擦力的情况下，齿面上的法向力可分解为三个相互垂直的分力：圆周力 F_t、轴向力 F_a、径向力 F_r，如图 8-6所示。由于蜗杆与蜗轮轴交错成 90°角，根据作用力与反作用力原理可得

$$\begin{cases} F_{t1} = -F_{a2} = \dfrac{2T_1}{d_1} \\ -F_{a1} = F_{t2} = \dfrac{2T_2}{d_2} \\ -F_{r1} = F_{r2} = F_{t2}\tan\alpha \end{cases} \tag{8-5}$$

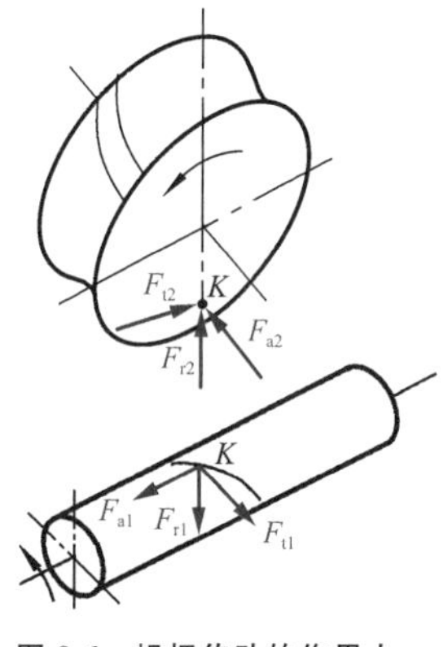

图 8-6　蜗杆传动的作用力

式中 d_1、d_2——蜗杆和蜗轮的分度圆直径，mm；

α——压力角，$\alpha=20°$；

T_1、T_2——作用于蜗杆和蜗轮的转矩，N·mm。$T_2=T_1 i\eta$，其中 η 为蜗杆的传动效率。

蜗杆及蜗轮的旋向判断与螺纹或斜齿轮的旋向判断相同，常用主动轮左右手法则。

蜗杆圆周力 F_{t1} 的方向判断与直齿圆柱齿轮圆周力的方向判断相同，根据作用力和反作用力原理，蜗轮的轴向力 F_{a2} 与其反向。径向力 F_{r1} 和 F_{r2} 的方向沿半径指向各自的轴线。转动方向及其他力的方向可用主动轮左右手法则判定，主动轮蜗杆右（左）旋时，用右手（左手）握住蜗杆的轴线，四个手指顺着蜗杆的转动方向，则伸直拇指的指向就是蜗杆所受轴向力 F_{a1} 的方向，其相反方向就是从动轮蜗轮在接触点处的速度方向线和圆周力 F_{t2} 的方向线，据此可判断出从动轮蜗轮的旋转方向。

蜗杆传动的左右手法则

二、蜗杆传动的强度计算

蜗轮齿面接触疲劳强度计算可以参照斜齿轮的计算方法进行。以赫兹公式为基础，按节点处的啮合条件计算齿面的接触应力，其校核公式为

$$\sigma_H=500\sqrt{\frac{KT_2}{d_1 d_2^2}}=500\sqrt{\frac{KT_2}{m^2 d_1 z_2^2}}\leqslant[\sigma_H] \tag{8-6}$$

式中 K——载荷系数，$K=1\sim1.3$；

T_2——蜗轮上的转矩，N·mm；

$[\sigma_H]$——蜗轮材料的许用接触应力，MPa。$[\sigma_H]$的大小与应力循环次数有关。$[\sigma_H]=[\sigma_H]'K_{HN}$，其中$[\sigma_H]'$为蜗轮的基本许用接触应力，可从表 8-4 中查取；K_{HN} 为寿命系数，$K_{HN}=\sqrt[8]{\frac{10^7}{N}}$，其中 N 为应力循环次数，$N=60n_2 jL_H$，n_2 为蜗轮转速（r/min），L_H 为工作寿命（h），j 为蜗轮每转一周单个轮齿参与啮合的次数。当 $N=10^7$ 时，$K_{HN}=1$；当 $N>25\times10^7$ 时，取 $N=25\times10^7$；当 $N<2.6\times10^5$ 时，取 $N=2.6\times10^5$。

表 8-4　锡青铜蜗轮的基本许用接触应力$[\sigma_H]'$　MPa

蜗轮材料	铸造方法	适用的滑动速度 $v_s/(m\cdot s^{-1})$	蜗杆齿面硬度	
			≤350HBS	>45HRC
ZCuSn10P1	砂型	≤12	180	200
	金属型	≤25	200	220
ZCuSn5Pb5Zn5	砂型	≤10	110	125
	金属型	≤12	135	150

式(8-6)适用于钢制蜗杆与青铜或灰铸铁蜗轮相配。经整理得蜗轮齿面接触疲劳强度设计公式为

$$m^2 d_1\geqslant KT_2\left(\frac{500}{z_2[\sigma_H]}\right)^2 \tag{8-7}$$

当蜗轮材料为铝铁青铜或灰铸铁时，其主要的失效形式为胶合，此时进行的接触强度计算是条件性计算，基本许用接触应力可根据材料和滑动速度由表 8-5 查得；当蜗轮材料为锡青铜时，其主要的失效形式为疲劳点蚀，许用接触应力可从表 8-4 中查得。

表 8-5　铝铁青铜及灰铸铁蜗轮的许用接触应力[σ_H]　MPa

蜗轮材料	蜗杆材料	滑动速度 $v_s/(\mathrm{m\cdot s^{-1}})$						
		0.5	1	2	3	4	6	8
ZCuAl10Fe3	淬火钢	250	230	210	180	160	120	90
HT150 HT200	渗碳钢	130	115	90	—	—	—	—
HT150	调质钢	110	90	70	—	—	—	—

注：蜗杆未经淬火时，需将表中[σ_H]值降低 20%。

由式(8-7)计算出 m^2d_1 值后，可由表 8-2 查得相应的 m 和 d_1 值。

对于闭式蜗杆传动，蜗轮齿根弯曲疲劳折断的情况较少出现，通常仅在蜗轮齿数较多时才进行蜗轮齿根弯曲疲劳强度计算。对于开式蜗杆传动，则应按蜗轮齿根弯曲疲劳强度进行设计。

蜗轮齿根弯曲疲劳强度校核公式为

$$\sigma_F=\frac{2KT_2}{d_1d_2m\cos\gamma}Y_{F2}\leqslant[\sigma_F] \tag{8-8}$$

蜗轮齿根弯曲疲劳强度设计公式为

$$m^2d_1\geqslant\frac{2KT_2}{z_2[\sigma_F]\cos\gamma}Y_{F2} \tag{8-9}$$

式中　[σ_F]——蜗轮材料的许用弯曲应力，MPa。$[\sigma_F]=[\sigma_F]'K_{FN}$，其中$[\sigma_F]'$为基本许用弯曲应力(见表 8-6)，$K_{FN}$为寿命系数，$K_{FN}=\sqrt[9]{\frac{10^6}{N}}$，应力循环次数 N 的计算方法同前。当 $N>25\times10^7$ 时，取 $N=25\times10^7$；当 $N<10^5$ 时，取 $N=10^5$。

表 8-6　蜗轮材料的基本许用弯曲应力$[\sigma_F]'(N=10^6)$　MPa

蜗轮材料及铸造方法	与硬度不大于 45HRC 的蜗杆相配时	与硬度大于 45HRC 并经磨光或抛光的蜗杆相配时
铸锡磷青铜(ZCuSn10P1)，砂模铸造	46(32)	58(40)
铸锡磷青铜(ZCuSn10P1)，金属模铸造	58(42)	73(52)
铸锡磷青铜(ZCuSn10P1)，离心铸造	66(46)	83(58)
铸锡锌铅青铜(ZCuSn5Pb5Zn5)，砂模铸造	32(24)	40(30)
铸锡锌铅青铜(ZCuSn5Pb5Zn5)，金属模铸造	41(32)	51(40)
铸铝铁青铜(ZCuAl10Fe3)，砂模铸造	112(91)	140(116)
灰铸件(HT150)，砂模铸造	40	50

注：括号内的值用于双向传动的场合。

Y_{F2}——蜗轮的齿形系数，按蜗轮的实有齿数 z_2 查表 8-7。

表 8-7　　蜗轮的齿形系数 Y_{F2} ($\alpha=20°, h_a^*=1$)

z_2	10	11	12	13	14	15	16	17	18	19	20	22	24	26
Y_{F2}	4.55	4.14	3.70	3.55	3.34	3.22	3.07	2.96	2.89	2.82	2.76	2.66	2.57	2.51
z_2	28	30	35	40	45	50	60	70	80	90	100	150	200	300
Y_{F2}	2.48	2.44	2.36	2.32	2.27	2.24	2.20	2.17	2.14	2.12	2.10	2.07	2.04	2.04

8.4 蜗杆传动的效率、润滑和热平衡计算

学习要点

掌握蜗杆传动的效率和热平衡的概念；掌握蜗杆传动常用润滑方法及提高散热能力的措施。

一、蜗杆传动的效率

蜗杆传动的功率损失一般包括三个部分：轮齿啮合摩擦损失、轴承摩擦损失和浸油零件搅动润滑油的损失，所以蜗杆传动的总效率为

$$\eta=\eta_1\eta_2\eta_3$$

式中，η_1、η_2、η_3 分别为蜗杆传动的啮合效率、轴承效率和搅油效率。蜗杆传动总效率的决定因素是 η_1，一般取 $\eta_2\eta_3=0.95\sim0.97$。

当蜗杆为主动件时，η_1 可近似按螺旋传动的效率计算，即

$$\eta_1=\frac{\tan\gamma}{\tan(\gamma+\rho_v)}$$

式中　γ——蜗杆的导程角；

ρ_v——当量摩擦角，$\rho_v=\arctan f_v$，见表 8-8。ρ_v 随滑动速度 v_s 的增大而减小，这是由于 v_s 的增大使油膜易于形成，导致摩擦系数减小。

表 8-8　　当量摩擦系数和当量摩擦角

滑动速度 $v_s/(\mathrm{m\cdot s^{-1}})$	锡青铜				无锡青铜		灰铸铁			
	≥45HRC		<45HRC		≥45HRC		≥45HRC		<45HRC	
	f_v	ρ_v	f_v	ρ_v	f_v	ρ_v	f_v	ρ_v	f_v	ρ_v
0.01	0.11	6°17′	0.12	6°51′	0.18	10°12′	0.38	10°12′	0.19	10°45′
0.10	0.08	4°34′	0.08	5°9′	0.13	7°24′	0.13	7°24′	0.14	7°58′
0.25	0.065	3°43′	0.075	4°17′	0.10	5°43′	0.10	5°43′	0.12	6°51′
0.50	0.055	3°9′	0.065	3°43′	0.09	5°9′	0.09	5°9′	0.10	5°43′

续表

滑动速度 $v_s/(m \cdot s^{-1})$	锡青铜				无锡青铜		灰铸铁			
	≥45HRC		<45HRC		≥45HRC		≥45HRC		<45HRC	
	f_v	ρ_v	f_v	ρ_v	f_v	ρ_v	f_v	ρ_v	f_v	ρ_v
1.00	0.045	2°35′	0.055	3°9′	0.07	4°	0.07	4°	0.09	5°9′
1.50	0.04	2°17′	0.05	2°52′	0.065	3°43′	0.065	3°43′	0.08	4°34′
2.00	0.035	2°	0.045	2°35′	0.055	3°9′	0.055	3°9′	0.07	4°
2.50	0.03	1°43′	0.04	2°17′	0.05	2°52′	—	—	—	—
3.00	0.028	1°36′	0.035	2°	0.045	2°35′	—	—	—	—
4.00	0.024	1°22′	0.031	1°47′	0.04	2°17′	—	—	—	—
5.00	0.022	1°16′	0.029	1°40′	0.035	2°	—	—	—	—
8.00	0.018	1°2′	0.026	1°29′	0.03	1°43′	—	—	—	—
10.0	0.016	55′	0.024	1°22′	—	—	—	—	—	—
15.0	0.014	48′	0.020	1°9′	—	—	—	—	—	—
24.0	0.013	45′	—	—	—	—	—	—	—	—

注：蜗杆传动齿面间的相对滑动速度 $v_s=v_1/\cos\gamma$，硬度不小于45HRC时的 ρ_v 值指蜗杆齿面经磨削、蜗杆传动经跑合并有充分润滑的情况。

当然，η_1 除与 ρ_v 有关外，起决定性影响的还是导程角 γ。在 γ 的一定范围内，η_1 随 γ 的增大而增大，而多头蜗杆的 γ 较大，故动力传动一般采用多头蜗杆。但如果 γ 过大，则蜗杆的加工较困难，且当 $\gamma>27°$ 时，效率增加的幅度很小。因此，一般取 $\gamma\leqslant27°$。当 $\gamma\leqslant\rho_v$ 时，蜗杆传动具有自锁性，但效率很低（小于50%）。

在传动尺寸确定之前，蜗杆传动的总效率 η 一般可根据蜗杆头数 z_1 近似按表8-9选取。

表8-9　蜗杆传动的总效率

传动形式	蜗杆头数 z_1	总效率 η
闭式	1	0.70～0.75
	2	0.75～0.82
	4	0.82～0.92
开式	1,2	0.60～0.70

二、蜗杆传动的润滑

由于蜗杆传动的相对滑动速度大，发热量大，效率低，因此为了提高传动的效率和寿命，需要对蜗杆传动进行润滑，这是十分重要的。

蜗杆传动常采用黏度较大的润滑油，以增强抗胶合能力，减轻磨损。润滑油的黏度及润滑方式主要取决于滑动速度的大小和载荷类型。

在闭式蜗杆传动中，润滑方式有浸油润滑和压力喷油润滑。

采用浸油润滑时，对于下置蜗杆传动(图 8-7(a))，其浸油深度为蜗杆的一个齿高，且油面不超过蜗杆滚动轴承最下方滚动体的中心。当 $v_s>5$ m/s 时，蜗杆搅油阻力太大，应采用上置蜗杆传动，如图 8-7(c)所示，此时可采用压力喷油润滑，有时也用浸油润滑，浸油深度应达到蜗轮半径的 1/3。

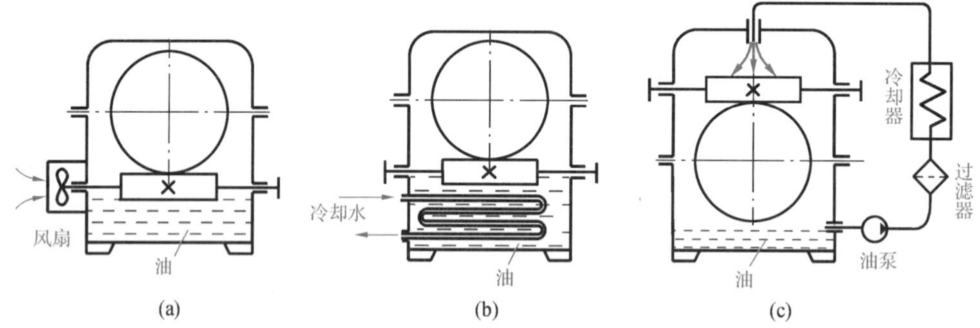

图 8-7 蜗杆传动的润滑方法

对于开式传动，应采用黏度较高的齿轮油或润滑脂进行润滑。

三、蜗杆传动的热平衡计算

由于蜗杆传动的效率低、发热量大，若不及时散热，将引起箱体内油温升高，黏度降低，润滑失效，导致齿面磨损加剧，甚至胶合，因此要依据单位时间内的发热量等于同时间内的散热量的条件进行热平衡计算，以保证油温稳定地处在规定的范围内。

设蜗杆传动的输入功率为 P_1(kW)，传动效率为 η，则单位时间内产生的发热量 Q_1(W)为

$$Q_1=P_1(1-\eta)\times 1\ 000$$

自然冷却时，经箱体外壁在单位时间内散发到空气中的散热量 Q_2(W)为

$$Q_2=K_S(t_1-t_0)A$$

式中 K_S——散热系数，W/(m^2·℃)。一般取 $K_S=10\sim17$，通风良好时取大值；

t_1——润滑油的工作温度，℃。通常允许油温$[t_1]=70\sim90$ ℃；

t_0——周围空气温度，℃。通常取 $t_0=20$ ℃；

A——箱体有效散热面积，m^2。它是指箱体外壁与空气接触，而内壁又被油飞溅到的箱壳面积。对于凸缘和散热片的面积，可近似按其表面积的 50%计算。

当蜗杆传动单位时间内损耗的功率全部转变为热量，并由箱体表面散发出去而达到平衡，即 $Q_1=Q_2$ 时，可得热平衡时润滑油的工作温度 t_1 为

$$t_1=\frac{1\ 000(1-\eta)P_1}{K_SA}+t_0\leqslant[t_1] \tag{8-10}$$

如果工作温度超过允许的范围，则应采取下列措施以增加传动的散热能力：

(1)在箱体外表面设置散热片，以增加散热面积 A。

(2)在蜗杆轴上安装风扇，如图 8-7(a)所示。

(3)在箱体油池内安装蛇形冷却水管，用循环水冷却，如图 8-7(b)所示。

(4)利用循环油冷却，如图 8-7(c)所示。

例 8-1

试设计闭式蜗杆传动减速机。蜗杆输入功率 $P_1=7.5$ kW，蜗杆转速 $n_1=1\ 450$ r/min，传动比 $i=25$，载荷平稳，单向回转，预期使用寿命 15 000 h，估计散热面积 $A=1.5\ m^2$，通风良好。

解　(1)选择蜗杆、蜗轮的材料、热处理方法并确定许用应力

蜗杆、蜗轮的材料不仅要求具有足够的强度，还要有良好的磨合性能和耐磨性能。该蜗杆输入功率不大，故采用 45 钢表面淬火，硬度大于 45HRC。蜗轮采用抗胶合能力好的铸锡磷青铜 ZCuSn10P1，砂模铸造。

(2)确定蜗杆头数和蜗轮齿数

由表 8-1，根据传动比 i 值取 $z_1=2$，则

$$z_2=iz_1=25\times2=50$$

(3)计算蜗轮转矩 T_2 和蜗杆传动的总效率

$$T_2=9.55\times10^6\times\frac{P_1}{n_2}\eta$$

蜗杆传动的总效率 $\eta=\eta_1\eta_2\eta_3$。

在传动尺寸未确定之前，蜗杆传动的总效率 η 一般可根据蜗杆头数 z_1 近似按表 8-9 选取，现估取 $\eta=0.82$，$n_2=n_1/i=1\ 450/25=58$ r/min，则

$$T_2=9.55\times10^6\times\frac{P_1}{n_2}\eta=9.55\times10^6\times\frac{7.5}{58}\times0.82=1.01\times10^6\ \text{N}\cdot\text{mm}$$

(4)按齿面接触疲劳强度计算

蜗轮齿面接触疲劳强度校核公式为

$$\sigma_H=500\sqrt{\frac{KT_2}{d_1d_2^2}}=500\sqrt{\frac{KT_2}{m^2d_1z_2^2}}\leqslant[\sigma_H]$$

上式适用于钢制蜗杆与青铜或灰铸铁蜗轮相配。

蜗轮齿面接触疲劳强度设计公式为

$$m^2d_1\geqslant KT_2\left(\frac{500}{z_2[\sigma_H]}\right)^2$$

式中载荷系数 $K=1\sim1.4$。当载荷平稳时，$v_s\leqslant3$ m/s，7 级以上精度时取小值，否则取大值。这里取载荷系数 $K=1.2$。

由表 8-4 查得蜗轮材料的基本许用接触应力 $[\sigma_H]'=200$ MPa。

计算应力循环次数 N：

$$N=60jn_2L_h=60\times1\times58\times15\ 000=5.22\times10^7$$

计算寿命系数 K_{HN}：

$$K_{HN}=\sqrt[8]{\frac{10^7}{N}}=\sqrt[8]{\frac{10^7}{5.22\times10^7}}=0.81$$

计算许用应力 $[\sigma_H]$：

$$[\sigma_H]=[\sigma_H]'K_{HN}=200\times0.81=162\text{ MPa}$$

$$m^2d_1\geqslant KT_2\left(\frac{500}{z_2[\sigma_H]}\right)^2=1.2\times1.01\times10^6\times\left(\frac{500}{50\times162}\right)^2=4\ 618\text{ mm}^3$$

查表 8-2，按 $m^2d_1>4\ 618$ mm³ 选取 $m^2d_1=5\ 120$ mm³。

对应模数 $m=8$ mm，蜗杆直径系数 $q=10$，则

$$d_1=mq=8\times10=80\text{ mm},d_2=mz_2=8\times50=400\text{ mm}$$

(5)校核蜗轮齿根弯曲疲劳强度

由表 8-6 查得蜗轮材料的基本许用弯曲应力 $[\sigma_F]'=58$ MPa。

计算应力循环次数 N

$$N=60jn_2L_h=60\times1\times58\times15\ 000=5.22\times10^7$$

计算寿命系数 K_{FN}

$$K_{FN}=\sqrt[9]{\frac{10^6}{N}}=\sqrt[9]{\frac{10^6}{5.22\times10^7}}=0.64$$

计算许用应力 $[\sigma_F]$

$$[\sigma_F]=[\sigma_F]'K_{FN}=58\times0.64=37.12\text{ MPa}$$

查表 8-7 得蜗轮的齿形系数 $Y_{F2}=2.24$，$\gamma=\arctan\dfrac{z_1}{q}=\arctan\dfrac{2}{10}=11.31°$，则

$$\sigma_F=\frac{2KT_2}{d_1d_2m\cos\gamma}Y_{F2}=\frac{2\times1.2\times1.01\times10^6\times2.24}{80\times400\times8\times\cos11.31°}=21.63\text{ MPa}<[\sigma_F]$$

故蜗轮齿根弯曲疲劳强度校核合格。

(6)验算传动效率

蜗杆分度圆速度为

$$v_1=\frac{\pi d_1n_1}{60\times1\ 000}=\frac{3.14\times80\times1\ 450}{60\times1\ 000}=6.07\text{ m/s}$$

故

$$v_s=\frac{v_1}{\cos\gamma}=\frac{6.07}{\cos 11.31^\circ}=6.19\ \text{m/s}$$

查表 8-8 并算得 $f_v=0.0204$，$\rho_v=1°9'(1.15°)$，则

$$\eta=(0.95\sim0.97)\frac{\tan\gamma}{\tan(\gamma+\rho_v)}=(0.95\sim0.97)\times\frac{\tan 11.31^\circ}{\tan(11.31^\circ+1.15^\circ)}=0.86\sim0.88$$

比原估计效率 $\eta=0.82$ 略高，故参数设计合理。

(7)热平衡计算

热平衡时润滑油的工作温度为

$$t_1=\frac{1\,000(1-\eta)P_1}{K_SA}+t_0\leqslant[t_1]$$

取室温 $t_0=20$ ℃，因通风散热条件较好，故取散热系数 $K_S=15\ \text{W/(m}^2\cdot\text{℃)}$，则

$$t_1=\frac{1\,000(1-\eta)P_1}{K_SA}+t_0=\frac{1\,000\times(1-0.86)\times7.5}{15\times1.5}+20=67\ \text{℃}<70\sim90\ \text{℃}$$

故符合要求。

(8)计算中心距及各部分尺寸

$$a=\frac{d_1+d_2}{2}=\frac{80+400}{2}=240\ \text{mm}$$

各部分尺寸计算略。

(9)绘制蜗杆、蜗轮零件工作图

略。

8.5　蜗杆和蜗轮的结构

学习要点

了解蜗杆和蜗轮的结构形式。

因蜗杆直径较小，所以往往与轴做成一体，称为蜗杆轴。按照蜗杆的切制方式不同，可将蜗杆分为铣制蜗杆(图 8-8(a))和车制蜗杆(图 8-8(b))。铣制蜗杆在轴上直接铣出螺旋部分，刚性较好。对于车制蜗杆，为便于车螺旋部分，应留有退刀槽，使轴径小于蜗杆齿根圆直径，以削弱蜗杆的刚度。

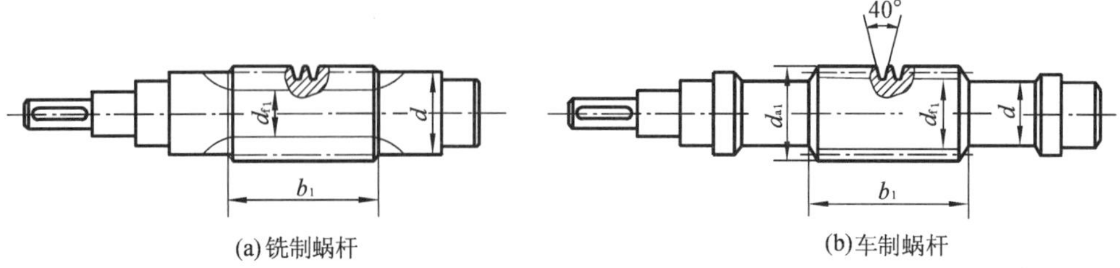

图 8-8 蜗杆的结构形式

蜗轮的结构形式如图 8-9 所示。对于尺寸大的青铜蜗轮，多采用组合式结构，即齿圈采用青铜材料，而轮芯用铸铁或钢。为了防止齿圈与轮芯发热而松动，用 4～6 个紧定螺钉固定，以增强连接的可靠性，如图 8-9(a)所示；或采用螺栓连接，如图 8-9(b)所示；铸铁材料和尺寸小的青铜蜗轮多采用整体式结构，如图 8-9(c)所示；也可在铸铁轮芯上浇注青铜齿轮圈，如图 8-9(d)所示。

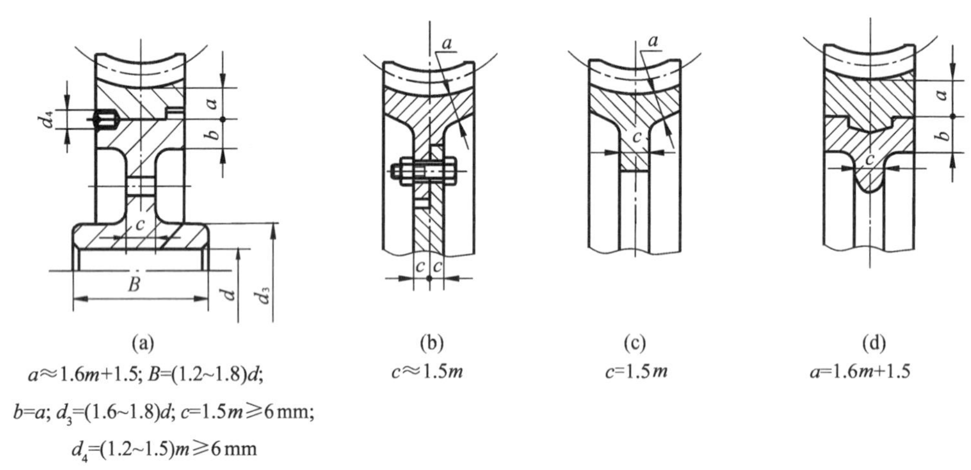

(a)
$a\approx1.6m+1.5$; $B=(1.2\sim1.8)d$;
$b=a$; $d_3=(1.6\sim1.8)d$; $c=1.5m\geqslant6$ mm;
$d_4=(1.2\sim1.5)m\geqslant6$ mm
(b)
$c\approx1.5m$
(c)
$c=1.5m$
(d)
$a=1.6m+1.5$

图 8-9 蜗轮的结构形式

8.6 蜗杆传动的安装与维护

学习要点

掌握蜗杆传动的装配方法、装配后的跑合方法以及维护。

一、蜗杆传动的安装

蜗杆传动的安装精度要求很高。根据蜗杆传动的啮合特点，应使蜗轮的中间平面通过蜗杆的轴线，如图 8-10 所示。为此，蜗杆传动安装后，要仔细调整蜗轮的轴向位置，使其定位准确，否则难以正确啮合。如果齿面在短时间内产生严重磨损，则可以采用垫片组调整蜗轮轴向位置，也可以利用蜗轮与轴承之间的套筒做较大距离的调整，调整时可以改变套筒的长度。实际中上述两种方法有时可以联用。调整好后，蜗轮的轴向位置必须固定。

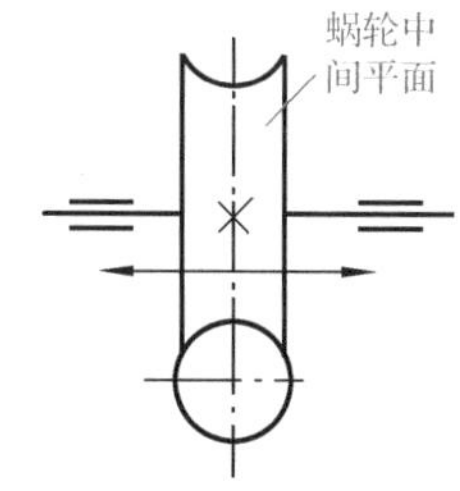

图 8-10　蜗杆传动的安装位置要求

蜗杆传动装配后要进行跑合，以使齿面接触良好。跑合时采用低速运转，通常 $n_1=50\sim100$ r/min，逐步加载至额定载荷。跑合 1～5 h 后，若发现蜗杆齿面上粘有青铜，则应立即停车，用细砂纸打去，再继续跑合。跑合完成后应清洗全部零件，换新润滑油，并应把此时蜗轮相对于蜗杆的轴向位置打上印记，便于以后装拆时配对和调整到原来位置。新机试车时，先空载运转，然后逐步加载至额定载荷。

二、蜗杆传动的维护

蜗杆传动的维护也很重要。由于蜗杆传动的发热量大，因此应随时注意周围的通风散热条件是否良好。蜗杆传动工作一段时间后应测试油温，如果超过油温的允许范围，则应停机或改善散热条件。还要经常检查蜗轮齿面是否保持完好。润滑对于保证蜗杆传动的正常工作及延长使用期限很重要。蜗杆减速器每运转 2 000～4 000 h 应及时换新油。换油时应用原牌号油，不同厂家、不同牌号的油不要混用。

知识梳理与总结

通过本章的学习，我们掌握了蜗杆传动的工作原理和特点，也掌握了蜗杆传动的设计计算方法。

1. 蜗杆传动以中间平面的参数为标准值，其正确啮合条件为

$$\begin{cases} m_{a1}=m_{t2} \\ \alpha_{a1}=\alpha_{t2} \\ \gamma=\beta \end{cases}$$

2. 为减少蜗轮滚刀的数量，蜗杆直径应取标准值。应特别注意，蜗杆直径 $d_1=mq$，而不

是 $d_1=mz_1$。因此，蜗杆传动的传动比 $i_{12}=\frac{n_1}{n_2}=\frac{z_2}{z_1}\neq\frac{d_2}{d_1}$。同理，中心距 $a=(d_1+d_2)/2\neq m(z_1+z_2)/2$。

3. 蜗杆的分度圆柱导程角 $\tan\gamma=\frac{z_1}{q}$。可见，γ 随蜗杆头数 z_1 的增多而增大。在 γ 的取值范围内，γ 越大，传动效率越高，而自锁性越低。

4. 在蜗杆传动的设计计算中，只需对蜗轮进行齿面接触疲劳强度计算。但由于蜗杆传动的效率低，温升高，因此对连续工作的闭式蜗杆传动还需进行热平衡计算。

第9章 轮系

学习导航

知识目标

了解轮系的分类。

掌握轮系传动比的计算方法及应用。

能力目标

能划分轮系的组成，判断轮系的类型。

会计算轮系的传动比。

思政映射

纵观齿轮传动的发展历史，早在大约 4 600 年前的涿鹿之战，炎黄部落依靠用差动轮系设计的指南车，为他们在大战的迷雾中指引方向，取得了决定性胜利。我们在赞叹前人智慧的同时，更加激发了“强国有我”的民族自豪感。

由一对齿轮组成的机构是齿轮传动的最简单形式。但在机械中，往往需要把多个齿轮组合在一起，形成一个传动系统，来满足传递运动和动力的要求。这种由一系列齿轮组成的传动系统称为齿轮系，简称轮系。

9.1 轮系及其分类

学习要点

能够判断轮系的类型，划分轮系的组成。

轮系可以分为两种基本类型：定轴轮系和行星轮系。

一、定轴轮系

当轮系运转时，轮系中各个齿轮的几何轴线相对于机架的位置都是固定的，这种轮系称为定轴轮系，或称为普通轮系。图 9-1 和图 9-2 所示的轮系都是定轴轮系。

由轴线相互平行的齿轮组成的定轴轮系称为平面定轴轮系，如图 9-1 所示。包含相交轴齿轮传动、交错轴齿轮传动等的定轴轮系称为空间定轴轮系，如图 9-2 所示。

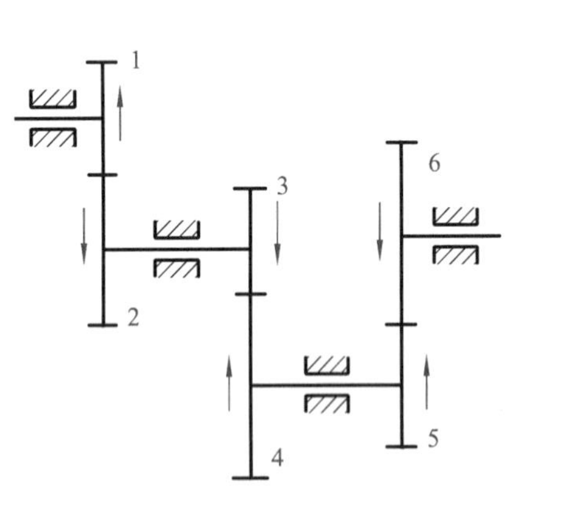

图 9-1 平面定轴轮系(一)

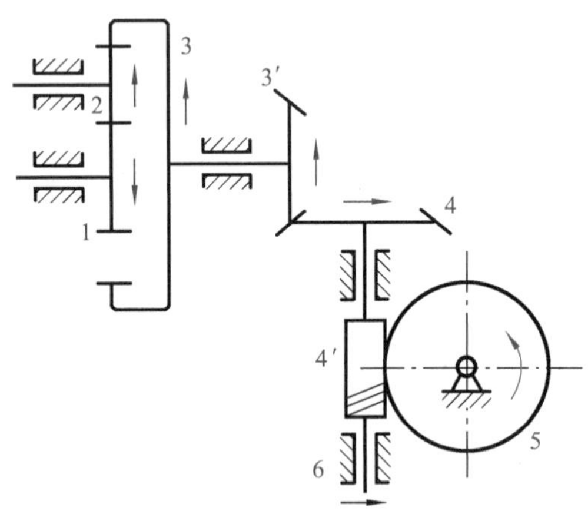

图 9-2 空间定轴轮系

二、行星轮系

轮系运转时，至少有一个齿轮的几何轴线是绕其他齿轮固定几何轴线转动的轮系称为行星轮系，也称为动轴轮系或周转轮系。

如图 9-3 所示的单级行星轮系，齿轮 2 空套在构件 H 的小轴上，当构件 H 定轴转动时，齿轮 2 一方面绕自己的几何轴线 O_1O_1 转动(自转)，同时又随构件 H 绕固定的几何轴线 OO 转动(公转)，犹如天体中的行星，兼有自转和公转，故把具有运动几何轴线的齿轮 2 称为行星轮，用来支持行星轮的构件 H 称为行星架或系杆，与行星轮相啮合且轴线固定的齿轮1 和 3称为中心轮或太阳轮。行星架与中心轮的几何轴线必须重合，否则不能转动。

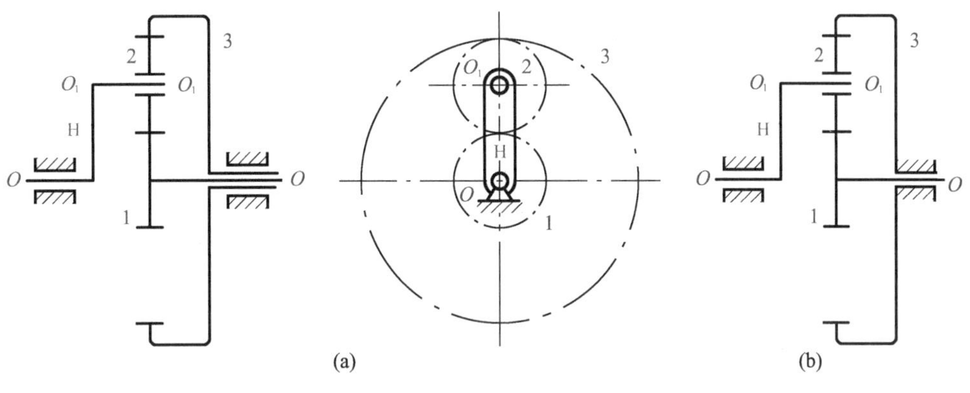

图 9-3 单级行星轮系

根据机构自由度的不同，行星轮系可以分为差动轮系和简单行星轮系两类。机构自由度为 2 的行星轮系称为差动轮系，图 9-3(a)所示；机构自由度为 1 的行星轮系称为简单行星轮系，如图 9-3(b)所示。

三、组合轮系

如果轮系中既包含定轴轮系，又包含行星轮系，或者包含几个行星轮系，则称为组合轮系。图 9-4(a)所示为两个行星轮系串联在一起的组合轮系，图 9-4(b)所示为由定轴轮系和行星轮系串联在一起的组合轮系。

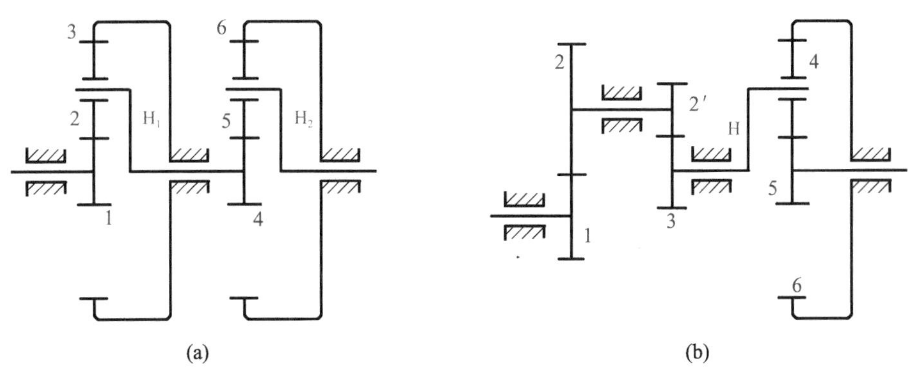

图 9-4 组合轮系(一)

9.2 定轴轮系传动比的计算

学习要点

掌握定轴轮系传动比的计算方法和转向的判定方法。

轮系中两齿轮(轴)的转速或角速度之比称为轮系的传动比。求轮系的传动比不仅要计算它的数值,还要确定两轮的转向关系。

一、一对齿轮的传动比

最简单的定轴轮系是由一对齿轮所组成的,其传动比为

$$i_{12}=\frac{n_1}{n_2}=\pm\frac{z_2}{z_1} \tag{9-1}$$

式中:n_1、n_2 分别表示两轮的转速;z_1、z_2 分别表示两轮的齿数。

对于外啮合圆柱齿轮传动,两轮转向相反,上式取"—"号;对于内啮合圆柱齿轮传动,两轮转向相同,上式取"+"号。

两轮的相对转向关系也可用画箭头的方法表示。外啮合箭头方向相反,内啮合箭头方向相同,如图 9-5 所示。

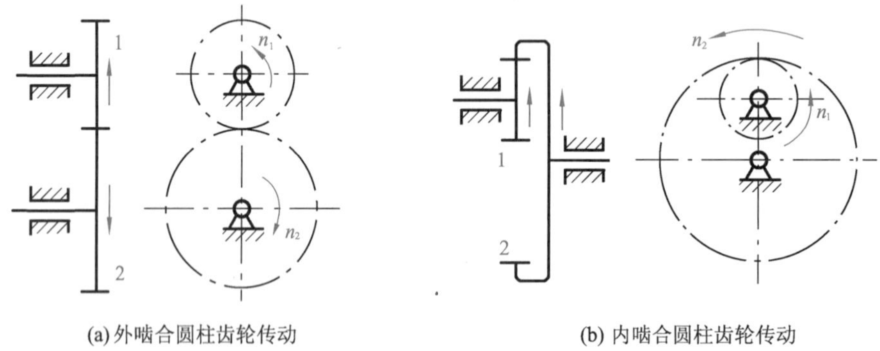

(a) 外啮合圆柱齿轮传动　　(b) 内啮合圆柱齿轮传动

图 9-5　一对圆柱齿轮传动

对于锥齿轮传动、蜗杆传动等空间齿轮传动机构,因其轴线不平行,不能用正负号说明其转向,故只能用画箭头的方法在图上标注转向,如图 9-6 所示。

对于蜗杆传动的转向,要根据蜗轮、蜗杆的转向、旋向和蜗杆所受轴向力的方向这三个条件中的任意两个条件,利用主动轮(蜗杆)的左右手法则来进行判断。蜗轮的转向永远与它所受圆周力的方向相同。

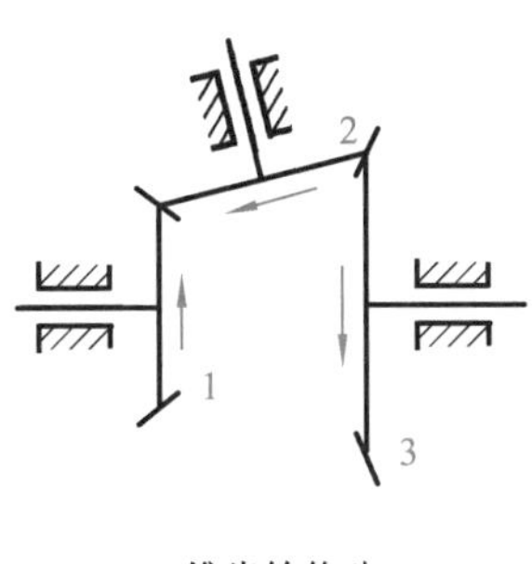

(a)锥齿轮传动

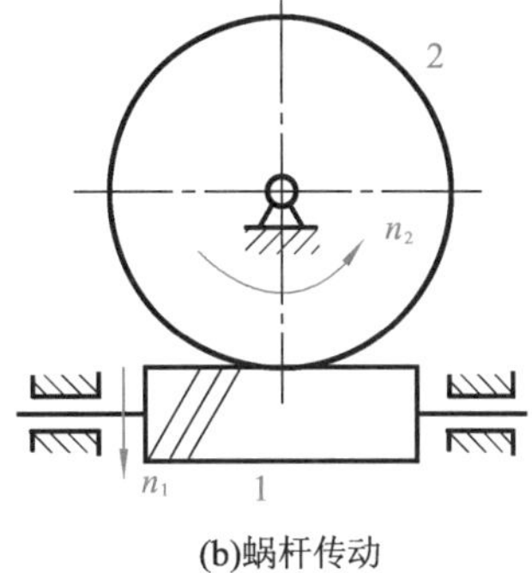

(b)蜗杆传动

图 9-6　空间齿轮传动

二、定轴轮系传动比的计算

如图 9-7 所示的平面定轴轮系，设各轮的齿数为 z_1、z_2……，各轮的转速为 n_1、n_2……则该轮系的传动比 i_{15} 可由各对啮合齿轮的传动比求出。

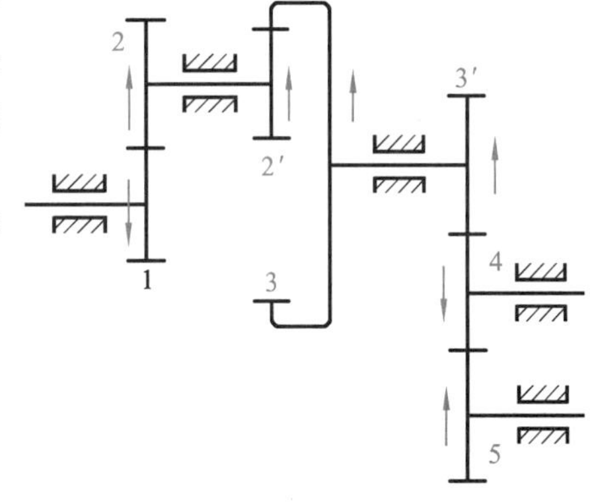

图 9-7　平面定轴轮系(二)

根据前面所述，该轮系中各对啮合齿轮的传动比分别为

$$i_{12}=\frac{n_1}{n_2}=-\frac{z_2}{z_1}\qquad i_{2'3}=\frac{n_{2'}}{n_3}=+\frac{z_3}{z_{2'}}$$

$$i_{3'4}=\frac{n_{3'}}{n_4}=-\frac{z_4}{z_{3'}}\qquad i_{45}=\frac{n_4}{n_5}=-\frac{z_5}{z_4}$$

将以上各等式两边连乘，并考虑到 $n_2=n_{2'}$，$n_3=n_{3'}$，可得

$$i_{12}i_{2'3}i_{3'4}i_{45}=\frac{n_1n_{2'}n_{3'}n_4}{n_2n_3n_4n_5}=(-1)^3\ \frac{z_2z_3z_4z_5}{z_1z_{2'}z_{3'}z_4}$$

$$i_{15}=\frac{n_1}{n_5}=i_{12}i_{2'3}i_{3'4}i_{45}=(-1)^3\ \frac{z_2z_3z_5}{z_1z_{2'}z_{3'}}\tag{9-2}$$

定轴轮系传动比的计算

式(9-2)表明，定轴轮系传动比的大小等于组成该轮系的各对啮合齿轮传动比的连乘积，也等于各对啮合齿轮中所有从动轮齿数的连乘积与所有主动轮齿数的连乘积之比。

以上结论可推广到一般情况。设轮 A 为计算时的起始主动轮，轮 K 为计算时的最末从动轮，则定轴轮系始末两轮传动比计算的一般公式为

$$i_{AK}=\frac{n_A}{n_K}=\pm\frac{A\text{ 至 }K\text{ 间各对啮合齿轮从动轮齿数的连乘积}}{A\text{ 至 }K\text{ 间各对啮合齿轮主动轮齿数的连乘积}}\tag{9-3}$$

对于平面定轴轮系，始末两轮的相对转向关系可以用传动比的正负号表示。i_{AK} 为负值时，说明始末两轮的转动方向相反；i_{AK} 为正值时，说明始末两轮的转动方向相同。正负号根据外啮合齿轮的啮合对数确定，奇数为负，偶数为正。也可用画箭头的方法来表示始末两轮的相对转向关系。

对于空间定轴轮系，若始末两轮的轴线平行，则先用画箭头的方法逐对标出转向。若始末两轮的转向相同，则等式右边取正号，否则取负号。正负号的含义同上。若始末两轮的轴线不平行，则只能用画箭头的方法判断两轮的转向，传动比取正号，但这个正号并不表示转向关系。

另外，在图 9-7 所示的轮系中，齿轮 4 同时与两个齿轮啮合，它既是前一级的从动轮，又是后一级的主动轮。其齿数 z_4 在上述计算式中的分子和分母上各出现一次，最后被消去，即齿轮 4 的齿数不影响传动比的大小。这种不影响传动比的大小，只起改变转向作用的齿轮称为惰轮或过桥齿轮。

例 9-1

如图 9-2 所示的空间定轴轮系，设 $z_1=z_2=z_{3'}=20$，$z_3=80$，$z_4=40$，$z_{4'}=2$（右旋），$z_5=40$，$n_1=1\ 000$ r/min，求蜗轮 5 的转速 n_5 及各轮的转向。

解 因为该轮系为空间定轴轮系，所以只能用式(9-3)计算其传动比的大小。

$$i_{15}=\frac{n_1}{n_5}=\frac{z_2 z_3 z_4 z_5}{z_1 z_2 z_{3'} z_{4'}}=\frac{20\times 80\times 40\times 40}{20\times 20\times 20\times 2}=160$$

蜗轮 5 的转速为

$$n_5=\frac{n_1}{i_{15}}=\frac{1\ 000}{160}=6.25 \text{ r/min}$$

各轮的转向如图 9-2 中箭头所示。该例中齿轮 2 为惰轮，它不改变传动比的大小，只改变从动轮的转向。

9.3 行星轮系传动比的计算

学习要点

掌握行星轮系传动比的计算方法和转向的判定方法。

图 9-8(a)所示为一典型的行星轮系，齿轮 1 和 3 为中心轮，齿轮 2 为行星轮，构件 H 为行星架。由于行星轮 2 既绕自身轴线 O_1O_1 转动，又随行星架 H 绕轴线 OO 转动，不是绕定轴的简单转动，因此不能直接用求定轴轮系传动比的公式来求行星轮系的传动比。

行星轮系传动比的计算

为了求出行星轮系的传动比，可以采用转化机构法，即假想给整个行星轮系加上一个与行星架的转速大小相等而方向相反的公共转速 $-n_H$。由相对运动原理可知，轮系中各构件

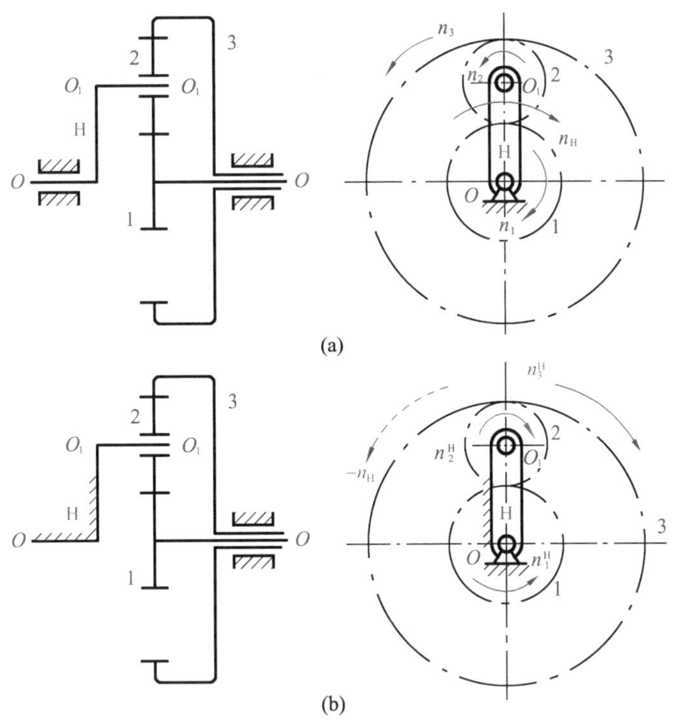

图 9-8　行星轮系(一)

之间的相对运动关系并不因之改变,但此时行星架变为相对静止不动,齿轮 2 的轴线 O_1O_1 也随之相对固定,行星轮系转化为假想的定轴轮系,即将图 9-8(a)转化为图 9-8(b)。这个经转化后得到的假想定轴轮系,称为该行星轮系的转化轮系。利用求解定轴轮系传动比的方法,借助于转化轮系,就可以将行星轮系的传动比求出来。

现将各构件转化前后的转速列于表 9-1 中。

表 9-1　各构件转化前后的转速

构件	原来的转速	转化后的转速
齿轮 1	n_1	$n_1^H = n_1 - n_H$
齿轮 2	n_2	$n_2^H = n_2 - n_H$
齿轮 3	n_3	$n_3^H = n_3 - n_H$
行星架 H	n_H	$n_H^H = n_H - n_H$

转化轮系中各构件的转速 n_1^H、n_2^H、n_3^H、n_H^H 右上方加的脚标“H”,表示这些转速是各构件相对行星架 H 的转速。

按照求定轴轮系传动比的方法,可得图 9-8 所示行星轮系的转化轮系的传动比为

$$i_{13}^H = \frac{n_1^H}{n_3^H} = \frac{n_1 - n_H}{n_3 - n_H} = -\frac{z_3}{z_1} \tag{9-4}$$

在上式中,若已知各轮的齿数及两个转速,则可求得另一个转速。

将上式推广到一般情况,设轮 A 为计算时的起始主动轮,转速为 n_A,轮 K 为计算时的最末从动轮,转速为 n_K,行星架 H 的转速为 n_H,则有

$$\frac{n_A - n_H}{n_K - n_H} = \pm \frac{A\text{ 至 }K\text{ 间各对啮合齿轮从动轮齿数的连乘积}}{A\text{ 至 }K\text{ 间各对啮合齿轮主动轮齿数的连乘积}} \tag{9-5}$$

应用上式时必须注意：

(1)该公式只适用于轮 A、轮 K 和行星架 H 的轴线相互平行或重合的情况。

(2)等式右边的正负号，按转化轮系中轮 A、轮 K 的转向关系，用定轴轮系传动比的转向判断方法确定。当轮 A、轮 K 转向相同时，等式右边取正号，相反时取负号。需要强调说明的是：这里的正负号并不代表轮 A、轮 K 的真正转向关系，只表示行星架相对静止不动时轮 A、轮 K 的转向关系。

(3)转速 n_A、n_K 和 n_H 是代数量，代入公式时必须带正负号。假定某一转向取正号，则与其同向的取正号，与其反向的取负号。待求构件的实际转向由计算结果的正负号确定。

例 9-2

图 9-9 所示为一大传动比行星减速器。已知其中各轮的齿数为 $z_1=100, z_2=101, z_{2'}=100, z_3=99$，试求传动比 i_{H1}。

解 图中齿轮 1 为活动中心轮，齿轮 3 为固定中心轮，双联齿轮为行星轮，H 为行星架。由式(9-5)得

$$i_{13}^{H}=\frac{n_1-n_H}{n_3-n_H}=+\frac{z_2 z_3}{z_1 z_{2'}}$$

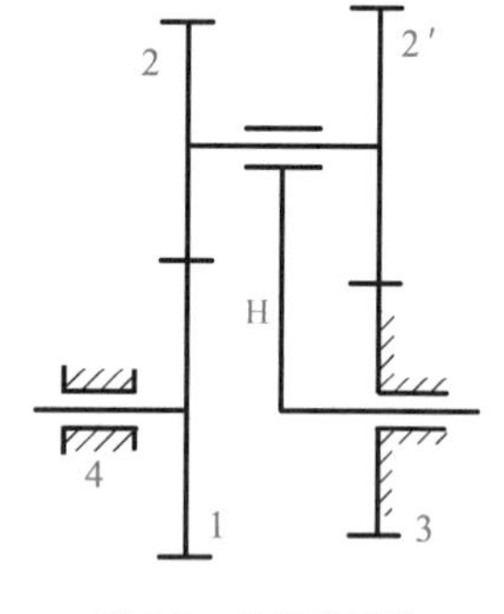

图 9-9 行星减速器

因为在转化轮系中，齿轮 1 至齿轮 3 之间外啮合圆柱齿轮的对数为 2，所以上式右端取正号（正号可以不标）。又因为 $n_3=0$，所以

$$\frac{n_1-n_H}{0-n_H}=\frac{101\times 99}{100\times 100}$$

又因为

$$i_{1H}=\frac{n_1}{n_H}=1-\frac{101\times 99}{100\times 100}=\frac{1}{10\ 000}$$

所以

$$i_{H1}=\frac{n_H}{n_1}=\frac{1}{i_{1H}}=10\ 000$$

即当行星架 H 转 10 000 圈时，齿轮 1 才转 1 圈时，且两构件转向相同。本例也说明，行星轮系用少数几个齿轮就能获得很大的传动比。

若将 z_3 由 99 改为 100，则

$$i_{1H}=\frac{n_1}{n_H}=1-\frac{101\times 100}{100\times 100}=-\frac{1}{100}$$

故

$$i_{H1}=\frac{n_H}{n_1}=-100$$

由此结果可见，同一种结构形式的行星轮系，由于某一齿轮的齿数略有变化（本例中仅差一个齿），其传动比会发生很大的变化，同时转向也会改变，这与定轴轮系大不相同。

这种类型的行星齿轮传动用于减速时，减速比越大，机械效率越低，因此，它一般只作为辅助装置的传动机构，不宜传递大功率。如将它用作增速传动，则传动比较大时可能会发生自锁。

例 9-3

如图 9-10 所示的差动轮系，已知各轮的齿数分别为 $z_1=15$，$z_2=25$，$z_{2'}=20$，$z_3=60$，转速为 $n_1=200$ r/min，$n_3=50$ r/min，转向如图所示，试求行星架 H 的转速 n_H。

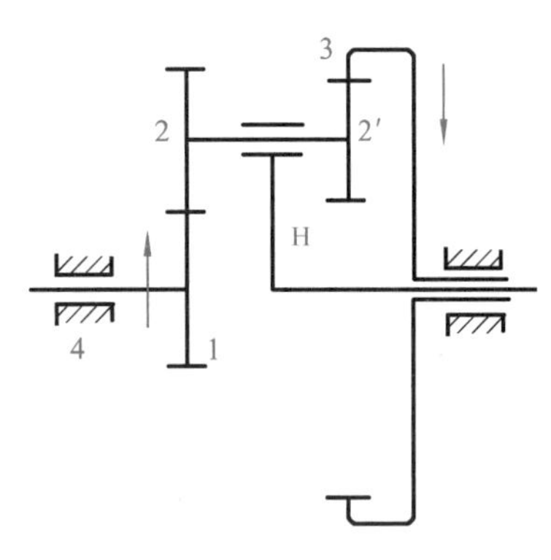

图 9-10 差动轮系（一）

解 根据式(9-5)可以得到

$$i_{13}^{H}=\frac{n_1-n_H}{n_3-n_H}=-\frac{z_2z_3}{z_1z_{2'}}$$

因为在转化轮系中，齿轮 1 至齿轮 3 之间外啮合圆柱齿轮的对数为 1，所以上式右端取负号。根据图中表示转向的箭头方向，齿轮 1 和齿轮 3 的转向相反，设齿轮 1 的转速 n_1 为正，则齿轮 3 的转速 n_3 为负，从而

$$\frac{200-n_H}{-50-n_H}=-\frac{25\times60}{15\times20}$$

解得 $n_H=-8.33$ r/min，负号表示行星架齿 H 齿的转向与齿轮 3 相同。

例 9-4

如图 9-11 所示由锥齿轮组成的行星轮系，各齿轮的齿数为 $z_1=21$，$z_2=18$，$z_{2'}=42$，$z_3=48$，转速 $n_1=100$ r/min，转向如图所示，试求行星架齿 H 齿的转速 n_H。

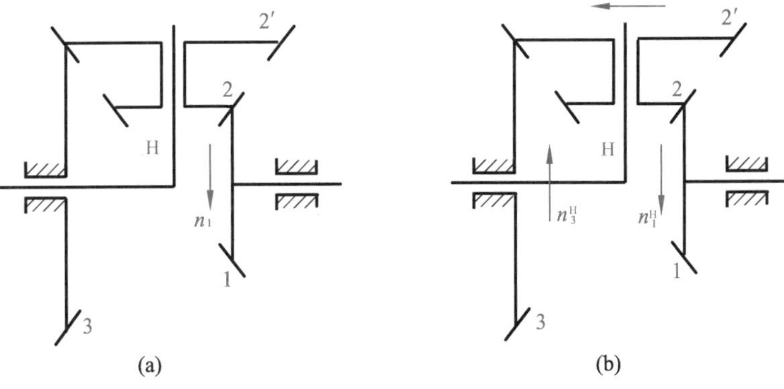

图 9-11 行星轮系（二）

解 这是由锥齿轮组成的行星轮系，齿轮1、3及行星架H的轴线相互平行，因此可用式(9-5)计算传动比。将行星架H固定，画出在转化轮系中各轮的转向，如图9-11(b)中箭头所示。由式(9-5)得

$$i_{13}^{H}=\frac{n_1-n_H}{n_3-n_H}=-\frac{z_2 z_3}{z_1 z_{2'}}$$

上式中的"—"号是由齿轮1和齿轮3箭头反向而确定的，与箭头方向无关。设n_1的转向为正，则

$$\frac{100-n_H}{0-n_H}=-\frac{18\times48}{21\times42}$$

解得$n_H=50.52$ r/min，n_H为正值，表示行星架H与齿轮1的转向相同。

注意：本例中双联行星轮2—2′的轴线和齿轮1、3及行星架H的轴线不平行，所以不能用式(9-5)来计算行星轮的转速n_2。

9.4 组合轮系传动比的计算

学习要点

掌握组合轮系传动比的计算方法和转向的判定方法。

组合轮系一般是由定轴轮系与行星轮系或若干个行星轮系复合构成的。组合轮系既不能转化为单一的定轴轮系，又不能转化为单一的行星轮系，所以不能用一个公式来求解其传动比。求解组合轮系传动比时，必须首先将各个基本的行星轮系和定轴轮系部分划分开来，然后分别列出各部分传动比的计算公式，最后联立求解。

划分轮系的关键是先找出行星轮系。根据行星轮轴线不固定的特点找出行星轮，再找出支承行星轮的行星架及与行星轮相啮合的中心轮，这些行星轮、行星架及中心轮就构成了一个基本的行星轮系。同理，再找出其他的行星轮系，剩下的就是定轴轮系部分。

例 9-5

如图 9-12 所示的组合轮系，已知各轮齿数 $z_1=20, z_2=30, z_3=20, z_4=30, z_5=80$，齿轮 1 的转速 $n_1=300$ r/min，求行星架 H 的转速 n_H。

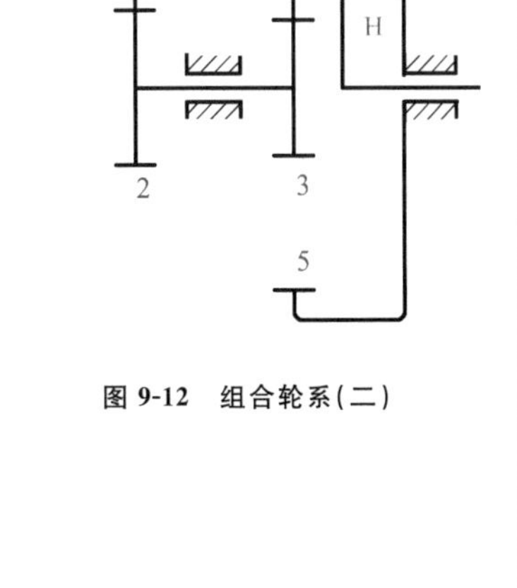

图 9-12 组合轮系(二)

解 首先划分轮系。由图可知，齿轮 4 的轴线不固定，所以是行星轮，支持它运动的构件 H 就是行星架，与齿轮 4 相啮合的齿轮 3、5 为中心轮，因此，齿轮 3、4、5 及行星架 H 组成了一个行星轮系，剩下的齿轮 1、2 是一个定轴轮系，二者合在一起便构成一个组合轮系。

定轴轮系部分的传动比为

$$i_{12}=\frac{n_1}{n_2}=-\frac{z_2}{z_1}$$

行星轮系部分的传动比为

$$i_{35}^{H}=\frac{n_3-n_H}{n_5-n_H}=-\frac{z_4 z_5}{z_3 z_4}$$

因为齿轮 2、3 为双联齿轮，所以 $n_2=n_3$。

将以上三式联立求解，可得

$$n_H=-\frac{n_1}{\frac{z_2}{z_1}\left(1+\frac{z_5}{z_3}\right)}=-\frac{300}{\frac{30}{20}\left(1+\frac{80}{20}\right)}=-40\ \text{r/min}$$

n_H 为负值，表明行星架与齿轮 1 的转向相反。

例 9-6

图 9-13 为电动卷扬机轮系示意图，已知各轮的齿数 $z_1=24$，$z_2=48$，$z_{2'}=30$，$z_3=90$，$z_{3'}=20$，$z_4=30$，$z_5=80$，若主动轮 1 的转速 $n_1=1\ 450$ r/min，求卷筒的转速 n_H。

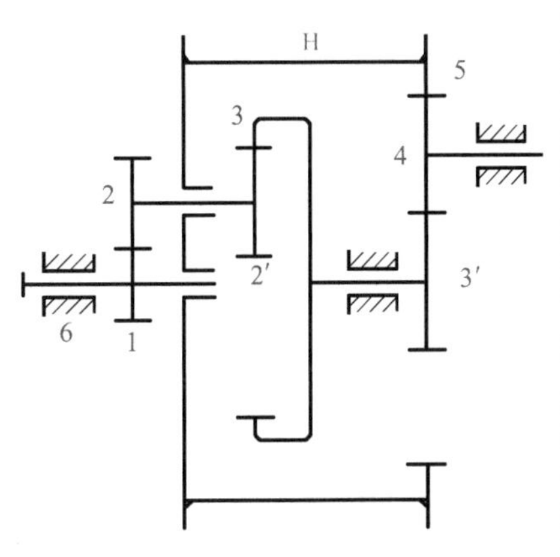

图 9-13 电动卷扬机轮系示意图

解 首先划分轮系。该轮系中，由于双联齿轮 2—2′的轴线不固定，因此这两个齿轮是双联的行星轮，支承它运动的卷筒 H 就是行星架，与行星轮2—2′相啮合的齿轮 1、3 为中心轮，齿轮 1、2—2′、3 和行星架 H 一起便组成了差动轮系，其余齿轮 3′、4、5 各绕自身固定几何轴线转动，组成了定轴轮系，二者合在一起便构成了一个组合轮系。3—3′为双联齿轮，$n_3=n_{3'}$；行星架 H 与齿轮 5 为同一构件，$n_5=n_H$。

差动轮系部分的传动比为

$$i_{13}^{H}=\frac{n_1-n_H}{n_3-n_H}=-\frac{z_2z_3}{z_1z_{2'}}=-\frac{48\times 90}{24\times 30}=-6$$

定轴轮系部分的传动比为

$$i_{3'5}=\frac{n_{3'}}{n_5}=-\frac{z_4z_5}{z_{3'}z_4}=-\frac{z_5}{z_{3'}}=-\frac{80}{20}=-4$$

又有

$$\begin{cases} n_3=n_{3'} \\ n_5=n_H \end{cases}$$

联立以上四式并代入数值，可解得 $n_H=\frac{1\ 450}{31}=46.77$ r/min。n_H 为正值，表明卷筒 H 与齿轮 1 的转向相同。

9.5 轮系的应用

学习要点

掌握轮系的功用及应用场合。

轮系的应用十分广泛，可归纳为以下几个方面。

一、实现相距较远的两轴之间的传动

当两轴间距离较远时，如果仅用一对齿轮传动，如图 9-14 中虚线所示，则两轮的尺寸必然很大，从而使机构总体尺寸也很大，结构不合理；如果采用一系列齿轮传动，如图9-14中实线所示，就可避免上述缺点。如汽车发动机曲轴的转动，要通过一系列的减速传动才能使运动传递到车轮上，如果只用一对齿轮传动是无法满足要求的。

轮系的应用

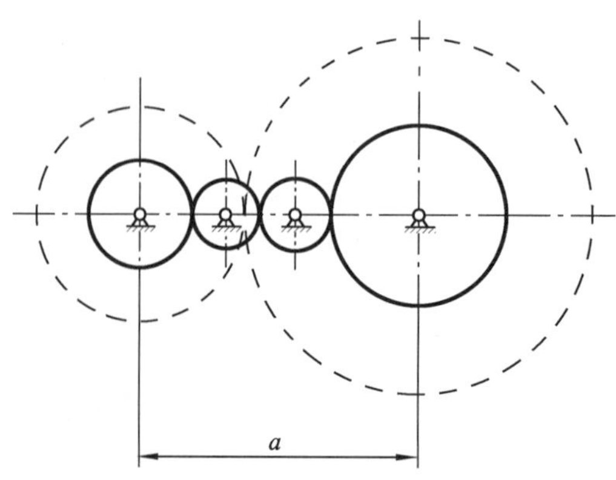

图 9-14 实现相距较远的两轴之间传动的定轴轮系

二、获得大的传动比

采用定轴轮系或行星轮系均可获得大的传动比。尤其是行星轮系,它能在构件数量较少的情况下获得大的传动比,如例 9-2 中的轮系。

三、实现换向传动

在主动轴转向不变的情况下,利用轮系中的惰轮可以改变从动轴的转向。如图9-15所示的三星轮换向机构,通过扳动手柄转动三角形构件,使齿轮 1 与齿轮 2 或齿轮 3 啮合,可使齿轮 4 得到两种不同的转向。

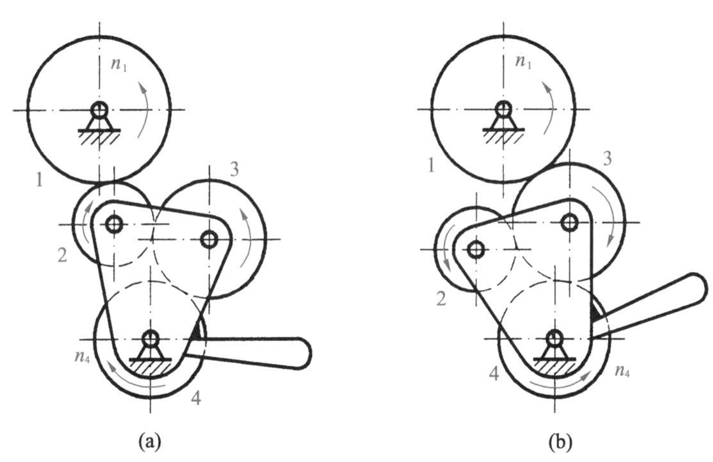

图 9-15 三星轮换向机构

四、实现变速传动

在主动轴转速不变的情况下,利用轮系可使从动轴获得多种工作转速。如图 9-16 所示的汽车变速箱,Ⅰ轴为输入轴,Ⅲ轴为输出轴,通过改变齿轮 4 及齿轮 6 在轴上的位置,可使输出轴Ⅲ得到四种不同的转速。一般普通机床、汽车变速箱、起重机等设备上都需要这种变速传动。

五、实现特殊的工艺动作和轨迹

在行星轮系中,行星轮做平面运动,其上某些点的运动轨迹很特殊。利用这个特点,可以实现要求的工艺动作及特殊的运动轨迹。图 9-17(a)为某食品搅拌设备中搅拌头的行星传动简图,行星架 H 为输入构件,齿圈 1 固定,行星轮 2 带动搅拌桨 3 在容器内运动,搅拌桨上的某些点会产生图 9-17(b)所示的运动轨迹,可以满足将糖浆、面浆等物料搅拌调和均匀的要求。

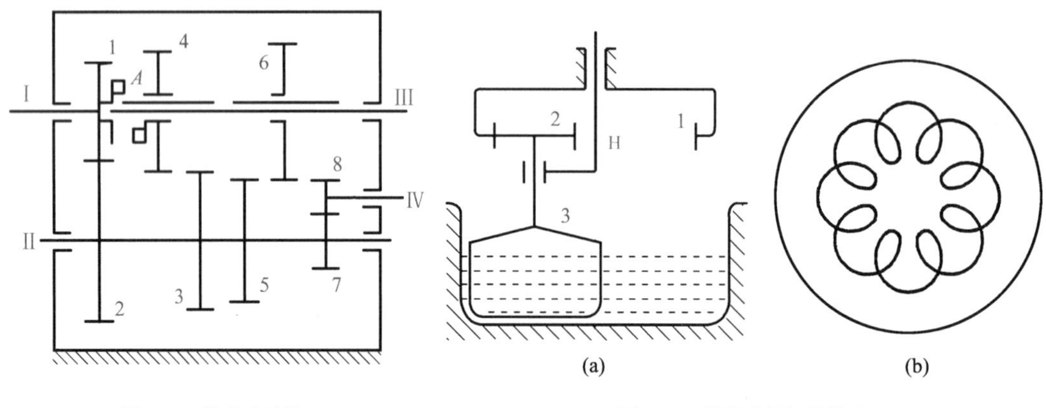

图 9-16　汽车变速箱　　　　图 9-17　搅拌头的行星传动

六、实现运动的合成

利用行星轮系中差动轮系的特点，可以将两个输入转动合成为一个输出转动。在图 9-18 所示的由锥齿轮组成的差动轮系中，若 $z_1=z_3$，则

$$i_{13}^{H}=\frac{n_1-n_H}{n_3-n_H}=-\frac{z_3}{z_1}=-1$$

可得

$$2n_H=n_1+n_3$$

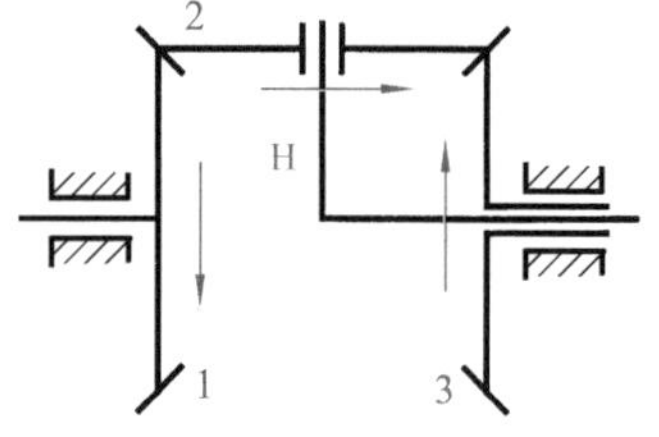

图 9-18　差动轮系(二)

该轮系为差动轮系，有 2 个自由度。由上式可知，分别输入 n_1 和 n_3 即可合成为 n_H。若 n_1 和 n_3 转向相同，则 n_H 为两个输入转速之和的$\frac{1}{2}$；若 n_1 和 n_3 转向相反，则 n_H 为两个输入转速之差的$\frac{1}{2}$。这种轮系可用作机械式加、减法机构，它具有不受电磁干扰的特点，可用于处理敏感信号，其广泛应用于运算机构、机床等机械传动装置中。

七、实现运动的分解

差动轮系不仅可以将两个输入转动合成为一个输出转动，还可以将一个输入转动分解为两个输出转动。图 9-19 所示的汽车后桥差速器就是用于运动分解的实例。

当汽车直线行驶时，左、右两轮转速相同，行星轮 2 及 2′不发生自转，齿轮 1、2、3 如同一个整体，一起随齿轮 4 转动，此时 $n_1=n_3=n_4$。

当汽车转弯时，例如向左转弯，为了保证两轮与地面之间做纯滚动，以减轻轮胎的磨损，要求左轮转得慢一些，右轮转得快一些。此时，齿轮 1 与齿轮 3 之间发生相对转动，齿轮 2 除随齿轮 4 做公转外，还绕自身轴线回转。齿轮 2 是行星轮，齿轮 4 与行星架 H 固结在一起，齿轮 1、3 是中心轮。齿轮 1、2、3 及行星架 H 组成了差动轮系。根据式(9-5)及 $n_H=n_4$ 可得

$$\frac{n_1-n_4}{n_3-n_4}=-\frac{z_3}{z_1}=-1$$

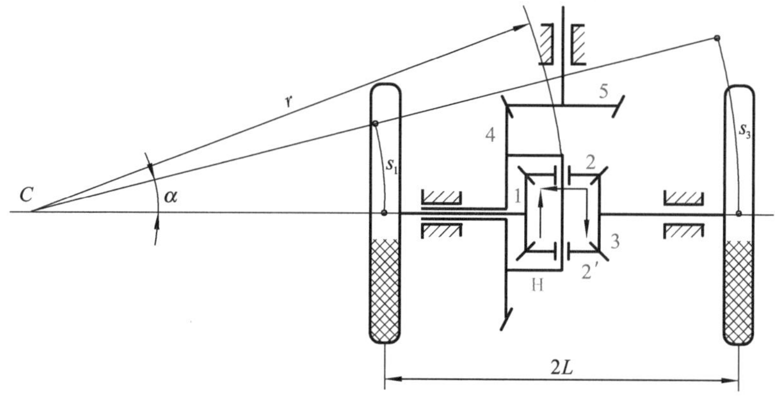

图 9-19 汽车后桥差速器

$$\frac{n_1-n_4}{n_3-n_4}=-\frac{z_3}{z_1}=-1$$

则有

$$n_4=\frac{n_1+n_3}{2}$$

由图 9-19 可见，当汽车绕瞬时回转中心 C 转动时，左、右两轮滚过的弧长 s_1 及 s_3 应与两轮到瞬时回转中心 C 的距离成正比，即

$$\frac{n_1}{n_3}=\frac{s_1}{s_3}=\frac{\alpha(r-L)}{\alpha(r+L)}=\frac{r-L}{r+L}$$

当从发动机传过来的转速 n_4、轮距 $2L$ 和转弯半径 r 已知时，即可由以上二式计算出转速 n_1 和 n_3。

由此可见，差速器可将齿轮 4 的一个输入转速 n_4 根据转弯半径 r 的变化自动分解为左、右两轮不同的转速 n_1 和 n_3。

差速器广泛应用于车辆、飞机、农机及船舶等机械设备中。

知识梳理与总结

通过本章的学习，我们掌握了轮系传动比的计算方法，也了解了轮系在工程实际中的应用。

1. 按照所有齿轮的轴线是否都固定，可将轮系分为定轴轮系、行星轮系和组合轮系。

2. 定轴轮系传动比的计算

(1)传动比大小的计算公式为

$$i_{AK}=\frac{n_A}{n_K}=\pm\frac{A\text{ 至 }K\text{ 间各对啮合齿轮从动轮齿数的连乘积}}{A\text{ 至 }K\text{ 间各对啮合齿轮主动轮齿数的连乘积}}$$

(2)传动比符号的确定

①始末两轮轴线不平行的定轴轮系，齿数比之前不加正负号，只按逐对标出转向的方

法确定各轮的转向。

②始末两轮轴线平行的定轴轮系，按逐对标出转向的方法确定各轮的转向。若始末两轮转向相同，则齿数比前符号为“+”，反之为“−”。

③所有齿轮轴线都平行的定轴轮系，按外啮合齿轮对数确定传动比的符号，奇数对符号为“−”，偶数对符号为“+”。

3.行星轮系传动比的计算

(1)转化为定轴轮系。

(2)在转化轮系中按下式计算：

$$i_{AK}^{\mathrm{H}}=\frac{n_A^{\mathrm{H}}}{n_K^{\mathrm{H}}}=\frac{n_A-n_{\mathrm{H}}}{n_K-n_{\mathrm{H}}}=\pm\frac{A\text{ 至 }K\text{ 间各对啮合齿轮从动轮齿数的连乘积}}{A\text{ 至 }K\text{ 间各对啮合齿轮主动轮齿数的连乘积}}$$

4.组合轮系传动比的计算

(1)划分基本轮系。

(2)计算各基本轮系的传动比。

(3)联立求解。

5.轮系的应用

(1)实现相距较远的两轴之间的传动。

(2)获得大的传动比。

(3)实现换向传动。

(4)实现变速传动。

(5)实现特殊的工艺动作和轨迹。

(6)实现运动的合成。

(7)实现运动的分解。

第10章 连接

学习导航

知识目标

掌握螺纹连接、轴毂连接、轴间连接的应用场合及特点。

掌握常用连接的选择、验算和设计方法。

能力目标

能够根据连接的结构合理地选择螺纹连接的类型。

能够正确地选择键的类型及参数，了解销连接的应用场合。

能够根据轴间连接的情况合理地选用联轴器及其类型。

思政映射

一台机器由许多螺钉（栓）连接固定成一个整体，靠的是每个螺钉的品质和团队的力量。零件虽小，但它们都是不可或缺的一分子，有了集体的力量，才能保证机器产生足够的动力。

在机械设备的装配、安装、使用、运输过程中，广泛使用着各种不同形式的连接。常用的连接形式有螺纹连接、轴毂连接、轴间连接、铆接及焊接等。

连接分为可拆连接和不可拆连接两大类。可拆连接在拆卸时不会损坏连接件和被连接件，如螺纹连接、键连接、销连接等；不可拆连接在拆卸时会损坏连接件或被连接件，如铆接、焊接等。可拆连接又分为静连接和动连接两种。静连接是指被连接件间不产生相对移动的连接，如气缸盖与缸体间所采用的紧螺栓连接；动连接是指被连接件间能实现相对运动的连接，如变速器中滑移齿轮与轴的花键连接。

机械中的各种连接失效可能会引起传动系统的损坏或发生事故，如柴油机连杆上的连接螺栓失效，可能会使整台机器损坏。因此，连接的设计要充分考虑连接件的强度、刚度、结构及经济性等方面的问题，保证机械设备的安全运行。

10.1 螺纹连接

学习要点

掌握螺纹连接的类型、应用场合及防松方法，能够通过计算合理地选择螺栓直径。

螺纹连接是利用螺纹零件工作的，它可以将若干个零件连接在一起，装拆方便，结构简单，工作可靠，在机械设备中应用广泛。

连接用的螺纹自锁性要好。螺纹的基本参数有大径（公称直径）d、小径 d_1、螺距 P、线数 n、导程 $S(S=nP)$、螺纹升角 γ、牙型角 α 及旋向等。最常用的普通螺纹按螺距不同，可分为粗牙螺纹和细牙螺纹，牙型角 $\alpha=60°$。粗牙螺纹常用于一般连接；细牙螺纹因自锁性好，常用于不常拆卸、强度要求较高的薄壁零件连接，或受冲击振动、多变载荷作用的连接，如自行车前叉与车架的连接以及轴上零件固定用的圆螺母等。

管螺纹的牙型角 $\alpha=55°$，一般情况下具有密封性，适用于管子、管接头、阀门等螺纹零件的连接。

一、螺纹连接的类型及应用场合

螺纹连接由连接件和被连接件组成，连接的主要类型有螺栓连接、双头螺柱连接、螺钉连接和紧定螺钉连接，它们的结构尺寸及应用见表 10-1。

螺纹连接的应用

表 10-1　　螺纹连接的类型、结构尺寸及应用场合

类型	构造	主要尺寸关系	特点及应用
螺栓连接	普通螺栓连接 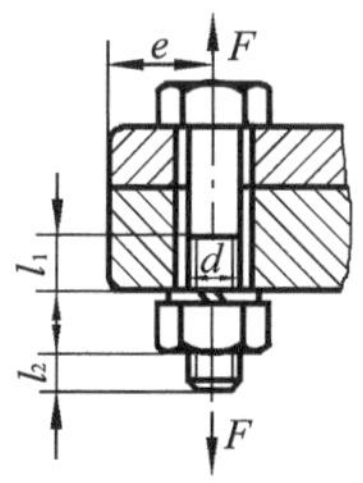	螺纹余留长度 l_1 普通螺栓连接： 静载荷 $l_1 \geqslant (0.3 \sim 0.5)d$ 变载荷 $l_1 \geqslant 0.75d$ 冲击、弯曲载荷 $l_1 \geqslant d$ 铰制孔用螺栓连接 l_1 尽可能小 螺纹伸出长度 $l_2 \approx (0.2 \sim 0.3)d$ 螺栓轴线到被连接件边缘的距离 $e = d + (3 \sim 6)$ mm	被连接件都不切制螺纹，使用不受被连接件材料的限制，构造简单，装拆方便，成本低，应用最广 用于通孔及能从被连接件两边进行装配的场合
	铰制孔用螺栓连接 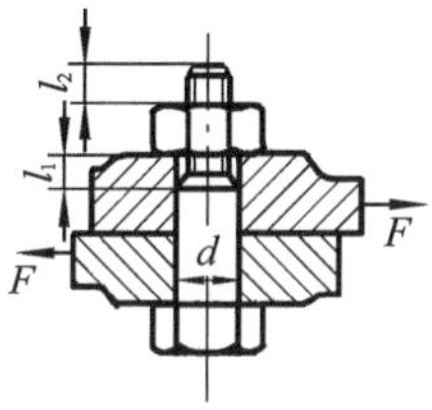		螺栓杆与孔之间紧密配合，有良好的承受横向载荷的能力和定位作用
双头螺柱连接	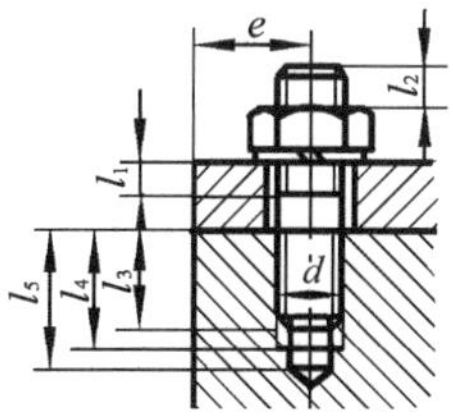	螺纹旋入深度 l_3(螺纹孔零件)： 钢或青铜 $l_3 \approx d$ 铸铁 $l_3 \approx (1.25 \sim 1.5)d$ 合金 $l_3 \approx (1.5 \sim 2.5)d$ 螺纹孔深度 $l_4 \approx l_3 + (2 \sim 2.5)d$ 钻孔深度 $l_5 \approx l_4 + (0.5 \sim 1)d$ l_1、l_2 同螺栓连接	双头螺柱的两端都有螺纹，其一端紧固地旋入被连接件之一的螺纹孔内，另一端与螺母旋合而将两被连接件连接 用于不能用螺栓连接且又需要经常拆卸的场合
螺钉连接	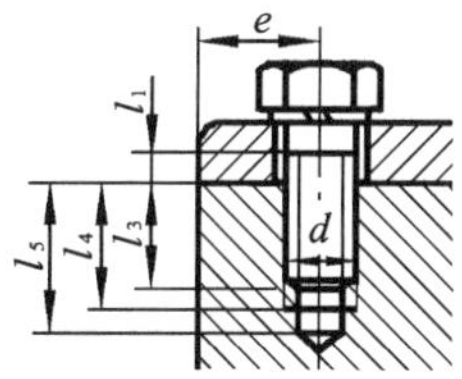	l_1、l_5、l_3、l_4 同螺栓连接和双头螺柱连接	不用螺母，而且有光整的外露表面。其应用与双头螺柱相似，但不宜用于经常拆卸的连接，以免损坏被连接件的螺纹孔
紧定螺钉连接	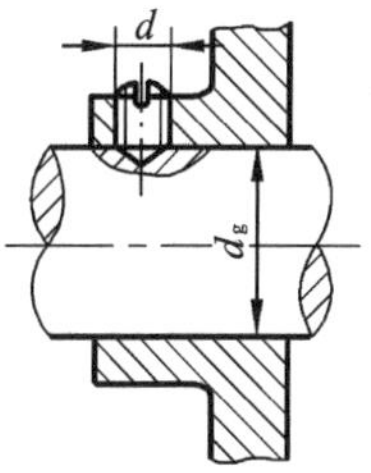	$d \approx (0.2 \sim 0.3)d_g$ 转矩大时取大值	旋入被连接件之一的螺纹孔中，其末端顶住另一被连接件的表面或顶入相应的坑中，以固定两个零件的相互位置，并可传递不大的转矩

二、常用标准螺纹连接件

常用的标准螺纹连接件有螺栓、螺钉、双头螺柱、螺母、垫圈和防松零件等。这些零件的结构形式和尺寸已经标准化。其公称尺寸为螺纹的大径，选用时可以根据公称尺寸在机械设计手册中查出其他尺寸。下面介绍常用连接件的结构特点及应用，见表 10-2。

表 10-2 常用螺纹连接件的结构特点及应用

类型	参考图	结构特点及应用
六角头螺栓	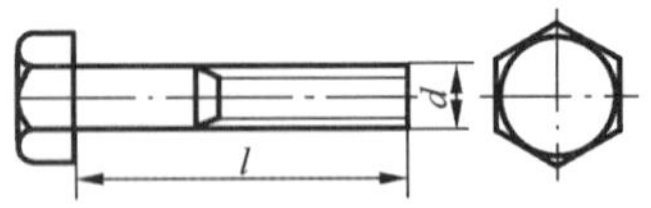 d l	种类很多，应用最广，分为 A、B、C 三级，通用机械制造中多用 C 级(左图)。螺栓杆部可制出一段螺纹或全部螺纹，螺纹可用粗牙或细牙(A、B 级)；螺栓头部有多种形式，六角头应用最广。d 是其公称直径，l 是其公称长度。可当作螺钉用
螺柱	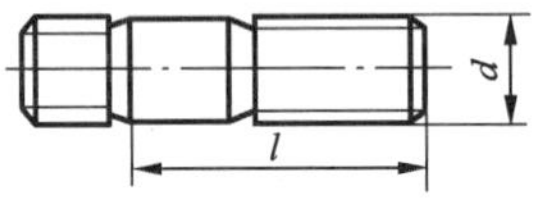 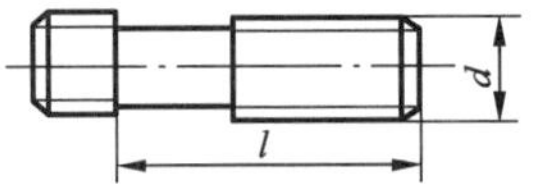 d l A型 d l B型	螺柱两端都制有螺纹，两端螺纹可相同或不同，螺柱可带退刀槽或制成腰杆，也可制成全螺纹。螺柱的一端常用于旋入铸铁或非铁合金的螺纹孔中，旋入后即不拆卸，另一端则用于安装螺母以固定其他零件。d 是其公称直径，l 是其公称长度
螺钉	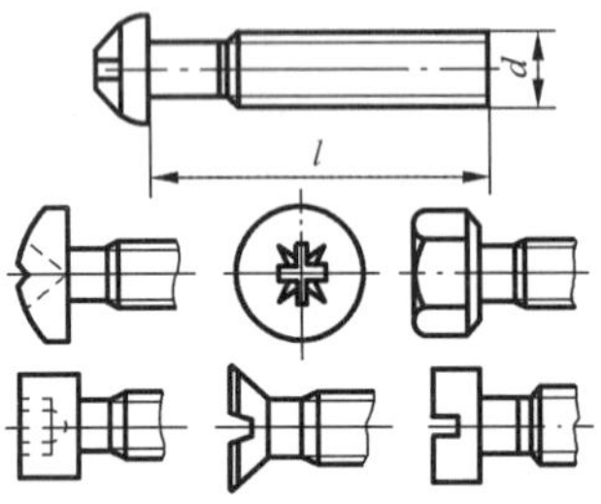 d l	螺钉头部的形状有圆头、扁圆头、六角头、圆柱头和沉头等。头部可带一字槽或制成腰杆，也可制成全螺纹的螺柱。螺柱的一端常用于旋入铸铁或非铁合金的螺纹孔中，旋入后即不拆卸；另一端则用于安装螺母以固定其他零件。d 是其公称直径，l 是其公称长度
紧定螺钉	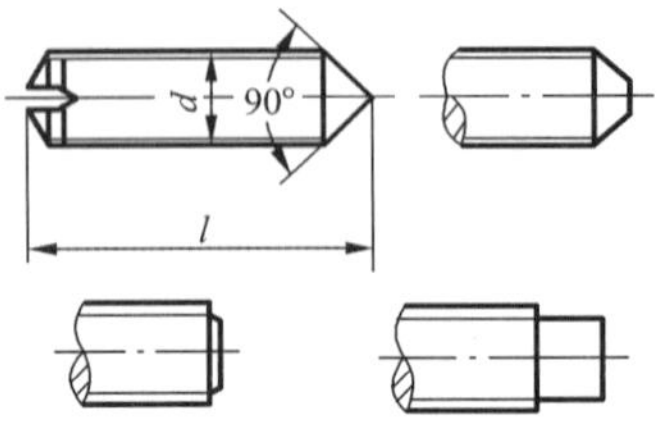 d 90° l	常用紧定螺钉的末端形状有锥端、平端和圆柱端。锥端适用于被紧定零件的表面硬度较低或不经常拆卸的场合；平端接触面积大，不伤零件表面，常用于顶紧硬度较大的平面或经常拆卸的场合；圆柱端压入轴上的凹坑中，适用于紧定空心轴上的零件。d 是其公称直径，l 是其公称长度
六角螺母	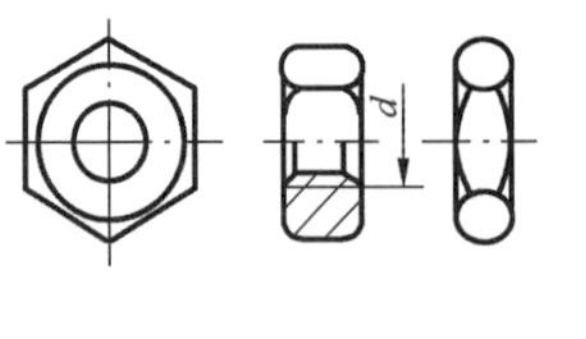 d	螺母根据厚度不同，可分为标准螺母和薄螺母两种。标准螺母有 1、2 两种类型，2 型螺母比 1 型螺母约高 10%，力学性能等级略高。薄螺母常用于受剪切力的螺栓上或空间尺寸受限制的场合。螺母的制造精度和螺栓相同，分为 A、B、C 三级，分别与相同级别的螺栓配用。d 是其公称尺寸

续表

类型	参考图	结构特点及应用
垫圈	平垫圈 斜垫圈	垫圈是螺纹连接中不可缺少的附件，常放置在螺母和被连接件之间，起保护支承面等作用。平垫圈按加工精度不同，分为A级和C级两种。用于同一螺纹直径的垫圈又分为特大、大、普通和小垫圈四种规格。斜垫圈只用于倾斜的支承面上。d是其公称尺寸
弹簧垫圈		弹簧垫圈由高碳钢制成，放置在螺母与被连接件之间，装配时被压平。弹簧垫圈除有垫圈作用外，还起防松作用。对于同一公称直径，有轻型和标准型两种弹簧垫圈可供选择。配套的螺杆直径d是其公称尺寸

螺纹紧固件的强度级别用数字表示：螺栓用两个数字表示，小数点前的数字表示抗拉强度极限σ_b的$\frac{1}{100}$，小数点后的数字表示屈服极限与强度极限的比值σ_s/σ_b的10倍。螺母用一位数字表示，数字为$\sigma_b/100$。例如，螺栓（螺钉、双头螺柱）的强度级别标记为4.6，表示抗拉强度极限$\sigma_b=400$ MPa，屈服极限$\sigma_s=240$ MPa。螺母的强度级别标记为6，表示抗拉强度极限$\sigma_b=600$ MPa。

三、螺纹连接的预紧和防松

1. 螺纹连接的预紧

按螺纹连接装配时是否拧紧，可将螺纹连接分为松连接和紧连接。实际使用中绝大多数螺栓连接都是紧螺栓连接，装配时需要拧紧，此时螺栓所受的轴向力叫预紧力F'。预紧的目的是增加连接刚度、紧密性并提高防松能力。

对于预紧力大小的控制，一般螺栓连接可凭经验控制，重要螺栓连接通常要采用测力矩扳手或定力矩扳手来控制。对于常用的钢制M10～M68的粗牙普通螺纹，拧紧力矩T的经验公式为

$$T\approx 0.2F'd \tag{10-1}$$

式中 T——拧紧力矩，N·mm；

F'——预紧力，N；

d——螺纹的公称直径，mm。

直径小的螺栓在拧紧时容易过载被拉断，因此对于重要的螺栓连接，不宜选用小于M10～M14的螺栓（与螺栓强度级别有关）。为避免拧紧应力过大而降低螺栓强度，在装配时应控制拧紧力矩。对于不控制拧紧力矩的螺栓连接，在计算时应取较大的安全系数。

对于重要的螺栓连接，应根据连接的紧密要求、载荷性质、被连接件刚度等工作条件决定所需拧紧力矩的大小，以便装配时控制。

2. 螺纹连接的防松

连接用螺纹标准件都能满足自锁条件。拧紧螺母后，螺母与被连接件支承面间的摩

擦力也有助于防止螺母松脱。若连接受静载荷并且温度变化不大,则连接螺母一般不会自行松脱。如果温度变化较大,承受振动或冲击载荷等都会使连接螺母逐渐松脱。螺母松动的后果有时是相当严重的,如引起机器的严重损坏或导致重大的人身事故等,所以设计时必须按照工作条件、工作可靠性、结构特点等考虑设置螺纹防松装置,以防止螺纹副产生相对运动。按螺纹防松装置的原理,可将其分为以下三类:

(1)利用摩擦力防松

采用各种结构措施使螺纹副中的摩擦力不随连接的外载荷波动而变化,保持较大的防松摩擦阻力矩。

①弹簧垫圈防松:如图 10-1(a)所示,拧紧螺母,弹簧垫圈被压平后,其弹力使螺纹副在轴向上张紧,而且垫圈斜口方向也对螺母起防松作用。这种防松方法结构简单,使用方便,但垫圈弹力不均,因而防松也不十分可靠,一般多用于不太重要的连接。

②双螺母防松:如图 10-1(b)所示,两个螺母对顶拧紧,螺杆旋合段受拉而螺母受压,使螺纹副轴向张紧,从而达到防松的目的。这种防松方法用于平稳、低速和重载的连接。其缺点是在载荷剧烈变化时不十分可靠,而且螺杆加长,增加一个螺母,结构尺寸变大,质量增加,不很经济。

③自锁螺母防松:如图 10-1(c)所示,在螺母上端开缝后径向收口,拧紧胀开,靠螺母弹性锁紧,达到防松的目的。这种防松装置简单、可靠,可多次装拆而不降低防松能力,一般用于重要场合。

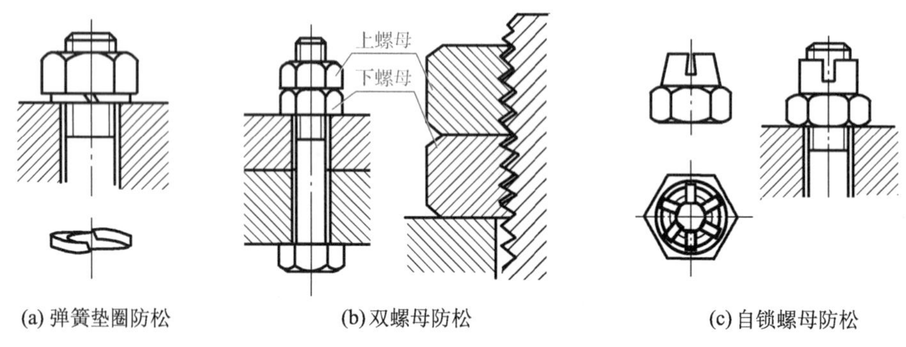

(a) 弹簧垫圈防松　(b) 双螺母防松　(c) 自锁螺母防松

图 10-1　利用摩擦力防松

(2)机械防松

机械防松装置利用防松零件控制螺纹副的相对运动,可分为以下三类:

①槽形螺母与开口销防松:如图 10-2 所示,将螺母拧紧后,把开口销插入螺母槽与螺栓尾部孔内,并将开口销尾部扳开,阻止螺母与螺栓的相对转动。这种防松装置防松可靠,一般用于受冲击或载荷变化较大的连接。

②止动垫圈防松:图 10-3(a)所示为单耳止动垫圈,一边弯起贴在螺母的侧面上,另一边弯下贴在被连接件的侧壁上,这种连接防松可靠;图 10-3(b)所示为圆螺母用止动垫圈,将内舌插入轴上的槽中,外舌之一弯起到圆螺母的缺口中,它用于轴上螺纹的防松。

③串联钢丝防松:如图 10-4 所示,将钢丝插入各螺钉头部的孔内,使其相互制约,达到防松的目的。这种防松一般用于螺钉组的连接,其连接可靠,但装拆不便。

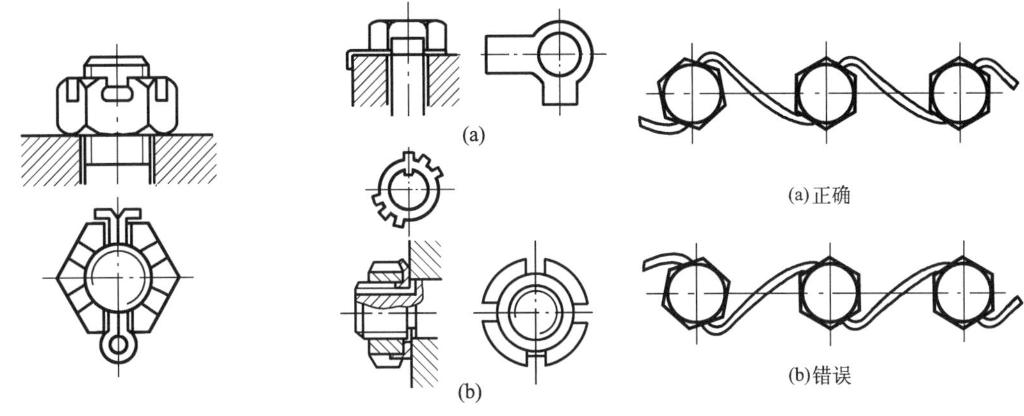

图 10-2 槽形螺母与开口销防松　　图 10-3 止动垫圈防松　　图 10-4 串联钢丝防松

(3)破坏螺纹副的不可拆防松

如图 10-5 所示，在螺母拧紧后，采用冲点、焊接、黏结等方法，使螺纹连接不可拆卸。这种方法一般用于永久性连接，方法简单可靠。

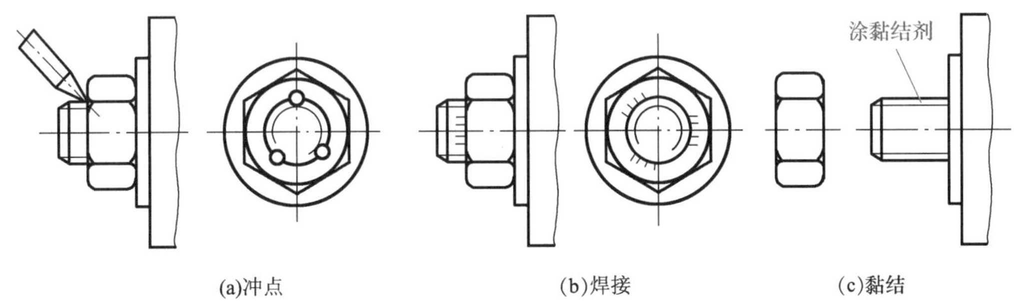

图 10-5 不可拆防松

四、螺栓连接的强度计算

螺栓连接的强度计算主要是确定螺栓的直径或校核螺栓危险截面的强度，其他尺寸及螺纹连接件是按照等强度理论设计确定的，不必计算。

1. 普通螺栓连接的强度计算

在轴向静载荷的作用下，普通螺栓连接的失效形式一般为螺栓杆螺纹部分的塑性变形或断裂，因此对普通螺栓连接要进行拉伸强度计算。

(1)松螺栓连接的强度计算

如图 10-6 所示，松螺栓连接在工作时只承受轴向工作载荷 F，其强度校核与设计计算公式分别为

$$\sigma=\frac{F}{\pi d_1^2/4}\leqslant[\sigma] \tag{10-2}$$

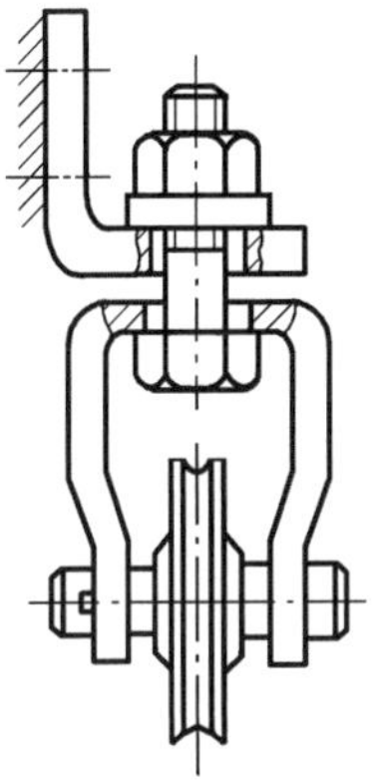

图 10-6 松螺栓连接实例

$$d_1 \geqslant \sqrt{\frac{4F}{\pi[\sigma]}} \tag{10-3}$$

$$[\sigma]=\frac{\sigma_s}{S} \tag{10-4}$$

式中 F——轴向工作载荷,N;

d_1——螺栓小径,mm;

$[\sigma]$——螺栓材料的许用拉应力,MPa;

σ_s——螺栓材料的屈服极限,MPa,见表 10-3;

S——安全系数,见表 10-4。

表 10-3 螺纹连接件常用材料的力学性能

钢号	抗拉强度极限 σ_b/MPa	屈服极限 σ_s/MPa	疲劳极限/MPa	
			弯曲 σ_{-1}	抗拉 σ_{-1r}
Q215	340～420	220	—	—
Q235	410～470	240	170～220	120～160
35	540	320	220～300	170～220
45	610	360	250～340	190～250
40Cr	750～1 000	650～900	320～440	240～340

表 10-4 受拉紧螺栓连接的安全系数 S

控制预紧力	1.2～1.5					
不控制预紧力	材料	静载荷			动载荷	
		M6～M16	M16～M30	M30～M60	M6～M16	M16～M30
	碳钢	4～3	3～2	2～1.3	10～6.5	6.5
	合金钢	5～4	4～2.5	2.5	7.5～5	5

(2)紧螺栓连接的强度计算

紧螺栓连接有预紧力 F',按所受工作载荷的方向分为以下两种情况:

①受横向工作载荷的紧螺栓连接:如图 10-7 所示,在横向工作载荷 F_s 的作用下,被连接件接合面间有相对滑移趋势,为防止滑移,由预紧力 F' 所产生的摩擦力应大于或等于横向工作载荷 F_s,即 $F'fm \geqslant F_s$。引入可靠性系数 C,整理得

$$F'=\frac{CF_s}{fm} \tag{10-5}$$

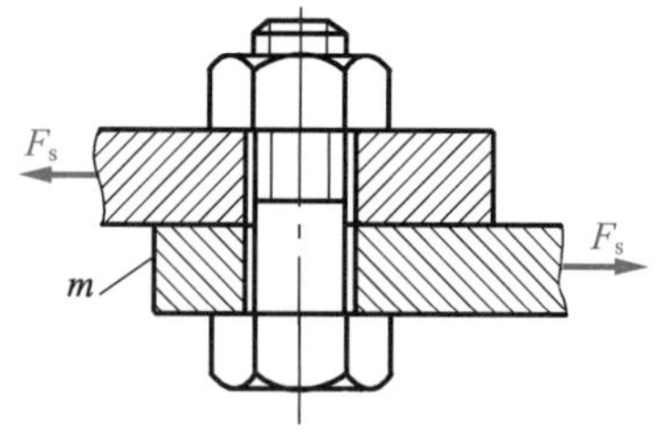

图 10-7 受横向工作载荷的紧螺栓连接

式中 F'——螺栓所受轴向预紧力,N;

C——可靠性系数,一般取 1.1～1.3;

F_s——螺栓连接所受横向工作载荷,N;

f——接合面间的摩擦系数,对于干燥的钢或铸铁件表面可取 0.1～0.16;

m——接合面的数目。

螺栓除受预紧力 F'引起的拉应力 σ 外,还受螺旋副中摩擦力矩 T 引起的切应力 τ 作用。对于 M10～M68 的普通钢制螺栓,$\tau \approx 0.5\sigma$,根据第四强度理论,可知相当应力 $\sigma_e \approx$

1.3σ。所以,螺栓的强度校核与设计计算公式分别为

$$\sigma_e=\frac{1.3F'}{\pi d_1^2/4}\leqslant[\sigma] \tag{10-6}$$

$$d_1\geqslant\sqrt{\frac{5.2F'}{\pi[\sigma]}} \tag{10-7}$$

式中各符号的含义同前。

②受轴向工作载荷的紧螺栓连接:这种紧螺栓连接常用于对紧密性要求较高的压力容器,如气缸、油缸中的法兰连接。如图 10-8(a)所示,工作载荷作用前,螺栓只受预紧力 F',接合面受压力。工作时,在轴向工作载荷 F 的作用下,接合面有分离趋势,该处的压力由 F 减为 F'',称为残余预紧力,F''同时也作用于螺栓,因此,螺栓所受的总拉力 F_Q 应为轴向工作载荷 F 与残余预紧力 F''之和,如图 10-8(b)所示,即

$$F_Q=F+F'' \tag{10-8}$$

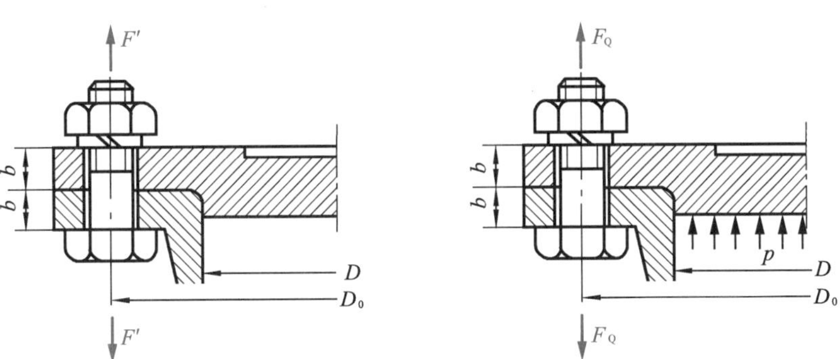

图 10-8 受轴向工作载荷的紧螺栓连接

为保证连接的紧固性与紧密性,残余预紧力 F''应大于零,表 10-5 列出了 F''的推荐值。

表 10-5 残余预紧力 F''的推荐值

连接性质		残余预紧力 F''的推荐值
紧固连接	F 无变化	$(0.2\sim0.6)F$
	F 有变化	$(0.6\sim1.0)F$
紧密连接		$(1.5\sim1.8)F$
地脚螺栓连接		$\geqslant F$

螺栓的强度校核与设计计算公式分别为

$$\sigma_e=\frac{1.3F_Q}{\pi d_1^2/4}\leqslant[\sigma] \tag{10-9}$$

$$d_1\geqslant\sqrt{\frac{5.2F_Q}{\pi[\sigma]}} \tag{10-10}$$

压力容器中的螺栓连接,除满足式(10-9)外,还要有适当的螺栓间距 t_0。t_0 太大会影响连接的紧密性,通常 $3d\leqslant t_0\leqslant7d$。

2. 铰制孔用螺栓连接的强度计算

如图 10-9 所示，铰制孔用螺栓连接的失效形式一般为螺栓杆被剪断，螺栓杆或孔壁被压溃。因此，铰制孔用螺栓连接须进行剪切强度和挤压强度计算。

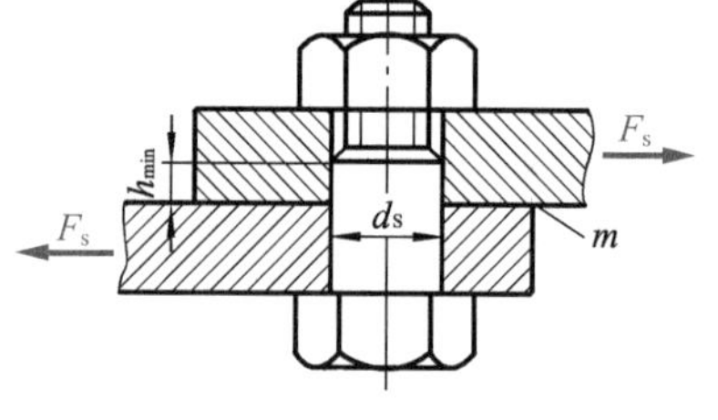

图 10-9 铰制孔用螺栓连接

螺栓杆的剪切强度条件为

$$\tau=\frac{4F_s}{\pi d_s^2}\leqslant[\tau] \tag{10-11}$$

螺栓杆与孔壁的挤压强度条件为

$$\sigma_p=\frac{F_s}{d_s h_{min}}\leqslant[\sigma_p] \tag{10-12}$$

式中 F_s——单个铰制孔用螺栓所受的横向载荷，N；

d_s——铰制孔用螺栓剪切面直径，mm；

h_{min}——螺栓杆与孔壁挤压面的最小高度，mm；

$[\tau]$——螺栓许用切应力，MPa，见表 10-6；

$[\sigma_p]$——螺栓或被连接件的许用挤压应力，MPa，见表 10-6。

表 10-6 铰制孔用螺栓的许用应力

载荷类型	被连接件材料	剪切		挤压	
		许用应力	S_s	许用应力	S_p
静载荷	钢	$[\tau]=\sigma_s/S_s$	2.5	$[\sigma_p]=\sigma_s/S_p$	1.25
	铸铁			$[\sigma_p]=\sigma_b/S_p$	2～2.5
动载荷	钢、铸铁	$[\tau]=\sigma_s/S_s$	3.5～5	$[\sigma_p]$按静载荷取值的70%～80%计	

螺纹连接件的性能等级及推荐材料见表 10-7。

表 10-7 螺纹连接件的性能等级及推荐材料

螺栓 双头螺柱 螺钉	性能等级	3.6	4.6	4.8	5.6	5.8	6.8	8.8	9.8	10.9	12.9
	推荐材料	Q215 10	Q235 15	Q235 15	25 35	Q235 35	45	45	35 45	40Cr 15MnVB	30CrMnSi 15MnVB
相配 螺母	性能等级	4($d>$M16) 5($d\leqslant$M16)			5	5	6	8 或 9 M16$<d\leqslant$M39	9 ($d\leqslant$M16)	10	12 ($d\leqslant$M39)
	推荐材料	Q215 10	Q215 10	Q215 10	Q215 10	Q215 10	Q235 10	35	35	40Cr 15MnVB	30CrMnSi 15MnVB

注：1. 在螺栓、双头螺柱、螺钉的性能等级代号中，小数点前的数字为 $\sigma_{bmin}/100$，小数点前、后数相乘的 10 倍为 σ_{smin}。如“5.8”表示 $\sigma_{bmin}=500$ MPa，$\sigma_{smin}=400$ MPa。螺母性能等级代号为 $\sigma_{bmin}/100$。

2. 同一材料通过工艺措施可制成不同等级的连接件。

3. 大于 8.8 级的连接件材料要经淬火并回火。

下面通过两个例子来说明普通螺栓连接和铰制孔用螺栓连接在受不同载荷作用时，螺栓的材料、强度级别、数量和直径的确定。

例 10-1

如图 10-8 所示，气缸盖与气缸体的凸缘厚度均为 $b=30$ mm，采用普通螺栓连接。已知气体的压强 $p=1.5$ MPa，气缸内径 $D=250$ mm，螺栓分布圆直径 $D_0=350$ mm，采用测力矩扳手装配。试选择螺栓的材料和强度级别，确定螺栓的数量和直径。

解 (1)选择螺栓的材料和强度级别

该连接属于受轴向工作载荷的紧螺栓连接，较重要，由表 10-6 选 45 钢，6.8 级，$\sigma_b=6\times100=600$ MPa，$\sigma_s=8\times6\times10=480$ MPa。

(2)计算螺栓所受的总拉力

每个螺栓所受的工作载荷为

$$F=\frac{p\pi D^2}{4z}=\frac{1.5\times3.14\times250^2}{4z}=\frac{73\ 594}{z}\ \text{N}$$

由表 10-5 查得 $F''=(1.5\sim1.8)F$，取 $F''=1.6F$。

由式(10-8)得每个螺栓所受的总拉力为

$$F_Q=F+F''=F+1.6F=\frac{2.6\times73\ 594}{z}=\frac{191\ 344}{z}\ \text{N}$$

(3)计算所需螺栓的直径和数量

由表 10-4 查得 $S=2$，则$[\sigma]=\sigma_s/S=480/2=240$ MPa。

$$d_1\geqslant\sqrt{\frac{5.2F_Q}{\pi[\sigma]}}=\sqrt{\frac{5.2\times191\ 344}{3.14\times240z}}=\frac{36.34}{\sqrt{z}}\ \text{mm}$$

初选 $z=8$，求得 $d_1=12.85$ mm，查国家标准，选取 M16 螺栓。

(4)校验螺栓分布间距

$t_{0\max}=7d=112$ mm，$t_{0\min}=3d=48$ mm，$t_0=\pi D_0/z=3.14\times350/8=137$ mm$>t_{0\max}$。

为了保证连接的紧密性，螺栓数量 z 取 12，$t_0=92$ mm，能满足间距要求且强度更好，所以选用 12 个 M16 螺栓。

例 10-2

如图 10-10 所示钢制凸缘联轴器，用均布在直径为 $D_0=250$ mm 圆周上的 z 个螺栓将两半凸缘联轴器紧固在一起，凸缘厚度 $b=30$ mm。联轴器需要传递的转矩 $T=1\times10^6$ N·mm，接合面间的摩擦系数 $f=0.15$，可靠性系数 $C=1.2$。试求：(1)若采用六个普通螺栓连接，计算所需螺栓直径；(2)若采用与(1)计算结果相同的公称直径的三个铰制孔用螺栓连接，强度是否足够？

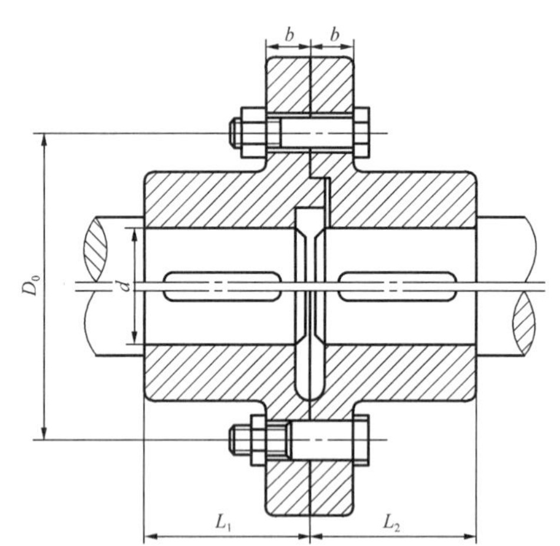

图 10-10 凸缘联轴器中的螺栓连接

解 (1)求普通螺栓直径

①求螺栓所受的预紧力

该连接属于受横向工作载荷的紧螺栓连接，每个螺栓所受的横向工作载荷 $F_s=\dfrac{2T}{D_0 z}$，由式(10-5)得

$$F'=\frac{CF_s}{fm}=\frac{2CT}{fmD_0 z}=\frac{2\times1.2\times10^6}{0.15\times1\times250\times6}=10\ 667\ \text{N}$$

②选择螺栓材料，确定许用应力

由表 10-7 选 Q235，4.6 级，$\sigma_b=400$ MPa，$\sigma_s=240$ MPa。由表10-4，当不控制预紧力时，对碳素钢取安全系数$S=4$，则

$$[\sigma]=\frac{\sigma_s}{S}=\frac{240}{4}=60\ \text{MPa}$$

③计算螺栓直径

$$d_1\geqslant\sqrt{\frac{5.2F'}{\pi[\sigma]}}=\sqrt{\frac{5.2\times10\ 667}{3.14\times60}}=17.159\ \text{mm}$$

查普通螺纹基本尺寸，取 $d=20$ mm，$d_1=17.294$ mm，螺距 $P=2.5$ mm。

(2)校核铰制孔用螺栓强度

①求每个螺栓所受的横向工作载荷

$$F_s=\frac{2T}{D_0 z}=\frac{2\times10^6}{250\times3}=2\ 667\ \text{N}$$

②选择螺栓材料，确定许用应力

由表 10-7 仍选 Q235，4.6 级，$\sigma_b=400$ MPa，$\sigma_s=240$ MPa。由表 10-6 知$S_s=2.5$，$S_p=1.25$，则

$$[\tau]=\frac{\sigma_s}{S_s}=\frac{240}{2.5}=96\ \text{MPa}$$

$$[\sigma_p]=\frac{\sigma_s}{S_p}=\frac{240}{1.25}=192\ \text{MPa}$$

③校核螺栓强度

对 M20 的铰制孔用螺栓，由标准查得 $d_s=21$ mm，螺栓长度 $l=b+b+m+l_2=30+30+18+0.3\times20=84$ mm。取公称长度 $l=85$ mm，其中非螺纹段的长度可查得为 53 mm，由分析可知

$$h_{min}=53-b=53-30=23\ \text{mm}$$

则

$$\tau=\frac{4F_s}{\pi d_s^2}=\frac{4\times2\ 667}{3.14\times21^2}=7.7\ \text{MPa}<[\tau]=96\ \text{MPa}$$

$$\sigma_p=\frac{F_s}{d_s h_{min}}=\frac{2\ 667}{21\times23}=5.5\ \text{MPa}<[\sigma_P]=192\ \text{MPa}$$

因此，采用三个 $d_s=21$ mm、$l=85$ mm 的铰制孔用螺栓强度足够。

五、螺纹连接的结构设计要点

机器设备中螺栓连接一般都是成组使用的，如何尽可能地使各个螺栓接近均匀地承担载荷，是设计、安装螺栓连接时要解决的主要问题。因此，合理布置同组内各个螺栓的位置是十分重要的。在结构设计时，应考虑以下几方面问题：

（1）螺栓组的布置应尽可能对称，以使接合面受力比较均匀。一般都将接合面设计成对称的简单几何形状，并应使螺栓组的对称中心与接合面的形心重合，如图 10-11 所示。

（2）当螺栓连接承受弯矩和转矩时，还需将螺栓尽可能地布置在靠近接合面的边缘处，以减小螺栓中的载荷。如果普通螺栓连接受较大的横向工作载荷，则可用套筒、键、销等零件来分担横向工作载荷，以减小螺栓的预紧力和结构尺寸，如图 10-12 所示。

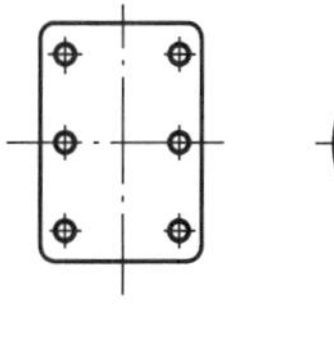

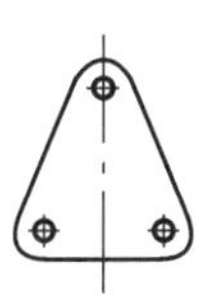
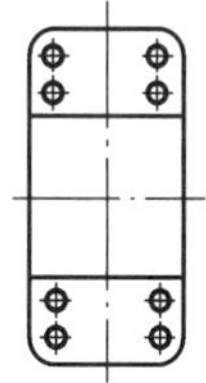

图 10-11　螺栓组的布置

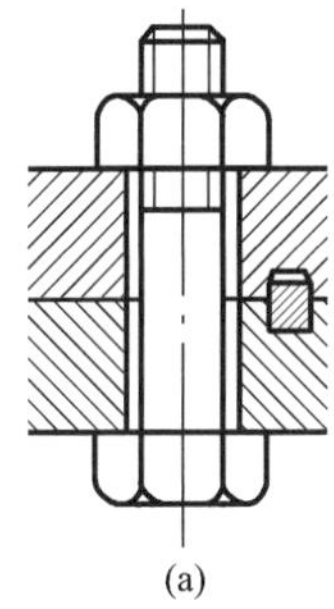
(a)
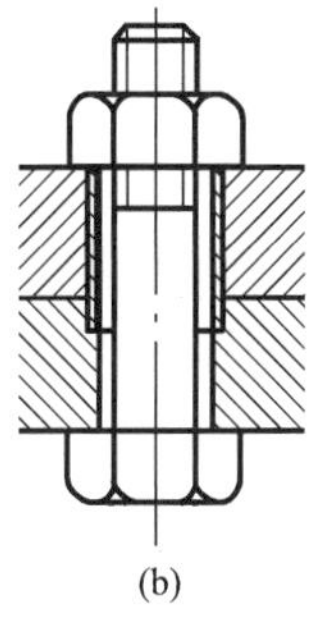
(b)
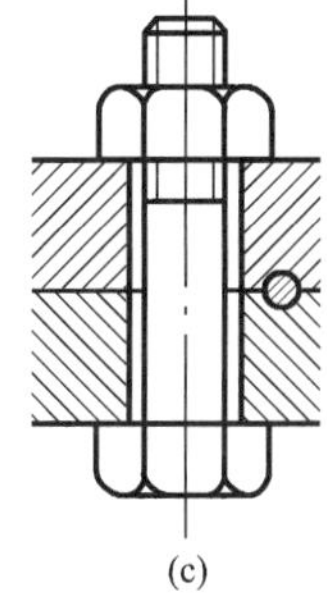
(c)

图 10-12　减荷装置

(3)分布在同一圆周上的螺栓数,应取为 3、4、6、8 等易于等分的数目,以便于钻孔时分度加工。

(4)在一般情况下,为了安装方便,同一组螺栓不论受力大小,均应采用同样的材料和规格尺寸,如螺栓直径和长度尺寸等。

(5)螺栓布置要有合理的距离。在布置螺栓时,螺栓中心线与机体壁之间以及螺栓相互之间的距离,要根据扳手活动所需的空间大小来决定,如图 10-13 所示。扳手空间的尺寸可查有关手册。

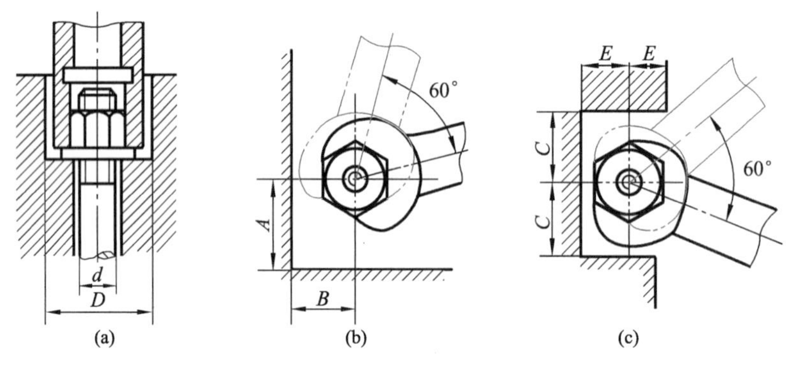

图 10-13 扳手空间

(6)避免承受附加弯曲应力。引起附加弯曲应力的因素很多,除因制造、安装上的误差及被连接件的变形等因素外,螺栓、螺母支承面不平或倾斜等都可能引起附加弯曲应力。支承面一般应为加工面,为了减少加工面,常将支承面做成凸台、凹坑。为了适应特殊的支承面(倾斜的支承面、球面),可采用斜垫圈、球面垫圈等,如图 10-14 所示。

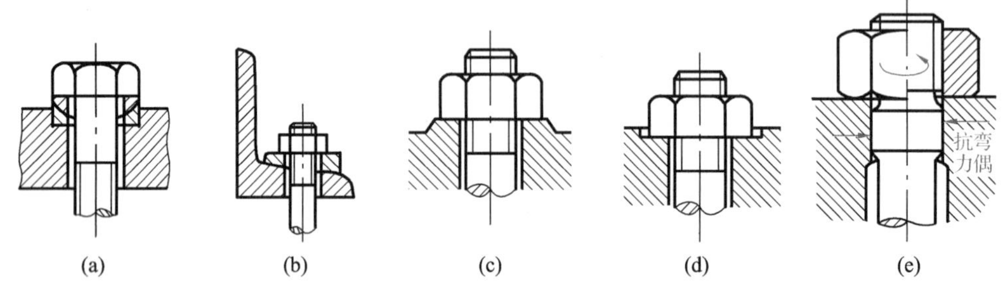

图 10-14 避免承受附加弯曲应力的措施

10.2 轴毂连接

学习要点

掌握平键连接参数的选择方法,会验算键的强度,了解花键连接及销连接的应用场合。

安装在轴上的齿轮、带轮、链轮等传动零件，其轮毂与轴的连接称为轴毂连接。轴毂连接的主要类型有键连接、花键连接、销连接、过盈配合连接以及型面连接等。

键连接主要用来实现轴和轮毂（如齿轮、带轮等）之间的周向固定，并用来传递运动和转矩，有些还可以实现轴上零件的轴向固定或轴向移动（导向）。固定方式主要根据零件所传递转矩的大小和性质、轮毂与轴的对中精度要求以及加工的难易程度等因素来选择。

一、键连接

按照结构特点和工作原理，键连接分为平键连接、半圆键连接和楔键连接等。

1. 平键连接

平键连接的剖面结构如图 10-15 所示，平键的下面与轴上键槽紧贴，上面与轮毂键槽顶面留有间隙。两侧面为工作面，依靠键与键槽之间的挤压力 F_t 传递转矩 T。

认识键连接

平键连接加工容易、装拆方便、对中性良好，应用非常广泛。根据用途可将其分为如下三种：

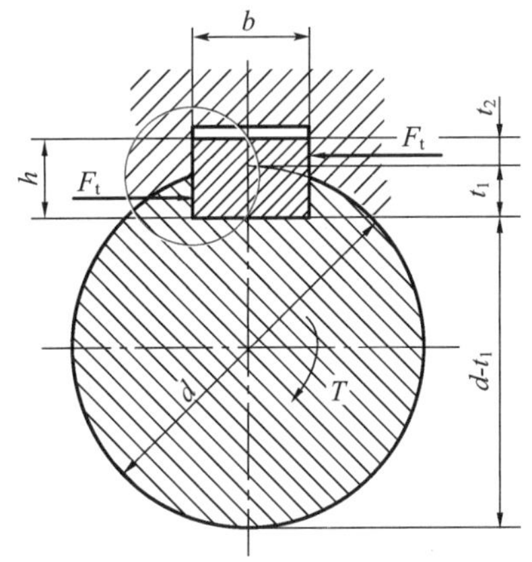

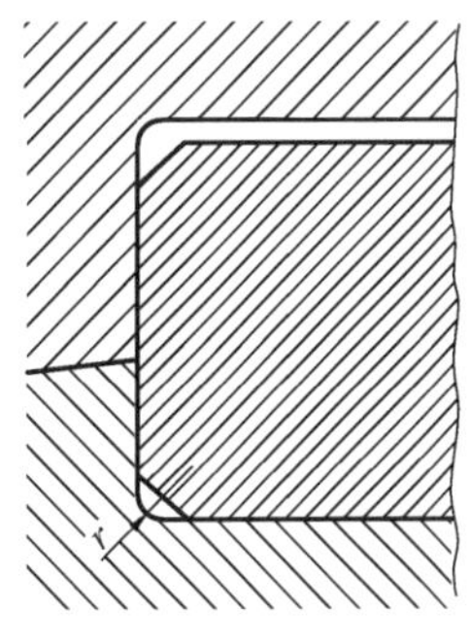

图 10-15　平键连接的剖面结构

(1)普通型平键连接

如图 10-16 所示，普通型平键的主要尺寸是键宽 b、键高 h 和键长 L。端部有圆头（A 型）、平头（B 型）和单圆头（C 型）三种形式。A 型键轴向定位好，应用广泛，但键槽部位轴上的应力集中较大。C 型键用于轴端。A、C 型键的轴上键槽用立铣刀切制，如图 10-17(a)所示。B 型键的轴上键槽用盘铣刀铣出，如图 10-17(b)所示。B 型键避免了圆头平键的缺点，但键在键槽中的固定不好，常用螺钉紧定。普通型平键连接的尺寸标准见表 10-8 及表 10-9。

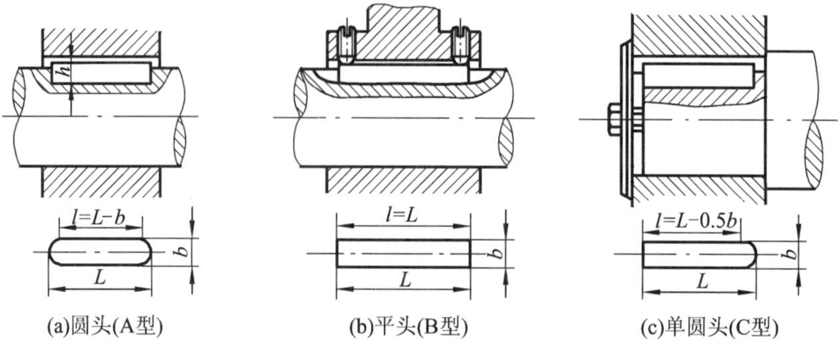

图 10-16　普通型平键连接

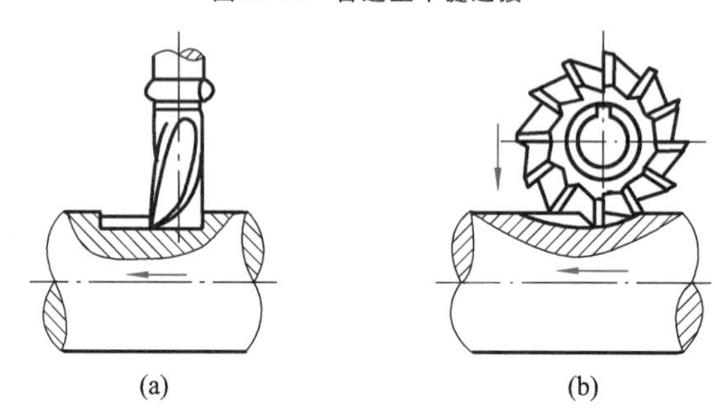

图 10-17　键槽加工

表 10-8　普通型平键键槽的尺寸与公差(摘自GB/T 1095—2003)　mm

轴直径 d	键尺寸 $b\times h$	键槽											
		宽度 b						深度				半径 r	
		基本尺寸	极限偏差					轴 t_1		毂 t_2			
			正常连接		紧密连接	松连接		基本尺寸	极限偏差	基本尺寸	极限偏差	min	max
			轴 N9	毂 JS9	轴和毂 P9	轴 H9	毂 D10						
6～8	2×2	2	−0.004 −0.029	±0.012 5	−0.006 −0.031	+0.025 0	+0.060 +0.020	1.2	+0.1 0	1.0	+0.1 0	0.08	0.16
8～10	3×3	3						1.8		1.4			
10～12	4×4	4	0 −0.030	±0.015	−0.012 −0.042	+0.030 0	+0.078 +0.030	2.5		1.8			
12～17	5×5	5						3.0		2.3		0.16	0.25
17～22	6×6	6						3.5		2.8			
22～30	8×7	8	0 −0.036	±0.018	−0.015 −0.051	+0.036 0	+0.098 +0.040	4.0	+0.2 0	3.3	+0.2 0		
30～38	10×8	10						5.0		3.3		0.25	0.40
38～44	12×8	12	0 −0.043	±0.021 5	−0.018 −0.061	+0.043 0	+0.120 +0.050	5.0		3.3			
44～50	14×9	14						5.5		3.8			
50～58	16×10	16						6.0		4.3			
58～65	18×11	18						7.0		4.4			
65～75	20×12	20	0 −0.052	±0.026	−0.022 −0.074	+0.052 0	+0.149 +0.065	7.5		4.9		0.40	0.60
75～85	22×14	22						9.0		5.4			
85～95	25×14	25						9.0		5.4			
95～110	28×16	28						10.0		6.4			

注:表中轴直径 d 不属于 GB/T 1095—2003,将其加入是为了使用方便。

表 10-9 普通型平键的尺寸(摘自 GB/T 1096—2003) mm

宽度 b	2	3	4	5	6	8	10	12	14	16	18	20	22
高度 h	2	3	4	5	6	7	8	8	9	10	11	12	14
							长度 L						
6			—	—	—	—	—	—	—	—	—	—	—
8				—	—	—	—	—	—	—	—	—	—
10					—	—	—	—	—	—	—	—	—
12					—	—	—	—	—	—	—	—	—
14						—	—	—	—	—	—	—	—
16						—	—	—	—	—	—	—	—
18							—	—	—	—	—	—	—
20							—	—	—	—	—	—	—
22	—			标准				—	—	—	—	—	
25	—							—	—	—	—	—	—
28	—								—	—	—	—	—
32	—								—	—	—	—	—
36	—									—	—	—	—
40	—	—								—	—	—	—
45	—	—					长度				—	—	—
50	—	—	—									—	—
56	—	—	—										—
63	—	—	—	—									
70	—	—	—	—									
80	—	—	—	—	—								
90	—	—	—	—	—					范围			
100	—	—	—	—	—	—							
110	—	—	—	—	—	—							
125	—	—	—	—	—	—	—						
140	—	—	—	—	—	—	—						
160	—	—	—	—	—	—	—	—					
180	—	—	—	—	—	—	—	—	—				
200	—	—	—	—	—	—	—	—	—	—			
220	—	—	—	—	—	—	—	—	—	—	—		
250	—	—	—	—	—	—	—	—	—	—	—	—	

不论采用哪种平键连接,轮毂上的键槽都是用插削或拉削方法加工的。

普通型平键的标注示例:

宽度 b=16 mm、高度 h=10 mm、长度 L=100 mm 的普通 A 型平键的标记为

GB/T 1096 键 16×10×100

宽度 b=16 mm、高度 h=10 mm、长度 L=100 mm 的普通 B 型平键的标记为

GB/T 1096 键 B16×10×100

宽度 $b=16$ mm、高度 $h=10$ mm、长度 $L=100$ mm 的普通 C 型平键的标记为

GB/T 1096　键　C16×10×100

上面的标记中，普通 A 型平键的标记省略字母 A。

(2)导向平键和滑键连接

当轴上零件与轴构成移动副时，采用导向平键连接，轮毂可沿键做轴向滑移，如图 10-18 所示。由于导向平键较长，要用螺钉固定在轴上，键中间设有起键螺孔，以便拆卸。当轴上零件移动距离较大时，宜采用滑键连接，但因其键过长，制造、安装困难。如图 10-19 所示，滑键固定在轮毂上，零件在轴上移动，带动滑键在轴槽中做轴向移动，这种连接需要在轴上铣出较长的键槽，而键可以做得较短些。

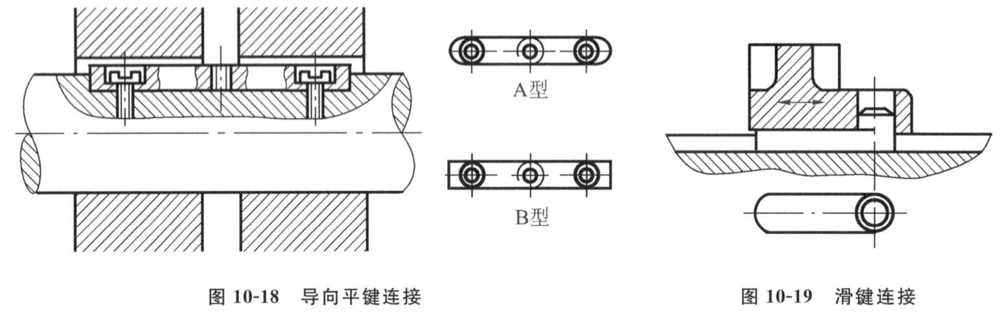

图 10-18　导向平键连接　　图 10-19　滑键连接

2. 半圆键连接

如图 10-20 所示，用半圆键连接时，轴上键槽用半径与键相同的盘状铣刀铣出，因而键在槽中能摆动，以适应轮毂键槽的斜度。

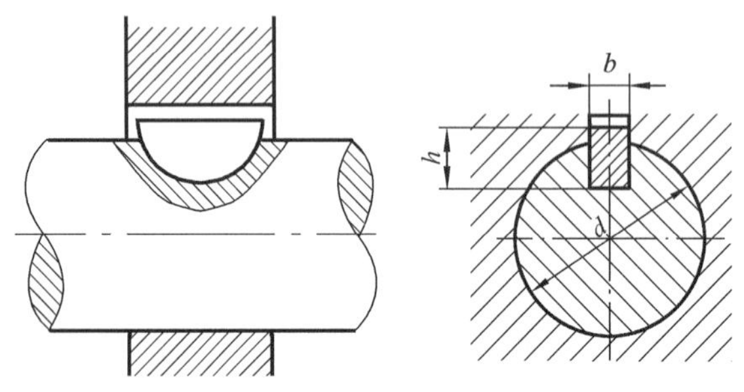

图 10-20　半圆键连接

半圆键用于静连接，键的侧面为工作面。这种连接的优点是工艺性较好，缺点是轴上键槽较深，对轴的削弱较大，故主要用于轻载荷和锥形轴端的连接。

3. 楔键连接

楔键连接如图 10-21 所示，楔键的上表面和轮毂槽底均有 1∶100 的斜度，键楔紧在轴毂之间。楔键的上下表面为工作面，依靠压紧面的挤压力和摩擦力传递转矩及单向轴向力。

楔键分普通楔键和钩头楔键。在装配时，对 A 型(圆头)普通楔键，要先将键放入键槽中，然后打紧轮毂；对 B 型(平头)普通楔键和钩头楔键，可先将轮毂装到适当位置，再将键打紧。钩头与轮毂端面间应留有余地，以便于拆卸。因为键楔紧后，轴与轴上零件的

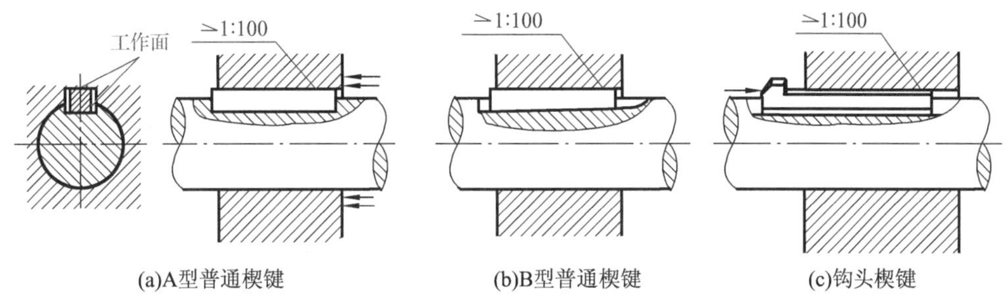

(a)A型普通楔键　(b)B型普通楔键　(c)钩头楔键

图 10-21　楔键连接

对中性差，在冲击、振动或变载荷下连接容易松动，所以楔键连接适用于不要求准确定心、低速运转的场合。

二、键连接的尺寸选择和强度计算

1. 键的选择

(1)键的类型选择

选择键的类型应考虑以下因素：对中性的要求；传递转矩的大小；轮毂是否需要沿轴向滑移及滑移的距离大小；键在轴的中部或端部等。

(2)键的尺寸选择

键的截面尺寸(宽度 b 和高度 h)可根据轴的直径从表 10-8 中选取，键的长度 L 应略小于轮毂的宽度 L_1，并按表 10-9 中提供的长度取值。对于动连接，还应考虑移动的距离。

2. 平键连接的强度计算

键连接的主要失效形式是较弱工作面的压溃(静连接)或过度磨损(动连接)，因此应按照挤压应力 σ_p 或压强 p 进行条件性的强度计算，校核公式为

$$\sigma_p(\text{或 } p)=\frac{4T}{dhl}\leqslant[\sigma_p](\text{或}[p]) \tag{10-13}$$

式中　T——传递的转矩，N・mm；

d——轴的直径，mm；

h——键高，mm；

l——键的工作长度，mm，如图 10-16 所示；

$[\sigma_p]$(或$[p]$)——键连接的许用挤压应力(或许用压强$[p]$)，MPa，见表 10-10。计算时应取连接键、轴、轮毂三者中最弱材料的值。

表 10-10　键连接的许用挤压应力(压强)　MPa

参数	连接性质	键或轴、毂材料	载荷性质		
			静载荷	轻微冲击	冲击
$[\sigma_p]$	静连接	钢	120～150	100～120	60～90
		铸铁	70～80	50～60	30～45
$[p]$	动连接	钢	50	40	30

如果强度不足，在结构允许时可以适当增加轮毂的长度和键长，或者间隔 180°布置两个键。考虑载荷分布的不均匀性，双键连接按 1.5 个键进行强度校核。

3. 键槽尺寸及公差

轮毂键槽深度为 t_2，轴上键槽深度为 t_1，它们的宽度与键的宽度相同。键连接按配合情况分为正常连接、紧密连接和松连接。据此从表 10-8 中可查出相应的公差并标注在图中。键槽的表面粗糙度一般规定为：轴槽、轮毂槽键槽两侧面的表面粗糙度 Ra 值推荐为 1.6～3.2 μm，轴槽、轮毂槽底面的表面粗糙度 Ra 值推荐为 6.3 μm。图 10-22 所示为轴直径为 45 mm 的普通型平键(正常连接)的键槽尺寸和偏差。

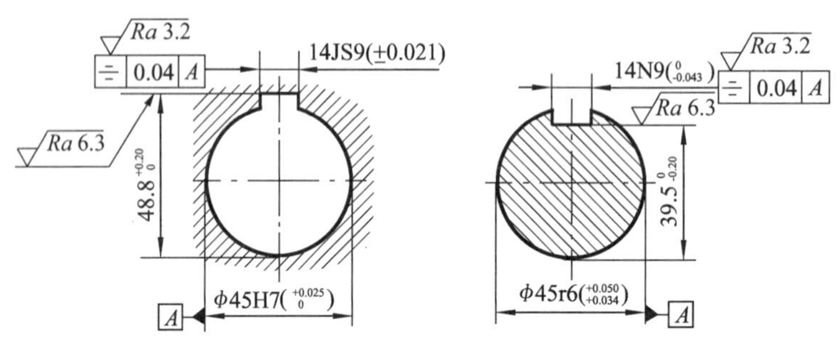

图 10-22 键槽尺寸及偏差

三、花键连接

花键连接由轴上加工出的外花键和轮毂孔内加工出的内花键组成，如图 10-23 所示。工作时靠键齿的侧面互相挤压来传递转矩。花键连接的优点：键齿数多，承载能力强；键槽较浅，应力集中小，对轴和轮毂的强度削弱也小；键齿均布，受力均匀；轴上零件与轴的对中性好；导向性好。花键连接的缺点是加工成本较高。因此，花键连接用于定心精度要求较高和传递载荷较大的场合。

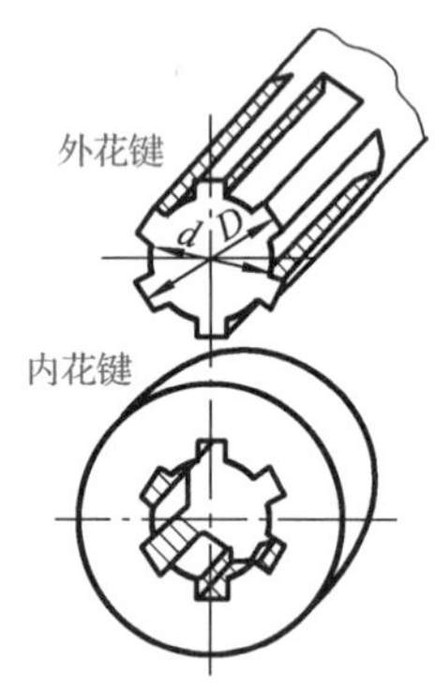

图 10-23 花键

花键连接已标准化，按齿形不同，可分为矩形花键和渐开线花键等。

1. 矩形花键

矩形花键的齿侧为直线。按键齿数和键高的不同，矩形花键分轻、中两个系列。对轻载的静连接，选用轻系列；对重载的静连接或动连接，选用中系列。

国家标准规定，矩形花键连接采用小径定心，如图 10-24 所示。这种定心方式可采用热处理后磨内花键孔的工艺，以提高定心精度，并在单件生产或花键孔直径较大时避免使用拉刀，以降低制造成本。

2. 渐开线花键

渐开线花键的齿廓为渐开线，如图 10-25 所示，工作时各齿均匀承载，强度高。渐开线花键可以用齿轮加工设备制造，工艺性好，加工精度高，互换性好。因此，渐开线花键连接常用于传递载荷较大、轴径较大、大批量生产的重要场合。

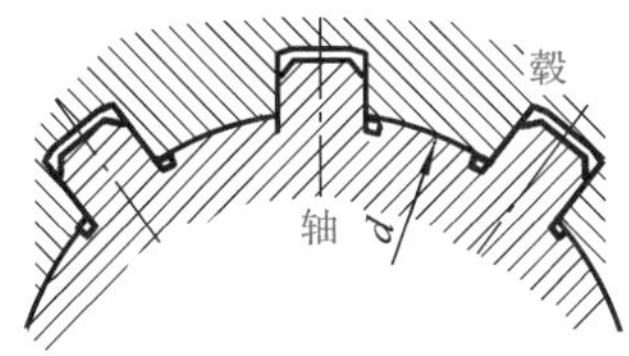

图 10-24 矩形花键连接

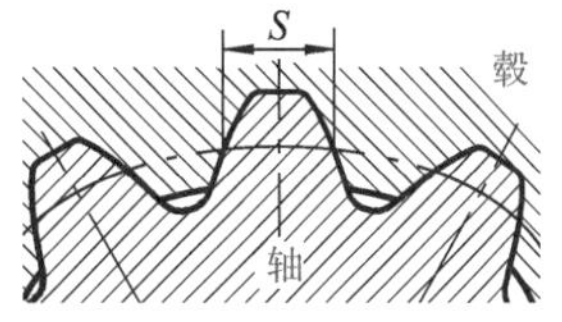

图 10-25 渐开线花键连接

渐开线花键的主要参数为模数 m、齿数 z、分度圆压力角 α 等。按分度圆压力角的大小可分为 30°、37.5°和 45°三种，按齿根形状可分为平齿根和圆齿根两种。圆齿根比平齿根应力集中小，平齿根比圆齿根便于制造。$\alpha=45°$的渐开线花键齿数多、模数小，多用于轻载和直径较小的静连接，特别适用于轴与薄壁零件的连接。

四、销连接

销连接通常用于固定零部件之间的相对位置，即定位销，如图 10-26 所示；也用于轴毂间或其他零件间的连接，即连接销，如图 10-27 所示；还可充当过载剪断元件，即安全销，如图 10-28 所示。

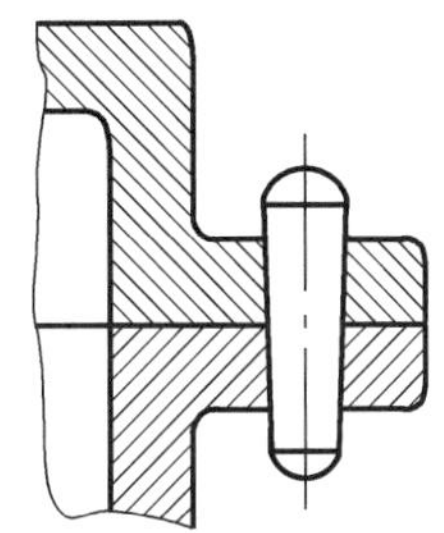

图 10-26 定位销

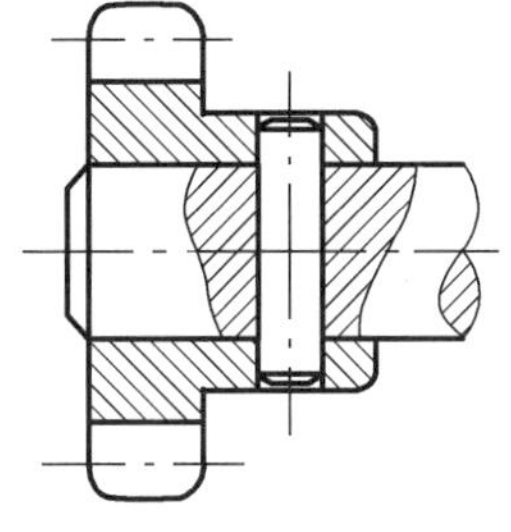

图 10-27 连接销

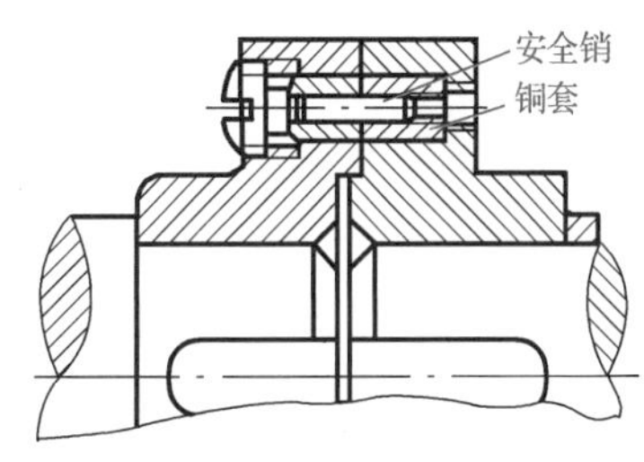

图 10-28 安全销

定位销一般不受载荷或只受很小的载荷，其直径按结构确定，数目不少于两个。连接销能传递较小的载荷，其直径也按结构及经验确定，必要时校核其挤压和剪切强度。安全销的直径应按销的剪切强度 τ_b 计算，当过载 20%～30%时即应被剪断。销的常用材料为 35、45 钢。

销按形状分为圆柱销、圆锥销和异形销三类。圆柱销靠过盈与销孔配合，为保证定位精度和连接的坚固性，不宜经常装拆。圆锥销具有 1∶50 的锥度，小端直径为标准值，自锁性能好，定位精度高。圆柱销和圆锥销的销孔均需铰制。异形销种类很多，其中开口销工作可靠，拆卸方便，常与槽形螺母合用，锁定螺纹连接件。

10.3 轴间连接

学习要点

掌握联轴器的类型和特点，能够合理选用联轴器。

在机械连接中，联轴器和离合器都是用来连接两轴，使两轴一起转动并传递转矩的装置。所不同的是，联轴器只能保持两轴的接合，而离合器在一定条件下可在机器的工作中随时完成两轴的接合和分离。

一、联轴器

联轴器所连接的两轴，由于制造和安装误差、受载变形、温度变化和机座下沉等原因，可能产生轴线的径向、轴向、角度或综合位移，如图 10-29 所示。因此，要求联轴器在传递运动和转矩的同时，还应具有一定范围内补偿位移、缓冲吸振的能力。联轴器按内部是否包含弹性元件，分为刚性联轴器和弹性联轴器两大类。其中刚性联轴器按有无位移补偿能力，又分为固定式刚性联轴器和可移式刚性联轴器两类。下面介绍几种常用的联轴器。

联轴器、离合器、制动器的结构及应用

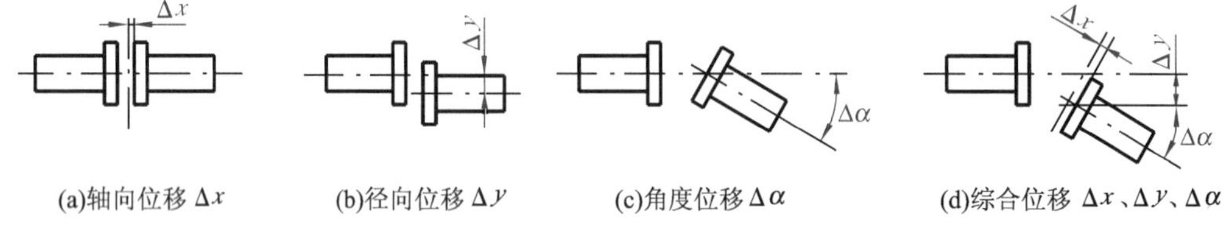

图 10-29 联轴器所连接两轴的位移形式

1. 固定式刚性联轴器

固定式刚性联轴器对轴线的位移没有补偿能力，适用于载荷平稳、两轴对中性好的场合。常用的固定式刚性联轴器有套筒联轴器和凸缘联轴器等。

(1)套筒联轴器

如图 10-30 所示，套筒联轴器利用套筒和连接零件(键或销)将两轴连接起来。图 10-30(a)中的螺钉用于轴向固定；图 10-30(b)中的锥销，当轴超载时会被剪断，可起到安全保护的作用。

套筒联轴器结构简单、径向尺寸小、容易制造，适用于载荷不大、工作平稳、两轴严格对中、频繁启动的场合。

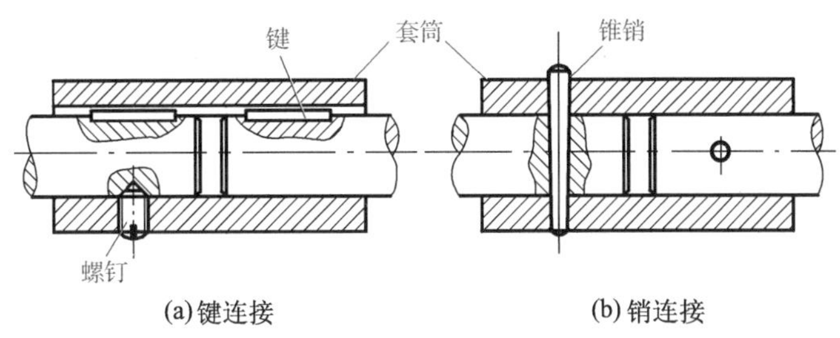

(a)键连接 (b)销连接

图 10-30 套筒联轴器

(2)凸缘联轴器

如图 10-31 所示,凸缘联轴器由两个带凸缘的半联轴器和一组螺栓组成。这种联轴器有两种对中方式:一种是通过分别具有凸槽和凹槽的两个半联轴器的相互嵌合来对中,半联轴器之间采用普通螺栓连接,如图 10-31 上半部分所示;另一种是通过铰制孔用螺栓与孔的紧配合对中,如图 10-31 下半部分所示。当尺寸相同时后者传递的转矩较大,且装拆时轴不必做轴向移动。

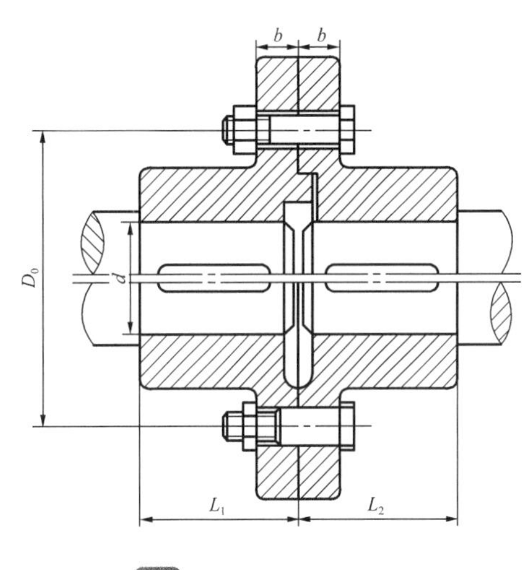

图 10-31 凸缘联轴器

凸缘联轴器的主要特点是结构简单、成本低、传递的转矩较大,要求两轴的同轴度要好。凸缘联轴器适用于刚性大、振动冲击小和低速大转矩的连接场合,是应用最广的一种固定式刚性联轴器,现已标准化(《凸缘联轴器》GB/T 5843—2003)。

2. 可移式刚性联轴器

可移式刚性联轴器也叫无弹性元件的挠性联轴器,常用的有十字滑块联轴器、万向联轴器和齿式联轴器等。

(1)十字滑块联轴器

如图 10-32 所示,十字滑块联轴器由两个在端面上开有凹槽的半联轴器和一个两端面均带有凸牙的中间盘组成,中间盘两端面的凸牙位于互相垂直的两个直径方向上,并在安装时分别嵌入两个半联轴器的凹槽中。由于凸牙可在凹槽中滑动,因此可补偿安装及运转时两轴间的径向位移和角位移。十字滑块联轴器适用于无冲击、低速和载荷较大的场合。

由于半联轴器与中间盘组成移动副,不能相对转动,因此主动轴与从动轴的角速度应相等。但在两轴间有偏移的情况下工作时,中间盘会产生很大的离心力,故其工作转速不宜过大。

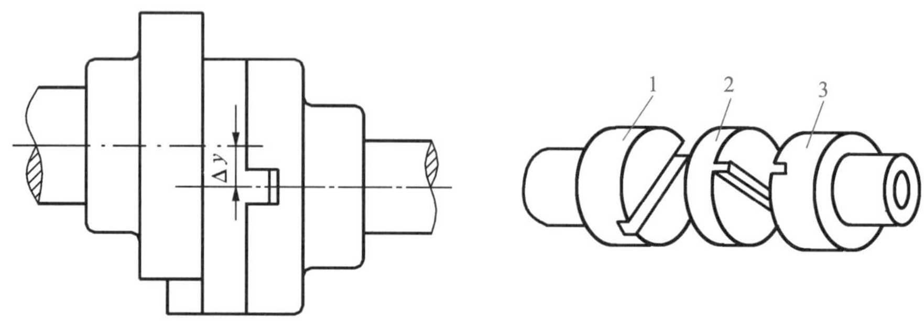

图 10-32 十字滑块联轴器

1、3—半联轴器，2—中间盘

(2)万向联轴器

如图 10-33(a)所示，万向联轴器由分别装在两轴端的叉形接头以及与叉头相连的十字轴组成。这种联轴器允许两轴间有较大的夹角 α（最大可达 35°～45°），且机器工作时即使夹角发生改变仍可正常传动，但 α 过大会使传动效率显著降低。

这种联轴器的缺点是当主动轴角速度为常数时，从动轴的角速度并不是常数，而是在一定范围内变化，这在传动中会引起附加载荷，所以一般将两个单万向联轴器成对使用，如图10-33(b)所示。安装时必须保证三个条件：中间轴上两端的叉形接头在同一平面内；主、从动轴与中间轴的夹角相等，即 $\alpha_1=\alpha_3$，这样才可保证主、从动轴角速度相等；主、从动轴与中间轴的轴线应共面。

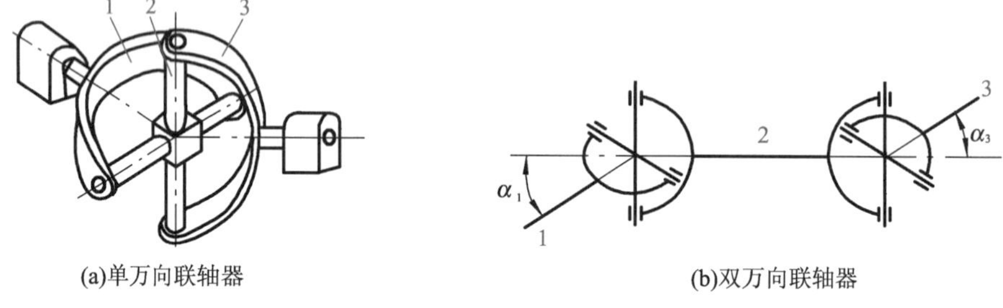

图 10-33 万向联轴器

1、3—叉形接头；2—十字轴

(3)齿式联轴器

齿式联轴器利用内、外齿的啮合来实现两个半联轴器的连接。如图 10-34 所示，齿式联轴器由两个内齿圈和两个外齿轮轴套组成。安装时两内齿圈用螺栓连接，两外齿轮轴套通过过盈配合（或键）与轴连接，并通过内、外齿轮的啮合传递转矩。

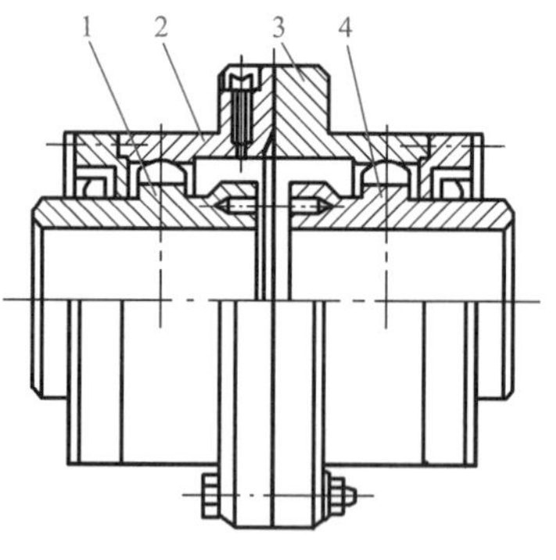

图 10-34 齿式联轴器

1、4—外齿轮轴套；2、3—内齿圈

齿式联轴器结构紧凑、承载能力强、适用速度范围广，但制造困难，适用于重载、高速的水平轴连接。为了使齿式联轴器具有良好的补偿两轴综合位移的能力，可将外齿顶制成球面，使齿顶与齿侧均留有较大的间隙，还可将外齿轮轮齿做成鼓形齿。鼓形齿式联轴器已标准化，见《WGJ 型接中间轴鼓形齿式联轴器型式、参数与尺寸》(JB/T 8821—1998)及《GCLD 型鼓形齿式联轴器》(JB/T 8854.1—2001)等标准。

3. 弹性联轴器

弹性联轴器是利用联轴器中弹性元件的变形进行偏移补偿的联轴器，它不仅能降低对联轴器安装的精确对中要求，还可利用其弹性元件的缓和冲击来避免发生严重的危险性振动。

常用的弹性联轴器有弹性套柱销联轴器和弹性柱销联轴器等。

(1)弹性套柱销联轴器

如图 10-35 所示，弹性套柱销联轴器的构造与凸缘联轴器相似，只是用套有弹性套的柱销代替了连接螺栓，利用弹性套的弹性变形来补偿两轴的相对位移。这种联轴器质量轻、结构简单，但弹性套易磨损、寿命较短，用于冲击载荷小、启动频繁的中、小功率传动中。弹性套柱销联轴器已标准化(《弹性套柱销联轴器》GB/T 4323—2017)。

(2)弹性柱销联轴器

如图 10-36 所示，这种联轴器与弹性套柱销联轴器很相似，仅用弹性柱销(通常用尼龙制成)将两个半联轴器连接起来。它传递转矩的能力更强，结构更简单，耐用性好，用于轴向窜动较大、正反转或启动频繁的场合。这种联轴器也已标准化(《弹性柱销联轴器》GB/T 5014—2017)。

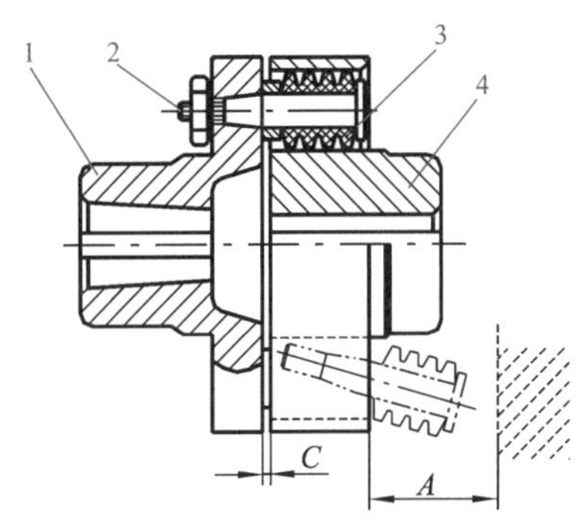

图 10-35 弹性套柱销联轴器

1、4—半联轴器；2—柱销；3—弹性套

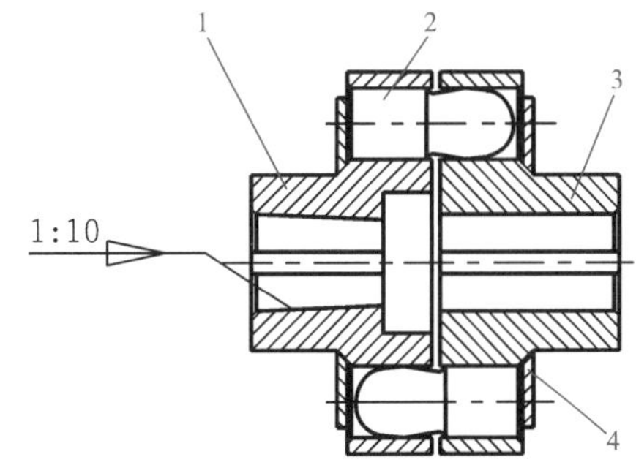

图 10-36 弹性柱销联轴器

1、3—半联轴器；2—尼龙柱销；4—挡板

4. 联轴器的选择

在选择联轴器时，首先应根据工作条件和使用要求确定联轴器的类型，然后再根据联轴器所传递的转矩、转速和被连接轴的直径确定其结构尺寸。对于已经标准化或虽未标准化但有资料和手册可查的联轴器，可按标准或手册中所列数据选定联轴器的型号和尺寸。若使用场合较特殊，无适当的标准联轴器可供选用，则可以按照实际需要自行设计。另外，选择联轴器时有些场合还需要对个别关键零件做必要的验算。

联轴器的计算转矩可按下式计算：

$$T_C = KT \tag{10-14}$$

式中 T_C——计算转矩，N·m；

T——名义转矩，N·m；

K——工作情况系数，由表 10-11 查取。

表 10-11 联轴器和离合器的工作情况系数 K

原动机	工作机	K
电动机	皮带运输机、鼓风机、连续运转的金属切削机床	1.25～1.5
	链式运输机、刮板运输机、螺旋运输机、离心泵、木工机床	1.5～2.0
	往复运动的金属切削机床	1.5～2.5
	往复式泵、往复式压缩机、球磨机、破碎机、冲剪机	2.0～3.0
	锤、起重机、升降机、轧钢机	3.0～4.0
汽轮机	发电机、离心泵、鼓风机	1.2～1.5
往复式发动机	发电机	1.5～2.0
	离心泵	3～4
	往复式工作机（如压缩机、泵）	4～5

注：1. 刚性联轴器选用较大的 K 值，弹性联轴器选用较小的 K 值。

2. 牙嵌离合器 $K=2\sim3$，摩擦离合器 $K=1.2\sim1.5$。

3. 从动件的转动惯量小、载荷平衡时 K 取较小值。

在选择联轴器型号时，应同时满足下列两式：

$$\begin{cases} T_C \leqslant T_m \\ n \leqslant [n] \end{cases} \tag{10-15}$$

式中，T_m、$[n]$分别为联轴器的额定转矩（N·m）和许用转速（r/min），这两个值在相关手册中可查出。

二、离合器

很多情况下，用离合器连接的两轴可在机器运转过程中随时进行接合或分离。离合器按其工作原理可分为牙嵌式、摩擦式和电磁式三类，按控制方式可分为操纵式和自动式两类。操纵式离合器需要借助于人力或动力（如液压、气压、电磁等）进行操纵；自动式离合器不需要外界操纵，可在一定条件下实现自动分离和接合。

对于已经标准化的离合器，其选择步骤和计算方法与联轴器相同；对于非标准化或不按标准制造的离合器，可先根据工作情况选择类型，再进行具体设计计算，计算方法及计算内容可查阅有关资料。

1. 牙嵌离合器

图 10-37 所示为 JYU 型牙嵌式操纵离合器(GB/T 10043—2017),它由两个端面带牙的半离合器组成。半离合器通过导向平键或花键与轴连接,中间通过对中环使两轴对中,滑环可操纵离合器的分离或接合。

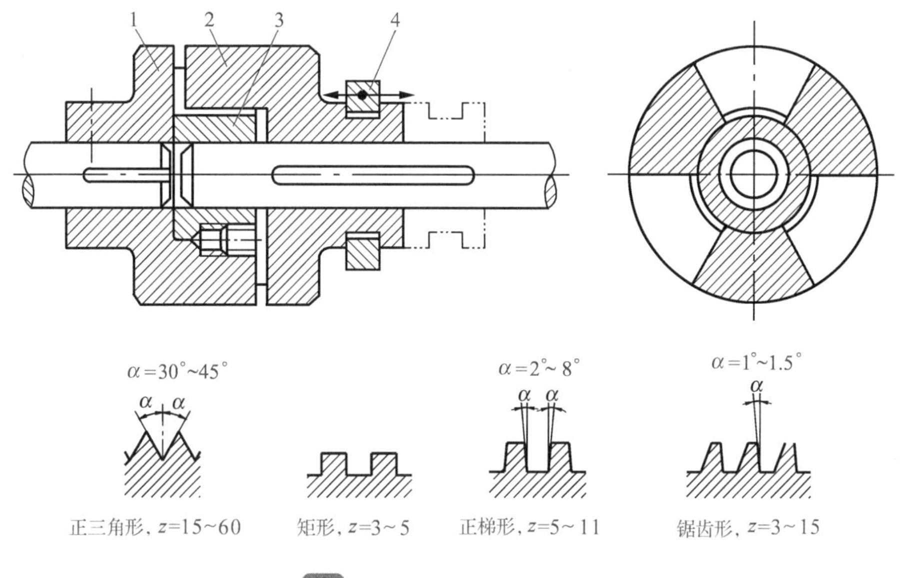

图 10-37 牙嵌式操纵离合器

1、2—半离合器;3—对中环;4—滑环

牙嵌离合器的常用牙型有三角形、矩形、梯形和锯齿形等,可查阅国标《离合器分类》(GB/T 10043—2017)。矩形齿接合与分离困难,牙的强度低,磨损后无法补偿,仅用于静止状态的手动接合;梯形齿牙根强度高,接合与分离容易,且能自动补偿牙的磨损与间隙,因此应用较广;锯齿形齿牙根强度高,可传递较大的转矩,但只能单向工作。

为减小齿间冲击、延长齿的寿命,牙嵌离合器应在两轴静止或转速差很小时接合或分离。

2. 摩擦离合器

摩擦离合器利用主、从动半离合器摩擦片接触面间的摩擦力传递转矩。为提高传递转矩的能力,通常采用多片摩擦片。它能在不停车或两轴有较大转速差时进行平稳接合,且可在过载时因摩擦片间打滑而起到过载保护作用。

图 10-38(a)所示为多片式摩擦离合器,常用型号如 JPS 型湿式多片离合器(GB/T 10043—2017)。它有两组摩擦片,主动轴与外壳连接,外壳内装有一组外摩擦片,如图 10-38(b)所示,其外缘有凸齿插入外壳上的内齿槽内,与外壳一起转动,其内孔不与任何零件接触。从动轴与套筒连接,套筒上装有一组内摩擦片,如图 10-38(c)所示,其外缘不与任何零件接触,随从动轴一起转动。滑环由操纵机构控制,当滑环向左移动时,杠杆绕支点顺时针转动,通过压板将两组摩擦片压紧,实现离合器接合。滑环向右移动,则实现离合器分离。摩擦片间的压力由螺母调节。

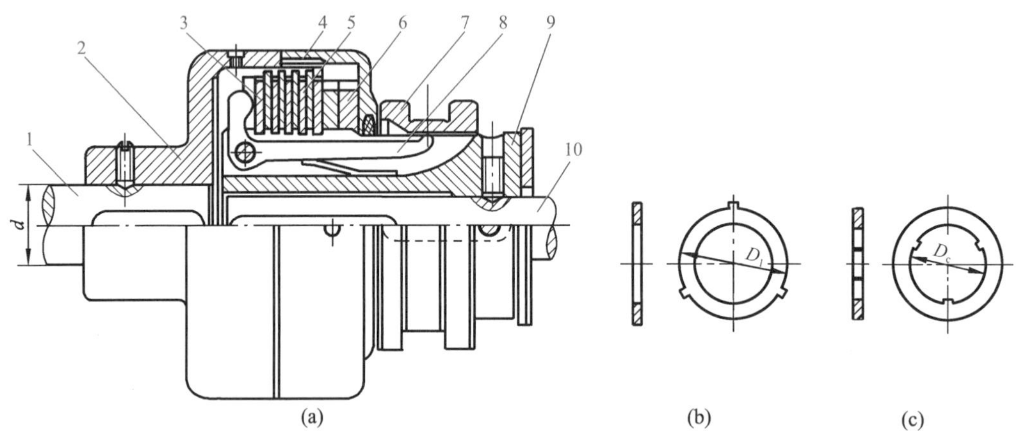

图 10-38 多片式摩擦离合器及摩擦片

1—主动轴；2—外壳；3—压板；4—外摩擦片；5—内摩擦片；6—螺母；7—滑环；8—杠杆；9—套筒；10—从动轴

多片式摩擦离合器因摩擦片增多，故传递转矩的能力提高，但结构较为复杂。

3. 安全离合器

图 10-39 所示为常用的 AY 型牙嵌式安全离合器(GB/T 10043—2017)，其端面带牙的两个半离合器靠弹簧嵌合压紧以传递转矩。当从动轴上的载荷过大时，牙面上产生的轴向分力将超过弹簧的压力，迫使离合器发生跳跃式的滑动，使从动轴自动停转。调节螺母可改变弹簧的压力，从而改变离合器传递转矩的大小。

4. 超越离合器

图 10-40 所示为 CGW 型外星轮滚柱超越离合器(GB/T 10043—2017)，其星轮与主动轴相连，顺时针回转，滚柱受摩擦力作用滚向狭窄部位被楔紧，带动外环随星轮同向回转，离合器接合。星轮逆时针回转时，滚柱滚向宽敞部位，外环不与星轮同转，离合器自动分离。滚柱一般为 3～8 个。弹簧起均载作用。

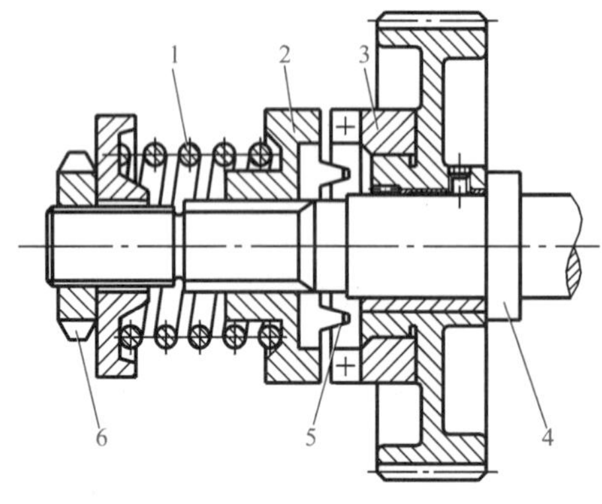

图 10-39 牙嵌式安全离合器

1—弹簧；2、3—半离合器；4—从动轴；5—牙面；6—螺母

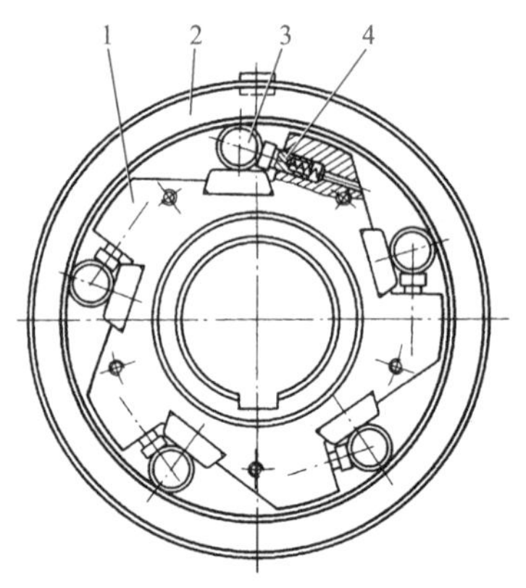

图 10-40 外星轮滚柱超越离合器

1—星轮；2—外环；3—滚柱；4—弹簧

若外环和星轮做顺时针同向回转，则当外圈转速大于星轮转速时，离合器为分离状态（超越）；当外圈转速小于星轮转速时，离合器为接合状态。

超越离合器只能传递单向转矩，结构尺寸小，接合与分离平稳，可用于高速传动。

三、制动器

制动器的主要作用是降低机械运转速度或迫使机械停止转动。制动器多数已标准化，可根据需要选用，常用的有带式制动器、内涨蹄铁式制动器等。

1. 带式制动器

带式制动器分为简单、双向和差动三种。图 10-41 所示为简单带式制动器。当杠杆受 F_Q 作用时，挠性带收紧而抱住制动轮，靠带与轮之间的摩擦力来制动。

带式制动器一般用于集中驱动的起重设备及绞车上，有时也安装在低速轴或卷筒上作为安全制动器用。

2. 内涨蹄铁式制动器

内涨蹄铁式制动器分为单蹄、双蹄、多蹄和软管多蹄等。如图 10-42 所示，制动蹄上装有摩擦材料，通过销轴与机架固连，制动轮与所要制动的轴固连。制动时，压力油进入液压缸，推动两活塞左右移动，在活塞推力的作用下，两制动蹄绕销轴向外摆动，并压紧在制动轮内侧，实现制动。油路回油后，制动蹄在弹簧的作用下与制动轮分离。

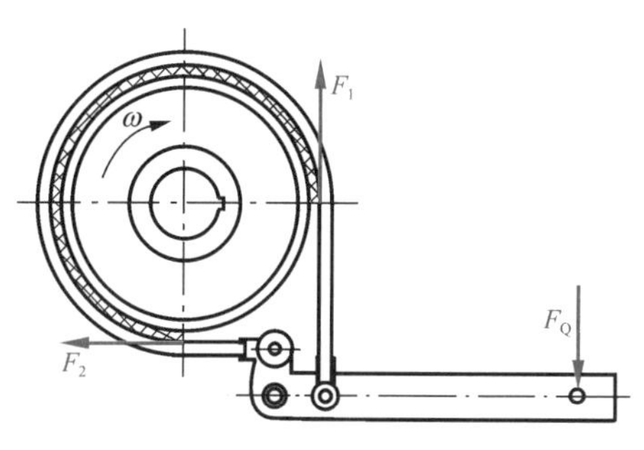

图 10-41　简单带式制动器

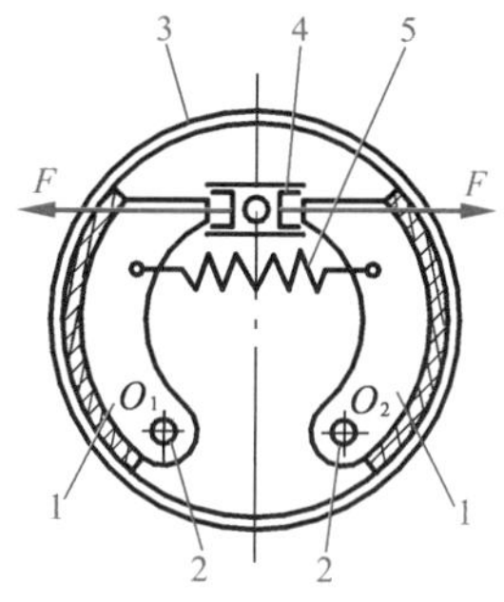

图 10-42　内涨蹄铁式制动器

1—制动蹄；2—销轴；3—制动轮；4—液压缸；5—弹簧

内涨蹄铁式制动器结构紧凑，散热条件、密封性和刚性均较好，广泛用于各种车辆及结构尺寸受限制的机械上。

10.4　弹性连接

学习要点

了解弹簧的类型及应用。

利用弹性零件实现被连接件在有限区间内的运动并保持固定联系的动连接，称为弹性连接。机械设计中利用各种类型的弹簧（弹性零件）来实现弹性连接，应用非常广泛。

一、弹性连接的功用和弹簧的类型

1.弹性连接的功用

（1）缓冲和吸振

如图10-43所示汽车上的减振弹簧及各种缓冲器中的弹簧，用以改善被连接件的工作平稳性。

（2）储存和输出能量

如图10-44所示钟表的发条，用以提供被连接件运动所需的动力。

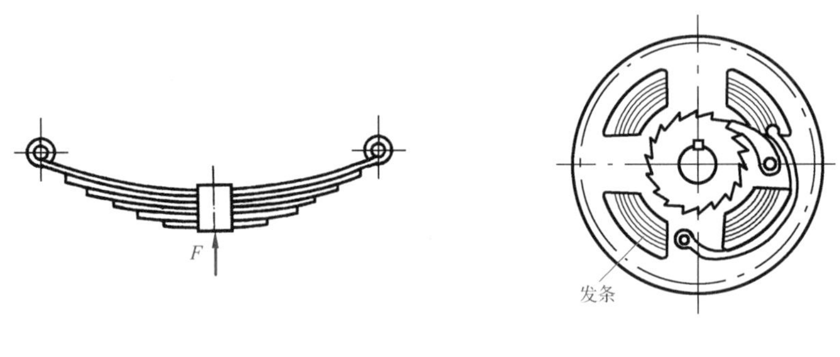

图10-43 汽车减振弹簧　　图10-44 钟表发条

（3）测量载荷

如图10-45所示弹簧秤及测力器中的弹簧，用以显示所受外力的大小。

（4）控制运动

如图10-46所示安全阀中的弹簧及内燃机气门上的弹簧，用以控制被连接件间的工作位置变化。

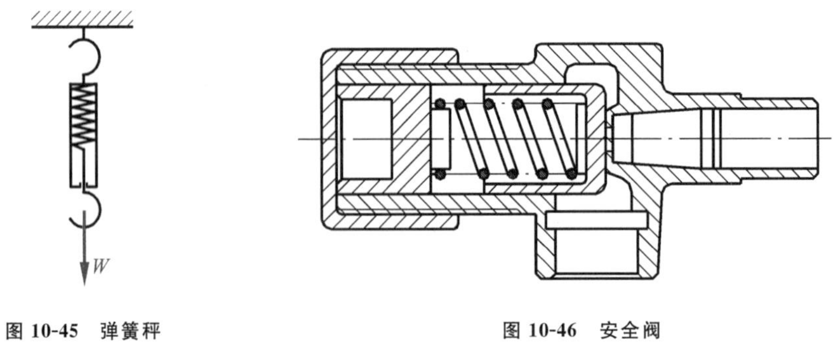

图10-45 弹簧秤　　图10-46 安全阀

2.弹簧的类型

根据制造材料不同，可分为金属弹簧和非金属弹簧；根据形状不同，可分为螺旋弹簧、碟形弹簧、环形弹簧、板弹簧等；根据承载性质不同，可分为拉伸弹簧、压缩弹簧、扭转弹簧等。弹簧的类型很多，表10-12列出了常用弹簧的类型及应用。

表 10-12 常用弹簧的类型及应用

名称		简图	应用说明
圆柱螺旋弹簧	圆形截面压缩弹簧		承受压力。结构简单,制造方便,应用最广
	矩形截面压缩弹簧		承受压力。当空间尺寸相同时,矩形截面压缩弹簧比圆形截面压缩弹簧吸收的能量多,刚度更接近于常数
	圆形截面拉伸弹簧		承受拉力
	圆形截面扭转弹簧		承受转矩。主要用于压紧和蓄力以及传动系统中的弹性环节
圆锥螺旋弹簧(圆锥面压缩弹簧)			承受压力。可防止共振,稳定性好,结构紧凑,多用于承受较大轴向载荷和减振的场合
碟形弹簧(对置式)			承受压力。缓冲、吸振能力强,用于要求缓冲和减振能力强的重型机械
环形弹簧			承受压力。圆锥面间具有较强的摩擦力,因而具有很强的减振能力,常用于重型设备的缓冲装置,如机车、锻压设备等
蜗卷形盘簧(非接触型)			承受转矩。圈数多,变形角大,储存能量大,多用作压紧弹簧和仪器、钟表中的储能弹簧
板弹簧(多板弹簧)			承受弯矩。主要用于汽车、拖拉机和铁路车辆的车厢悬挂装置中,起缓冲和减振作用

续表

名称	简图	应用说明
橡胶弹簧		承受压力。对突然冲击、高频振动的吸收和隔声效果好，主要用于仪器的坐垫、发动机的减振装置中
空气弹簧		承受压力。可承受多方位载荷，吸收振动和隔声效果好，多用于车辆的悬挂装置中

二、弹簧的材料及制作

1. 弹簧的材料

弹簧一般在变载荷下工作，其破坏形式主要是疲劳破坏，因此要求弹簧材料在力学性能方面具有高的屈服强度、疲劳强度及足够的冲击韧性；在工艺性能方面具有良好的淬透性，不易脱碳，便于卷绕。

弹簧的材料主要是热轧钢、冷拉弹簧钢以及橡胶等非金属材料。

热轧钢以圆钢、扁钢、钢板等形式供应，其尺寸公差较大，表面质量较差，用于截面尺寸较大的重型弹簧，常用 65Mn、60Si2MnA、50CrVA 等牌号。

冷拉弹簧钢以钢丝、钢带等形式供应，其尺寸公差较小，表面质量和力学性能好，故得到了广泛应用。其中碳素弹簧钢丝是优选材料，其强度高，成本低，但淬透性差，适于制作小弹簧。碳素弹簧钢丝有 25～80 钢、40Mn～70Mn 等牌号。

合金弹簧钢丝的淬透性和回火稳定性都好，60Si2MnA、65Si2MnWA 等硅锰钢用于普通机械中较大的弹簧；50CrVA 等铬钒钢耐疲劳、抗冲击，适于受变载荷的弹簧。在有腐蚀和高、低温条件下工作的弹簧，可采用 1Cr18Ni9、0Cr18Ni10 等不锈钢丝。在有耐磨损、耐腐蚀和防磁要求的场合，可采用硅青铜线 QSi3-1、锡青铜线 QSn4-3 及铍青铜线 QBe2 等弹簧材料。有关弹簧材料的力学性能及许用应力等相关参数可查阅有关手册。

2. 弹簧的制作

螺旋弹簧的制作包括卷绕、端部加工、热处理、工艺试验和强压处理等过程。

卷绕分冷卷和热卷。冷卷多用于 $d \leqslant 8 \sim 10$ mm、经过热处理的冷拉钢丝，卷绕后须经低温回火以消除内应力。钢丝直径较大时应采用热卷，卷绕之后要进行淬火和回火。

为使载荷作用线与弹簧轴线趋于重合，大多数压缩弹簧两端部要并紧磨平，称为支承圈；而拉伸弹簧两端则制成钩环，以便安装和加载。

弹簧的热处理是为了让弹簧达到或接近最佳的力学性能指标，从而保证其长期可靠地工作。冷卷后弹簧一般做低温回火处理，以消除内应力；热卷后的弹簧必须经过淬火与回火处理。

工艺试验的目的是检验弹簧热处理的效果及其是否存在其他缺陷，如表面脱碳及缺损等。为了提高弹簧的静强度或疲劳强度，可进行强压处理或喷丸处理。

10.5 其他常用连接

学习要点

了解铆接、焊接的特点及应用。

除以上介绍的连接外，在机械连接中还经常用到一些其他形式的连接，如铆接、焊接、黏结、过盈配合连接等，简单介绍如下。

一、铆接

铆接是将铆钉穿过被连接件上的预制孔，经铆合而成的一种不可拆连接，如图 10-47 所示。铆接结构简单，抗冲击载荷能力较强，但加工时噪声较大，一般应用于薄壁板件的连接和有色金属件的连接，如食品机械、飞机制造等。铆接已逐渐被焊接和黏结所代替。

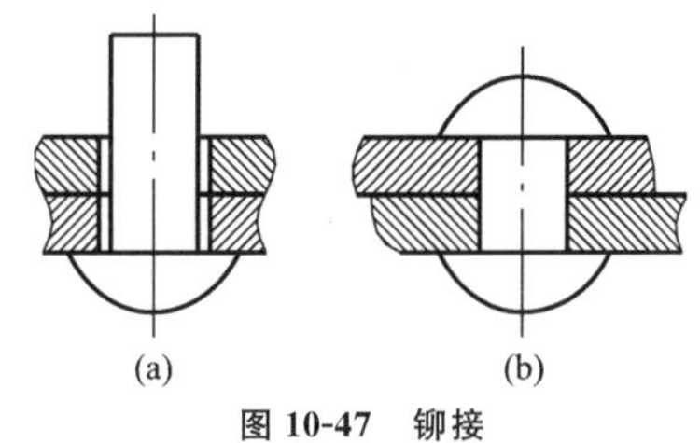

图 10-47　铆接

二、焊接

焊接是利用局部加热的方法，将被连接件连接成一体的不可拆连接。在机械工业中，常用的焊接方法有电弧焊、电阻焊和气焊等。在焊接时，被连接件接缝处的金属和焊条熔化、混合并填充接缝处空隙而形成焊缝。最常见的焊缝形式有正接填角焊缝、搭接填角焊缝和对接焊缝等多种形式，如图 10-48 所示。为了保证焊接质量，避免出现未焊透或缺焊现象，焊缝应按被连接件的厚度制成图 10-49 所示的坡口，或进行一般的倒棱，并对坡口进行清洗；焊条应合理选择；焊后应进行热处理(如退火)，以消除残余应力等。

与铆接相比，焊接具有工艺简单、强度高等优点，应用日益广泛。在单件生产、技术革新、新产品试制等情况下，采用焊接结构将缩短生产周期并降低成本。

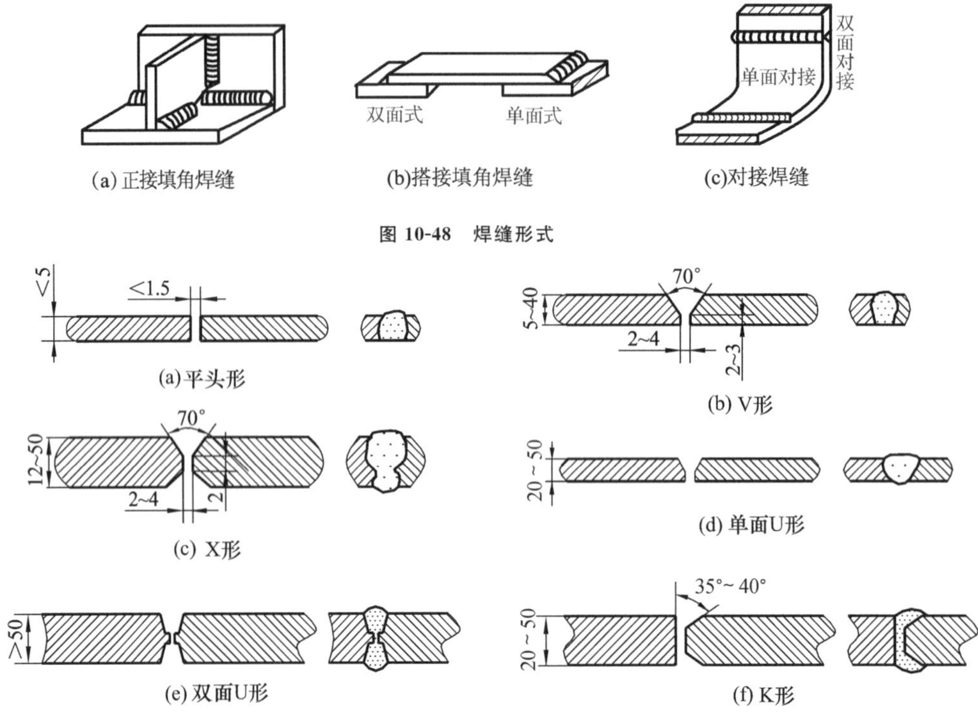

图 10-48 焊缝形式

图 10-49 坡口形式

三、黏结

黏结是用黏结剂将被连接件连接成一体的不可拆连接。常用的黏结剂有酚醛乙烯、聚氨酯、环氧树脂等。

设计黏结接头时,应尽可能使接头只受剪切,避免受拉伸和剥离,如图 10-50 所示。

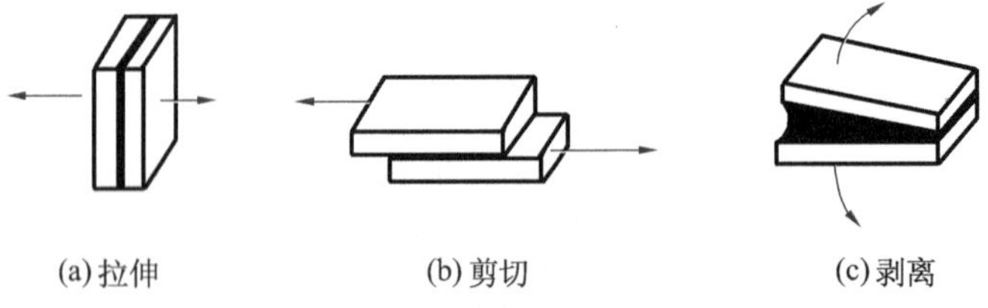

图 10-50 黏结接头的承载形式

黏结的优点是工艺简单、无残余应力、质量轻、密封性好,可用于不同材料的连接;缺点是对黏结接头载荷的方向有限制,且不宜承受大的冲击载荷,也不适用于高温场合。

四、过盈配合连接

过盈配合连接是利用两个被连接件间的过盈配合来实现的连接,这种连接可做成可拆连接(过盈量较小),也可做成不可拆连接(过盈量较大),如图 10-51 所示。装配后,由于接合处有弹性变形和过盈量，故在配合表面将产生很大的正压力。工作时，靠配合表面产生的摩擦力来传递载荷。这种连接结构简单，同轴性好，但配合表面的加工精度要求较高，装配不方便。

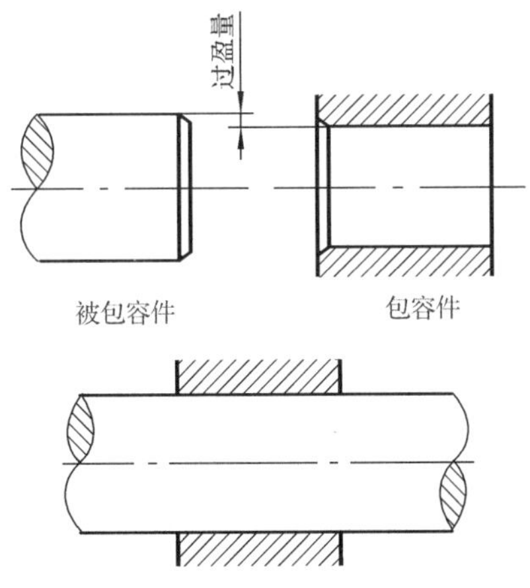

图 10-51 圆柱面过盈配合连接

通过圆柱面过盈配合连接进行装配时，若过盈量较小，则用压入法装配易擦伤表面，连接的可靠性较差；若过盈量较大，则用温差法装配，一般在油中(150 ℃)或电炉中加热，多用液态空气冷却(沸点－79 ℃)。温差法装配不易擦伤表面，连接质量好，但装配工艺较复杂。

知识梳理与总结

通过本章的学习，我们学会了螺纹连接的强度计算方法，也学会了选择键、联轴器的方法。

1. 螺纹连接包括螺栓(普通螺栓、铰制孔用螺栓)连接、双头螺柱连接、螺钉连接及紧定螺钉连接。预紧可提高连接的紧密性、紧固性和可靠性。对于冲击、振动和变载荷作用下的螺纹连接，必须采取摩擦防松、机械防松、不可拆防松等措施。

2. 螺纹紧固件的强度级别用数字表示，螺栓用两个数字，螺母用一个数字，分别表示抗拉强度极限和屈服极限。

普通螺栓连接的失效形式一般为螺栓杆螺纹部分的塑性变形或断裂，故应当进行抗拉强度计算；铰制孔用螺栓连接的失效形式一般为螺栓杆被剪断、螺栓杆或孔壁被压溃，故应当进行剪切强度和挤压强度计算。在横向或轴向工作载荷的作用下，螺栓的受力状况有所区别。

3. 轴毂连接主要包括键连接、花键连接和销连接。根据工作条件，选择适当的键连接的类型。按照轴的公称直径 d,从标准中选择平键的剖面尺寸 $b\times h$,根据轮毂长度 L_1 选择键长 L,对于静连接取 $L=L_1-(5\sim10)$ mm,并应符合标准长度系列。键连接的主要失效是压溃(静连接)或过度磨损(动连接),故应分别按照挤压应力 σ_p 或压强 p 进行条件性的强度计算。

4. 轴间连接主要包括联轴器、离合器和制动器。联轴器要根据轴径大小、轴线的位移情况、传递转矩和转速的大小及工作载荷情况等条件按标准选择。离合器很多情况下可在机器运转过程中进行接合或分离。离合器的选择方法基本与联轴器相同,很多离合器已经标准化,非标准离合器要根据工作情况进行选择。制动器在机床和汽车上应用较多,其主要功能是减速或制动。

5. 弹性连接主要讲述了弹簧的类型及应用,其主要作用是缓冲吸振、储存能量、控制运动等。弹簧的主要材料是热轧钢、冷拉弹簧钢以及橡胶等,常用钢的牌号有 65Mn、60Si2MnA、50CrVA 等。

6. 其他连接形式有铆接、焊接、黏结以及过盈配合连接等,这些连接形式均为不可拆连接。

第11章
轴

学习导航

知识目标

了解轴的类型及应用。

掌握轴的结构设计方法，能够进行轴的工作能力验算。

能力目标

会分析轴的类型。

能够合理进行轴的结构设计。

能够进行轴的受力分析，验算轴的工作能力。

思政映射

轴是机器上的重要零件，它承担着各种回转零件运动和动力的传递任务，至关重要，因此对其设计和技术要求比较严格。工作中如果能做到一丝不苟、严格要求，就能不断提升和完善自我，进而堪当重任，有所作为。

轴是机器中的重要零件之一，它是一个非标准零件，所以其设计工作非常重要。

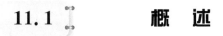

11.1 概 述

学习要点

了解轴的类型及分类方法。

一、轴的作用

做回转运动的传动零件，如图 11-1 中的齿轮、联轴器等，都是安装在轴上并通过轴实现传动的。因此，轴的主要功用就是支承零件并传递运动和动力。

认识轴

二、轴的类型

可根据不同的条件对轴进行分类，常见的分类方法有如下两种：

1. 按受载情况分

同时承受弯矩和转矩作用的轴称为转轴，如图 11-1 所示的输入轴Ⅰ和输出轴Ⅱ；只承受转矩作用的轴称为传动轴，如图 11-1 所示的电动机轴；只承受弯矩作用的轴称为心轴，如图 11-2 所示的火车轮轴。

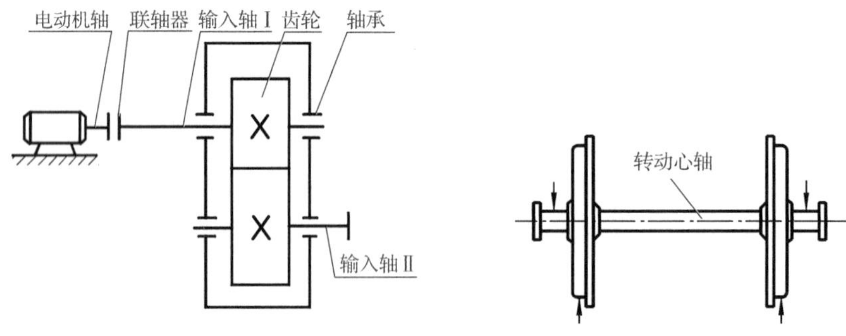

图 11-1 减速器示意图　　图 11-2 火车轮轴

2. 按结构形状分

按照结构形状，可将轴分为实心轴、空心轴（车床的主轴）、曲轴（图 11-3）、挠性钢丝轴（图 11-4）和直轴。而直轴又可分为截面相等的光轴（图 11-5）和截面分段变化的阶梯轴（图 11-6）。

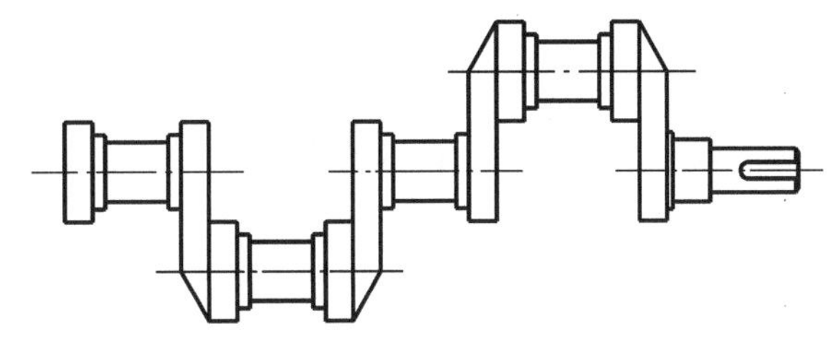

图 11-3　曲轴

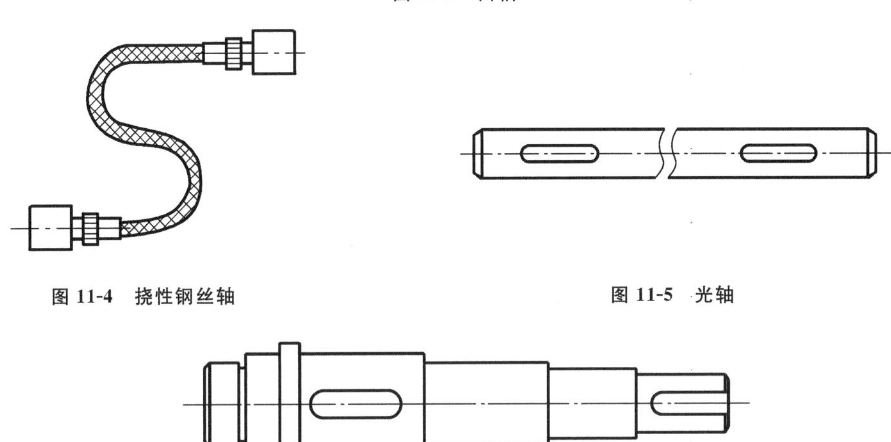

图 11-4　挠性钢丝轴

图 11-5　光轴

图 11-6　阶梯轴

工程中最常见的是同时承受弯矩和转矩作用的阶梯轴。

三、轴设计的要求和步骤

1. 轴的设计要求

(1)结构设计要求:轴应具有合理的结构形状和尺寸。

(2)工作能力要求:轴应具有足够的疲劳强度,对于某些重要机械中的轴,还应有刚度、振动稳定性等方面的要求。

2. 轴的设计步骤

轴的设计步骤可归纳为图 11-7 所示的转轴设计程序框图,其他类型轴的设计步骤与此类似,其中结构设计与验算工作能力往往需交叉进行。

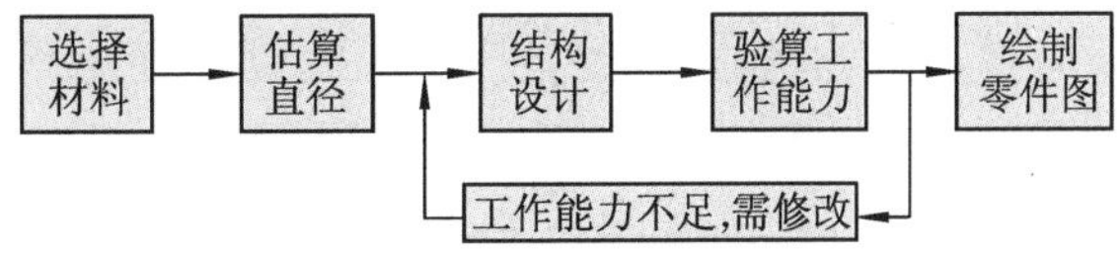

图 11-7　转轴设计程序框图

11.2 轴的材料

学习要点

了解轴的常用材料及机械性能。

轴的常用材料有如下几种：

(1)碳素钢

工程中常用35、45、50等优质碳素结构钢，其中以45钢用得最为广泛。其价格低廉，对应力集中的敏感度较低，可以通过调质或正火处理以保证其机械性能，通过表面淬火或低温回火以保证其耐磨性。对于轻载和不重要的轴，也可采用Q235、Q275等普通碳素钢。

(2)合金钢

常用于高温、高速、重载以及结构要求紧凑的轴，有较高的力学性能，但价格较贵，对应力集中敏感，所以在结构设计时必须尽量减少应力集中。

(3)球墨铸铁

耐磨、价格低、吸振性好，对应力集中的敏感度较低，但可靠性较差，一般用于形状复杂的轴，如曲轴、凸轮轴等。

表11-1中所列为轴的常用材料及其主要机械性能。

表11-1　轴的常用材料及其主要机械性能

材料及热处理	毛坯直径/mm	硬度(HBS)	抗拉强度极限 σ_b/MPa	屈服强度极限 σ_s/MPa	许用弯曲应力 $[\sigma_{-1}]$/MPa	许用剪切应力 $[\tau]$/MPa	常数A	应用说明
Q235	≤100		400～420	225	40	12～20	160～135	用于不重要及受载荷不大的轴
	100～250		375～390	215				
35正火	≤100	143～187	520	270	45	20～30	135～118	用于一般轴
45正火	≤100	170～217	600	300	55	30～40	118～107	用于较重要的轴，应用最广泛
45调质	≤200	217～255	650	360	55			
40Cr调质	≤100	241～286	750	550	60	40～52	107～98	用于载荷较大而无很大冲击的重要的轴
40MnB调质	≤200	241～286	750	500	70	40～52	107～98	性能接近于40Cr，用于重要的轴
35CrMo调质	≤100	207～269	750	550	70	40～52	107～98	用于重载荷的轴
35SiMn调质	≤100	229～286	800	520	70	40～52	107～98	可代替40Cr，用于中小型轴
42SiMn调质	≤100	229～286	800	520	70	40～52	107～98	与35SiMn相同，但专供表面淬火用

注：1. 轴上所受弯矩较小或只受转矩时，A取较小值，否则取较大值。

2. 用Q235、35SiMn时，取较大的A值。

11.3 轴的结构设计

学习要点

掌握轴的结构名称及设计中的轴向、周向定位和固定方法。

轴的结构设计主要取决于轴在机器中的安装位置及形式，轴上零件的定位、固定以及连接方法，轴所承受的载荷，轴的加工工艺以及装配工艺要求等。如果轴的结构设计不合理，可能会影响轴的工作能力，增加轴的制造成本或轴上零件装配的难度，因此轴的结构设计是轴设计中的重要内容。

一、轴的结构及各部分名称

图 11-8 所示为阶梯轴的常见结构，轴上与轴承配合的部分称为轴颈，与轮毂配合的部分称为轴头，连接轴颈和轴头的非配合部分统称为轴身，直径大且呈环状的短轴段称为轴环，截面尺寸变化的台阶处称为轴肩。此外，还有轴肩的过渡圆角、轴端的倒角、与键连接处的键槽等结构。

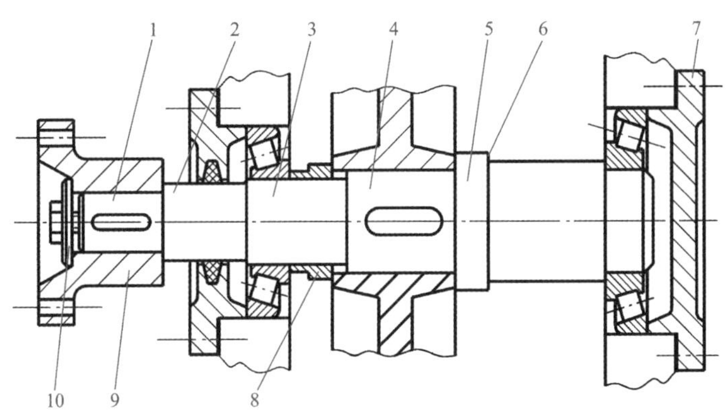

图 11-8　阶梯轴的结构及各部分名称

1、4—轴头；2—轴身；3—轴颈；5—轴环；6—轴肩；7—轴承端盖；8—套筒；9—联轴器；10—轴端挡圈

二、轴的结构设计中需重点解决的问题

1. 轴上零件的轴向定位、固定和周向固定

轴上零件的轴向定位主要靠轴肩和轴环来完成。如图 11-8 所示，齿轮靠右侧轴环的

轴肩定位，联轴器靠右侧轴肩定位。为了保证轴上零件靠紧定位面，轴肩处的圆角半径 R 必须小于零件内孔的圆角 R_1 或倒角 C_1，轴肩高度一般取 $h=(0.07\sim0.1)d$，轴环宽度 $b\approx1.4h$，如图 11-9 所示。也可采用套筒定位，图 11-8 所示的左轴承就是靠右侧套筒定位的，其尺寸可参照轴肩尺寸。

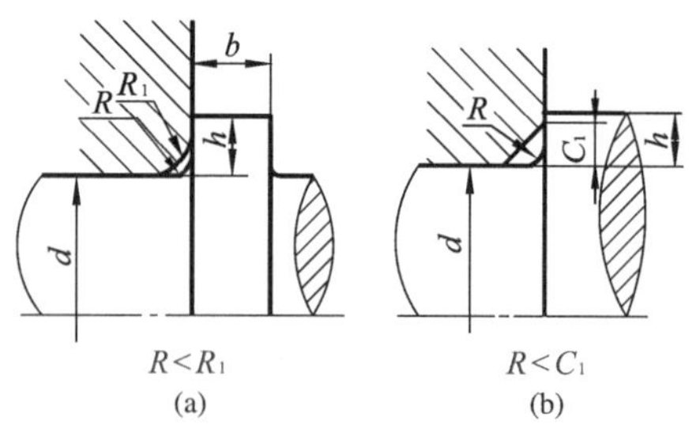

图 11-9 轴肩和轴环

轴上零件的轴向固定就是不允许轴上零件沿轴向窜动。如图 11-8 所示，齿轮靠两侧的轴环和套筒固定，左侧轴承靠套筒和轴承端盖固定，右侧轴承靠轴肩和轴承端盖固定。此外，常用的轴向固定措施还有：轴的一端可采用轴端挡圈，如图 11-10(a)所示；套筒过长可采用圆螺母，如图 11-10(b)所示；受载较小时可采用弹性挡圈(图 11-10(c))、紧定螺钉(图 11-10(d))和销钉等固定。

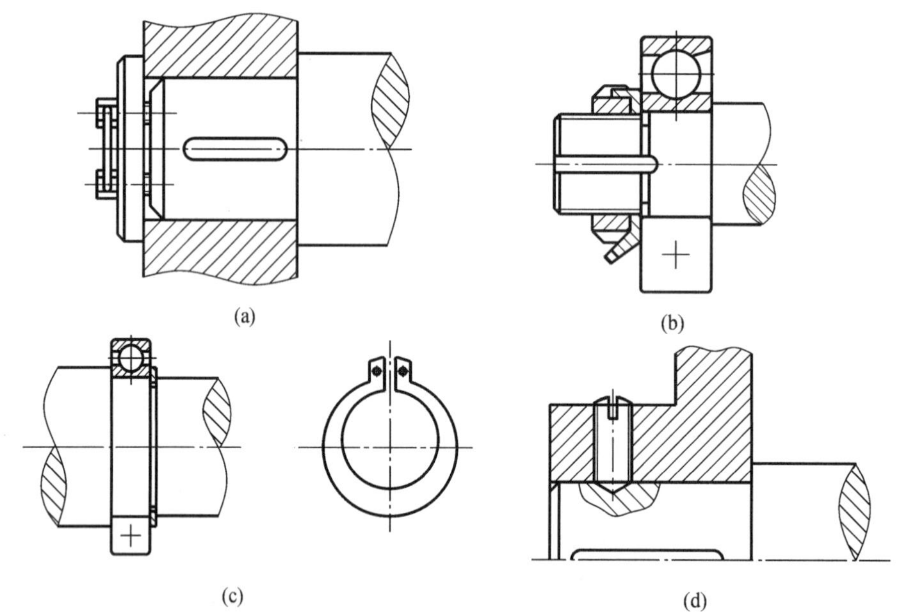

图 11-10 轴向固定措施

轴上零件的周向固定是为保证轴上的传动零件与轴一起转动。常用的固定方式有键连接、过盈配合等。转矩较大时，可采用花键连接或同时采用平键连接和过盈配合连接来实现；转矩较小时，可采用紧定螺钉、销钉连接等来实现。

轴上零件是如何固定的

2. 制造工艺和装配工艺要求

制造工艺要求是指轴的结构应尽可能便于加工，节约加工成本。为此轴端倒角的尺寸应尽量一致，轴肩的圆角半径也要尽可能相同。若轴上采用多个单键连接，则键宽应尽可能统一，并在同一加工直线上。在磨削和车螺纹的轴段应有砂轮越程槽和螺纹退刀槽（图 11-11）。

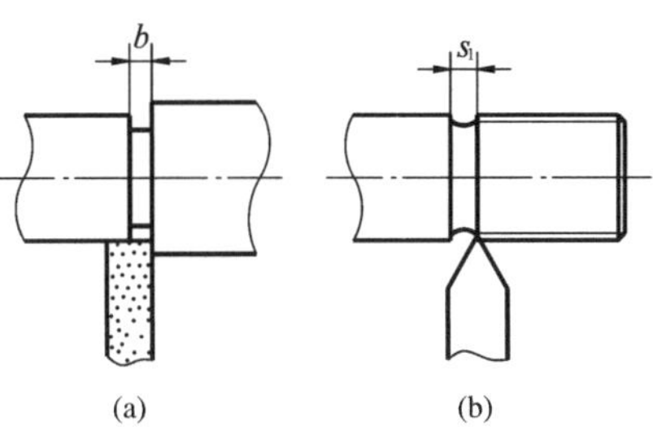

图 11-11 砂轮越程槽和螺纹退刀槽

装配工艺要求是指轴上零件应便于安装和拆卸。为此可采取以下措施：将轴做成中间粗、两端细的阶梯形；轴端倒角；轴端的键槽尽量靠近轴的端面；与滚动轴承配合的轴肩高度或套筒高度小于轴承内圈的厚度；与传动零件过盈配合的轴段可做成10°左右的导向锥面；尽量减小配合长度。

3. 标准尺寸要求

轴上的零件多数都是标准零件，如滚动轴承、联轴器、圆螺母等，因此与标准零件配合处的轴段尺寸必须符合标准零件的标准尺寸系列。

4. 提高轴的疲劳强度

加大轴肩处的过渡圆角半径和减小轴肩高度，就可以减少应力集中，从而提高轴的疲劳强度。提高轴的表面质量、合理分布载荷等也可以提高轴的疲劳强度。

11.4 轴的工作能力计算

学习要点

掌握轴的扭转强度和弯扭合成强度的计算方法，能够绘制受力分析简图。

轴在工作时应有足够的疲劳强度，所以设计时必须验算轴的强度。常用的强度验算方法：按抗扭强度条件估算转轴的最小直径和验算传动轴的强度；按抗弯扭合成强度条件验算转轴的强度。必要时，还要进行安全系数的验算。

一、按抗扭强度计算

对于圆截面传动轴，其抗扭强度条件为

$$\tau=\frac{T}{W_{\mathrm{T}}}=\frac{9.55\times10^{6}P}{0.2d^{3}n}\leqslant[\tau] \tag{11-1}$$

式中 τ ——危险截面的切应力，MPa；

T——轴所承受的转矩，N·mm；

W_T——轴危险截面的抗扭截面系数，mm³；

P——轴的传递功率，kW；

d——轴危险截面的直径，mm；

n——轴的转速，r/min；

$[\tau]$——材料的许用扭转切应力，MPa，见表 11-1。

上式也可写成如下形式：

$$d \geqslant \sqrt[3]{\frac{9.55 \times 10^6 P}{0.2[\tau]n}} = A\sqrt[3]{\frac{P}{n}} \tag{11-2}$$

式中，A 是由轴的材料和承载情况确定的常数，见表 11-1。

若在计算截面处有键槽，则应将直径加大 5%（单键）或 10%（双键），以补偿键槽对轴强度削弱的影响。

对于转轴，可利用式(11-2)求出直径，作为转轴的最小直径。

二、按抗弯扭合成强度计算

在轴的结构设计完成后，要验算其强度。对于一般钢制的转轴，按第三强度理论得到的抗弯扭合成强度条件为

$$\sigma = \frac{M_e}{W} = \frac{\sqrt{M^2 + (\alpha T)^2}}{0.1d^3} \leqslant [\sigma_{-1}] \tag{11-3}$$

式中 σ——危险截面的当量应力，MPa；

M_e——危险截面的当量弯矩，N·mm；

W——抗弯截面系数，mm³；

M——合成弯矩，N·mm。$M = \sqrt{{M_H}^2 + {M_V}^2}$，其中 M_H 为水平平面弯矩，M_V 为竖直平面弯矩；

α——根据转矩性质而定的折合系数。稳定的转矩取 $\alpha = 0.3$，脉动循环变化的转矩取 $\alpha = 0.6$，对称循环变化的转矩取 $\alpha = 1$。若转矩变化的规律不清楚，则一般也按脉动循环处理；

$[\sigma_{-1}]$——对称循环应力状态下材料的许用弯曲应力，MPa，见表 11-1。

式(11-3)可改写成下式来计算轴的直径：

$$d \geqslant \sqrt[3]{\frac{M_e}{0.1[\sigma_{-1}]}} \tag{11-4}$$

对于有键槽的危险截面，单键时应将轴径加大 5%，双键时加大 10%。

例 11-1

图 11-12 为二级斜齿圆柱齿轮减速器示意图，试设计减速器的输出轴。已知输出轴功率 $P=9.8$ kW，转速 $n=260$ r/min，齿轮 4 的分度圆直径 $d_4=238$ mm，所受的作用力分别为圆周力$F_t=6\ 065$ N，径向力 $F_r=2\ 260$ N，轴向力$F_a=1\ 315$ N。齿轮的宽度均为 80 mm。齿轮、箱体、联轴器之间的距离如图 11-12 所示。

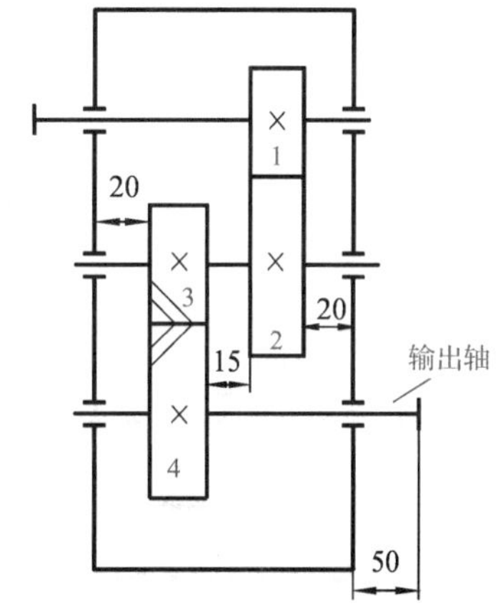

图 11-12　二级斜齿圆柱齿轮减速器示意图

解　(1)选择轴的材料

因无特殊要求，故选 45 钢，正火，查表 11-1 得$[\sigma_{-1}]=55$ MPa，取 A=115。

(2)估算轴的最小直径

$$d \geqslant A\sqrt[3]{\frac{P}{n}}=115\times\sqrt[3]{\frac{9.8}{260}}=38.56\ \text{mm}$$

因最小直径与联轴器配合，故有一键槽，可将轴径加大 5%，即 $d=38.56\times105\%=40.488$ mm，选凸缘联轴器，取其标准内孔直径 $d=42$ mm。

(3)轴的结构设计

如图 11-13 所示，齿轮由轴环、套筒固定，左端轴承采用端盖和套筒固定，右端轴承采用轴肩和端盖固定。齿轮和左端轴承从左侧装拆，右端轴承从右侧装拆。因为右端轴承与齿轮距离较远，所以轴环布置在齿轮的右侧，以免套筒过长。

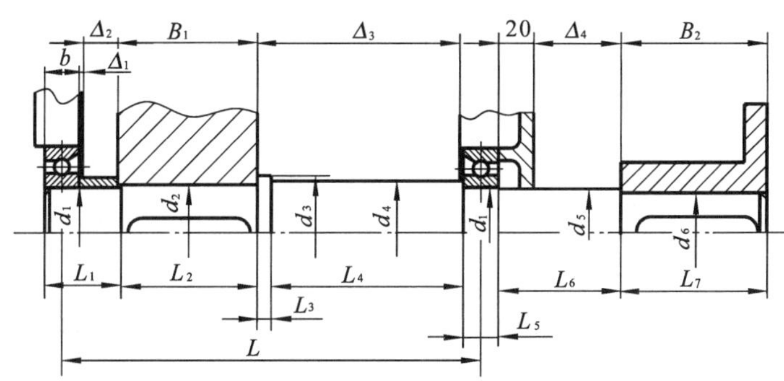

图 11-13　轴的结构设计

①轴的各段直径的确定

与联轴器相连的轴段的直径最小，取 $d_6=42$ mm；联轴器定位轴肩的高度取 $h=3$ mm，则 $d_5=48$ mm；选 7210AC 型轴承，则 $d_1=50$ mm，右端轴承定位轴肩的高度取 $h=3.5$ mm，则 $d_4=57$ mm；与齿轮配合的轴段直径 $d_2=53$ mm，齿轮的定位轴肩高度取 $h=5$ mm，则 $d_3=63$ mm。

②轴上零件的轴向尺寸及其位置

轴承宽度 $b=20$ mm，齿轮宽度 $B_1=80$ mm，联轴器宽度 $B_2=84$ mm，轴承端盖宽度为 20 mm。箱体内侧壁与轴承端面间隙取 $\Delta_1=2$ mm，齿轮与箱体内侧壁的距离如图 11-12 所示，分别为 $\Delta_2=20$ mm，$\Delta_3=15+80+20=115$ mm，联轴器与箱体之间的间隙 $\Delta_4=50$ mm。

与之对应的轴的各段长度分别为 $L_1=44$ mm，$L_2=78$ mm，$L_3=8$ mm(轴环)，$L_4=109$ mm，$L_5=20$ mm，$L_6=70$ mm，$L_7=82$ mm。

轴承的支承跨度为

$$L=L_1+L_2+L_3+L_4=44+78+8+109=239 \text{ mm}$$

(4)验算轴的疲劳强度

①画输出轴的受力简图，如图 11-14(a)所示。

②画水平平面的弯矩图，如图 11-14(b)所示。通过列水平平面的受力平衡方程，可求得

$$F_{AH}=4\ 238 \text{ N} \qquad F_{BH}=1\ 827 \text{ N}$$

则

$$M_{CH}=72F_{AH}=72\times 4\ 238=305\ 136 \text{ N}\cdot\text{mm}$$

③画竖直平面的弯矩图，如图 11-14(c)所示。通过列竖直平面的受力平衡方程，可求得

$$F_{AV}=924 \text{ N} \qquad F_{BV}=1\ 336 \text{ N}$$

则

$$M_{CV1}=72F_{AV}=72\times 924=66\ 528 \text{ N}\cdot\text{mm}$$

$$M_{CV2}=167F_{BV}=167\times 1\ 336=223\ 112 \text{ N}\cdot\text{mm}$$

④画合成弯矩图，如图 11-14(d)所示。

$$M_{C1}=\sqrt{M_{CH}^2+M_{CV1}^2}=\sqrt{305\ 136^2+66\ 528^2}$$

$$=312\ 304 \text{ N}\cdot\text{mm}$$

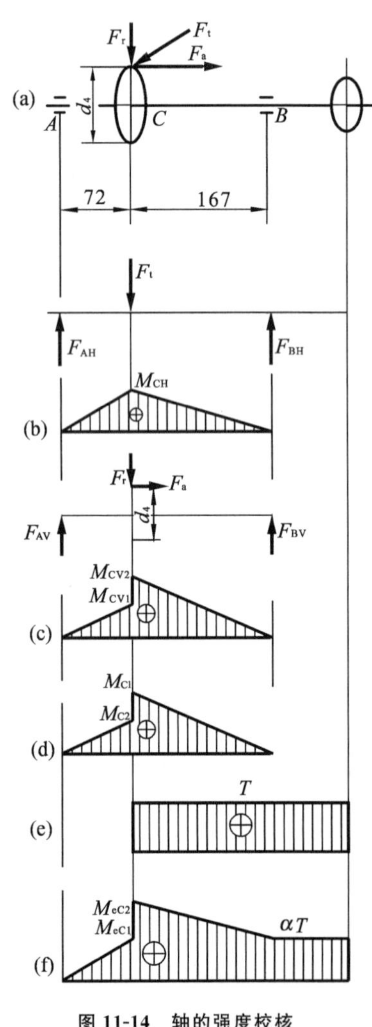

图 11-14 轴的强度校核

$$M_{C2}=\sqrt{M_{CH}^2+M_{CV2}^2}=\sqrt{305\ 136^2+223\ 112^2}=378\ 004\ \text{N}\cdot\text{mm}$$

⑤画转矩图，如图 11-14(e)所示。

$$T=9.55\times10^6\ \frac{P}{n}=9.55\times10^6\times\frac{9.8}{260}=359\ 962\ \text{N}\cdot\text{mm}$$

⑥画当量弯矩图(图 11-14(f))，转矩按脉动循环，取 $\alpha=0.6$，则

$$\alpha T=0.6\times359\ 962=215\ 977\ \text{N}\cdot\text{mm}$$

$$M_{eC1}=\sqrt{M_{C1}^2+(\alpha T)^2}=\sqrt{312\ 304^2+215\ 977^2}=379\ 710\ \text{N}\cdot\text{mm}$$

$$M_{eC2}=\sqrt{M_{C2}^2+(\alpha T)^2}=\sqrt{378\ 004^2+215\ 977^2}=435\ 354\ \text{N}\cdot\text{mm}$$

由当量弯矩图可知 C 截面为危险截面，当量弯矩最大值为 $M_{eC}=435\ 354\ \text{N}\cdot\text{mm}$。

⑦验算轴的直径

$$d\geqslant\sqrt[3]{\frac{M_{eC}}{0.1[\sigma_{-1}]}}=\sqrt[3]{\frac{435\ 354}{0.1\times55}}=42.94\ \text{mm}$$

因为 C 截面有一键槽，所以需要将直径加大 5%，则 $d=42.94\times105\%=45.1$ mm，而 C 截面的设计直径为 53 mm，所以强度足够。

⑧绘制轴的零件图，如图 11-15 所示。

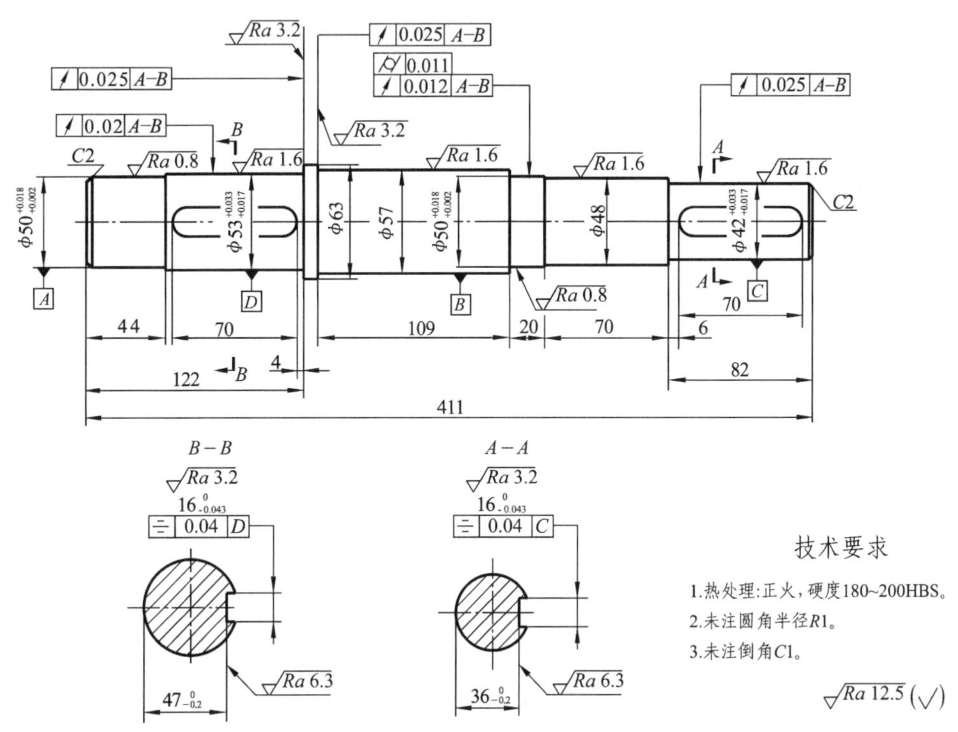

图 11-15 轴的零件图

11.5 轴的使用与维护

学习要点

了解轴的安装与维护方法。

轴若使用不当，没有良好的维护，就会影响正常工作，甚至产生意外损坏，降低使用寿命。因此，轴的正确使用和良好的维护，对轴的正常工作及保证轴的疲劳寿命有着很重要的意义。

一、轴的使用

(1)安装时，要严格按照轴上零件的先后顺序进行，注意保证安装精度。对于过盈配合的轴段要采用专门工具进行装配，以免破坏其表面质量。

(2)安装结束后，要严格检查轴在机器中的位置以及轴上零件的位置，并将其调整到最佳工作位置，同时轴承的游隙也要按工作要求进行调整。

(3)在工作中，必须严格按照操作规程进行操作，尽量使轴避免承受过量载荷和冲击载荷，并保证润滑，从而保证轴的疲劳强度。

二、轴的维护

在工作过程中，对机械要定期进行检查和维修。对于轴的维护，要重点注意以下三个方面：

(1)认真检查轴和轴上零件的完好程度，若发现问题，则应及时维修或更换。轴的维修部位主要是轴颈及轴端。对精度要求较高的轴，在磨损量较小时，可采用电镀法或热喷涂(或喷焊)法进行修复。轴上花键、键槽损伤，可以用气焊或堆焊方法修复，然后再铣出花键或键槽。也可将原键槽焊补后再铣制新键槽。

(2)认真检查轴以及轴上主要传动零件工作位置的准确性、轴承的游隙变化并及时调整。

(3)轴上的传动零件(如齿轮、链轮等)和轴承必须保证良好的润滑。应当根据季节和工作地点，按规定选用润滑剂并定期加注。要及时检查和补充润滑油，必要时进行更换。

知识梳理与总结

通过本章的学习，我们知道了轴的分类，也学会了设计轴的结构和计算轴工作能力的方法。

1. 轴是支承零件以传递运动和动力的重要零件。

按所受载荷分类：

轴
- 心轴：只承受弯矩
- 传动轴：只承受扭矩
- 转轴：既承受弯矩又承受扭矩

按结构形状分类：

轴
- 直轴
  - 光轴
  - 阶梯轴
- 曲轴
- 挠性轴

2. 轴的材料是决定承载能力的重要因素。应保证轴具有足够的强度、塑性和冲击韧性，同时具有良好的工艺性和经济性，并能通过不同的热处理方法获得较高的疲劳强度。

3. 轴的结构设计除应保证轴的强度、刚度外，还应便于轴上零件的安装、固定和定位，利于减小应力集中，并具有良好的加工工艺性。

4. 传动轴的强度计算

(1)扭矩计算

$$T=9.55\times 10^6\ \frac{P}{n}$$

(2)应力计算

$$\tau=\frac{T}{W_{\mathrm{T}}}$$

截面上各点切应力的大小与该点到圆心的距离成正比，轴圆周边缘的切应力最大。

5. 心轴的强度计算

(1)弯矩计算

$$M=F_{\mathrm{A}}x$$

(2)应力计算

$$\sigma=\frac{M}{W}$$

6. 转轴的强度计算

(1)应力计算

弯曲正应力为

$$\sigma=\frac{M_e}{W}=\frac{\sqrt{M^2+(\alpha T)^2}}{0.1d^3}\leqslant[\sigma_{-1}]$$

扭转切应力为

$$\tau=\frac{T}{W_T}$$

(2)弯曲与扭转组合变形的强度条件

$$\sigma_e=\sqrt{\sigma^2+4\tau^2}\leqslant[\sigma_{-1}]$$

7. 轴的强度计算步骤:画出轴的空间受力图,计算出水平面和铅垂面的支反力;画出水平面和铅垂面的弯矩图;作合成弯矩图;画出轴的扭矩图;计算危险截面的当量弯矩;进行危险截面的强度核算。当校核轴的强度不够时,应重新进行设计。

第12章

学习导航

知识目标

掌握滑动轴承的常用材料、结构及非液体摩擦滑动轴承的设计。
掌握常用滚动轴承的类型和代号。
掌握滚动轴承的寿命计算方法。
掌握滚动轴承的组合设计。

能力目标

会选择滑动轴承材料并设计滑动轴承。
熟悉轴承类型代号的含义，合理选择滚动轴承的类型。
能够通过计算滚动轴承的当量动载荷来确定滚动轴承的寿命和轴承型号。
能够合理进行滚动轴承的组合结构设计。

思政映射

机械装备中的轴承随处可见，没有轴承，机床、高铁、航母等都无法存在。目前，超精密级主轴轴承在我国还大部分依赖进口，振兴和发展我国关键零部件产业任重而道远。

轴承是用来支承轴或轴上回转零件的部件。根据工作时摩擦性质的不同，可将轴承分为滑动轴承和滚动轴承两大类。滚动轴承一般由专门的轴承厂家制造，广泛应用于各种机器中。但对于精度要求高或有特殊要求的场合，如高速、重载、冲击较大及需要剖分的结构等，使用更多的则是滑动轴承。我们应了解上述两类轴承的特点，合理选择并正确使用轴承。

12.1 滑动轴承概述

学习要点

掌握非液体摩擦滑动轴承的工作原理和常用材料，能够进行径向滑动轴承的设计计算，了解滑动轴承的润滑方法。

工作时轴承和轴颈的支承面间形成直接或间接接触摩擦的轴承称为滑动轴承，如图 12-1(a)所示。

滑动轴承工作表面的摩擦状态常见的有非液体摩擦状态和液体摩擦状态两种。图 12-1(b)、图 12-1(c)是轴承摩擦表面的局部放大图。如图 12-1(b)所示，摩擦表面不能被润滑油完全隔开的轴承称为非液体摩擦滑动轴承。这种轴承的摩擦表面容易磨损，但结构简单，制造精度要求较低，用于一般转速、载荷不大或精度要求不高的场合。摩擦表面完全被润滑油隔开的轴承称为液体摩擦滑动轴承，如图 12-1(c)所示。这种轴承与轴表面不直接接触，因此显著地减少了摩擦和磨损。液体摩擦滑动轴承制造成本高，多用于高速、精度要求较高的场合。

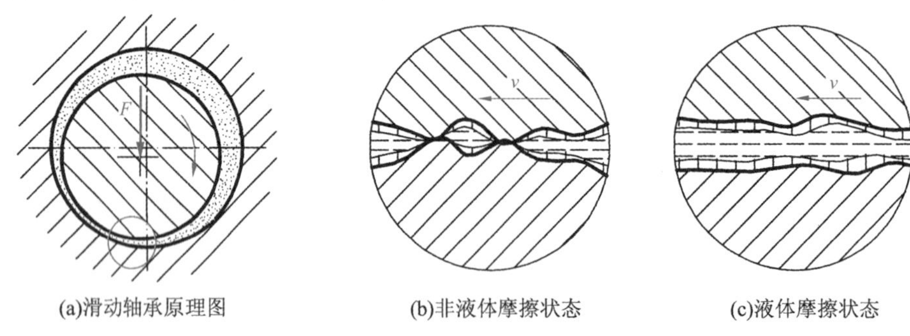

(a)滑动轴承原理图 (b)非液体摩擦状态 (c)液体摩擦状态

图 12-1 滑动轴承原理及摩擦状态

根据轴承所能承受的载荷方向不同，滑动轴承可分为向心滑动轴承和推力滑动轴承。向心滑动轴承用于承受径向载荷，推力滑动轴承用于承受轴向载荷。

一、滑动轴承的结构

(1)整体式滑动轴承

整体式滑动轴承是在机体上、箱体上或整体的轴承座上直接镗出轴承孔，并在孔内镶入轴套,如图 12-2 所示,安装时用螺栓连接在机架上。这种轴承结构形式较多,大都已标准化。它的优点是结构简单、成本低;缺点是轴颈只能从端部装入,安装和维修不便,而且轴承磨损后不能调整间隙,只能更换轴套,所以只能用在轻载、低速及间歇性工作的机器上。

滑动轴承的结构

(2)剖分式滑动轴承(对开式滑动轴承)

如图12-3所示,剖分式滑动轴承由轴承座、轴承盖、剖分式轴瓦等组成。在轴承座和轴承盖的剖分面上制有阶梯形的定位止口,便于安装时对心。还可在剖分面间放置调整垫片,以便安装或磨损时调整轴承间隙。轴承剖分面最好与载荷方向近于垂直。一般剖分面是水平的或倾斜 45°,以适应不同径向载荷方向的要求。这种轴承装拆方便,又能调整间隙,克服了整体式轴承的缺点,得到了广泛的应用。

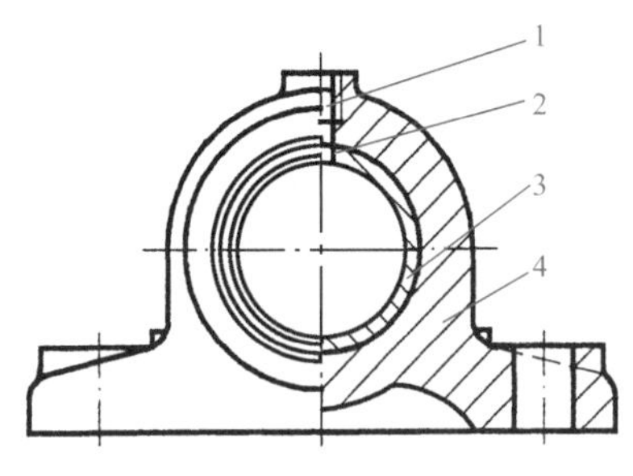

图 12-2 整体式滑动轴承

1—螺纹孔;2—油孔;3—整体轴瓦;4—轴承座

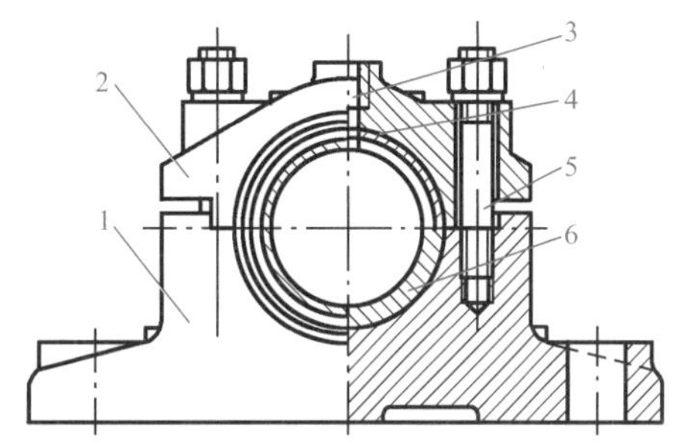

图 12-3 剖分式滑动轴承

1—轴承座;2—轴承盖;3—螺纹孔;4—油孔;5—双头螺柱;6—剖分式轴瓦

(3)调心式滑动轴承

当轴颈较宽(宽径比 $B/d>1.5$)、变形较大或不能保证两轴孔轴线重合时,将引起两端轴套严重磨损,这时就应采用调心式滑动轴承。如图 12-4 所示,调心式滑动轴承利用球面支承自动调整轴套的位置,以适应轴的偏斜。

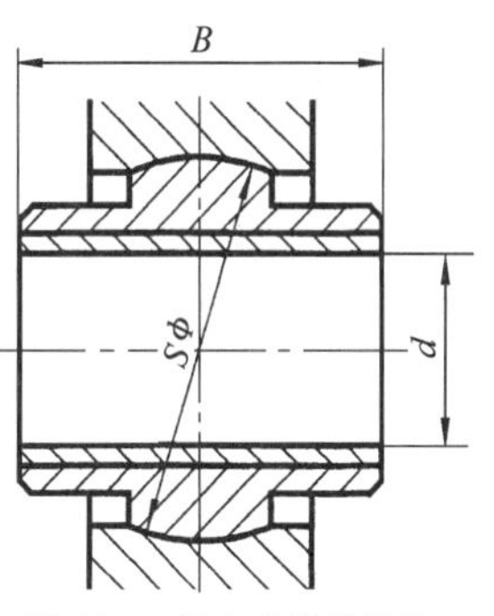

图 12-4 调心式滑动轴承

(4)推力滑动轴承

推力滑动轴承用于承受轴向载荷。常见的推力轴颈形状如图 12-5 所示。实心端面止推轴颈由于工作时轴心与边缘磨损不均匀,导致轴心部分压强极高,因此很少采用;空心端面止推轴颈和环状轴颈工作情况较好;载荷较大时,可采用多环轴颈。

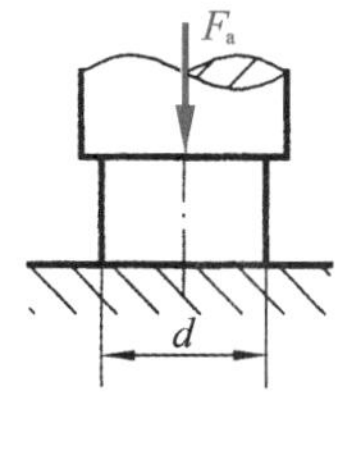

(a)实心端面止推轴颈

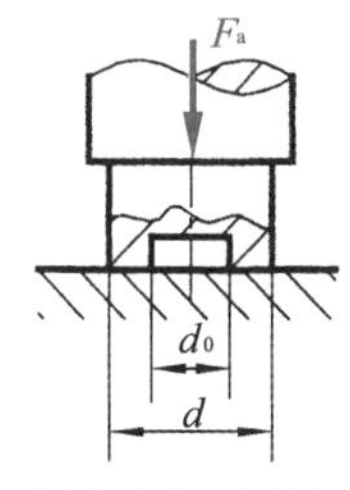

(b)空心端面止推轴颈

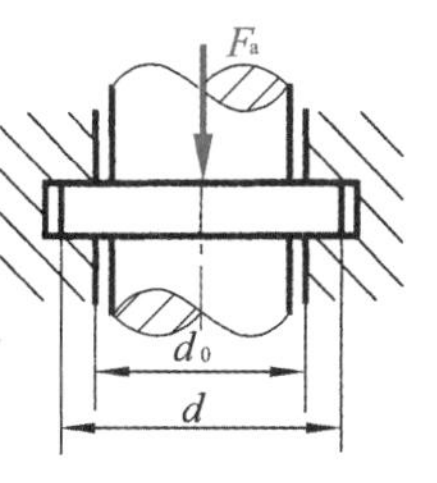

(c) 环状轴颈

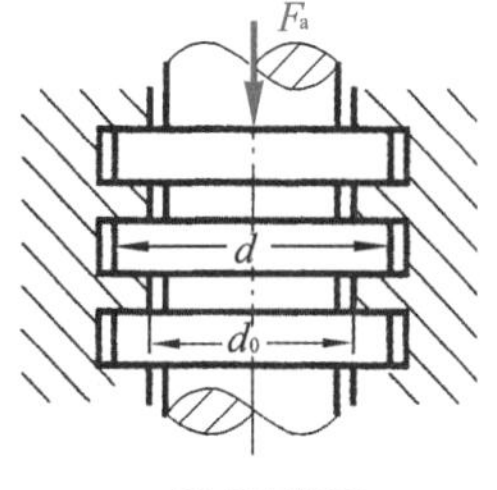

(d)多环轴颈

图 12-5 推力滑动轴承

二、轴瓦的结构和滑动轴承的材料

1. 轴瓦的结构

常用的轴瓦有整体式和剖分式两种结构。整体式轴承采用整体式轴瓦，整体式轴瓦又称为轴套，如图 12-6(a)所示。剖分式轴承采用剖分式轴瓦，如图 12-6(b)所示。

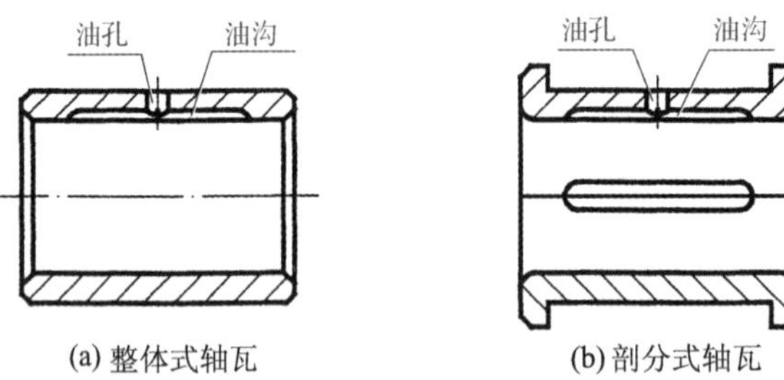

图 12-6 轴瓦的结构

轴瓦可以由一种材料制成，也可以在高强度材料的轴瓦基体上浇注一层或两层轴承合金作为轴承衬，称为双金属轴瓦或三金属轴瓦。为了使轴承衬与轴瓦基体结合牢固，可在轴瓦基体内表面或侧面制出沟槽，如图 12-7 所示。

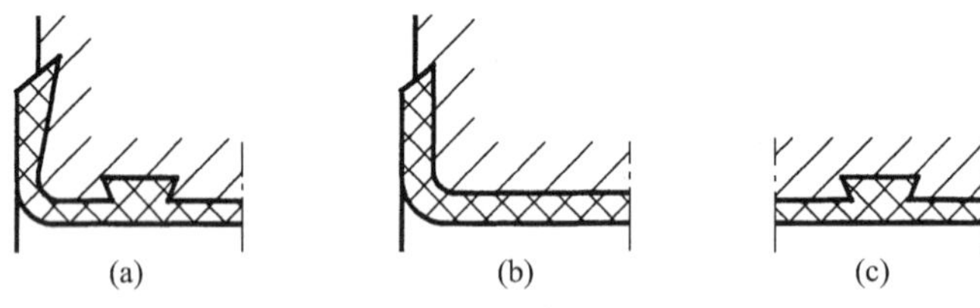

图 12-7 瓦背内壁沟槽

为了把润滑油导入轴承的工作表面，一般在轴瓦上要开出油孔和油沟(槽)。油孔用来供油，油沟用来输送和分布润滑油。油孔和油沟的开设原则：油沟的轴向长度应比轴瓦长度短，大约为轴瓦长度的 80%，不能沿轴向完全开通，以免油从两端大量泄漏，影响承载能力；油孔和油沟应开在非承载区，以保证承载区油膜的连续性。图 12-8 所示为几种常见的油沟形式。

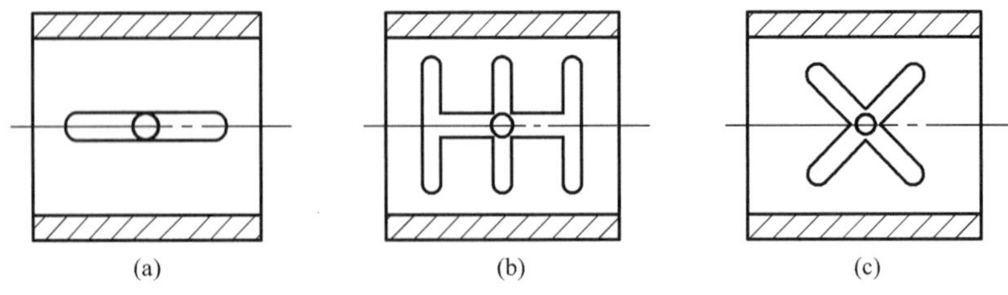

图 12-8 油沟形式(非承载区)

2. 轴承的材料

轴承材料是指与轴颈直接接触的轴瓦或轴承衬的材料。对材料的主要要求如下：

(1)具有足够的抗压、抗疲劳和抗冲击能力。

(2)具有良好的减摩性、耐磨性和磨合性，抗黏着磨损和磨粒磨损性能较好。

(3)具有良好的顺应性和嵌藏性，具有补偿对中误差和其他几何误差及容纳硬屑粒的能力。

(4)具有良好的工艺性、导热性及抗腐蚀性能等。

任何一种材料不可能同时具备上述性能,因而设计时应根据具体工作条件,按主要性能来选择轴承材料。常用轴瓦或轴承衬的材料及其性能见表12-1。

表 12-1　常用轴瓦或轴承衬的材料及其性能

<table>
<tr><th colspan="2" rowspan="2">轴瓦材料</th><th colspan="3">最大许用值</th><th rowspan="2">最高工作温度/℃</th><th rowspan="2">最小轴颈硬度(HBS)</th><th colspan="4">性能比较系数</th><th rowspan="2">备注</th></tr>
<tr><th>[p]/MPa</th><th>[v]/(m·s^{-1})</th><th>[pv]/[MPa·(m/s)]</th><th>抗胶合性</th><th>顺应性嵌藏性</th><th>耐蚀性</th><th>疲劳强度</th></tr>
<tr><td rowspan="4">锡基轴承合金</td><td rowspan="4">ZSnSb11Cu6
ZSnSb8Cu4</td><td colspan="3">平稳载荷</td><td rowspan="4">150</td><td rowspan="4">150</td><td rowspan="4">1</td><td rowspan="4">1</td><td rowspan="4">1</td><td rowspan="4">5</td><td rowspan="4">用于高速、重载下工作的重要轴承,变载荷下易疲劳,价高</td></tr>
<tr><td>25</td><td>80</td><td>20</td></tr>
<tr><td colspan="3">冲击载荷</td></tr>
<tr><td>20</td><td>60</td><td>15</td></tr>
<tr><td rowspan="2">铅基轴承合金</td><td>ZPbSb16Sn16Cu2</td><td>15</td><td>12</td><td>10</td><td rowspan="2">150</td><td rowspan="2">150</td><td rowspan="2">1</td><td rowspan="2">1</td><td rowspan="2">3</td><td rowspan="2">5</td><td rowspan="2">用于中速、中等载荷下工作的轴承,不宜受显著的冲击载荷。可作为锡锑轴承合金的代用品</td></tr>
<tr><td>ZPbSb15Sn5Cu3</td><td>5</td><td>8</td><td>5</td></tr>
<tr><td rowspan="2">锡青铜</td><td>ZCuSn10P1</td><td>15</td><td>10</td><td>15</td><td rowspan="2">280</td><td rowspan="2">200</td><td rowspan="2">3</td><td rowspan="2">5</td><td rowspan="2">1</td><td rowspan="2">1</td><td>用于中速、重载及受变载荷的轴承</td></tr>
<tr><td>ZCuSn5Pb5Zn5</td><td>8</td><td>3</td><td>15</td><td>用于中速、中等载荷的轴承</td></tr>
<tr><td>铝青铜</td><td>ZCuAl10Fe3</td><td>15</td><td>4</td><td>12</td><td>280</td><td>200</td><td>5</td><td>5</td><td>5</td><td>2</td><td>用于润滑充分的低速、重载轴承</td></tr>
</table>

注:性能比较系数的数值越小,说明该项性能越容易实现。

除了上述几种金属材料外,还可采用其他金属材料及非金属材料,如黄铜、铸铁、塑料、橡胶及粉末冶金等。

三、非液体摩擦滑动轴承的设计计算

1. 径向滑动轴承的设计计算

设计轴承时,通常已知轴颈的直径 d、转速 n 及轴承径向载荷 F_r。因此,轴承的设计是根据这些条件来选择类型、轴瓦材料,确定轴瓦宽度 B,并进行校核计算的。对于非标准轴承还需进行结构设计。

对于非液体润滑轴承,常取轴瓦宽度 $B=(0.8\sim1.5)d$。如选用标准滑动轴承座,则宽度 B 值可从有关标准或手册中查到。

非液体摩擦滑动轴承在边界润滑和液体润滑同时存在的状态下运转,因此工程上将这类轴承以维持边界油膜不遭破坏作为设计依据。

(1)验算平均压强 p

为防止轴颈与轴瓦间的润滑油被挤出而发生过度磨损,应限制轴承的压强 p。径向滑动轴承的承载情况如图12-9所示,则有

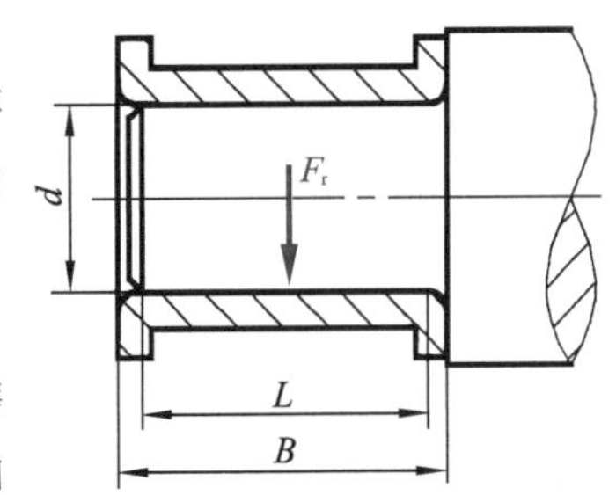

图 12-9　径向滑动轴承的承载情况

$$p=\frac{F_r}{dB}\leqslant[p] \tag{12-1}$$

式中 F_r——轴承所受的径向载荷,N;

d——轴颈的直径,mm;

B——轴瓦宽度,mm;

$[p]$——许用压强,MPa,由表 12-1 查取。

(2)验算 pv 值

轴承的发热量与轴承单位面积上的摩擦功率 fpv 成正比,摩擦系数 f 值可认为是常数,所以 pv 值表示了轴承发热量的大小。故为了防止轴承因温度升高而过热,导致润滑不良或失效而发生胶合,应限制 pv 值为

$$pv=\frac{F_r n}{19\ 100B}\leqslant[pv] \tag{12-2}$$

式中 n——轴的转速,r/min;

$[pv]$——pv 的许用值,MPa·(m/s),见表 12-1。

(3)验算轴颈的圆周速度 v

当压强 p 较小时,虽然验算 p 和 pv 值均合格,但也可能由于滑动速度过高而加速磨损,因而还要求:

$$v=\frac{\pi dn}{60\times1\ 000}\leqslant[v] \tag{12-3}$$

式中,$[v]$为轴颈的许用圆周速度,m/s,见表 12-1。

2. 推力滑动轴承的设计计算

推力滑动轴承的设计计算与径向滑动轴承的设计计算相似,当轴承的结构形式及基本尺寸确定后,要对其 p 和 pv 值进行验算。推力滑动轴承的承载情况如图 12-10 所示。

(1)校核压强 p

$$p=\frac{F_a}{(\pi/4)(d_2^2-d_1^2)}\leqslant[p] \tag{12-4}$$

式中 F_a——轴向载荷,N;

$[p]$——许用压强,MPa,见表 12-2。

(2)校核 pv 值

$$pv_m\leqslant[pv] \tag{12-5}$$

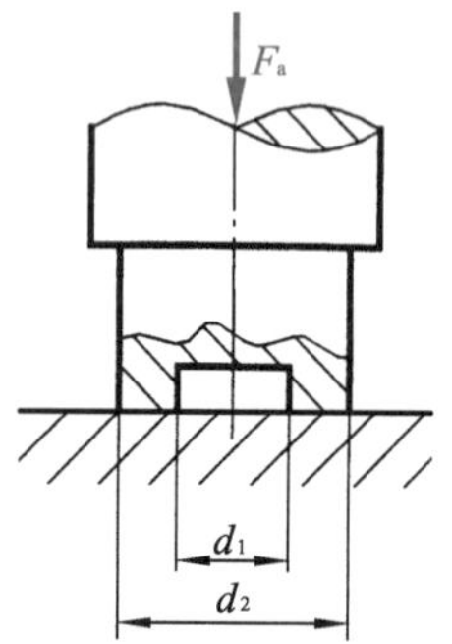

图 12-10 推力滑动轴承的承载情况

式中 v_m——轴颈的平均圆周速度,m/s。$v_m=\frac{\pi d_m n}{60\times1\ 000}$,其中$d_m$ 为轴颈的平均直径,

$d_m=\frac{d_1+d_2}{2}$,mm;n 为轴的转速,r/min。

$[pv]$——pv 的许用值,MPa·(m/s),见表 12-2。

表 12-2 推力滑动轴承的[p]和[pv]值

轴材料	未淬火钢			淬火钢	
轴瓦材料	铸铁	青铜	轴承合金	青铜	轴承合金
$[p]$/MPa	2～2.5	4～5	5～6	7.5～8	8～9
$[pv]$/[MPa·(m/s)]	1～2.5				

四、滑动轴承的润滑

润滑对减少滑动轴承的摩擦和磨损以及保证轴承正常工作具有重要意义。因此，设计和使用轴承时，必须合理地采取措施对轴承进行润滑。

1. 润滑剂

(1)润滑油

润滑油是使用最广的润滑剂，其中以矿物油应用最广。润滑油的主要性能指标是黏度，它随温度的升高而降低。我国润滑油产品牌号是按运动黏度(单位为 mm^2/s，记为cSt，读作厘斯)的中间值划分的。例如 L-AN46 全损耗系统用油(机械油)，即表示在 40 ℃时运动黏度的中间值为 46 cSt(40 ℃时的运动黏度记为 ν_{40})。除黏度之外，润滑油的性能指标还有凝点、闪点等。滑动轴承常用润滑油牌号的选择可参考表 12-3。

表 12-3 滑动轴承常用润滑油牌号的选择

轴颈圆周速度 $v/(m\cdot s^{-1})$	轻载 $p<3$ MPa 工作温度 10～60 ℃		中载 $p=3\sim7.5$ MPa 工作温度 10～60 ℃		重载 $p>7.5\sim30$ MPa 工作温度 20～80 ℃	
	运动黏度 ν_{40}/cSt	适用油牌号	运动黏度 ν_{40}/cSt	适用油牌号	运动黏度 ν_{40}/cSt	适用油牌号
0.3～1.0	45～75	L-AN46，L-AN68	100～125	L-AN100	90～350	L-AN100，L-AN150 L-AN200，L-AN320
1.0～2.5	40～75	L-AN32，L-AN46，L-AN68	65～90	L-AN68 L-AN100		
2.5～5.0	40～55	L-AN32，L-AN46				
5.0～9.0	15～45	L-AN15，L-AN22，L-AN32，L-AN46				
>9.0	5～23	L-AN7，L-AN10，L-AN15，L-AN22				

(2)润滑脂

润滑脂是由润滑油添加各种稠化剂和稳定剂稠化而成的膏状润滑剂。润滑脂主要应用在速度较低(轴颈圆周速度小于 1～2 m/s)、载荷较大、不经常加油、使用要求不高的场合，具体选择见表 12-4。

表 12-4 滑动轴承润滑脂的选择

轴承压强 p/MPa	轴颈圆周速度 $v/(m\cdot s^{-1})$	最高工作温度 t/℃	润滑脂牌号
<1.0	≤1.0	75	3 号钙基脂
1.0～6.5	0.5～5.0	55	2 号钙基脂
1.0～6.5	≤1.0	−50～100	2 号锂基脂
≤6.5	0.5～5.0	120	2 号钠基脂
>6.5	≤0.5	75	3 号钙基脂
>6.5	≤0.5	110	1 号钙钠基脂

除了润滑油和润滑脂之外，在某些特殊场合，还可使用固体(如石墨、二硫化钼)、水或气体等作为润滑剂。

2. 润滑方法

在选用润滑剂之后，还要选用合适的润滑方式。滑动轴承的润滑方法可按下式求得

的 k 值选用：

$$k=\sqrt{pv^3} \tag{12-6}$$

式中 p——轴颈平均压强，MPa；

v——轴颈圆周速度，m/s。

当 $k \leqslant 2$ 时，若采用润滑脂润滑，可用图 12-11(a)所示的旋盖式油杯或图 12-11(b)所示的压配式压注油杯定期加润滑脂润滑；若采用润滑油润滑，可用图 12-11(b)所示的压配式压注油杯或图 12-11(c)所示的旋套式油杯定期加润滑油润滑。当 $k>2 \sim 16$ 时，可用图12-11(d)所示的油芯式油杯或图12-11(e)所示的针阀式油杯进行连续的滴油润滑。

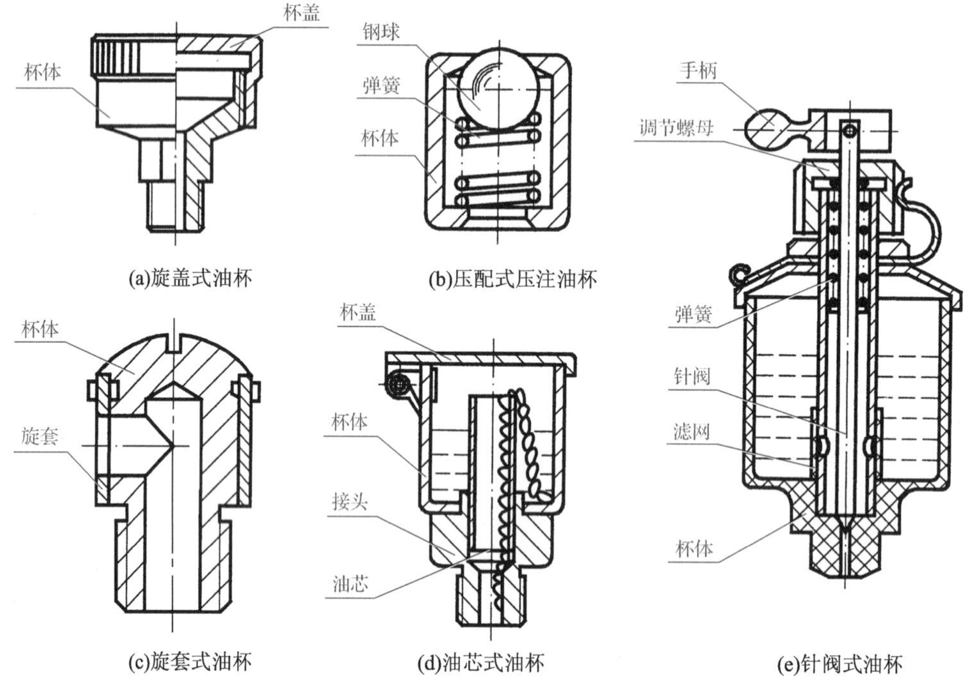

图 12-11　供油装置

当 $k>16 \sim 32$ 时，可采用图 12-12 所示的油环带油方式进行润滑，或采用飞溅、压力循环等连续供油方式进行润滑；当 $k>32$ 时，则必须采用压力循环的供油方式进行润滑。

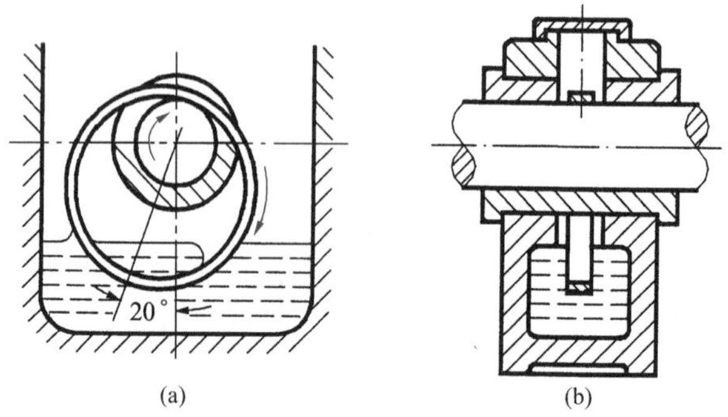

图 12-12　油环带油方式润滑

12.2 滚动轴承的结构、类型和代号

学习要点

掌握滚动轴承的结构、基本特性、类型、代号及应用。

一、滚动轴承的结构

常见的滚动轴承一般由两个套圈(内圈、外圈)、滚动体和保持架等基本元件组成,如图 12-13 所示。通常内圈与轴颈相配合且随轴一起转动,外圈装在机架的轴承座孔内固定不动。当内、外圈相对旋转时,滚动体在内、外圈的滚道上滚动,保持架使滚动体均匀分布并避免相邻滚动体之间的接触。

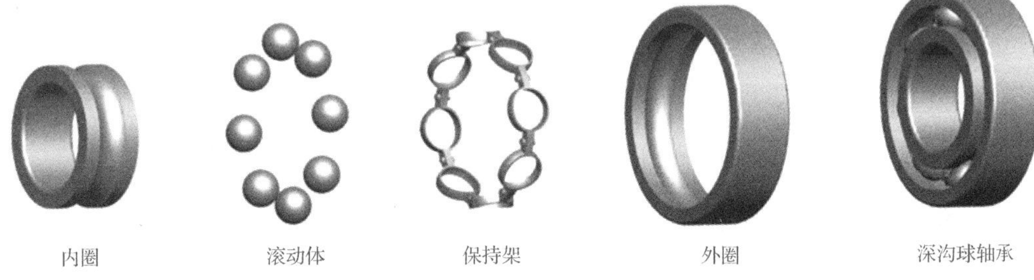

图 12-13 滚动轴承的结构

滚动轴承的内、外圈和滚动体一般采用专用的滚动轴承钢制造,如 GCr9、GCr15、GCr15SiMn 等。保持架则常用较软的材料,如低碳钢板等经冲压而成,或用铜合金、塑料等制成。

二、滚动轴承的特性和类型

1. 滚动轴承的基本特性

(1)接触角

如图 12-14 所示,滚动轴承中滚动体与外圈接触处的法线和垂直于轴承轴心线平面的夹角 α 称为接触角。α 越大,轴承承受轴向载荷的能力越大。

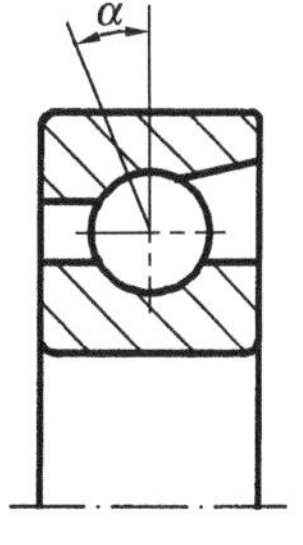

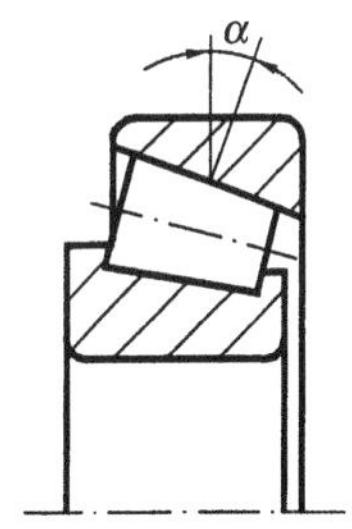

图 12-14 滚动轴承的接触角

(2)游隙

滚动体与内、外圈滚道之间的最大间隙称为轴承的游隙。如图 12-15 所示,将一套圈固定,另一套圈沿径向的最大移动量称为径向游隙,沿轴向的最大移动

量称为轴向游隙。游隙的大小对轴承的运转精度、寿命、噪声、温升等有很大影响，应按使用要求进行游隙的选择或调整。

(3)偏位角

如图 12-16 所示，轴承内、外圈轴线相对倾斜时所夹的锐角称为偏位角。能自动适应偏位角的轴承称为调心轴承。各类轴承的许用偏位角见表 12-5。

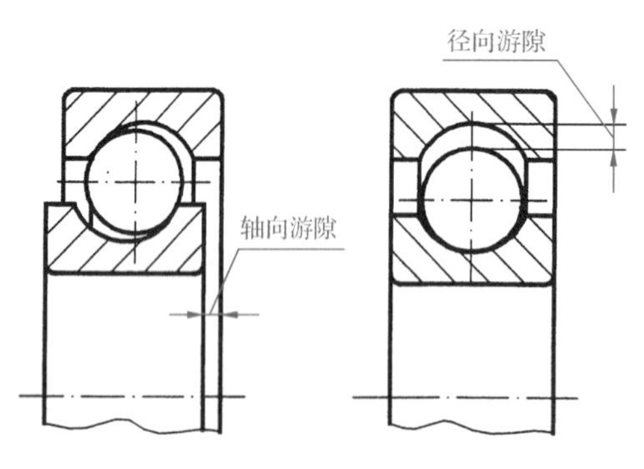

图 12-15 滚动轴承的游隙

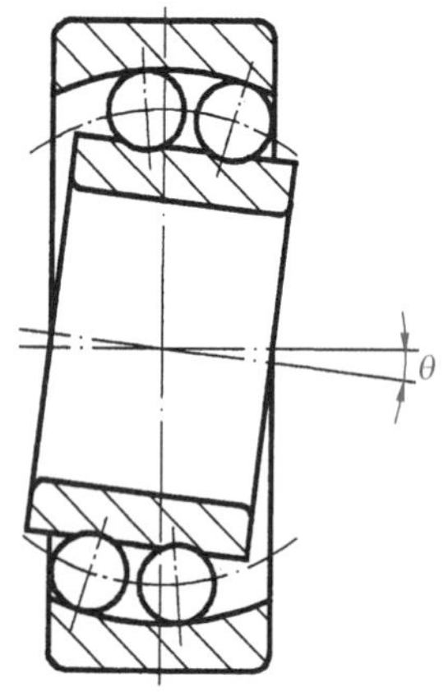

图 12-16 滚动轴承的偏位角

(4)极限转速

滚动轴承在一定的载荷和润滑条件下，允许的最高转速称为极限转速，其具体数值见有关手册。

2. 滚动轴承的类型

滚动轴承的类型有很多，下面介绍几种常见的分类方法。

(1)按滚动体的形状，可分为球轴承和滚子轴承两大类。如图 12-17 所示，球轴承的滚动体是球形，承载能力和承受冲击能力小。滚子轴承的滚动体形状有圆柱形、圆锥形、鼓形和滚针形等，承载能力和承受冲击能力大，但极限转速低。

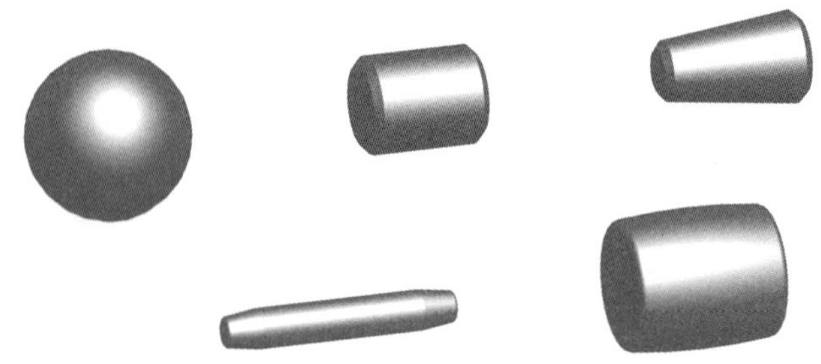

图 12-17 滚动体的形状

(2)按滚动体的列数，可分为单列、双列及多列滚动轴承。

(3)按工作时能否调心，可分为调心轴承和非调心轴承。调心轴承允许的偏位角大。

(4)按承受载荷的方向不同，可分为向心轴承和推力轴承两类。

向心轴承：主要承受径向载荷。其公称接触角 $\alpha=0^\circ$ 的轴承称为径向接触轴承；$0^\circ<\alpha\leqslant45^\circ$ 的轴承称为角接触向心轴承。接触角越大，承受轴向载荷的能力也越大。

推力轴承：主要承受轴向载荷。其公称接触角 $45°<\alpha<90°$ 的轴承称为角接触推力轴承，其中 $\alpha=90°$ 的轴承称为轴向接触轴承，也称推力轴承。接触角越大，承受径向载荷的能力越小，承受轴向载荷的能力越大。轴向推力轴承只能承受轴向载荷。

常用滚动轴承的性能、特性及应用见表 12-5。

表 12-5　常用滚动轴承的性能、特性及应用

轴承类型名称及代号	结构简图及承载方向	基本额定动载荷比[①]	极限转速比[②]	许用偏位角	主要特性及应用
调心球轴承 1	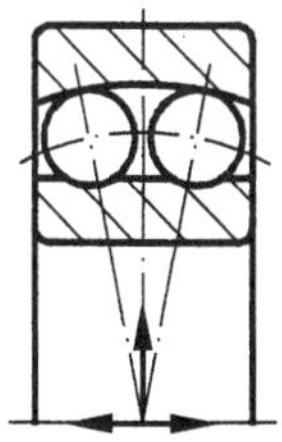	0.6～0.9	中	2°～3°	主要承受径向载荷，也能承受少量的轴向载荷。因外圈滚道表面是以轴线中点为球心的球面，故能自动调心
调心滚子轴承 2	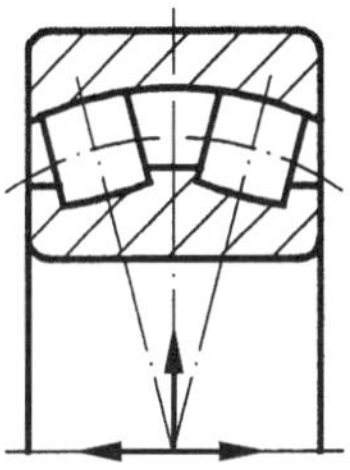	1.8～4	低	1°～2.5°	主要承受径向载荷，也可承受一些不大的轴向载荷，承载能力大，能自动调心
圆锥滚子轴承 3	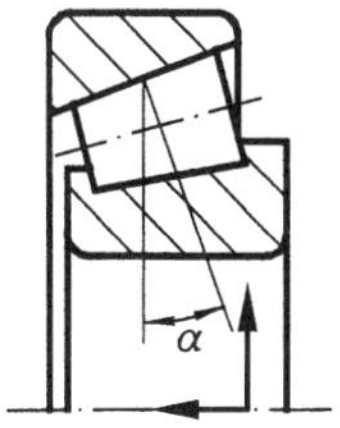 α	1.1～2.5	中	2′	能承受以径向载荷为主的径向、轴向联合载荷，当接触角 α 大时，也可承受纯单向轴向联合载荷。因是线接触，故承载能力大于 7 类轴承。内、外圈可以分离，装拆方便，一般成对使用
推力球轴承 5	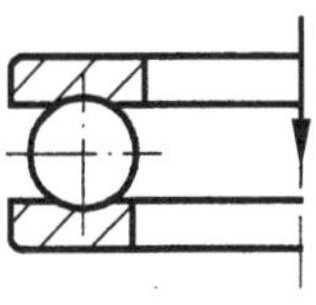	1	低	不允许	接触角 $\alpha=90°$，只能承受单向轴向载荷，而且载荷作用线必须与轴线相重合，高速时钢球离心力大，磨损、发热严重，极限转速低，所以只用于轴向载荷大、转速不高的场合
双向推力球轴承 5	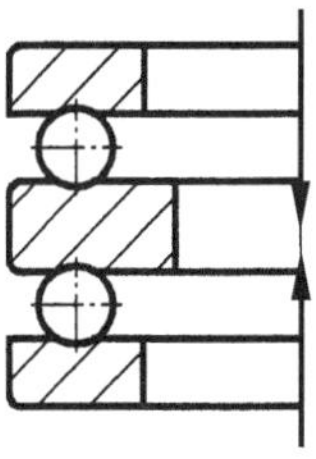	1	低	不允许	能承受双向轴向载荷，其余与推力轴承相同

续表

轴承类型名称及代号	结构简图及承载方向	基本额定动载荷比①	极限转速比②	允许偏位角	主要特性及应用
深沟球轴承 6		1	高	8′～16′	主要承受径向载荷，同时也能承受少量的轴向载荷。当转速很高而轴向载荷不太大时，可代替推力球轴承承受纯轴向载荷。生产量大，价格低
角接触球轴承 7	α	1.0～1.4	较高	2′～10′	能同时承受径向和轴向联合载荷。接触角 α 越大，承受轴向载荷的能力也越大。接触角 α 有 15°、25°和 40°三种。一般成对使用，可以分装于两个支点或同装于一个支点上
圆柱滚子轴承 N		1.5～3	较高	2′～4′	外圈（或内圈）可以分离，故不能承受轴向载荷。由于是线接触，所以能承受较大的径向载荷
滚针轴承 NA0000		—	低	不允许	在相同内径条件下，与其他类型轴承相比，其外径最小，外圈（或内圈）可以分离，径向承载能力较大，一般无保持架，摩擦系数大

注：①基本额定动载荷比指同一尺寸系列（直径及宽度）各种类型和结构形式的轴承的基本额定动载荷与 6 类深沟球轴承（推力轴承则与单向推力球轴承）的基本额定动载荷之比。

②极限转速比指同一尺寸系列 0 级公差的各类轴承脂润滑时的极限转速与 6 类深沟球轴承脂润滑时的极限转速之比。高、中、低的含义：高为 6 类深沟球轴承极限转速的 90%～100%；中为 6 类深沟球轴承极限转速的 60%～90%；低为 6 类深沟球轴承极限转速的 60%以下。

三、滚动轴承的代号

滚动轴承的种类和尺寸规格繁多，为了便于组织生产和选用，常用的滚动轴承大多数已经标准化。国家标准《滚动轴承　代号方法》(GB/T 272—2017)规定了滚动轴承代号的构成方法。滚动轴承的代号用字母和数字来表示，一般印或刻在轴承套圈的端面上。

滚动轴承的命名方法

滚动轴承的代号由前置代号、基本代号和后置代号组成，见表 12-6。

表 12-6 **滚动轴承代号的构成**

<table>
<tr><td>前置代号</td><td colspan="4">基本代号</td><td>后置代号</td></tr>
<tr><td rowspan="3">字母</td><td>类型代号</td><td colspan="2">尺寸系列代号</td><td>内径代号</td><td rowspan="3">字母(或加数字)</td></tr>
<tr><td rowspan="2">数字或字母</td><td>宽度系列代号</td><td>直径系列代号</td><td rowspan="2">两位数字</td></tr>
<tr><td>一位数字</td><td>一位数字</td></tr>
</table>

例如滚动轴承代号 N2210/P5,在基本代号中,“N”表示类型代号,“22”表示尺寸系列代号,“10”表示内径代号;后置代号“/P5”表示精度等级代号。

1. 基本代号

基本代号是滚动轴承代号的基础,它表示滚动轴承的类型、结构和尺寸。基本代号由滚动轴承类型代号、尺寸系列代号和内径代号三部分构成。

(1)类型代号

类型代号用数字或字母表示,其表示方法见表 12-7。

表 12-7 **一般滚动轴承的类型代号**

代号	轴承类型	代号	轴承类型
0	双列角接触球轴承	7	角接触球轴承
1	调心球轴承	8	推力圆柱滚子轴承
2	调心滚子轴承和推力调心滚子轴承	N	圆柱滚子轴承(双列或多列用字母 NN 表示)
3	圆锥滚子轴承	U	外球面球轴承
4	双列深沟球轴承	QJ	四点接触球轴承
5	推力球轴承	NA	滚针轴承
6	深沟球轴承		

(2)尺寸系列代号

尺寸系列代号由轴承的宽度(推力轴承指高度)系列代号和直径系列代号组成,各用一位数字表示。

轴承的宽度系列代号指内径相同的轴承,对于向心轴承,配有不同的宽度尺寸系列。轴承宽度系列代号有 8、0、1、2、3、4、5、6,宽度尺寸依次递增,同时外径尺寸也有递增。对于推力轴承,配有不同的高度尺寸系列,代号有 7、9、1、2,高度尺寸依次递增,同时外径尺寸也有递增。在 GB/T 272—2017 规定的有些型号中,宽度系列代号被省略。

轴承的直径系列代号指内径相同的轴承配有不同的外径尺寸系列。其代号有 7、8、9、0、1、2、3、4、5,外径尺寸依次递增,同时宽度尺寸也递增。图 12-18 所示为深沟球轴承不同直径系列代号的对比。

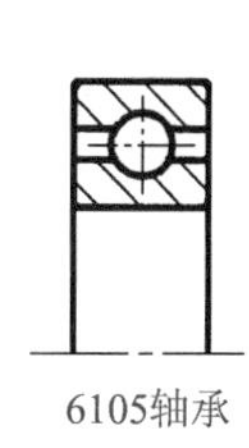

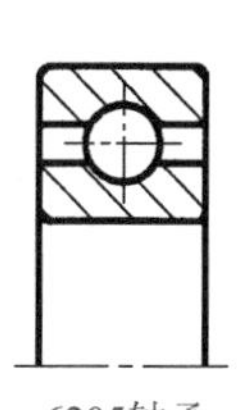

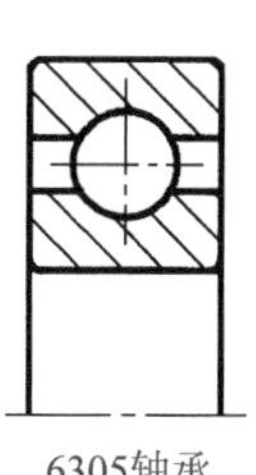

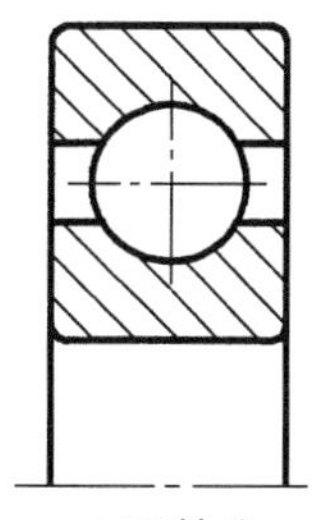

图 12-18 深沟球轴承的直径系列对比

(3)内径代号

滚动轴承内孔直径用两位数字表示,见表 12-8。

表 12-8　　滚动轴承内径代号

内径代号	00	01	02	03	04～99
轴承内径 d/mm	10	12	15	17	数字×5

2. 前置代号

滚动轴承的前置代号用字母表示。如用“L”表示可分离轴承的可分离内圈或外圈,代号示例如 LN207。

3. 后置代号

滚动轴承的后置代号用字母(或加数字)等表示。后置代号的内容很多,下面介绍几种常用的后置代号。

(1)内部结构代号用字母表示,紧跟在基本代号后面。如接触角 α 为 15°、25°、40°的角接触球轴承分别用 C、AC、B 表示内部结构的不同,代号示例如 7210C、7210AC 和 7210B。

(2)密封、防尘与外部形状变化代号。如“-Z”表示轴承一面带防尘盖,“N”表示轴承外圈上有止动槽,代号示例如 6210-Z、6210 N。

(3)轴承符合标准规定的公差等级分为 2、4、5、6X、6 和 N 级共六个级别,精度依次降低,其中 6X 级仅适用于圆锥滚子轴承;N 级为普通级,在轴承代号中省略不表示。其代号分别为/P2、/P4、/P5、/P6X、/P6 和/PN,例如 6203、6203/P6、30210/P6X。

(4)游隙大小是出厂前就设定好的。以 NSK 轴承为例,轴承径向游隙分为 2、N、3、4、5 共五个组别,游隙依次由小到大。其中 N 组游隙在轴承代号中省略不表示,其余的游隙组别分别用/C2、/C3、/C4、/C5 表示。

实际应用的滚动轴承类型是很多的,相应的轴承代号也是比较复杂的。以上介绍的代号是滚动轴承代号中最基本、最常用的部分,熟悉了这部分代号,就可以识别和查选常用的滚动轴承。关于滚动轴承详细的代号表示方法可查阅 GB/T 272—2017。

代号举例:

30210——表示圆锥滚子轴承,宽度系列代号为 0,直径系列代号为 2,内径为 50 mm,公差等级为 0 级,游隙为 0 组。

LN207/P6C3——表示圆柱滚子轴承,外圈可分离,宽度系列代号为 0(0 在代号中省略),直径系列代号为 2,内径为 35 mm,公差等级为 6 级,游隙为 3 组。

12.3 滚动轴承类型的选择

学习要点

能够根据轴承载荷条件、转速等因素合理选择轴承类型。

选用滚动轴承时，首先是选择轴承类型。选择轴承类型应考虑的因素有很多，如轴承所受载荷的大小、方向及性质，转速与工作环境，调心性能要求，经济性及其他特殊要求等。以下几个选型原则可供参考。

1. 载荷条件

轴承承受载荷的大小、方向和性质是选择轴承类型的主要依据。当载荷小且平稳时，可选球轴承；当载荷大又有冲击时，宜选滚子轴承；当轴承仅受径向载荷时，选径向接触球轴承或圆柱滚子轴承；只受轴向载荷时，宜选推力轴承；轴承同时受径向和轴向载荷时，选用角接触轴承。轴向载荷越大，应选择接触角越大的轴承，必要时也可选用径向轴承和推力轴承的组合结构。应该注意推力轴承不能承受径向载荷，圆柱滚子轴承不能承受轴向载荷。

2. 轴承的转速

若轴承的尺寸和精度相同，则球轴承的极限转速比滚子轴承高，所以当转速较高且旋转精度要求较高时，应选用球轴承。推力轴承的极限转速低。当工作转速较高而轴向载荷不大时，可采用角接触球轴承或深沟球轴承。对高速回转的轴承，为减小滚动体施加于外圈滚道的离心力，宜选用外径和滚动体直径较小的轴承。一般应保证轴承在低于极限转速的条件下工作。若工作转速超过轴承的极限转速，则可通过提高轴承的公差等级、适当加大其径向游隙等措施来满足要求。

3. 调心性能

轴承内、外圈轴线间的偏位角应控制在极限值之内(见表 12-5)，否则会增加轴承的附加载荷而降低其寿命。对于刚度差或安装精度差的轴系，轴承内、外圈轴线间的偏位角较大，宜选用调心类轴承，如调心球轴承(1 类)、调心滚子轴承(2 类)等。

4. 允许的空间

当轴向尺寸受到限制时，宜选用窄或特窄的轴承；当径向尺寸受到限制时，宜选用滚动体较小的轴承；当要求径向尺寸小而径向载荷又很大时，可选用滚针轴承。

5. 装调性能

圆锥滚子轴承(3 类)和圆柱滚子轴承(N 类)的内、外圈可分离，装拆比较方便。

6. 经济性

在满足使用要求的情况下应尽量选用价格低廉的轴承。一般情况下，球轴承的价格低于滚子轴承。轴承的精度等级越高，其价格也越高。在同尺寸和同精度的轴承中，深沟球轴承的价格最低。同型号、尺寸,不同公差等级的深沟球轴承的价格比 PN∶P6∶P5∶P4∶P2≈1∶1.5∶2∶7∶10。若无特殊要求,则应尽量选用普通级精度轴承,只有对旋转精度有较高要求时,才选用精度较高的轴承。

除此之外,对于滚动轴承类型的选择还可能有其他各种各样的要求,如轴承装置整体设计的要求等。因此设计时要全面分析比较,选出最合适的滚动轴承。

12.4 滚动轴承的工作能力计算

学习要点

熟悉滚动轴承的失效形式和计算准则,能够通过计算滚动轴承的当量动载荷来确定滚动轴承的寿命和型号。

一、滚动轴承的失效形式和计算准则

1. 滚动轴承的载荷分析

以深沟球轴承为例进行分析。如图 12-19 所示,轴承受径向载荷 F_r 作用时,各滚动体承受的载荷是不同的,处于最低位置的滚动体受载荷最大。由理论分析可知,受载荷最大的滚动体所受的载荷为 $F_0 \approx (5/z)F_r$,式中 z 为滚动体的数目。

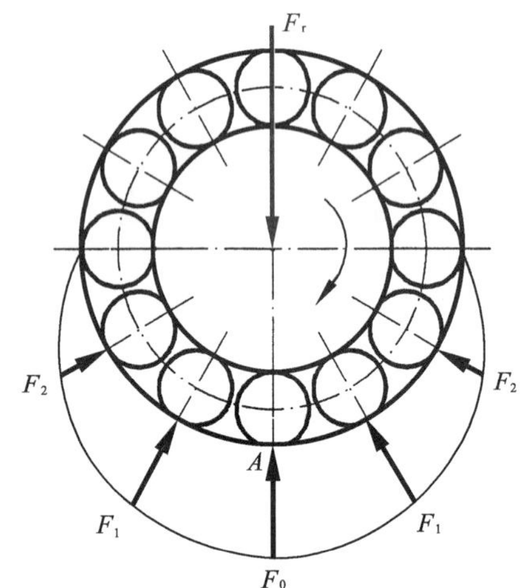

图 12-19 滚动轴承的载荷分析

当外圈不动而内圈转动时,滚动体既自转又绕轴承的轴线公转,于是内、外圈与滚动体的接触点位置不断发生变化,套圈滚道与滚动体接触表面上某点的接触应力也随着做周期性变化。滚动体与旋转套圈受周期性变化的脉动循环接触应力的作用,固定套圈上 A 点受最大的稳定脉动循环接触应力的作用。

2. 失效形式

滚动轴承的失效形式主要有以下三种:

(1)疲劳点蚀

滚动体和套圈滚道在脉动循环接触应力的作用下,当应力值或应力循环次数超过一定数值后,接触表面会出现疲劳点蚀。疲劳点蚀使轴承在运转中产生振动和噪声,回转精度降低且工作温度升高,使轴承失去正常的工作能力。疲劳点蚀是滚动轴承的最主要失

效形式。

(2)塑性变形

在过大的静载荷或冲击载荷的作用下，套圈滚道或滚动体可能会发生塑性变形，滚道出现凹坑或滚动体被压扁，使运转精度降低，产生振动和噪声，导致轴承不能正常工作。塑性变形是低速轴承的主要失效形式。

(3)磨损

在润滑不良、密封不可靠及多尘的情况下，滚动体或套圈滚道易产生磨粒磨损，高速时会出现热胶合磨损，轴承过热还将导致滚动体回火。

另外，滚动轴承的配合、安装、拆卸及使用维护不当，还会引起轴承元件破裂等其他形式的失效，应采取相应的措施加以防止。

3. 计算准则

针对上述主要失效形式，滚动轴承的计算准则为：

(1)对于一般转速($n_{\lim}>n>10$ r/min)的轴承，疲劳点蚀为其主要的失效形式，应进行寿命计算。

(2)对于低速($n\leqslant 10$ r/min)重载或大冲击条件下工作的轴承，其主要失效形式为塑性变形，应进行静强度计算。

(3)对于高转速的轴承，除疲劳点蚀外，胶合、磨损也是主要的失效形式，因此除应进行寿命计算外，还要校验其极限转速。

二、基本额定寿命和基本额定动载荷

1. 轴承寿命

在一定载荷作用下，滚动轴承运转到任一滚动体或套圈滚道上出现疲劳点蚀前，两套圈相对运转的总转(圈)数或工作的小时数称为轴承寿命。这也意味着一个新轴承运转至出现疲劳点蚀就不能再使用了。如同预言某一个人的寿命一样，我们无法预知其确切的寿命，但借助于人口调查等相关资料，却可以预知某一批人的寿命。同理，引入下面关于轴承基本额定寿命的说法。

2. 基本额定寿命

一批相同的轴承，在同样的受力、转速等常规条件下运转，其中有10%的轴承发生疲劳点蚀破坏(90%的轴承未出现疲劳点蚀破坏)时，轴承所转过的总转(圈)数或在此转速下工作的小时数称为轴承的基本额定寿命。用符号L_{10}(10^6r)或L_h(h)表示。需要说明的是：

(1)轴承运转的条件不同，如受力大小不同，则其基本额定寿命值不同。

(2)某一轴承能够达到或超过此寿命值的可能性即可靠度为90%，达不到此寿命值的可能性即破坏率为10%。

3. 基本额定动载荷

基本额定动载荷是指基本额定寿命$L_{10}=1\ 10^6$r时，轴承所能承受的最大载荷，用字

母 C 表示。基本额定动载荷越大,其承载能力也越大。不同型号轴承的基本额定动载荷 C 值可查轴承样本或设计手册等资料。

三、滚动轴承的寿命计算公式

滚动轴承的基本额定寿命(以下简称为寿命)与承受的载荷有关,通过大量试验获得 6207 轴承基本额定寿命 L_{10} 与载荷 P 的关系曲线如图 12-20 所示,也称为轴承的疲劳曲线。其他型号的轴承也存在类似的关系曲线。该曲线的方程为

$$L_{10}P^{\varepsilon}=\text{常数}$$

式中,ε 为轴承的寿命指数,对于球轴承 $\varepsilon=3$,对于滚子轴承 $\varepsilon=10/3$。

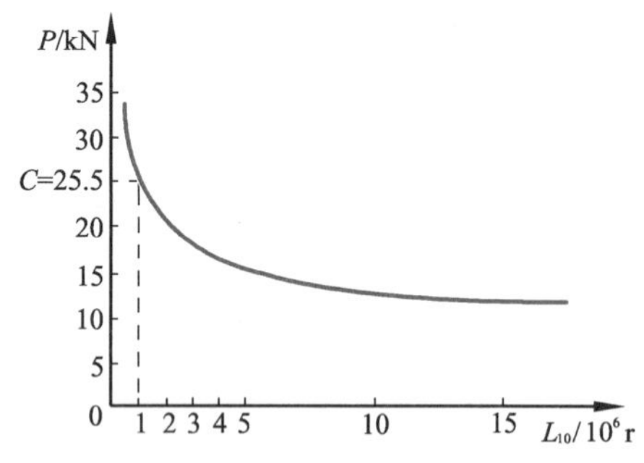

图 12-20 滚动轴承的 P-L_{10} 曲线

根据基本额定动载荷的定义,当轴承的基本额定寿命 $L_{10}=1\ 10^6$ r 时,它所受的载荷 $P=C$,将其代入上式得

$$L_{10}P^{\varepsilon}=1\times C^{\varepsilon}=\text{常数}$$

或

$$L_{10}=\left(\frac{C}{P}\right)^{\varepsilon}$$

实际计算中,常用小时数 L_h 表示轴承寿命,考虑到轴承工作温度的影响,上式可改写为下面两个实用的轴承基本额定寿命的计算公式,由此可分别确定轴承的基本额定寿命或基本额定动载荷,根据 C 值可选取轴承型号。

$$L_h=\frac{10^6}{60n}\left(\frac{f_T C}{P}\right)^{\varepsilon}\geqslant[L_h] \tag{12-7}$$

或

$$C\geqslant C'=\frac{P}{f_T}\left(\frac{60n[L_h]}{10^6}\right)^{\frac{1}{\varepsilon}} \tag{12-8}$$

式中 L_h——轴承的基本额定寿命,h;

n——轴承转速,r/min;

ε——轴承寿命指数;

C——基本额定动载荷,N;

C'——所需轴承的基本额定动载荷,N;

P——当量动载荷,N;

f_T——温度系数(见表 12-9),是考虑轴承工作温度对 C 的影响而引入的修正系数;

$[L_h]$——轴承的预期使用寿命,h。设计时如果不知道轴承的预期寿命值,表 12-10的推荐用值可供参考。

表 12-9 温度系数 f_T

轴承工作温度/℃	≤100	125	150	200	250	300
温度系数 f_T	1.00	0.95	0.90	0.80	0.70	0.60

表 12-10 滚动轴承预期使用寿命的推荐用值

机器类型	预期寿命/h
不经常使用的仪器或设备，如闸门开闭装置等	300～3 000
短期或间断使用的机械，中断使用不致引起严重后果，如手动机械等	3 000～8 000
间断使用的机械，中断使用后果严重，如发动机辅助设备、流水作业线自动传动装置、升降机、车间吊车、不经常使用的机床等	8 000～12 000
每日 8 h 工作的机械(利用率不高)，如一般的齿轮传动、某些固定电动机等	12 000～20 000
每日 8 h 工作的机械(利用率较高)，如金属切削机床、连续使用的起重机、木材加工机械等	20 000～30 000
24 h 连续工作的机械，如矿山升降机、泵、电动机等	40 000～60 000
24 h 连续工作的机械，中断使用后果严重，如纤维生产或造纸设备、发电站主电机、矿井水泵、船舶螺旋桨等	100 000～200 000

四、滚动轴承的当量动载荷计算

轴承的基本额定动载荷 C 是在一定的试验条件下确定的，对向心轴承是指纯径向载荷，对推力轴承是指纯轴向载荷。在进行寿命计算时，需将作用在轴承上的实际载荷 F_r、F_a 折算成与上述条件相当的载荷，即当量动载荷 P。在该载荷的作用下，轴承的寿命与实际载荷作用下轴承的寿命相同。当量动载荷的计算公式为

$$P=f_p(XF_r+YF_a) \tag{12-9}$$

式中 f_p——载荷系数，是考虑工作中的冲击和振动会使轴承寿命降低而引入的系数，见表 12-11；

F_r——轴承所受的径向载荷，N；

F_a——轴承所受的轴向载荷，N；

X、Y——径向载荷系数和轴向载荷系数，见表 12-12。

表 12-11 载荷系数 f_p

载荷性质	无冲击或轻微冲击	中等冲击	强烈冲击
f_p	1.0～1.2	1.2～1.8	1.8～3.0

表 12-12 径向载荷系数 X 和轴向载荷系数 Y

轴承类型	相对轴向载荷 F_a/C_0	判断系数 e	$F_a/F_r>e$		$F_a/F_r\leq e$	
			X	Y	X	Y
深沟球轴承	0.014 0.028 0.056 0.084 0.11 0.17 0.28 0.42 0.56	0.19 0.22 0.26 0.28 0.30 0.34 0.38 0.42 0.44	0.56	2.30 1.99 1.71 1.55 1.45 1.31 1.15 1.04 1.00	1	0

续表

轴承类型		相对轴向载荷 F_a/C_0	判断系数 e	$F_a/F_r>e$		$F_a/F_r\leqslant e$	
				X	Y	X	Y
角接触球轴承	$\alpha=15°$	0.015 0.029 0.058 0.087 0.12 0.17 0.29 0.44 0.58	0.38 0.40 0.43 0.46 0.47 0.50 0.55 0.56 0.56	0.44	1.47 1.40 1.30 1.23 1.19 1.12 1.02 1.00 1.00	1	0
	$\alpha=25°$	—	0.68	0.41	0.87	1	0
	$\alpha=40°$	—	1.14	0.35	0.57	1	0
圆锥滚子轴承		—	$1.5\tan\alpha$	0.40	$0.4\cot\alpha$	1	0

注:1. 表中均为单列轴承的系数值,双列轴承查《滚动轴承产品样本》。

2. C_0 为轴承的基本额定静载荷,α 为接触角。

3. e 是判别轴向载荷 F_a 对当量动载荷 P 影响程度的参数。查表时,可按 F_a/C_0 查得 e 值,再根据 $F_a/F_r>e$ 或 $F_a/F_r\leqslant e$ 来确定 X、Y 值。

五、角接触球轴承的轴向载荷

1. 角接触球轴承的内部轴向力

如图 12-21 所示,由于角接触球轴承存在接触角 α,所以载荷作用线偏离轴承宽度的中点,而与轴心线交于 O 点。当受到径向载荷 F_R 作用时,作用在承载区内第 i 个滚动体上的法向力 F_i 可分解为径向分力 F_{ri}和轴向分力 F_{Si}。各滚动体上所受轴向分力的总和即轴承的内部轴向力 F_S,其大小可根据轴承型号,按表 12-13 中的对应公式求得,方向沿轴线由轴承外圈的宽边指向窄边。

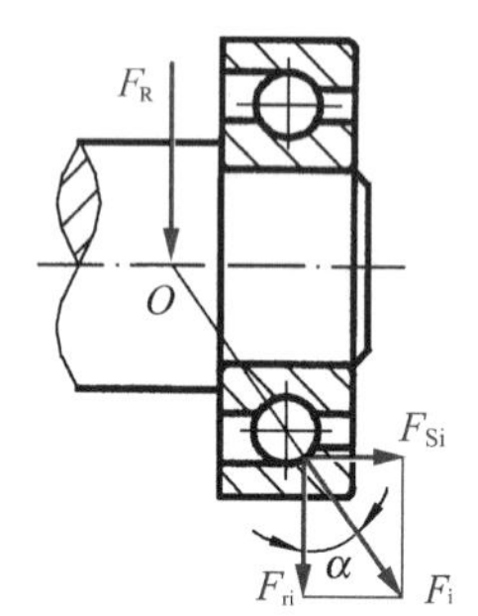

图 12-21 角接触球轴承的内部轴向力分析

表 12-13 圆锥滚子轴承和角接触球轴承的内部轴向力

圆锥滚子轴承	角接触球轴承		
	70000C($\alpha=15°$)	70000AC($\alpha=25°$)	70000B($\alpha=40°$)
$F_S=F_r/2Y$	$F_S=eF_r$	$F_S=0.68F_r$	$F_S=1.14F_r$

注:表中 e 值查表 12-12 确定。

2. 角接触球轴承轴向力 F_a 的计算

为了使角接触球轴承能正常工作,一般都要成对使用,并将两个轴承对称安装。常见的安装方式有两种:图 12-22 所示为外圈窄边相对安装,称为正装或面对面安装;图 12-23 所示为外圈宽边相对安装,称为反装或背靠背安装。

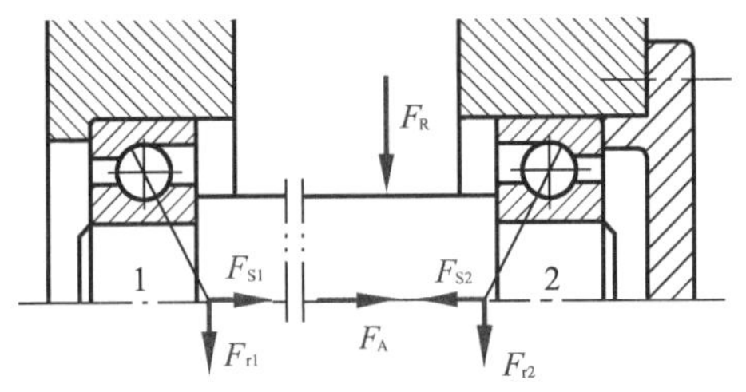

图 12-22 外圈窄边相对安装

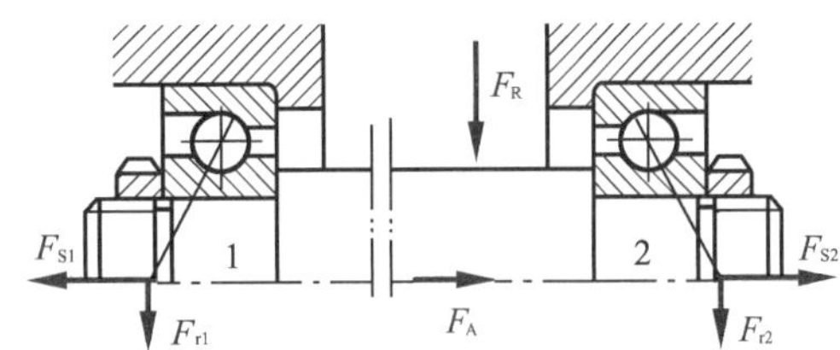

图 12-23 外圈宽边相对安装

下面以图 12-22 所示的角接触球轴承支承的轴系为例，分析轴线方向的受力情况。将图 12-22 抽象成为图 12-24(a)所示的受力简图，F_{a1} 及 F_{a2} 为两个角接触球轴承所受的轴向力，作用在外圈的宽边端面上，方向沿轴线由宽边指向窄边。F_A 称为轴向外载荷(力)，是轴上除 F_{a1} 及 F_{a2} 之外的轴向外力的合力，根据轴系的受力情况，很容易求出该合力的大小并判断出方向。在轴线方向，轴系在 F_A、F_{a1} 及 F_{a2} 作用下处于平衡状态。由于 F_A 已知，F_{a1} 及 F_{a2} 是待求的未知量，这属于超静定问题，因此引入求解角接触球轴承轴向力 F_{a1} 及 F_{a2} 的方法如下：

(1)计算轴上的轴向外力(合力)F_A 及两轴承的内部轴向力 F_{S1}、F_{S2} 的大小并判断方向。

(2)绘制计算简图。图 12-24(b)是包括支承结构及受力情况的计算简图，具体画法如下：以图 12-24(a)为基础，在轴线上画出三角形符号，表示与轴固结在一起的轴承内圈。在表示轴承外圈的铅直线及水平线上画出剖面线，意味着外圈固定不动，画有剖面线的铅直线一侧是外圈的宽边，其对面为窄边。绘出上述三个力 F_A、F_{S1}、F_{S2}，不画 F_{a1} 及 F_{a2}。

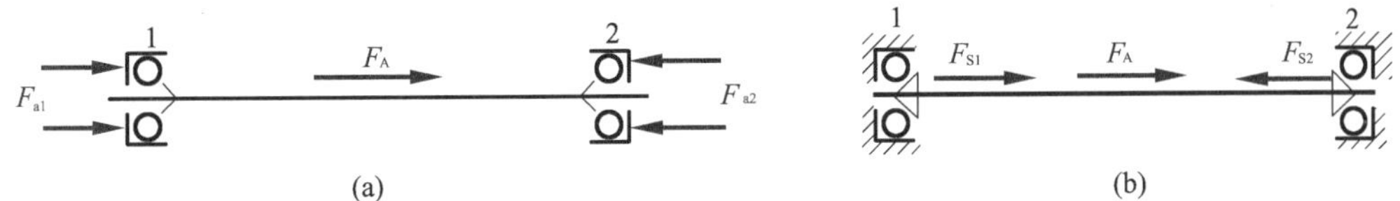

图 12-24 轴向力分析

(3)根据计算简图判断松、紧端。将轴向外力 F_A 及与之同向的内部轴向力相加，取其之和与另一反向的内部轴向力比较大小。若 $F_{S1}+F_A>F_{S2}$，根据计算简图，外圈固定不动，轴与固结在一起的内圈有向右移动的趋势，则轴承 2 被压紧，轴承 1 被放松。也可以视为轴承 2 的内、外圈与滚动体被进一步压紧，轴承 1 的内、外圈与滚动体之间出现了间隙而被放松了。若 $F_{S1}+F_A<F_{S2}$，根据计算简图，外圈固定不动，轴与固结在一起的内圈有向左移动的趋势，则轴承 1 被压紧，轴承 2 被放松。

(4)求出两轴承的轴向力 F_{a1} 及 F_{a2}。放松端轴承的轴向力等于它本身的内部轴向力，压紧端轴承的轴向力等于除本身的内部轴向力之外其余两个轴向力的代数和。

需要强调说明的是，虽然解题时需判断一个轴承被压紧，另一个轴承被放松，但这并不是说被压紧轴承所受的轴向力必然大于被放松轴承所受的轴向力，有时正好相反。这里所说的压紧、放松，只是求解超静定问题时引入的一个特殊说法而已。

例 12-1

如图 12-25 所示，已知一对 7206C 轴承支承的轴系，轴上径向力 $F_R=6\ 000$ N，求图中三种情况时两轴承所受的轴向力。

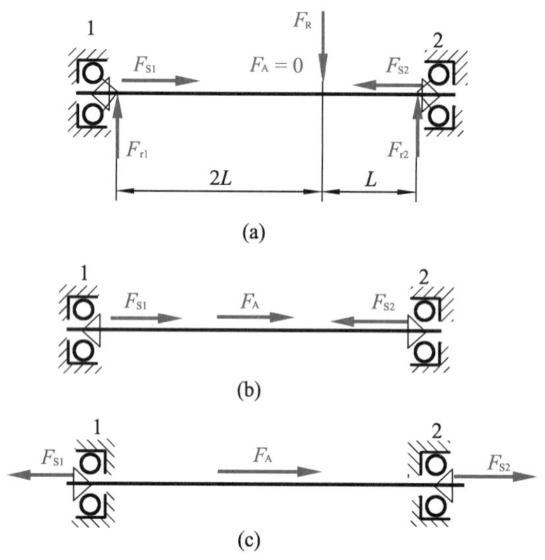

图 12-25 轴承受力示意图

情况(a)：如图 12-25(a)所示，轴向外力 $F_A=0$，$F_a/C_0=0.029$。

解 (1)求两轴承所受的径向力

列出静力学平衡方程式，可求得两轴承所受的径向力：$F_{r1}=2\ 000$ N，$F_{r2}=4\ 000$ N。

(2)求内部轴向力

由表 12-13 及表 12-12 可知，内部轴向力为

$$F_{S1}=0.4F_{r1}=0.4\times 2\ 000=800\ \text{N}$$

$$F_{S2}=0.4F_{r2}=0.4\times 4\ 000=1\ 600\ \text{N}$$

(3)绘出计算简图并判断松、紧端

两轴承正装，按前述方法绘制计算简图。将轴向外力 F_A(假设向右)及与之同向的内部轴向力 F_{S1} 相加，取其之和与另一反向的内部轴向力 F_{S2} 比较大小：

$$F_A+F_{S1}=0+800=800\ \text{N}<F_{S2}=1\ 600\ \text{N}$$

根据计算简图，外圈固定不动，轴与固结在一起的内圈有向左移动的趋势，则轴承 1 被压紧，轴承 2 被放松。

(4)求出两轴承所受的轴向力

压紧端轴承：$F_{a1}=F_A+F_{S2}=0+1\ 600=1\ 600$ N

放松端轴承：$F_{a2}=F_{S2}=1\ 600$ N。

情况(b)：$F_A=600$ N，$F_{S1}=800$ N，$F_{S2}=1\ 600$ N，方向如图 12-25(b)所示。

解 $F_{S2}>F_A+F_{S1}$，轴承 1 被压紧，轴承 2 被放松。

$$F_{a1}=F_{S2}-F_A=1\ 600-600=1\ 000 \text{ N}$$

$$F_{a2}=F_{S2}=1\ 600 \text{ N}$$

情况(c)：两轴承反装，如图 12-25(c)所示，$F_A=1\ 000$ N，$F_{S1}=800$ N，$F_{S2}=1\ 600$ N。

解 $F_A+F_{S2}>F_{S1}$，轴有向右移动的趋势，轴承 1 被压紧，轴承 2 被放松。

$$F_{a1}=F_A+F_{S2}=1\ 000+1\ 600=2\ 600 \text{ N}$$

$$F_{a2}=F_{S2}=1\ 600 \text{ N}$$

讨论：在本例的几种情况中，虽然判断轴承 1 被压紧、轴承 2 被放松，但这并不能说明轴承 1 所受的轴向力必然大于轴承 2 所受的轴向力。在情况(b)中，$F_{a1}=1\ 000$ N、$F_{a2}=1\ 600$ N就说明了这一点。

例 12-2

如图 12-26 所示，减速器中的轴由一对深沟球轴承支承。已知：轴的两端轴颈直径均为 $d=50$ mm，轴受径向力 $F_R=15\ 000$ N，轴向力 $F_A=2\ 500$ N，工作转速 $n=400$ r/min，载荷系数 $f_p=1.1$，常温下工作，轴承预期寿命$[L_h]=18\ 000$ h，支承方式采用图 12-28(a)所示的双固式结构。试选择轴承型号。

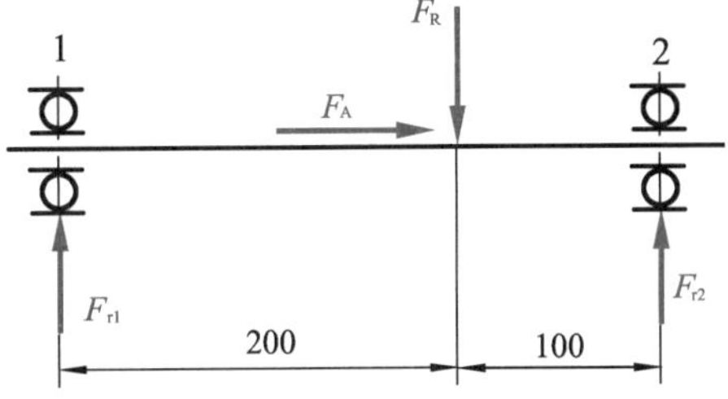

图 12-26 减速器轴承受力示意图

解 (1)求轴承所受的载荷

①轴承 1

径向载荷：由静力学平衡方程式得

$$(200+100)F_{r1}-100F_R=0$$

$$F_{r1}=\frac{100}{200+100}F_R=\frac{1}{3}\times 15\ 000=5\ 000 \text{ N}$$

轴向载荷：由于两轴承用图 12-28(a)所示的双固式支承结构，根据结构图及图 12-26 中轴向力 F_A 的方向判断，轴向力 F_A 全部由轴承 2 承受，轴承 1 不受轴向力，因此 $F_{a1}=0$。

②轴承 2

径向载荷：由静力学平衡方程式得

$$F_{r2}=F_R-F_{r1}=15\ 000-5\ 000=10\ 000\ \text{N}$$

轴向载荷 $F_{a2}=F_A=2\ 500\ \text{N}$。因轴承 2 所承受的载荷大于轴承 1 所承受的载荷，故应按轴承 2 计算。

(2)试选 6310 轴承进行计算

依题意 $d=50\ \text{mm}$，试选 6310 轴承，查机械设计手册得 $C=61\ 800\ \text{N}$，$C_0=38\ 000\ \text{N}$。

根据表 12-12，$F_{a2}/C_0=2\ 500/38\ 000=0.066$，应用线性插值法求得 e 值为

$$e=\frac{0.28-0.26}{0.084-0.056}\times(0.066-0.056)+0.26=0.267$$

$$F_{a2}/F_{r2}=2\ 500/10\ 000=0.25<e$$

取 $X=1$，$Y=0$，则

$$P_2=f_p(XF_{r2}+YF_{a2})=1.1\times(1\times10\ 000+0\times2\ 500)=11\ 000\ \text{N}$$

又有球轴承 $\varepsilon=3$，查表 12-9 取 $f_T=1$，则由式(12-7)得

$$L_h=\frac{10^6}{60n}\left(\frac{f_TC}{P}\right)^{\varepsilon}=\frac{10^6}{60\times400}\times\left(\frac{1\times61\ 800}{11\ 000}\right)^3=7\ 389\ \text{h}<[L_h]=18\ 000\ \text{h}$$

由此可见轴承的寿命小于预期寿命，所以 6310 轴承不合适。

(3)再试选 6410 轴承进行计算

查机械设计手册，再试选 6410 轴承，得 $C=92\ 200\ \text{N}$，$C_0=55\ 200\ \text{N}$。

由表 12-12，$F_{a2}/C_0=2\ 500/55\ 200=0.045$，应用线性插值法求得 $e=0.24$。

$F_{a2}/F_{r2}=2\ 500/10\ 000=0.25>e$，取 $X=0.56$，应用线性插值法求得 Y 值为

$$Y=1.99+\frac{1.71-1.99}{0.056-0.028}\times(0.045-0.028)=1.82$$

$$P_2=f_p(XF_{r2}+YF_{a2})=1.1\times(0.56\times10\ 000+1.82\times2\ 500)=11\ 165\ \text{N}$$

由式(12-7)得

$$L_h=\frac{10^6}{60n}\left(\frac{f_TC}{P}\right)^{\varepsilon}=\frac{10^6}{60\times400}\times\left(\frac{1\times92\ 200}{11\ 165}\right)^3=23\ 464\ \text{h}>[L_h]=18\ 000\ \text{h}$$

故所选 6410 轴承合适。

(4)讨论

①当试算 6310 轴承不合适后，若允许采用增大轴颈的办法改选轴承型号，则可选用 6311 轴承，再计算轴承寿命，判断该轴承是否合适。

②也可通过计算所需轴承的基本额定动载荷 C' 并与试选轴承的基本额定动载荷 C 比较，判定试选轴承是否合适。

例 12-3

图 12-27(a)所示为某机械中的主动轴，拟用一对角接触球轴承支承。初选轴承型号为 7211 AC。已知轴的转速 $n=1\ 450$ r/min，两轴承所受的径向载荷分别为 $F_{r1}=3\ 300$ N，$F_{r2}=1\ 000$ N，轴向载荷 $F_A=900$ N，轴承在常温下工作，运转时有中等冲击，要求轴承预期寿命 12 000 h。试判断选用该对轴承是否合适。

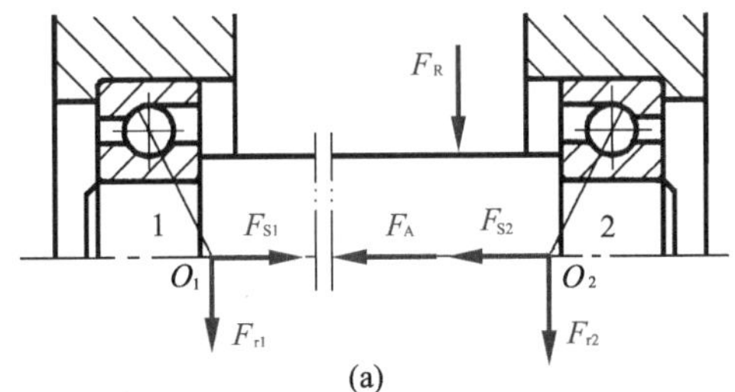

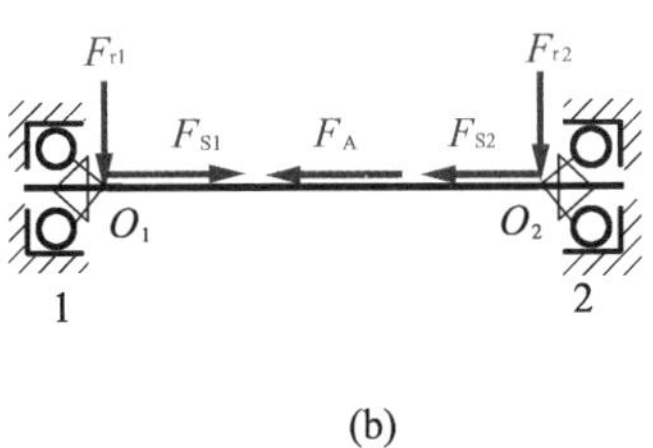

图 12-27 轴承受力分析

解 (1)计算轴承的轴向力 F_{a1}、F_{a2}

由表 12-13 查得 7211 AC 轴承内部轴向力的计算公式为 $F_S=0.68F_r$，故有

$$F_{S1}=0.68F_{r1}=0.68\times3\ 300=2\ 244\ \text{N}$$

$$F_{S2}=0.68F_{r2}=0.68\times1\ 000=680\ \text{N}$$

绘出图 12-27(b)所示的计算简图。

因 $$F_{S2}+F_A=680+900=1\ 580\ \text{N}<F_{S1}=2\ 244\ \text{N}$$

故可判断轴承 2 被压紧，轴承 1 被放松，两轴承的轴向力分别为

$$F_{a1}=F_{S1}=2\ 244\ \text{N}$$

$$F_{a2}=F_{S1}-F_A=2\ 244-900=1\ 344\ \text{N}$$

(2)计算当量动载荷 P_1、P_2

由表 12-12 查得 $e=0.68$，而

$$\frac{F_{a1}}{F_{r1}}=\frac{2\ 244}{3\ 300}=0.68=e$$

$$\frac{F_{a2}}{F_{r2}}=\frac{1\ 344}{1\ 000}=1.344>e$$

查表 12-12 可得 $X_1=1$，$Y_1=0$，$X_2=0.41$，$Y_2=0.87$。由表 12-11 取 $f_p=1.4$，则轴承的当量动载荷为

$$P_1=f_p(X_1F_{r1}+Y_1F_{a1})=1.4\times(1\times3\ 300+0\times2\ 244)=4\ 620\ \text{N}$$

$$P_2=f_p(X_2F_{r2}+Y_2F_{a2})=1.4\times(0.41\times1\ 000+0.87\times1\ 344)=2\ 211\ \text{N}$$

(3)计算轴承寿命 L_h

因 $P_1>P_2$，且两个轴承的型号相同，所以只需计算轴承 1 的寿命，取 $P=P_1$。

查手册得 7211 AC 轴承的 $C=50\ 500$ N。又有球轴承 $\varepsilon=3$，取 $f_T=1$，则由式(12-7)得

$$L_h=\frac{10^6}{60n}\left(\frac{f_TC}{P}\right)^\varepsilon=\frac{10^6}{60\times1\ 450}\times\left(\frac{1\times50\ 500}{4\ 620}\right)^3=15\ 012\ \text{h}>12\ 000\ \text{h}$$

由此可见轴承的寿命大于预期寿命，所以选用该对轴承合适。

六、滚动轴承的静强度计算

对于缓慢摆动或低转速(n<10 r/min)运转的滚动轴承，其主要失效形式为塑性变形，应按静强度计算来确定轴承尺寸。对于在重载荷或冲击载荷作用下转速较高的轴承，除按寿命计算外，为安全起见，还要再进行静强度验算。

1. 基本额定静载荷 C_0

轴承两套圈间相对转速为零，受最大载荷的滚动体与滚道接触中心处引起的接触应力达到一定值(向心和推力球轴承为 4 200 MPa，滚子轴承为 4 000 MPa)时的静载荷，称为滚动轴承的基本额定静载荷 C_0(向心轴承称为径向基本额定静载荷 C_{0r}，推力球轴承称为轴向基本额定静载荷 C_{0a})。各类轴承的 C_0 值可由轴承标准查得。实践证明，在上述接触应力作用下所产生的塑性变形量，除了针对那些要求转动灵活性高且振动低的轴承外，一般不会影响轴承的正常工作。

2. 当量静载荷 P_0

当量静载荷 P_0 是指在承受最大载荷滚动体与滚道接触中心处，引起与实际载荷条件下相当的接触应力时的假想静载荷。其计算公式为

$$P_0 = X_0 F_r + Y_0 F_a \tag{12-10}$$

式中，X_0、Y_0 分别为当量静载荷的径向系数和轴向系数，可由表 12-14 查取。若由式(12-10)计算出的 $P_0 < F_r$，则应取 $P_0 = F_r$。

表 12-14 单列轴承的径向静载荷系数 X_0 和轴向静载荷系数 Y_0

轴承类型		X_0	Y_0
深沟球轴承		0.6	0.5
角接触球轴承	$\alpha=15°$	0.5	0.46
	$\alpha=25°$		0.38
	$\alpha=40°$		0.26
圆锥滚子轴承		0.5	0.22cot α
推力球轴承		0	1

3. 静强度计算

轴承的静强度计算公式为

$$C_0 \geqslant S_0 P_0 \tag{12-11}$$

式中，S_0 称为静强度安全系数，其值可查表 12-15。

表 12-15 静强度安全系数 S_0

旋转条件	载荷条件	S_0	使用条件	S_0
连续旋转轴承	普通载荷	1～2	高精度旋转场合	1.5～2.5
	冲击载荷	2～3	振动冲击场合	1.2～2.5
不常旋转及做摆动的轴承	普通载荷	0.5	普通旋转精度场合	1.0～1.2
	冲击及不均匀载荷	1～1.5	允许有变形量	0.3～1.0

例 12-4

齿轮减速器中的 30205 轴承受轴向力 $F_a=2\ 000$ N，径向力 $F_r=4\ 500$ N，静强度安全系数 $S_0=2$，试验算该轴承是否满足静强度要求。

解 由机械设计手册查得 30205 轴承的基本额定静载荷 $C_0=37\ 000$ N，$X_0=0.5$，$Y_0=0.9$。

当量静载荷为

$$P_0=X_0F_r+Y_0F_a=0.5\times4\ 500+0.9\times2\ 000=4\ 050\ \text{N}<F_r$$

应取 $P_0=F_r=4\ 500$ N。由式(12-11)得

$$\frac{C_0}{P_0}=\frac{37\ 000}{4\ 500}=8.22>S_0=2$$

故该轴承满足静强度要求。

12.5 滚动轴承的组合设计

学习要点

掌握滚动轴承的轴向固定方式、间隙调整方法和预紧方法，合理进行滚动轴承的组合设计。

滚动轴承安装在机器设备上，它与支承它的轴和轴承座(机体)等周围零件之间的整体关系称为轴承的组合。为了保证滚动轴承正常工作，除了合理地选择轴承类型、尺寸外，还必须正确地进行轴承组合的结构设计。在设计轴承的组合结构时，要考虑轴承的安装、调整、配合、拆卸、紧固、润滑和密封等多方面内容。

一、滚动轴承的轴向固定

常用的轴承轴向固定方式有三种。

1. 两端单向固定

滚动轴承的组合设计

如图 12-28(a)所示，在轴的两个支点上，用轴肩顶住轴承内圈，用轴承盖顶住轴承外圈，使每个支点都能限制轴的单方向轴向移动，两个支点合起来就限制了轴的双向移动，这种固定方式称为两端单向固定或双固式，是最常见的固定方式。图 12-28(a)上半部为采用深沟球轴承支承的结构，其结构简单、便于安装，适于工作温度变化不大的短轴(跨距 $L\leqslant400$ mm)。考虑轴因受热而伸长，安装轴承时，如图 12-28(b)所示，在深沟球轴

承的外圈和端盖之间应留有 $c=0.25\sim0.4$ mm 的热补偿轴向间隙。图 12-28(a)下半部为采用角接触球轴承支承的结构。

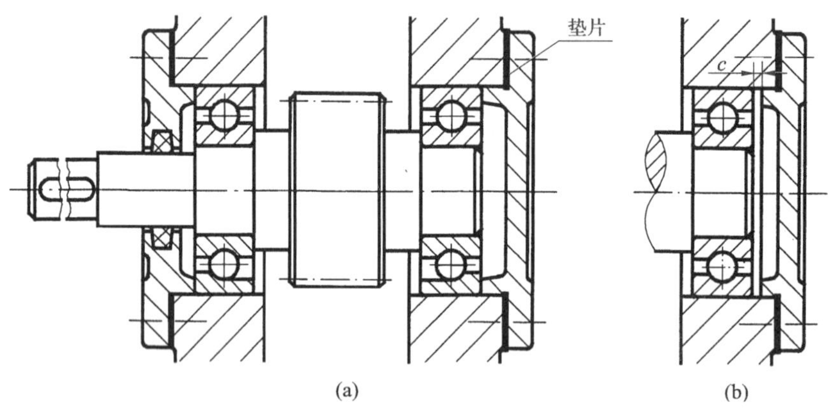

图 12-28 两端单向固定的轴系

2. 一端双向固定、一端游动

如图 12-29(a)所示,左端轴承内、外圈都为双向固定,用以承受双向的轴向载荷,称为固定端。右端为游动端,选用深沟球轴承时内圈做双向固定,外圈的两侧自由,且在轴承外圈与端盖之间留有适当的间隙,轴承可随轴颈沿轴向游动,以适应轴的伸长和缩短的需要。如图 12-29(b)所示,游动端选用圆柱滚子轴承时,该轴承的内、外圈均应双向固定。这种固游式结构适于工作温度变化较大的长轴。

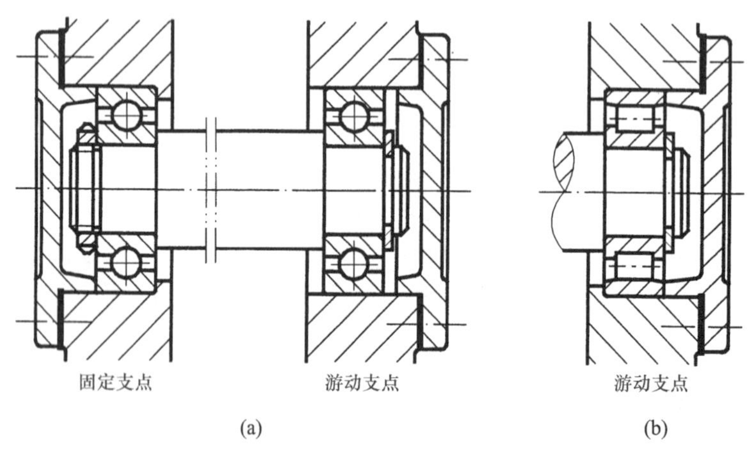

图 12-29 一端双向固定、一端游动的轴系

3. 两端游动

图 12-30 所示为人字齿轮传动中的主动轴,考虑到轮齿两侧螺旋角的制造误差,为了使轮齿啮合时受力均匀,两端都采用圆柱滚子轴承支承,轴与轴承内圈可沿轴向少量移动,即两端游动式结构。与其相啮合的从动轮轴系则必须用双固式或固游式结构。若主动轴的轴向位置也固定,则可能会发生干涉以致卡死。

轴承在轴上一般用轴肩或套筒定位,轴承内圈的轴向固定应根据轴向载荷的大小选用图 12-31(a)所示的轴端挡圈、圆螺母、轴用弹性挡圈等结构,轴承外圈则采用

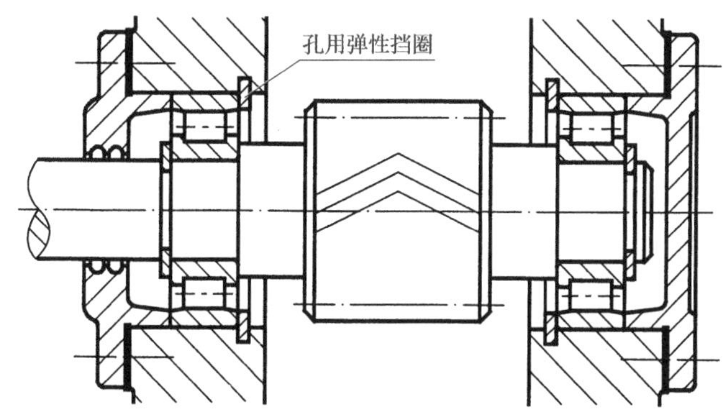

图 12-30 两端游动的轴系

图 12-31(b)所示的轴承座孔的端面(止口)、孔用弹性挡圈、压板、端盖等结构固定。

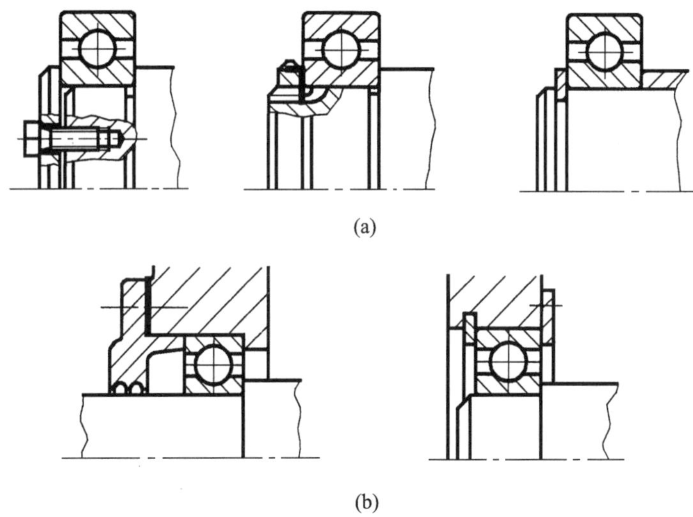

图 12-31 单个轴承的轴向定位与固定

二、轴承组合的调整

1. 轴承间隙的调整

为保证轴承正常工作,装配轴承时一般要留出适当的间隙或游隙。常用的调整轴承间隙的方法有:

(1)如图 12-28 所示,靠增减端盖与箱体结合面间垫片的厚度进行调整。

(2)如图 12-32 所示,利用端盖上的调节螺钉改变可调压盖及轴承外圈的轴向位置来实现调整,调整后用螺母锁紧防松。这种方式适于轴向力不太大的场合。

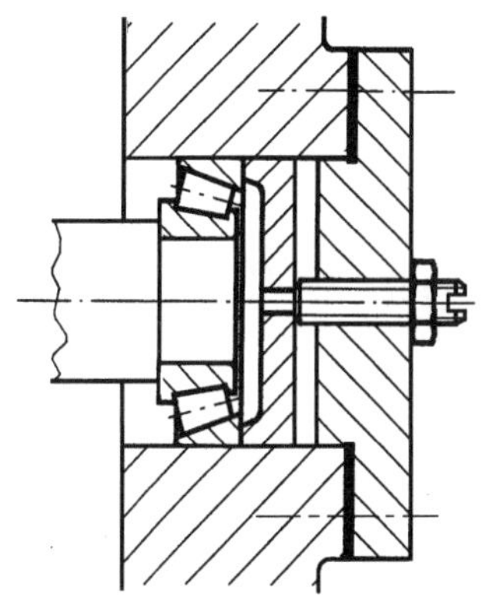

图 12-32 利用压盖调整轴承的间隙

2. 滚动轴承的预紧

在轴承安装以后，使滚动体和套圈滚道间处于适当的轴向预压紧状态，称为滚动轴承的预紧。预紧的目的在于提高轴的支承刚度和旋转精度。成对并列使用的圆锥滚子轴承、角接触球轴承及对旋转精度和刚度有较高要求的轴系通常都采用预紧方法。如图12-33所示，常用的预紧方法有在套圈间加垫片并加预紧力、磨窄套圈并加预紧力等。

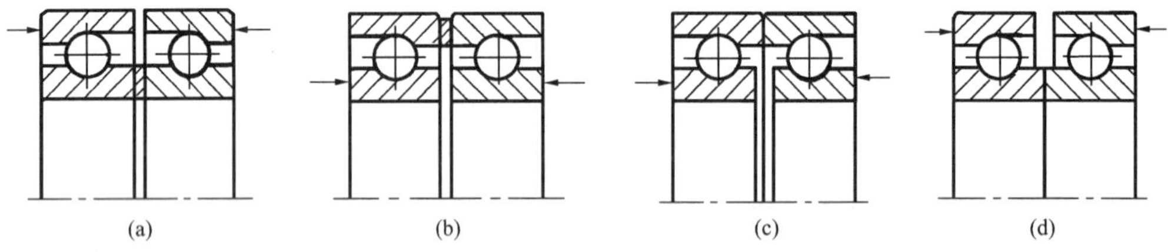

图 12-33 滚动轴承的预紧

3. 轴承组合位置的调整

轴承组合位置调整的目的是使轴上零件（如齿轮等）处于准确的轴向工作位置上，通常用垫片调整。图 12-34 所示为锥齿轮轴承的组合结构，套杯与机座之间的垫片用来调整轴系的轴向位置，圆螺母用来调整轴承间隙。

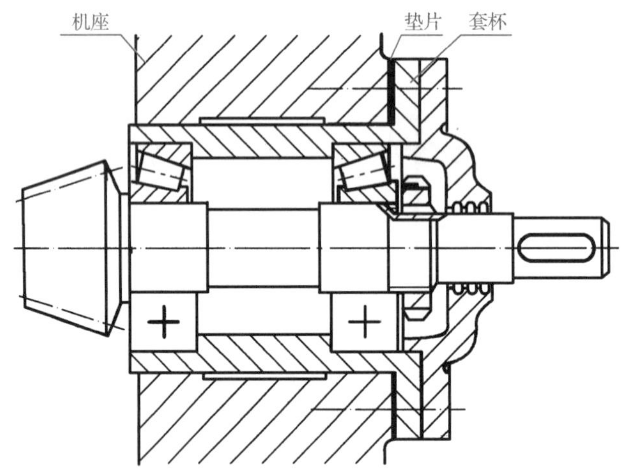

图 12-34 轴承组合位置的调整

三、支承部位的刚度和同轴度

为保证支承部位的刚度，轴承座孔壁应有足够的厚度，并设置图 12-35(a)所示的加强肋以增强支承刚度。为保证两端轴承座孔的同轴度，箱体上同一轴线的两个轴承座孔应一次镗出。如图 12-35(b)所示，若轴上装有不同外径尺寸的轴承，可采用套杯式结构，使两端轴承座孔的直径尺寸尽量相同，以便加工时一次镗出两轴承座孔。

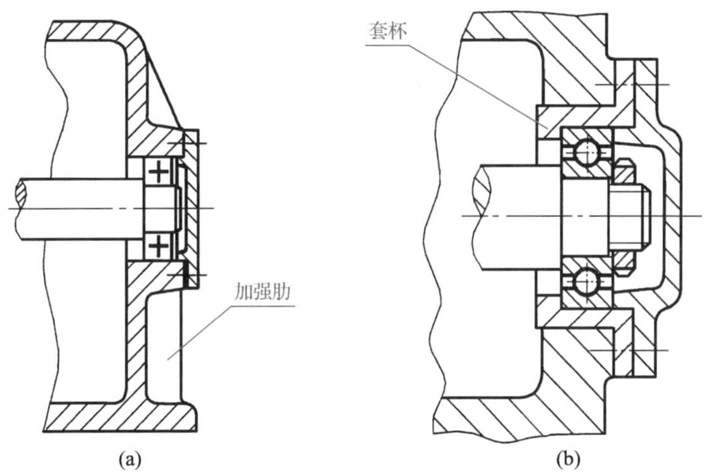

图 12-35　支承部位的刚度和同轴度

四、滚动轴承的配合

滚动轴承的配合是指轴承内圈与轴颈、外圈与轴承座孔的配合。因为滚动轴承已经标准化，所以轴承内孔与轴颈的配合采用基孔制，轴承外圈与轴承座孔的配合采用基轴制。一般说来，转动圈(通常是内圈与轴一起转动)的转速越高，载荷越大，工作温度越高，内圈与轴颈应采用越紧的配合，而外圈与座孔间(特别是需要做轴向游动或经常装拆的场合)常采用较松的配合。轴颈公差带常取 n6、m6、k6、js6 等，座孔的公差带常取 J7、J6、H7 和 G7 等，具体选择可参考有关机械设计手册。

五、滚动轴承的安装与拆卸

设计轴承的组合结构时，应考虑到有利于轴承的装拆，以便在装拆时不损坏轴承和其他零部件。装拆时，要求滚动体不受力，装拆力要对称或均匀地作用在套圈的端面上。

1. 轴承的安装

(1)冷压法

用专用压套压装轴承，如图 12-36(a)所示，装配时先加专用压套，再用压力机压入或用手锤轻轻打入。

(2)热装法

将轴承放入油池或加热炉中加热至 80～100 ℃，然后套装在轴上。

2. 轴承的拆卸

应使用专门的拆卸工具拆卸轴承，如图 12-36(b)所示。

为了便于采用专用工具拆卸轴承，设计时应使轴上定位轴肩的高度小于轴承内圈的

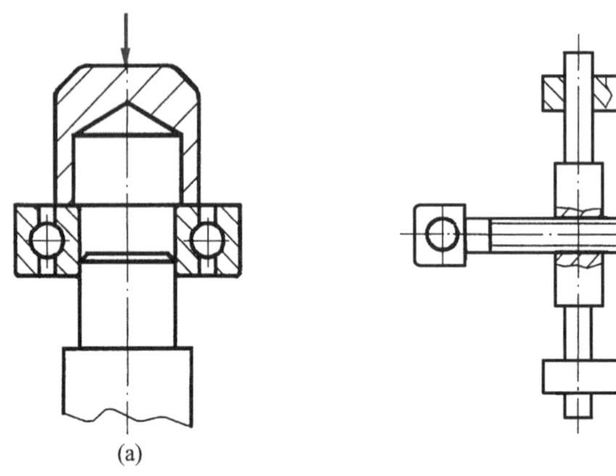

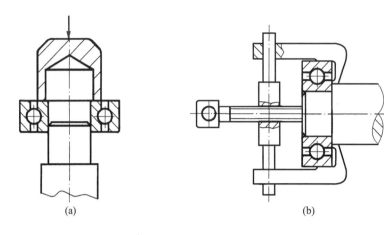

图 12-36 轴承的安装与拆卸

高度，以免在轴肩上开槽。同理，轴承外圈在套筒内应留出足够的高度和必要的拆卸空间，或采取其他便于拆卸的结构。图 12-37 所示为结构设计错误示例，图 12-37(a)表示轴肩 h 过高，无法用拆卸工具拆卸轴承；图 12-37(b)表示衬套孔直径 d_0 过小，无法拆卸轴承外圈。

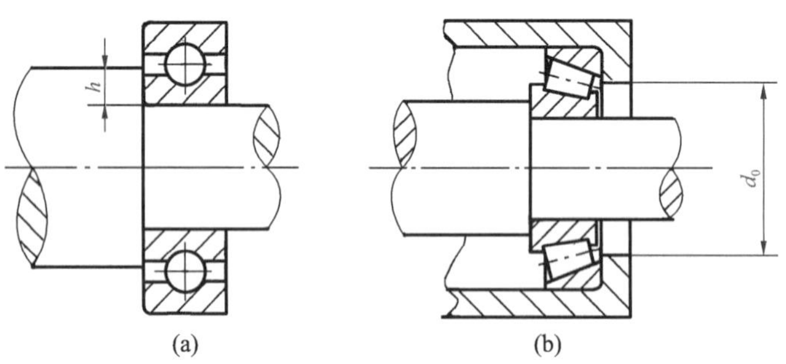

图 12-37 结构设计错误示例

六、滚动轴承的润滑和密封

1. 滚动轴承的润滑

滚动轴承润滑的主要目的是减少摩擦与磨损，同时也有吸振、冷却、防锈和密封等作用。滚动轴承的润滑与滑动轴承类似，常用的润滑剂有润滑油和润滑脂两种，一般高速时采用油润滑，低速时采用脂润滑，某些特殊情况下采用固体润滑剂。润滑方式可根据轴承的 dn 值来确定。d 为轴承内径(mm)，n 为轴承转速(r/min)，dn 值间接表示了轴颈的圆周速度。表 12-16 列出了适用于脂润滑和油润滑的 dn 值界限，可在选择润滑方式时作为参考。

表 12-16　　适用于脂润滑和油润滑的 dn 值界限($\times 10^4$)　　mm·(r/min)

轴承类型	脂润滑	油润滑			
		油浴	滴油	循环油(喷油)	油雾
深沟球轴承	16	25	40	60	>60
调心球轴承	16	25	40	—	—
角接触球轴承	16	25	40	60	>60
圆柱滚子轴承	12	25	40	60	>60
圆锥滚子轴承	10	16	23	30	—
调心滚子轴承	8	12	—	25	—
推力球轴承	4	6	12	15	—

脂润滑能承受较大的载荷,且润滑脂不易流失,结构简单,便于密封和维护。润滑脂常采用人工方式定期更换,其加入量一般应是轴承内空隙容积的1/3～1/2。

速度较高或工作温度较高的轴承都采用油润滑,其润滑和散热效果较好,但润滑油易于流失,因此要保证在工作时有充足的供油。减速器常用的润滑方式有油浴润滑及飞溅润滑等。油浴润滑时油面不应高于最下方滚动体的中心,否则搅油能量损失较大,易使轴承过热。喷油润滑或油雾润滑兼有冷却作用,常用于高速情况。

2. 滚动轴承的密封

滚动轴承密封的作用是防止外界灰尘、水分等进入轴承,并阻止轴承内润滑剂流失。密封方法可分为接触式密封和非接触式密封两大类。

接触式密封常用的有毛毡圈密封、唇形密封圈密封等。图 12-38(a)所示为采用毛毡圈密封的结构。毛毡圈密封是将工业毛毡制成的环片嵌入轴承端盖上的梯形槽内,与转轴间摩擦接触,其结构简单、价格低廉,但毡圈易磨损,常用于工作温度及转速均不高的脂润滑场合。图 12-38(b)所示为采用唇形密封圈密封的结构。唇形密封圈是由专业厂家供货的标准件,有多种不同的结构和尺寸,广泛用于油润滑和脂润滑场合,密封效果好,但在高速时易发热。

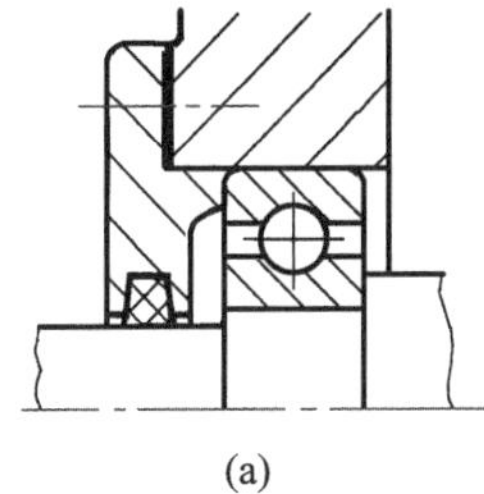
(a)

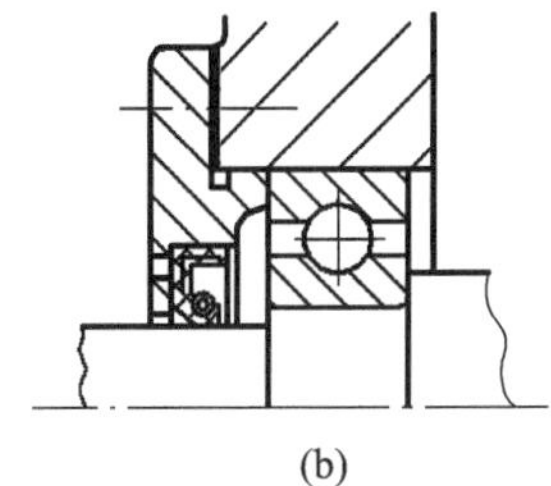
(b)

图 12-38　接触式密封

高速时多采用与转轴无直接接触的非接触式密封,以减少摩擦功耗和发热。非接触式密封常用的有油沟式密封、迷宫式密封等结构。图 12-39(a)所示为采用油沟式密封的结构,在油沟内填充润滑脂密封,其结构简单,适于轴颈速度 $v \leqslant 5 \sim 6$ m/s 的场合。图 12-39(b)所示为采用曲路迷宫式密封的结构,适于高速场合。

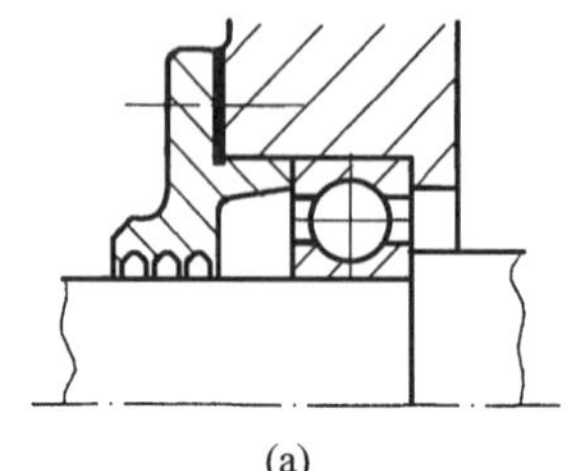
(a)

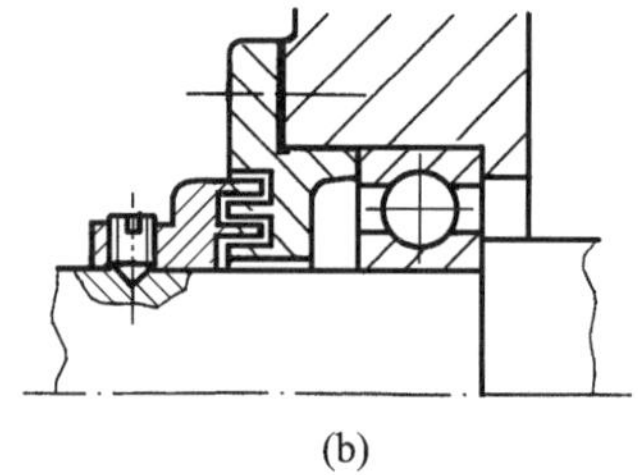
(b)

图 12-39 非接触式密封

知识梳理与总结

通过本章的学习，我们了解和掌握了滚动轴承的分类和代号，也学会了计算轴承寿命和设计滚动轴承组合结构的方法。

1. 轴承是机器中用来支承轴及轴上零件的重要零部件，它能保证轴的回转精度，减少回转轴与支承间的摩擦和磨损。

2. 滑动轴承的材料具有足够的抗疲劳强度，同时具有良好的塑性、顺应性、跑合性、减摩性和耐磨性。常用的滑动轴承材料有轴承合金、粉末冶金和非金属材料(塑料)等。

3. 滚动轴承一般由内圈、外圈、滚动体和保持架组成。滚动轴承种类繁多，按承载方向、滚动体的形状以及内、外径的不同可进行多种分类。设计时应根据具体工作条件选用合适的轴承并进行强度(寿命)校核和组合设计。

4. 滚动轴承的代号由前置代号、基本代号和后置代号组成，其中基本代号表示了轴承的类型、内径、宽度和外径等重要参数。

滚动轴承类型的选择要考虑轴承受载的大小、方向和性质，轴承转速条件以及轴承的安装空间等多方面因素。一般情况下，载荷较小且平稳时选用球轴承，有冲击和振动时选用滚子轴承，受纯径向载荷时选用向心轴承，受纯轴向载荷时选用推力轴承，同时受径、轴向载荷时选用角接触球轴承，高速运转时选用球轴承，轴的刚性差或安装存在误差时选用调心轴承，径向尺寸受安装条件限制时选用轻系列轴承或滚针轴承，轴向尺寸受到限制时选用窄系列轴承。

5. 滚动轴承寿命校核中有三个重要概念：寿命、基本额定寿命和基本额定动载荷。

6. 滚动轴承的主要失效形式有疲劳点蚀、塑性变形和磨损。针对疲劳点蚀应对轴承进行寿命校核，控制塑性变形由静强度校核完成，而减轻磨损则由限制极限转速来实现。计算出的轴承寿命应大于或等于轴承的预期寿命，即 $L_h \geqslant [L_h]$。

7. 滚动轴承的静强度校核应满足：

$$C_0 \geqslant S_0 P_0$$

8. 滚动轴承的组合设计主要是解决轴承的固定、调整、预紧、配合、装拆、润滑和密封等方面的问题。

第13章

机械的调速与平衡

学习导航

知识目标

了解机械速度波动产生的原因和速度波动的调节方法。

掌握机械调速与平衡调节的目的。

能力目标

能够在实验台上进行刚性回转件的动、静平衡调试。

能够运用刚性回转件的动、静平衡调试方法解决各种问题。

思政映射

机械零部件的运转需要平衡，这样才能够减小振幅和摩擦力，保持稳定的工作状态，从而保证机器的工作平稳性，提高使用寿命，正所谓行稳致远。稳字当头，我们行进的脚步才会更加坚实。

13.1 机械速度的波动及其调节

学习要点

了解机械速度波动产生的原因和速度波动的调节方法。

一、机械的运转过程

机械从开始运动到停止运动的整个过程称为机械运动的全过程。一般可分为以下三个阶段:启动阶段、稳定运转阶段和停车阶段,如图 13-1 所示。

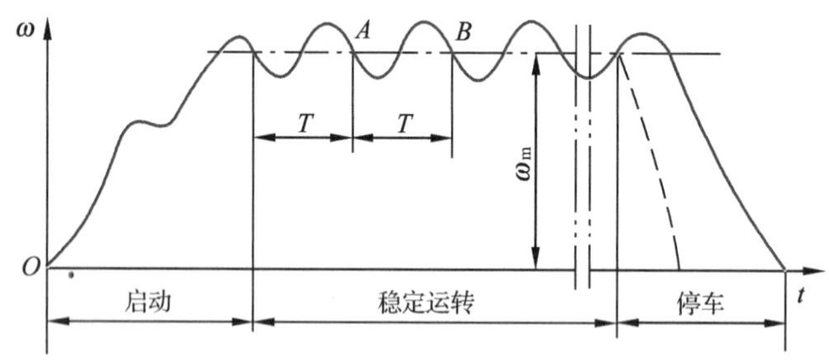

图 13-1 机械的运转过程

1. 启动阶段

机械从静止状态启动到开始正常工作的过程称为启动阶段。在这个阶段内,原动件加速运转,速度从零上升到正常工作速度。机械的动能由零上升到 E。根据动能定理,此阶段内驱动力所做的功 W_d 大于阻抗力所消耗的功 W_r,则有

$$W_d - W_r = E > 0 \tag{13-1}$$

2. 稳定运转阶段

机械保持等速运转或在其正常工作速度所对应的均值上下周期性波动运转是机械的稳定运转阶段,也是机器的正常工作阶段。在这一阶段内,大部分机器原动件的平均角速度 ω_m 保持稳定,但瞬时速度会随着外力等因素的变化而产生周期性波动或非周期性波动。对于周期性速度波动,在一个周期内(图 13-1 中的 A、B 两点之间)驱动力所做的功 W_d 和阻抗力所消耗的功 W_r 相等,且 A、B 两点的动能 E_A、E_B 也相等,即在这一阶段做变速稳定运动,则有

$$W_d - W_r = E_B - E_A = 0 \tag{13-2}$$

在一个周期之内的任一小区间,由于 W_d、W_r 并不一定相等,因此会使机械的动能产生变化,瞬时角速度 ω 产生波动。牛头刨床、冲床等许多机械的运动都属于这种周期性变速稳定运动。

另一些机械，如提升机、鼓风机等，其原动件的角速度 ω 在稳定运转过程中恒定不变，称为等速稳定运转。

3. 停车阶段

撤去驱动力，即 $W_d=0$。在阻抗力的作用下，原动件的速度由工作角速度 ω_m 逐渐下降为零，机械的动能 E 逐渐减小至零，则有

$$W_r=E \tag{13-3}$$

制动停车时机械的运转曲线如图 13-1 中虚线部分所示。可见，若要缩短停车时间，可采用制动装置以加大制动阻力。

二、 机械速度波动的调节

1. 周期性速度波动的调节

大部分机械的主轴在其主要工作阶段的运转速度是周期性波动的。它的危害是：在机械各运动副中引起附加动压力，降低机械的工作效率和工作可靠性；同时又可能在机械中引起相当大的弹性振动，这些弹性振动将影响机械各部分的强度和消耗部分动力；另外，这种速度波动还会影响机械所进行的工艺过程，使产品质量下降。因此，必须对机械的速度波动加以调节，使速度波动被限制在允许的范围内，从而减少上述不良影响，这就是调节机械速度波动的主要目的。

在机械稳定运转阶段，当机械的动能发生周期性变化时，将引起机械速度的周期性波动。如图 13-2 所示，在每个周期内，原动件的角速度 ω 的变化规律是相同的，而且其平均角速度 ω_m 保持不变，即

$$\omega_m=\frac{\int_0^{\varphi_T}\omega d\varphi}{\varphi_T} \tag{13-4}$$

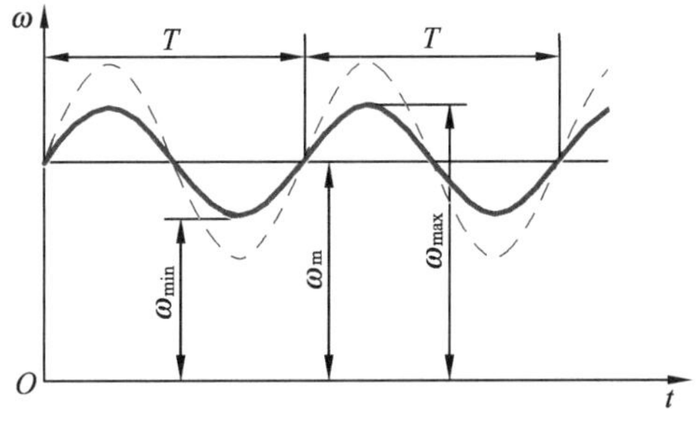

图 13-2　周期性速度波动

在工程中常用最大角速度与最小角速度的算术平均值来近似计算平均角速度，即

$$\omega_m\approx\frac{\omega_{max}+\omega_{min}}{2} \tag{13-5}$$

机械速度波动的程度可以用机械运转速度不均匀系数 δ 来表示，即

$$\delta=\frac{\omega_{max}-\omega_{min}}{\omega_m} \tag{13-6}$$

所以，δ 越小，机械运转的速度波动越小。几种常见机械的运转速度不均匀系数的许用值可按表 13-1 选取。

表 13-1　机械运转速度不均匀系数 δ 的许用值

机械名称	破碎机	冲床和剪床	压缩机和水泵	减速器	交流发电机
δ	0.10～0.20	0.05～0.15	0.03～0.05	0.015～0.020	0.002～0.003

机械稳定运转时，如果作用于机械上的外力（驱动力、生产阻力）是周期性变化的，那

么引起的速度波动也是周期性的。由于外力的周期性变化，外力对系统所做的功将发生周期性变化，由动能定理可知，系统的动能也随之周期性变化。在一个周期内，系统动能最大变化量的大小应等于同一周期内外力对系统所做的最大有用功，即

$$\Delta W_{\max}=E_{\max}-E_{\min}=\frac{1}{2}J\omega_{\max}^{2}-\frac{1}{2}J\omega_{\min}^{2} \tag{13-7}$$

由上式及式(13-5)、式(13-6)可得速度不均匀系数 δ 为

$$\delta=\frac{\Delta W_{\max}}{J\omega_{\mathrm{m}}^{2}} \tag{13-8}$$

机械中安装一个具有等效转动惯量 J_{F} 的飞轮后，速度不均匀系数 δ 变为

$$\delta=\frac{\Delta W_{\max}}{(J+J_{\mathrm{F}})\omega_{\mathrm{m}}^{2}} \tag{13-9}$$

显然，装上飞轮后速度不均匀系数 δ 将变小，即用飞轮可以调节机械周期性速度波动的程度。理论上，总能有足够大的飞轮 J_{F} 来使机械的速度波动降到允许范围内。飞轮在机械中的作用实质上相当于一个储能器。当外力对系统做正功时，它以动能形式把多余的能量储存起来，使机械速度上升的幅度减小；当外力对系统做负功时，它又释放出储存的能量，使机械速度下降的幅度减小。飞轮的转动惯量用下式近似计算：

$$J_{\mathrm{F}}=\frac{\Delta W_{\max}}{\omega_{\mathrm{m}}^{2}[\delta]} \tag{13-10}$$

2. 非周期性速度波动的调节

在机器的稳定运转时期，如果驱动力、生产阻力或有害阻力突然发生巨大变化，机器主轴的速度会跟着突然增大或减小，结果会引起机器速度过高，导致“飞车”而毁坏，或迫使机器停车。如在内燃机驱动发电机的机组中，当载荷减小、所需发电量突然下降时，内燃机所供给的能量就会远远超过发电机的需要，这时必须采用特殊的机构来调节内燃机能量的供给量，使其产生的功率与发电机所需相适应，从而达到新的稳定运动。由于机器运转速度的这种波动不是周期性的，且其作用不是连续的，因此称为非周期性速度波动。防止非周期性速度波动所引起的机器毁坏或停车是调节机器速度波动的另一目的。

对于非周期性速度波动的机械，需用专门的调速器来进行速度调节。调速器种类很多，有纯机械式的，有机电一体化的，还有电子式的，具体可参看有关专业文献。

13.2 机械的平衡

学习要点

掌握机械平衡的目的，能够进行机械回转件的动、静平衡调试。

一、机械平衡的目的与分类

机械运转时，活动构件的速度变化将产生惯性力和惯性力矩，这必将在运动副中引起附加的动压力。由于惯性力及惯性力偶矩的大小和方向随着机械运转而产生周期性变化，因此当它们不平衡时，将增大构件中的内应力和运动副中的摩擦，使整个机器发生振动，导致机器本身的工作精度、可靠性和使用寿命下降，从而产生噪声。所以，消除或部分消除惯性力和惯性力矩的影响，尽可能减轻有害的机械振动，就是研究机械平衡的目的。

机械的平衡问题可分为以下两类：

(1)绕固定轴回转构件的惯性力的平衡，简称回转件的平衡或转子的平衡。若电动机和发电机的转子因质量分布不均匀而在运转过程中产生动压力，并且动压力随着转速的提高而增大，则可用重新调整其质量大小和分布的方法，使构件上所有质量的惯性力形成一个平衡力系，从而消除运动副中的动压力及机器的振动。

当回转件的刚性较好、工作转速较低，远低于其一阶临界转速时，回转件完全可以看作是刚性物体，称为刚性回转件，其平衡问题为刚性回转件的平衡问题。在高速机械中，当回转件转速较高，接近或超过回转系统的第一阶临界转速时，回转件将产生明显的弹性变形，这时回转件将不能视为刚体，而成为一个挠性体，这种回转件称为挠性回转件，其平衡问题为挠性回转件的平衡问题。

(2)机构的平衡。在一般机构中，存在着做往复运动或做平面运动的构件，其必然要产生惯性力。但就整个机器而言，各构件的惯性力和惯性力偶矩可以合成为一个过机器质心的总惯性力和一个总惯性力偶矩，它们全部作用于机架上。总惯性力及总惯性力偶矩的平衡称为机构在机架上的平衡，简称机构的平衡。

本节只介绍刚性回转件的平衡问题。

二、刚性回转件的平衡

1. 静平衡

对于轴向尺寸较小的盘状回转件(即宽径比 B/D 小于 0.2)，例如齿轮、带轮及盘形凸轮等，它们的质量可以视为分布在同一平面内。如果在回转件上有偏心质量，则在转动过程中必然产生惯性力，从而在转动副中引起附加动压力。刚性回转件的静平衡就是利用在刚性回转件上加减平衡质量的方法，使其质心回到回转轴线上，从而使回转件的惯性力得以平衡的一种平衡措施。

在图 13-3 中，已知盘形不平衡回转件的偏心质量分别为 m_1、m_2、m_3，向径分别为 r_1、r_2、r_3，所产生的惯性力分别为 F_1、F_2、F_3。由平面力系平衡的原理，在该平面内加一平衡质量 m_b，其向径(方位)为 r_b。根据平衡条件，有

$$F_1+F_2+F_3+F_b=0$$

因为 $F_i=m_ir_i\omega^2$，故有

$$m_1r_1+m_2r_2+m_3r_3+m_br_b=0$$

式中，m_ir_i 为矢量，称为质径积。

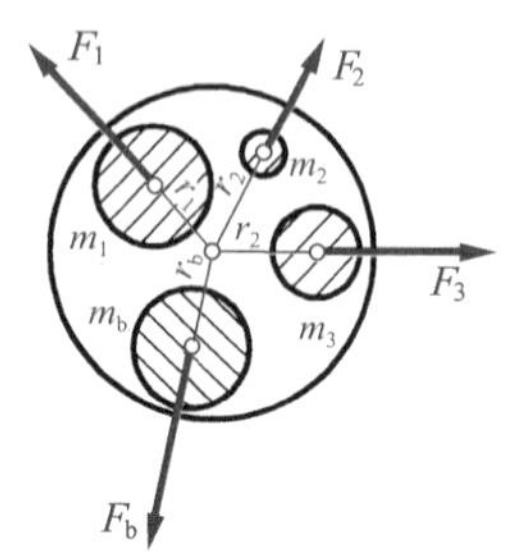

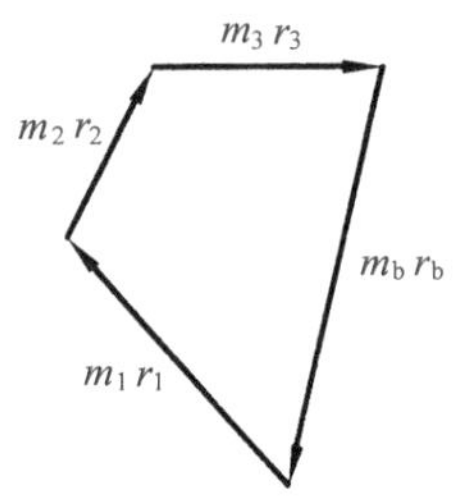

图 13-3　回转件的静平衡

由以上分析可知，一个静不平衡回转件无论含有多少个偏心质量，均可在一个平面内的适当位置，用增加（或去除）一个平衡质量的办法予以平衡，故静平衡又可称为单面平衡。

图 13-4 为静平衡试验示意图。试验时，将欲平衡的回转件放到已调好水平的轨道上。如果回转件有偏心质量，回转件将在重力矩的作用下沿着轨道滚动，直至回转件的质心 S 处于轴心正下方才停止滚动。此时可在轴心的正上（下）方任意半径处加（减）一适当的平衡质量，然后再重复上述试验，直到回转件在任何位置都能保持静止为止。

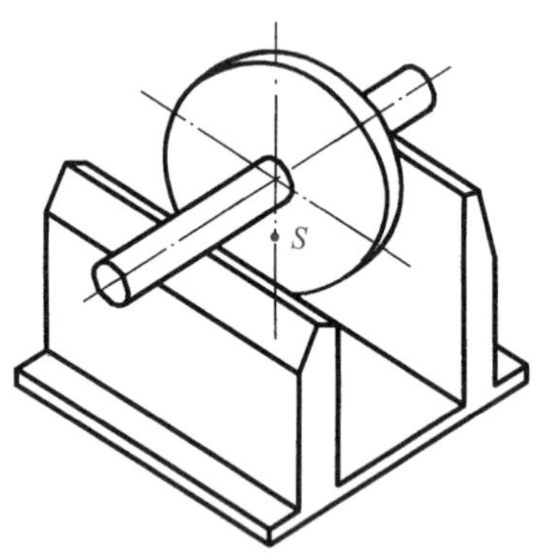

图 13-4　静平衡试验示意图

2. 动平衡

当回转件的轴向尺寸较大，即宽径比 B/D 大于 0.2 时（如多缸发动机的曲轴），其质量就不能再视为分布在同一平面内了。这时，其偏心质量可看成是分布在几个不同的回转平面内。即使回转件的质心位于转轴上，也将产生不可忽略的惯性力矩，这种状态只有在回转件转动时才能显示出来，故称为动不平衡。动平衡不仅要平衡各偏心质量产生的惯性力，还要平衡这些惯性力所产生的惯性力矩。

如图 13-5 所示的长回转件，其偏心质量 m_1、m_2 分别位于平面 1、2 上，其回转半径分别为 r_1、r_2，方位如图中所示。当回转件以等角速度回转时，它们产生的惯性力 F_1、F_2 构成一空间力系。如果 $F_1=F_2$，则回转件质心应位于回转轴上，但 F_1、F_2 必构成一惯性力偶矩。由工程力学知识可知，力偶必须用力偶来平衡。因此，对质量分布不在同一回转平面内的回转件，要达到完全平衡，必须分别在任选的两个回转面内的相应位置处各加上或减去适当的平衡质量，使回转件的离心力系的合力和合力偶矩都等于零。这类平衡称为动平衡，工业上也称为双面平衡。所以动平衡的条件是：分布于该回转件上各个质量的离心力的合力等于零，同时离心力所引起的力偶的合力偶矩也等于零。

比较静平衡和动平衡，有如下结论：

（1）静平衡只需在一个平面内进行平衡，动平衡则必须在垂直于轴线的两个平面内进行平衡。

（2）回转件满足了静平衡，不一定满足动平衡；若满足了动平衡，则一定满足静平衡。

回转件的动平衡试验一般需在专门的动平衡试验机上进行。主要是用动平衡试验机

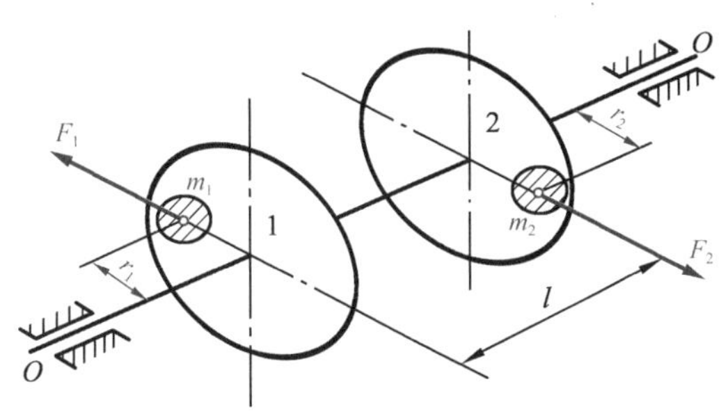

图 13-5 静平衡而动不平衡的长回转件

测出回转件在两平衡基面上不平衡质量的大小和方位,从而在两个选定的平面上加上或减去平衡质量,最终达到平衡的目的。关于动平衡试验机的详细内容,读者可参阅有关产品样本。

知识梳理与总结

1. 通过本章的学习,我们了解了机械运转过程中从启动到稳定运转再到停车这一过程中存在着机械速度的波动,其波动形式有周期性波动和非周期性波动。波动会使运动副产生附加载荷,降低工作效率和工作可靠性,还会使加工产品质量下降。

2. 由于机械运转过程中会产生惯性力和惯性力矩,因此若机械运转不平衡,将增大构件中的内应力和运动副中的摩擦力,使机器产生振动,导致精度、可靠性及寿命降低。机械的平衡可以通过静平衡和动平衡进行调整。

参 考 文 献

[1] 孙桓，葛文杰. 机械原理[M]. 9 版. 北京：高等教育出版社，2021.

[2] 柴鹏飞，万丽雯. 机械设计基础[M]. 4 版. 北京：机械工业出版社，2021.

[3] 杨可桢，程光蕴，李仲生，钱瑞明. 机械设计基础[M]. 7 版. 北京：高等教育出版社，2020.

[4] 濮良贵，陈国定，吴立言. 机械设计[M]. 10 版. 北京：高等教育出版社，2019.

[5] 陈立德，罗卫平. 机械设计基础[M]. 5 版. 北京：高等教育出版社，2019.

[6] 蔡广新. 机械设计基础[M]. 北京：化学工业出版社，2019.

[7] 邓昭铭，卢耀舜，周杰. 机械设计基础[M]. 4 版. 北京：高等教育出版社，2018.

[8] 韩玉成. 机械设计基础[M]. 4 版. 大连：大连理工大学出版社，2017.

[9] 芦书荣，周培，沈枫，王志斌. 机械设计基础[M]. 西安：西北工业大学出版社，2016.

[10] 张宏，李冰. 机械设计基础[M]. 北京：中国林业出版社，2016.

[11] 韩玉成，王少岩. 机械设计基础[M]. 2 版. 北京：电子工业出版社，2014.

[12] 孙敬华. 机械设计基础[M]. 2 版. 北京：机械工业出版社，2013.